B.C.Info

기초 전자회로 실험

허태원 · 임인호 공저

PREFACE

전기 · 전자 공학을 전공하는 학생들이 일반적으로 대학 1, 2학년 때 처음으로 접하는 실습 과목이 기초 전기전자 회로 실험이다. 이 과목은 전기 · 전자 공학의 기초 이론을 바탕으로 학생들 스스로 실제 부품들을 결선하고 전기적인 특성을 측정해야 하는 중요한 과목이다. 그러나 전기 · 전자를 처음으로 학습하는 학생들에게는 매우 어렵고 이해하기 어려운 과목일 것이다. 이러한 어려움을 조금이라도 해소하기 위하여, 본 교재에서는 두 개의 소프트웨어, 즉 Tinkercad와 Multisim 프로그램을 활용하여

1) 보여주고
2) 따라하고
3) 학습하는

과정을 통해 학생들이 재미를 느끼고 스스로 학습할 수 있도록 내용을 구성하였다. 특히 Tinkercad와 Multisim 프로그램을 이용하여 웹 상에서 주어진 회로를 구성하고 전기적 특성을 시뮬레이션하여 결과치를 예상함으로써, 실제로 학생들이 부품들을 결선하고 측정하기 전에 회로 특성을 파악할 수 있도록 구성하여 화재나 신체 손상 등과 같은 안전사고가 발생하지 않도록 하였다.

본 교재는 두 개의 교재로 나뉘어 구성되어 있다.
첫 번째 교재는 "기초전기회로실험" 으로서, 다양한 계측기의 사용법 등에 대한 소개 및 사용법을 설명함과 동시에 옴의 법칙 등과 같은 기초적인 전기이론 및 회로망 실험 등과 같은 직류회로뿐만 아니라 교류회로 분야의 전기 관련 실험을 목적으로 한다. 매 실험과 관련된 내용을 학습하기 전에, 전기 이론 부분을 상세하게 설명하고 이후 두 개의 시뮬레이션 프로그램을 이용하여 웹 상에서 회로를 결선하고 측정을 해 본 후 실제로 학생들이 브레드보드와 저항, 인덕터, 콘덴서 등과 같은 부품들을 이용하여 기초 전기 회로 실험을 진행하고 실험 결과와 시뮬레이션 결과를 비교, 검토할 수 있도록 구성하였다.

두 번째 교재는 "기초전자회로실험" 으로 명명되며, 전자 관련 실험을 목적으로 한다. 마찬가지로, 실험과 관련된 내용을 학습하기 전에, 반도체 및 트랜지스터 등과 같은

전자 이론 부분을 상세하게 설명하고 이후 두 개의 시뮬레이션 프로그램을 이용하여 웹 상에서 주어진 회로를 결선하고 측정을 한 후 실제로 학생들이 브레드보드와 저항, 인덕터, 콘덴서 및 트랜지스터 등을 이용하여 기초 전자 회로 실험을 진행하고 실험 결과와 시뮬레이션 결과를 비교, 검토할 수 있도록 구성하였다.

각 교재의 세부 내용으로서는 브레드보드를 이용하여 다양한 부품들을 결선한 사진 등을 제시하고 있으며, 또한 전기적인 측정하는 과정 등도 상세히 설명함으로써 학생들이 좀 더 쉽게 스스로 전기 · 전자 회로 실험을 학습할 수 있도록 구성하였다.

본 교재를 통하여, 전기 · 전자 공학 실험을 처음으로 접하는 학생들이 재미를 느끼고 스스로 학습하는데 도움이 되기를 바라며, 교재 출판에 도움을 주신 출판사 여러분께 감사드린다.

공저자 일동

본 교재의 내용은
NCS 학습모듈 내용을 일부 인용하였으며,
실험 장치와 실험 내용에 대해 많은 조언을 주신
㈜**청파이엠티**에 감사드립니다.

CONTENTS

CHAPTER 01

다이오드의 특성

1. 실험 목적

- PN 접합 다이오드의 동작 원리를 설명할 수 있다.
- 다이오드의 종류와 규격을 판독하고, 정격에 맞게 사용할 수 있다.
- 멀티미터를 이용하여 다이오드의 불량 여부를 판별할 수 있다.

2. 실험 준비물

- 브레드보드, 리드선 적당량
- 저항 100Ω, 다이오드 1N4004, 1N4148
- 회로 시험기(멀티미터), 2채널 디지털(메모리) 오실로스코프

3. 관련 이론

전자(Electron)는 기본 입자 중 하나로, 원자핵 주위를 도는 음전하를 가진 입자로서 전기장 내에서 움직이면 전류가 형성된다. 홀(정공, Hole)은 전자가 빠져나가면서 생기는 양전하를 띠는 공간을 의미한다. 실제 입자는 아니지만, 전자의 부족으로 인해 양전하를 띠는 것처럼 행동한다. 홀은 전자의 이동과 반대 방향으로 움직이며 전류를 형성한다.

1) 순수 반도체

실리콘은 원자핵의 주위를 14개의 전자가 돌고 있는데 첫 번째 궤도(Orbit)에 2개, 두 번째 궤도에 8개 그리고 세 번째 궤도에 4개가 돌고 있어 4가 원소로 분류한다. 실리콘의 마지막 궤도에 있는 4개의 전자는 상 · 하 · 좌 · 우에 있는 이웃 원자들과 전자를 공유(共有)함으로써 마치 각 원자가 8개의 원자를 가진 것과 같은 안정적인 결합을 유지하여 안정된 결정형태를 가지게 된다.

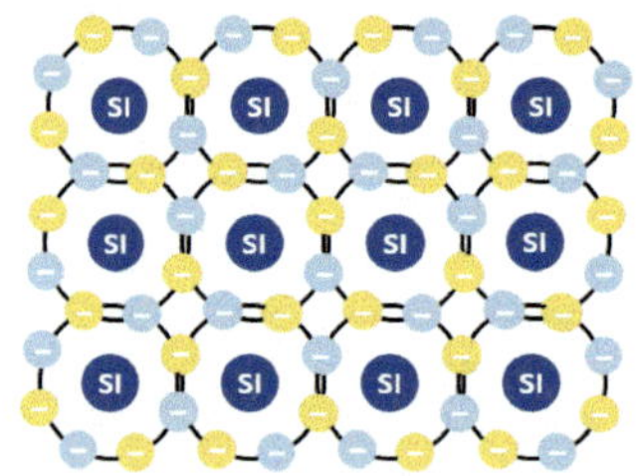

그림 1-1 실리콘(Si) 원자들의 공유결합

2) 반도체의 도핑

도핑(Doping)은 반도체 소자의 전기적 특성을 변화시키기 위해 특정 원자나 분자를 첨가하는 과정을 말한다. 반도체 소자에 도핑하면 해당 소자의 전기 전도성이 증가한다.

(1) 도핑의 종류

- N형 반도체 : 원소의 마지막 궤도에 5개의 전자가 있는 5가 원소 (예: P(인), As(비소))를 도핑하여 전자를 추가한다. 그림 1-2의 N형 반도체는 Si원소 위치에 P원소가 도핑되어 자유전자가 P원소 궤도에 1개 더 존재하고 이 전자는 자유전자처럼 행동하여 N형 반도체의 주요 캐리어가 된다. 캐리어(Carrier)는 반도체에서 전하를 운반하는 입자를 의미한다.
- P형 반도체: 원소가 마지막 궤도에 3개의 전자가 있는 3가 원소(예: B(붕소), Al(알루미늄))를 도핑하여 홀을 추가한다. 그림 1-3의 P형 반도체는 Si원소 위치에 Al원소가 도핑되어 자유전자가 Al원소 궤도에 1개 부족한 홀의 형태로 존재하고 이 홀은 자유전자와 반대로 행동하여 P형 반도체의 주요 캐리어가 된다.

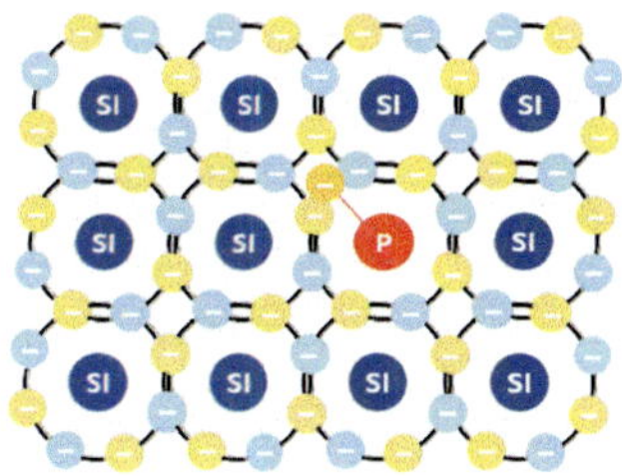

그림 1–2　N형 반도체

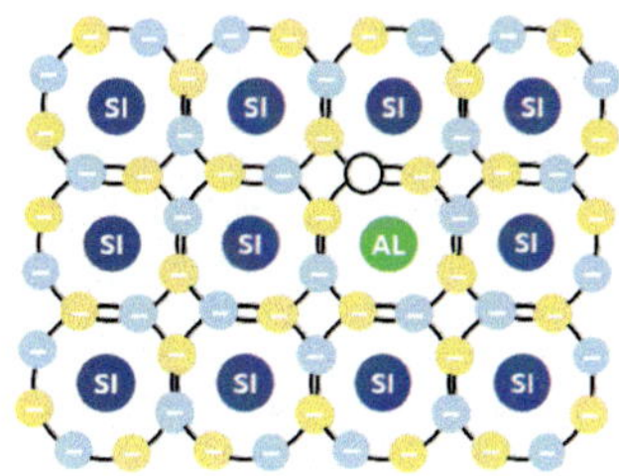

그림 1–3　P형 반도체

3) PN 접합의 형성과 특성

P형 반도체와 N형 반도체를 접합시키면 접합 면 근처에서 전자와 홀이 서로 확산되며 재결합하게 된다. 이 과정에서 P형 영역에는 음전하가, N형 영역에는 양전하가 남게 되고 이를 공핍 영역(depletion region)이라 한다. 공핍 영역은 접합 면 근처에 전기적 장벽을 형성하는데 이를 전위 장벽(Potential Barrier)이라 한다. 접합으로 인해 접합부에서는 특이한 전기적 특성이 나타난다. PN 접합(PN Junction)의 각 영역에 외부에서 인가되는 전압에 따라 이 전위 장벽이 조절되어 조건에 따라 도체로 또는 부도체로 동작하게 된다. 이러한 접합 공정으로 만들어진 전자부품을 PN 접합 다이오드라 한다.

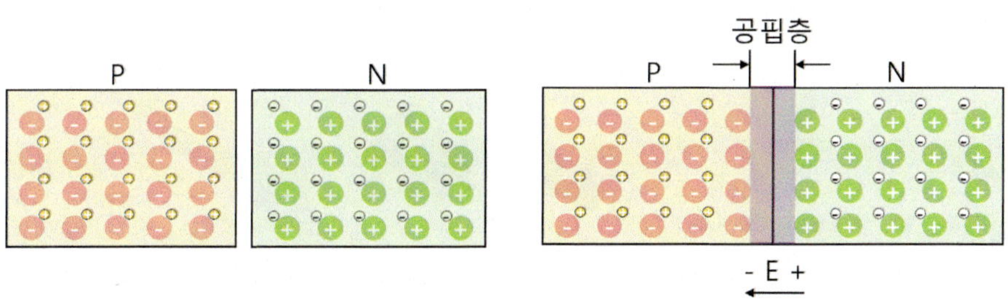

(a) 접합 전의 상태　(b) 접합 후의 안정 상태

그림 1–4　PN 접합

(1) 동작 원리

- 정류 특성 : PN 접합 다이오드는 한쪽 방향으로만 전류를 흐르게 하고 반대 방향으로는 전류를 차단하는 정류 특성을 가진다.
- 순방향 바이어스 : P형 반도체에 양의 전압을 가하고 N형 반도체에 음의 전압을 가하면 전위 장벽이 낮아져 전류가 흐르게 된다.
- 역방향 바이어스 : P형 반도체에 음의 전압을 가하고 N형 반도체에 양의 전압을 가하면 전위 장벽이 높아져 전류가 차단된다.

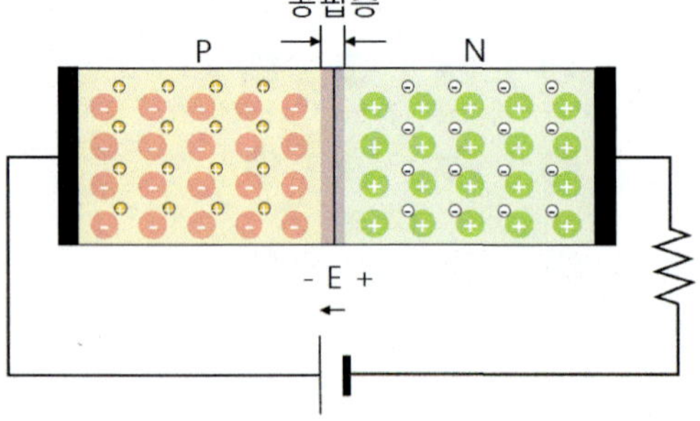

그림 1-5 순방향 바이어스

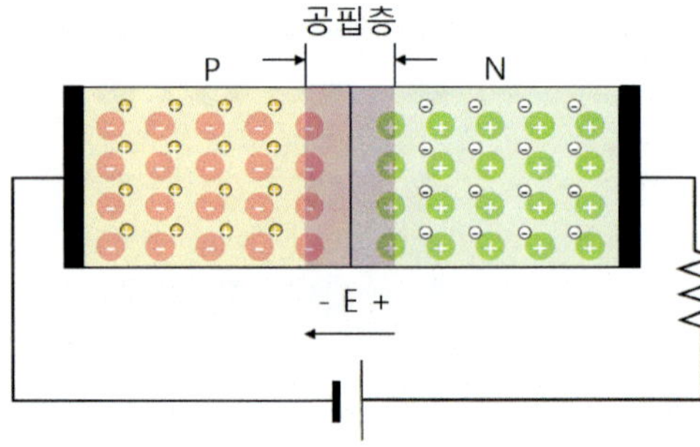

그림 1-6 역방향 바이어스

그림 1-7에는 PN 접합 다이오드의 구조와 기호 및 실물 모양을 나타내었다. PN 접합 다이오드의 P형에 연결된 단자를 애노드(Anode)라 하고 기호 A로 표시하며, N형에 연결된 단자를 캐소드(Cathode)라하고, 기호 K로 표시한다. 그림 1-7(b)에는 전기 회로도(Schematic)에 사용되는 다이오드의 기호를 나타내었으며 전류는 애노드에서 캐소드쪽으로 흐른다. 그림 1-7(c)에는 다이오드의 다양한 실물 제품을 나타낸다.

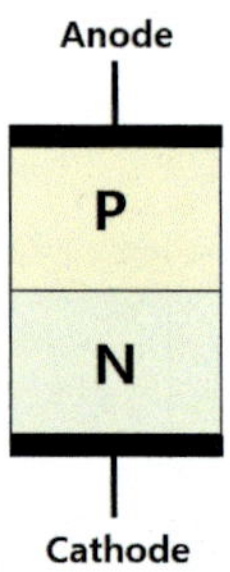

(a) 구조

(b) 기호

(c) 다이오드 실물

그림 1-7 다이오드의 구조, 기호 및 실물 모양

(2) 다이오드의 순방향 특성

다이오드의 순방향 특성은 P형 반도체와 N형 반도체가 접합된 PN 접합 다이오드가 순방향 바이어스(양 전압을 P형에, 음 전압을 N형에 걸어줌)에서 전류를 잘 흐르게 하는 성질을 말한다. 다이오드가 전류를 흐르기 시작하는 최소 전압을 문턱 전압(Threshold voltage)이라 한다. 실리콘(Si) 다이오드의 경우 약 $0.7\,V$, 게르마늄(Ge) 다이오드는 약 $0.3\,V$이다. 문턱 전압을 넘어서면 다이오드는 전류를 거의 제한 없이 통과시킨다. 전압이 증가할수록 전류는 기하급수적으로 증가한다.

• 순방향 특성 그래프

순방향으로 전압이 바이어스될 때 다이오드의 전류-전압 관계를 그래프로 나타낸 것이 $I-V$ 곡선이다. 다이오드의 전류는 식(1-1)과 같이 주어지며 문턱 전압 이후에 전류가 급격히 증가하는 형태를 보인다.

$$I = I_0(e^{V/V_T} - 1) \qquad \text{식}(1-1)$$

여기서 I_0는 역포화 전류, V는 순방향 전압, V_T는 열 전압이다.

그림 1-8(a)는 다이오드의 특성을 실험하기 위한 회로도이며, 그림 1-8(b)는 전압을 높여가면서 측정한 전류 값을 기록한 다이오드의 특성곡선이다. 다이오드의 순방향 전압이 V_F가 0.5V가 될 때까지는 전류가 흐르지 않다가 0.6V를 넘어설 때 미세하게 전류가 흐르기 시작하며 0.7V를 넘어서면 전류는 급속히 증가한다. 순방향 전압이 1V가 되면 전류는 1A이상이 흐르게 되고 이는 실리콘 다이오드 1N4004의 최대 정격이다. 그 이상의 전류가 흐르게 되면 다이오드는 열로 인하여 파손된다.

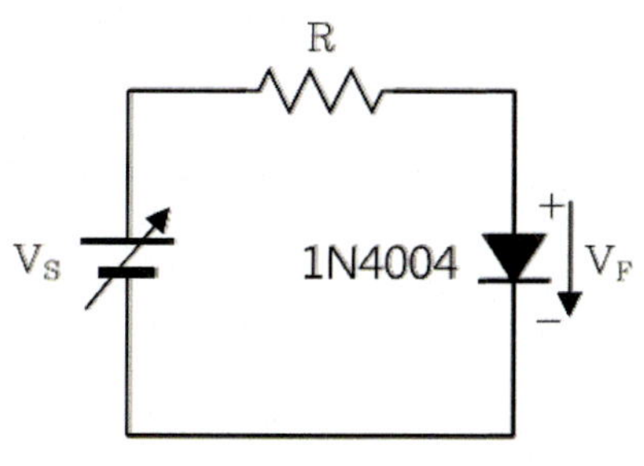

(a) 실험 회로

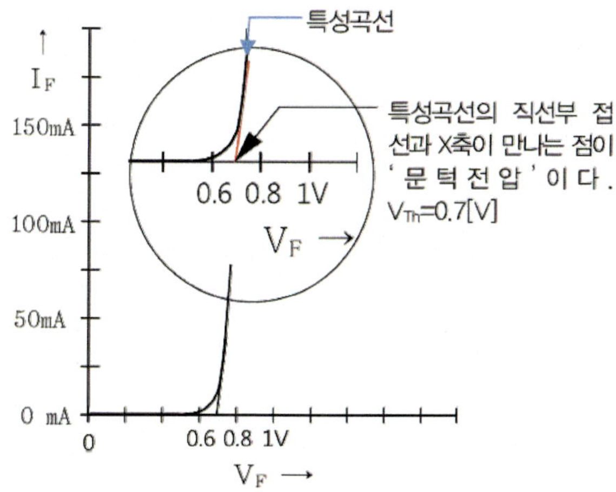

(b) 순방향 특성

그림 1–8 실리콘 다이오드의 특성

(3) 다이오드의 규격

다이오드의 규격은 다양한 전자기기에서 다이오드를 올바르게 선택하고 사용하기 위해 중요한 역할을 한다. 아래는 다이오드의 주요 규격과 그 의미를 나타낸다.

- 최대 순방향 전류(Maximum Forward Current, I_F) : 다이오드가 손상 없이 흐를 수 있는 최대 순방향 전류이다. 이 값 이상으로 전류가 흐르면 다이오드가 과열되어 손상될 수 있다.
- 최대 역전압(Maximum Reverse Voltage, V_R) : 다이오드가 손상 없이 견딜 수 있는 최대 역방향 전압이다. 이 값 이상으로 전압이 가해지면 다이오드가 역방향 전류를 차단하지 못하고 파괴될 수 있다.
- 순방향 전압 강하(Forward Voltage Drop, V_F) : 다이오드에 순방향 전류가 흐를 때 발생하는 전압 강하이다. 실리콘 다이오드의 경우 약 0.7 V, 게르마늄 다이오드는 약 0.3 V이다.
- 역방향 누설 전류(Reverse Leakage Current, I_R) : 역방향 전압이 걸렸을 때 다이오드를 통해 흐르는 작은 전류이다. 이상적으로는 0이 되어야 하지만, 실제로는 매우 작은 값의 전류가 흐른다.
- 최대 전력 소모(Maximum Power Dissipation, P_D) : 다이오드가 정상 동작할 수 있는 최대 전력 소모량이다. 다이오드의 열적 안정성과 관련 있다.

(4) 응용

- 다이오드 : 전류를 한 방향으로만 흐르게 하는 전자부품.
- 트랜지스터 : 증폭 및 스위칭 장치로 사용되며, 두 개의 PN 접합을 포함하는 전자부품.
- 태양광 발전: 태양 전지에서는 빛에 의해 생성된 전자-홀 쌍이 PN 접합에 의해 분리되어 전류를 생성.

4. 실험 순서

실험 1-1 디지털 멀티미터(DMM)를 이용한 다이오드 저항 측정 실험

▸ 다음의 실험 절차를 진행하고 그 결과를 '◈ 실험 결과 고찰 1'의 '실험 1-1 디지털 멀티미터(DMM)을 이용한 다이오드 저항 측정 실험'에 작성한다.

① 디지털 멀티미터(DMM)의 측정 레인지를 변화시켜 가면서 다이오드의 순방향 및 역방향 저항을 측정하여 표 1-1에 기록한다.

※ DMM은 측정 레인지를 자동 또는 반자동으로 선택해 준다. 역방향 저항을 측정할 때는 가장 높은 저항 레인지를 선택한다.

■ 다이오드의 전압–전류 특성실험 회로

다이오드의 순방향 전압-전류 특성을 실험하기 위한 회로는 그림 1-9(a)와 같고 역방향 전압-전류 특성을 실험하기 위한 회로는 그림 1-9(b)와 같다.

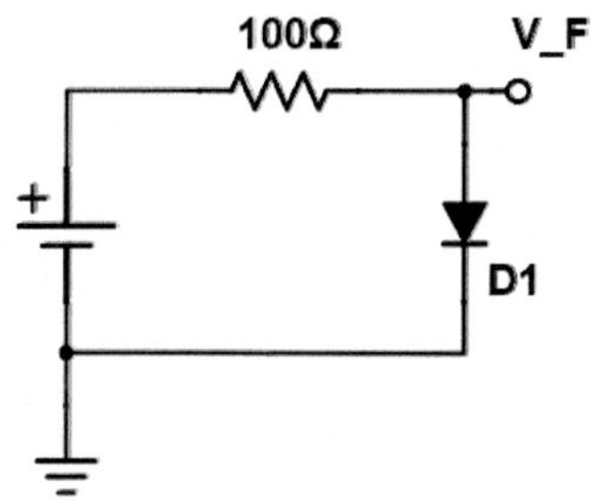

(a) 순방향 특성실험

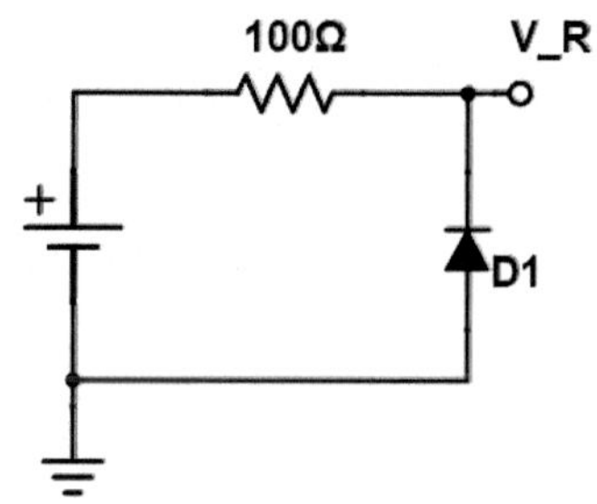

(b) 역방향 특성실험

그림 1–9 다이오드 특성실험 회로

실험 1-2 TinkerCAD를 활용한 다이오드 특성실험

▸ 다음의 실험 절차를 진행하고 그 결과를 '◈ 실험 결과 고찰 1'의 '실험 1-2 TinkerCAD를 활용한 다이오드 저항 측정 실험'에 작성한다.

① TinkerCAD에서 그림 1-9와 같이 다이오드 특성을 실험하기 위한 회로를 구성한다. 그림 1-10에 TinkerCAD에서 다이오드 특성실험을 위한 실험 회로와 시뮬레이션 결과를 나타내었다.

② 시뮬레이션을 실행하고 전원 공급기의 공급 전원을 조절하여 다이오드에 의한 전압 강하 V_F(순방향)가 표 1-2에 주어진 값에 근사하도록 조정한다. 이때 측정되는 전류 I의 값을 표 1-2의 순방향 전류 $I_F\,[mA]$칸에 기록한다. 이때 전원 공급기의 공급 전원 값을 $V1$칸에 기록한다. 또한, 공급 전원 $V1$의 값이 2~7$[V]$일 때, I_F 및 V_F의 값을 각각 기록한다.

③ 다이오드의 방향을 그림 1-10(b)와 같이 반대로 연결하여 역방향 특성실험을 진행한다. 다이오드에 의한 전압 강하 V_R(역방향)이 표 1-2에 주어진 값에 근사하도록 조정한다. 이때 표시되는 전류 I의 값을 표1-2의 역방향 전류 $I_R\,[mA]$칸에 기록한다.

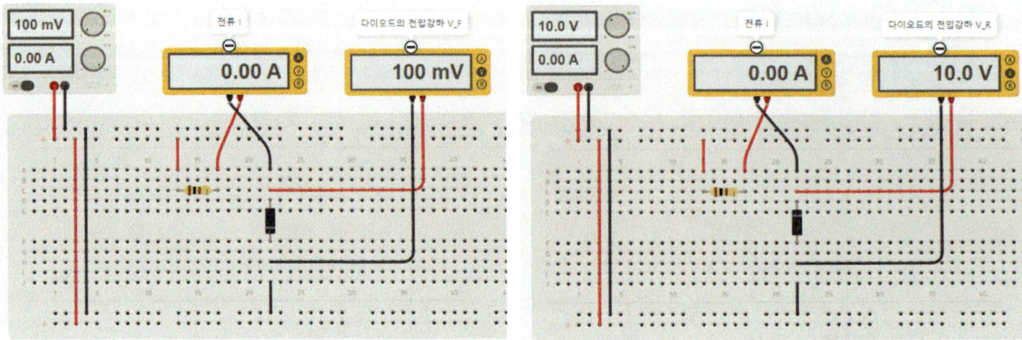

(a) 순방향 특성실험 (b) 역방향 특성실험

그림 1–10 다이오드 특성실험을 위한 회로와 시뮬레이션 결과 (TinkerCAD)

실험 1-3 MultiSIM을 활용한 다이오드 특성실험

▸ 다음의 실험 절차를 진행하고 그 결과를 '◈ 실험 결과 고찰 1'의 '실험 1-3 MultiSIM을 활용한 다이오드 저항 측정 실험'에 작성한다.

① MultiSIM을 실행시키고 그림 1-9와 같이 다이오드 특성을 실험하기 위한 회로를 구성한다. $D1$은 '1N4004G'를 사용한다. 그림 1-11에 MultiSIM을 활용한 다이오드 특성실험 회로를 나타내었다.

② 시뮬레이션을 실행하고 전원 공급기의 공급 전원을 조절하여 다이오드에 의한 전압 강하 V_F(순방향)가 표 1-3에 주어진 값에 근사하도록 조정한다. 이때 전류 I의 값을 측정하여 표 1-3의 순방향 전류 $I_F\,[mA]$ 칸에 기록한다.

③ 다이오드의 방향을 그림 1-11(b)와 같이 반대로 연결하여 역방향 특성실험을 진행한다. 다이오드에 의한 전압 강하 V_R(역방향)이 표 1-3에 주어진 값에 근사하도록 조정한다. 이때 전류 I의 값을 측정하여 표 1-3의 역방향 전류 $I_R\,[mA]$칸에 기록한다.

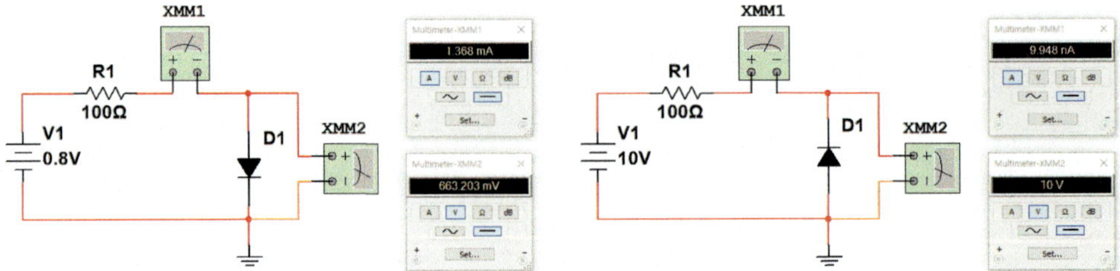

(a) 순방향 특성실험 (b) 역방향 특성실험

그림 1–11 다이오드 특성실험 회로 (MultiSIM)

실험 1-4 MultiSIM의 DC Sweep analysis를 활용한 다이오드 전압-전류 특성실험

▸ 다음의 실험 절차를 진행하고 그 결과를 '◈ 실험 결과 고찰 1'의 '실험 1-4 MultiSIM의 DC Sweep analysis를 활용한 다이오드 전압-전류 특성실험'에 작성한다.

① MultiSIM을 실행시키고 그림 1-12의 다이오드 특성을 실험하기 위한 회로를 구성한다. $D1$은 Switching diode 1N4148을 사용한다.

② 다이오드의 문턱 전압을 확인하기 위해 [Simulate / Analysis and simulation] 메뉴를 선택하여 나오는 창에서 Active Analysis에서 DC Sweep을 선택하고 DC Sweep Analysis parameters 및 Output을 아래와 같이 설정한다. 파라미터 설정 창을 그림 1-13에 나타내었다.

> ▹ Analysis parameters 탭
> ◦Source : $V1$, Start Value : 0 V, Stop Value : 1 V, Increment : 0.01 V
> ▹ Output 탭
> ◦Selected variables for analysis : $I(D1[ID])$을 'Add' 버튼을 클릭하여 추가

③ 'Run' 버튼을 클릭하여 시뮬레이션을 시작한다. Grapher View에서 'x1(x2)'에 해당하는 커서를 이동하여 전류가 흐르는 부분('y1(y2)'의 값이 50mA 인 경우)까지 이동하면 다이오드가 도체로 작동하는 문턱 전압을 측정할 수 있다. (show cursor 버튼 을 클릭하여 활성화한 다음 측정한다) Cursor 창에서 'x1(x2)'에 해당하는 값이 문턱 전압이 된다. 이 값을 '다이오드 1N4148의 문턱 전압'에 기록한다. 시뮬레이션 결과를 그림 1-14(a)에 나타내었다.

④ 다이오드의 항복 전압을 측정하기 위해 [Simulate / Analyses and simulation]을 선택하여 나오는 창에서 Active Analysis:DC Sweep을 선택하고 다음과 같이 설정하여 DC Sweep 모드로 시뮬레이션한다.

> ▹ Analysis parameters 탭
> ◦Source : $V1$, Start Value : −101 V, Stop Value : 1 V, Increment : 0.1 V
> ▹ Output 탭
> ◦Selected variables for analysis : $I(D1[ID])$

⑤ 시뮬레이션 결과 Grapher View에서 'x1(x2)'에 해당하는 커서를 이동하여 전류가 반대 방향으로 흐르는 부분('y1(y2))'의 값이 수 mA가 되는 위치)까지 이동하면 다이오드가 손상되는 항복 전압을 측정할 수 있다. 이 값을 측정하여 '다이오드 1N4148의 항복 전압'에 기록한다. 시뮬레이션 결과를 그림 1-14(b)에 나타내었다.

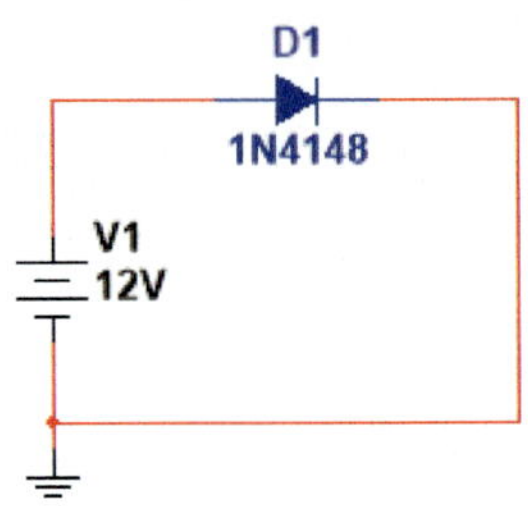

그림 1-12 다이오드 특성실험을 위한 회로 (DC Sweep analysis)

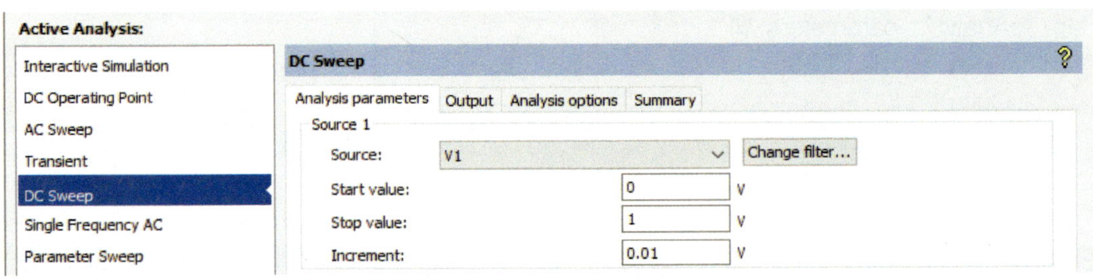

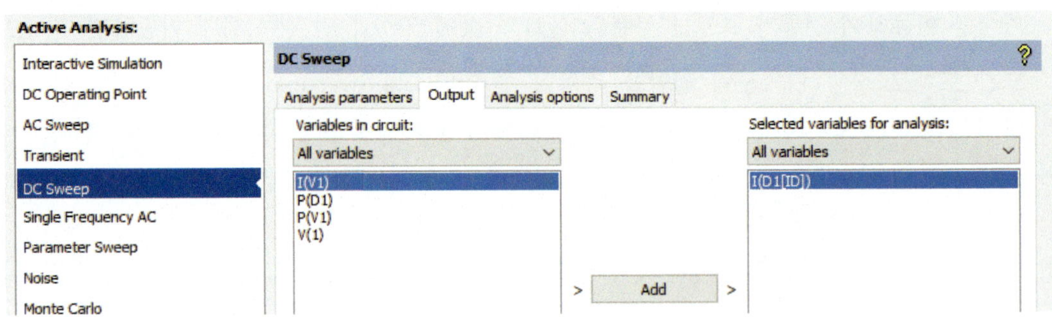

그림 1-13 DC Sweep Analysis Parameter 및 Output 설정

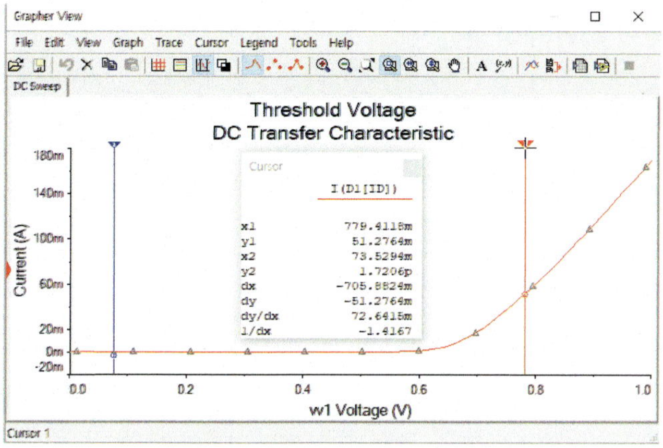

(a) 시뮬레이션 - 문턱 전압(Threshold Voltage)의 측정

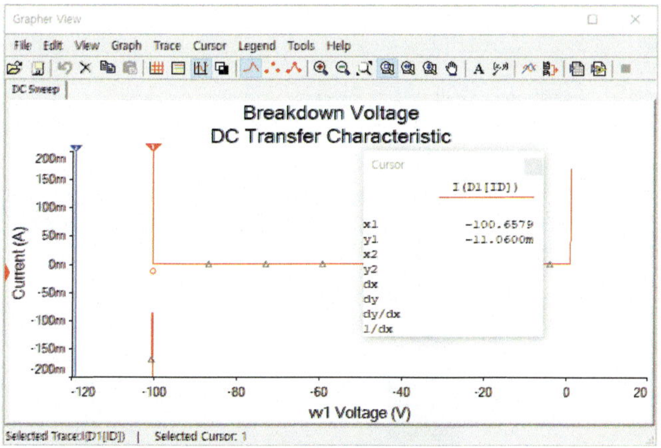

(b) 시뮬레이션 - 항복 전압(Breakdown Voltage)의 측정

그림 1-14 DC Sweep Analysis를 활용한 다이오드 특성실험 시뮬레이션 결과

실험 1-5 MultiSIM의 IV Analyzer를 활용한 다이오드 전압-전류 특성실험

▸ 다음의 실험 절차를 진행하고 그 결과를 '◈ 실험 결과 고찰 1'의 '실험 1-5 IV Analyzer를 활용한 다이오드 전압-전류 특성실험'에 작성한다.

① MultiSIM을 실행시키고 다이오드(1N4004G)와 IV Analyzer (MultiSIM 사용자 인터페이스의 우측의 Instruments 툴바의 중간에 있음)를 배치하여 그림 1-15(a)와 같이 IV Analyzer를 활용한 다이오드 특성을 실험하기 위한 회로를 구성한다.

> ▹ IV Analyzer의 파라미터 설정
> - IV Analyzer($XIV1$)을 더블 클릭한 다음 Components:에서 Diode로 설정한다.
> - Simulate param. 버튼을 클릭하여 pn 접합 다이오드의 Source 전원의 전압을 Start : −150 V, Stop : 150 V, Increment : 10mV로 그림 1-15(b)와 같이 설정한 다음 OK 버튼을 클릭한다.

② Interactive 모드로 시뮬레이션을 실행하고 IV Analyzer에서 다이오드가 동작하는 부분으로 커서를 이동하면 문턱 전압값을 측정(그림 1-16(a))할 수 있다. IV analyzer 창의 아랫부분의 좌우 화살표 버튼 ← → 을 조정하여 표시되는 전류 값이 수 mA로 변하는 부분이 다이오드 1N4148의 문턱 전압이다. 이 값을 '다이오드 1N4148의 문턱 전압'에 기록한다.

③ 역방향 전류가 수 mA로 커지는 위치로 커서를 이동하면 항복 전압값을 측정(그림 1-16(b)) 할 수 있다. IV analyzer 창의 아랫부분의 좌우 화살표 버튼 ← → 을 조정하여 표시되는 전류 값이 음수의 수 mA로 변하는 부분이 다이오드 1N4148의 항복 전압이다. 이 값을 '다이오드 1N4148의 항복 전압'에 기록한다.

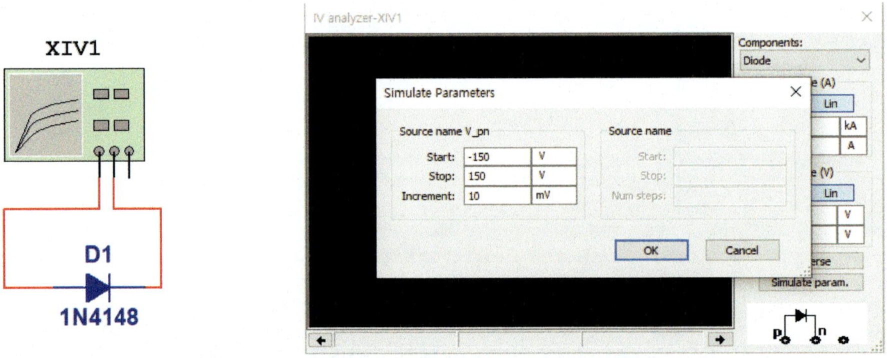

(a) 실험 회로 (b) Simulate Parameters 설정

그림 1-15 다이오드 특성실험을 위한 회로 및 Parameters 설정 (IV Analyzer)

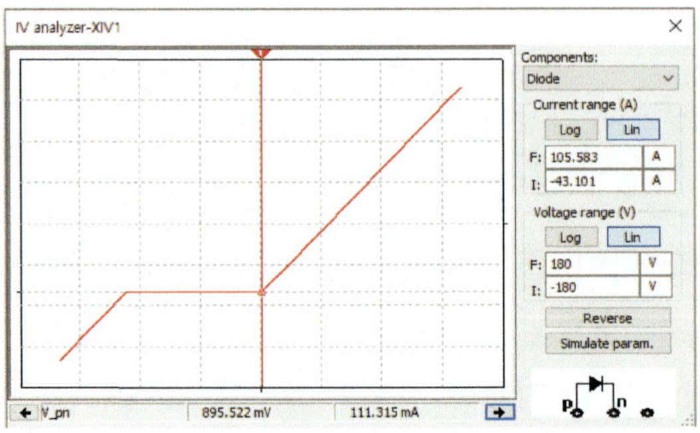

(a) 시뮬레이션 - 문턱 전압(Threshold Voltage)의 측정

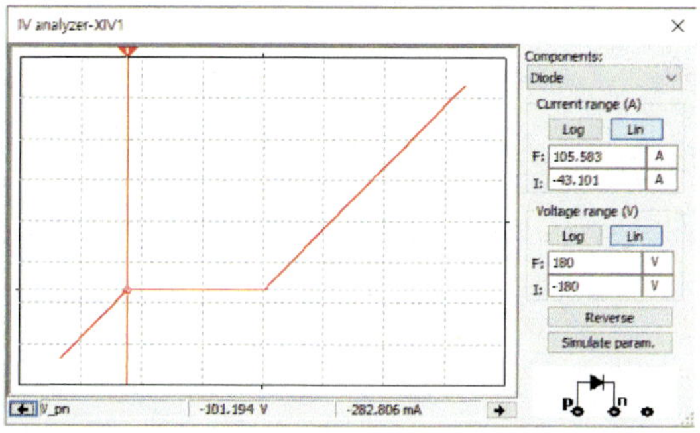

(b) 시뮬레이션 - 항복 전압(Breakdown Voltage)의 측정

그림 1-16 IV Analysis를 활용한 다이오드 특성실험 시뮬레이션 결과

실험 1-6 Smart LAB을 활용한 다이오드 특성실험

▸ 다음의 실험 절차를 진행하고 그 결과를 '◈ 실험 결과 고찰 1'의 '실험 1-6 SmartLAB을 활용한 다이오드 특성실험'에 작성한다.

① Smart LAB 실습 키트를 활용하여 그림 1-17과 같이 다이오드 특성을 실험하기 위한 회로를 구성한다.

② 전원 공급기의 공급 전원을 조절하여 가면서 다이오드에 의한 전압 강하 V_F와 저항의 전압 강하 V_{RL}을 측정한다. 다이오드에 의한 전압 강하 V_F가 표 1-4에 지정된 공급 전원과 순방향 전압이 될 때 측정한 V_{RL}값과 전류 I_F의 값을 계산하여 표 1-4에 기록한다. 전압 강하 V_F와 V_{RL}은 멀티미터 또는 Smart LAB의 오실로스코프를 활용하여 측정한다.

▹ Smart LAB – 오실로스코프 설정
- 채널 A : 수직 감도 : 0.5 V/Div, 입력 결합 : DC
- 채널 B : 수직 감도 : 2 V/Div ~ 5 V/Div, 입력 결합 : DC, 위상 : 반전(INV)
- 트리거(Trigger)기준 : $CH\ A$, 상승 에지(↗)
- 동작 모드 : $X-Y$ 모드
- 수평 소인 시간(Horizontal sweep time) : 1ms

▹ Smart LAB – 입력 전원 AC 9 V 설정
- Quick Launch(간편 설정) 클릭 → AC 선택 → 전압 9 V설정 → 주파수 100Hz 설정 후 전원 스위치 버튼을 클릭하여 ON 상태로 만든다.

▷ Smart LAB – **오실로스코프 파형 판독**

- 다이오드의 순방향 전압(V_F)은 스크린에서 X의 크기에 대응하고,
- 다이오드의 순방향 전류(I_F)는 Y축 전압 크기에 대응한다.
- Y축 전압은 순방향 전류가 만든 전압 강하(V_{RL})이므로 이 관계를 이용하면 다음 식과 같이 계산할 수 있다.

$$Y\text{축 전압} = V_{RL} = I_F R \qquad \therefore I_F = \frac{V_{RL}}{R} \qquad \text{식(1-2)}$$

즉, Y축에서 판독한 전압(V_R)을 저항 100Ω으로 나누면 전류 값이 된다.

③ 전원 전압을 높여가면 0.5 V정도부터 전류가 흐르기 시작한다. 이때부터 주의 깊게 천천히 전압을 높여 전류 값(I_F)을 기록한다. 다이오드 양단에 걸리는 전압(V_F)을 측정하여 표1-4에 기록한다.

※ 벌크 저항(bulk resistance) : 순방향의 전류가 흐를 때 다이오드의 반도체 자체가 이상적으로 0Ω이 될 수 없어, 약간의 저항을 가지게 된다. 이를 다이오드의 벌크 저항이라 한다.

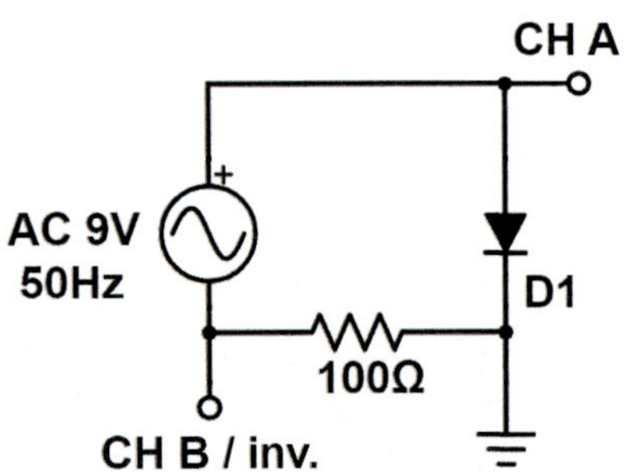

(a) 다이오드 특성 실험 회로

(b) 브레드보드

그림 1-17 다이오드 특성실험을 위한 회로 (Smart LAB)

실험 결과 고찰 1

[실험 1-1] 디지털 멀티미터(DMM)을 이용한 다이오드 저항 측정 실험

표 1-1 DMM으로 측정한 다이오드 저항

<table>
<tr><th colspan="3" rowspan="2">다이오드의 종류</th><th colspan="2">측정 레인지</th></tr>
<tr><th>—▶|—</th><th>Ω</th></tr>
<tr><td rowspan="2">정류</td><td rowspan="2">1N4004
($1A$/400 V)</td><td>순방향</td><td></td><td></td></tr>
<tr><td>역방향</td><td></td><td></td></tr>
<tr><td rowspan="2">고주파
스위칭</td><td rowspan="2">1N4148
(150mA/100 V)</td><td>순방향</td><td></td><td></td></tr>
<tr><td>역방향</td><td></td><td></td></tr>
</table>

[실험 1-2] TinkerCAD를 활용한 다이오드 특성실험

표 1-2 다이오드의 전압-전류 특성 (TinkerCAD)

순방향			역방향		
$V1\,[mV]$	$V_F\,[mV]$	$I_F\,[mA]$	$V1\,[V]$	$V_R\,[V]$	I_R
	0		0		
	100	$[fA]$	1		$[pA]$
	200	$[pA]$	2		$[pA]$
	300	$[nA]$	3		$[pA]$
	400	$[nA]$	4		$[pA]$
	450	$[nA]$	6		$[pA]$
	500	$[\mu A]$	9		$[pA]$
	550	$[\mu A]$	12		$[pA]$
	600	$[\mu A]$	15		$[pA]$
	650	$[\mu A]$	18		$[pA]$
	700		19		$[pA]$
2 $[V]$			20		$[pA]$
3 $[V]$			21		$[mA]$
4 $[V]$			22		$[mA]$
5 $[V]$			24		$[mA]$
6 $[V]$			30		$[mA]$

[실험 1-3] MultiSIM을 활용한 다이오드 특성실험

표 1-3 다이오드의 전압-전류 특성 (MultiSIM)

순방향		역방향	
$V_F[V]$	$I_F[mA]$	$V_R[V]$	$I_R[mA]$
0		0	
0.1		3	
0.2		6	
0.3		9	
0.4		12	
0.45		15	
0.5		18	
0.55		21	
0.6		24	
0.65		27	
0.8		30	

[실험 1-4] MultiSIM의 DC Sweep analysis를 활용한 다이오드 전압-전류 특성실험

- 다이오드 1N4148의 문턱 전압 (Threshold Voltage) : mV
- 다이오드 1N4148의 항복 전압 (Breakdown Voltage) : V

[실험 1-5] MultiSIM의 IV Analyzer를 활용한 다이오드 전압-전류 특성실험

- 다이오드 1N4148의 문턱 전압 (Threshold Voltage) : mV
- 다이오드 1N4148의 항복 전압 (Breakdown Voltage) : V

[실험 1-6] SmartLAB를 활용한 다이오드 특성실험

표 1-4 정류 다이오드 1N4004의 특성실험 기록표

<table>
<tr><td>공급 전원(V)</td><td>1.85</td><td>0.7V</td><td>0.75V</td><td>0.8V</td></tr>
<tr><td>순방향 전압(V_F)</td><td>0.6V</td><td>0.7V</td><td>0.75V</td><td>0.8V</td></tr>
<tr><td>저항의 전압 강하(V_{RL})</td><td></td><td></td><td></td><td></td></tr>
<tr><td>순방향 전류(I_F)
$I_F = \frac{V_{RL}}{R} = \frac{V_{RL}}{100}$</td><td></td><td></td><td></td><td></td></tr>
<tr><td rowspan="2">변화율</td><td colspan="2">$\Delta V_F =$</td><td colspan="2">$\Delta V_F =$</td></tr>
<tr><td colspan="2">$\Delta I_F =$</td><td colspan="2">$\Delta I_F =$</td></tr>
<tr><td>벌크저항 계산</td><td colspan="2">$R_B = \frac{\Delta V_F}{\Delta I_F} =$</td><td colspan="2">$R_B = \frac{\Delta V_F}{\Delta I_F} =$</td></tr>
</table>

☞ 실험 1-1에서 측정된 다이오드의 순방향 저항과 역방향 저항값이 어떻게 다른지 간단히 기술하라.

☞ 실험 1-2의 결과에서 I_F의 값이 급격히 증가하는 V_F의 값은 얼마인지 살펴보고 이 값의 의미를 간단히 기술하라.

☞ 실험 1-2의 결과에서 공급 전원의 값이 2~6 V로 조정될 때의 V_F 와 I_F 값의 변화에 대해 기술하고 그 의미를 간단히 기술하라.

☞ 실험 1-2의 다이오드의 역방향 특성실험에서 전압의 변화를 살펴보고 그 의미를 간단히 기술하라.

☞ 실험 1-2의 다이오드의 역방향 특성실험에서 전류의 변화를 살펴보고 그 의미를 간단히 기술하라.

CHAPTER 02

반파, 전파 정류회로

1. 실험 목적

- 반파 정류회로 및 전파 정류회로의 출력 파형을 관찰한다.
- 반파 정류회로를 구성하고 평활회로를 추가하여 직류 전원을 만들 수 있다.
- 4개의 다이오드를 이용하여 브리지 정류회로를 구성할 수 있다.

2. 실험 준비물

- 브레드보드, 리드선 적당량
- 저항 500Ω, 캐패시터 $470\mu F$, 다이오드 1N4004($1A/400V$) × 4
- 멀티미터, 교류 전원 또는 함수 발생기, 2채널 디지털(메모리) 오실로스코프

3. 관련 이론

정류회로(整流回路, Rectifier Circuit)는 교류(Alternating Current, AC) 전원을 직류(Direct Current, DC) 전원으로 변환하는 전자회로이다. 정류회로는 전원 공급 장치에서 매우 중요한 역할을 하며, 다양한 전자 장비에서 직류 전원을 공급하기 위해 사용된다. 단방향 전류 특성을 갖는 다이오드는 한쪽 방향으로만 전류를 흐르게 하므로 정류 소자로 사용된다.

1) 반파 정류회로

반파 정류회로(半波整流回路, Half-Wave Rectifier)는 교류(AC) 전원을 직류(DC) 전원으로

변환하는 기본적인 정류회로 중 하나이다. 주로 다이오드를 사용하여 교류 전원의 한쪽 반주기(positive 또는 negative half cycle)만을 통과시키고, 나머지 반주기는 차단함으로써 직류 성분을 얻는다.

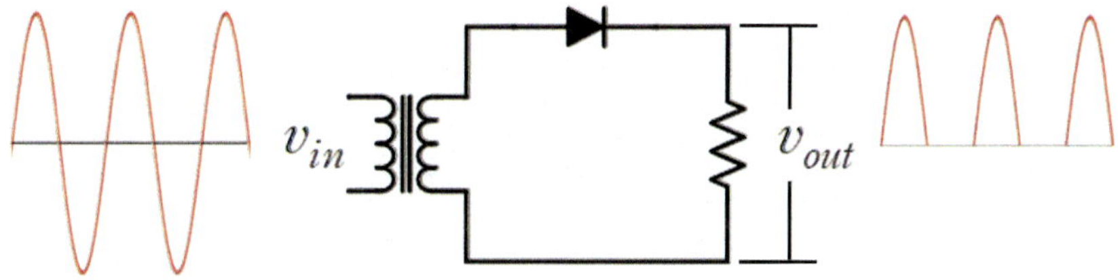

그림 2-1 반파 정류회로

2) 전파 정류회로

전파 정류회로는 교류 전원의 양쪽 반주기 동안 모두 전류를 흐르게 한다. 이를 위해 변압기와 두 개의 다이오드를 사용하는 방식(중간 탭 방식)이나 네 개의 다이오드를 사용하는 브리지 정류 방식을 사용한다.

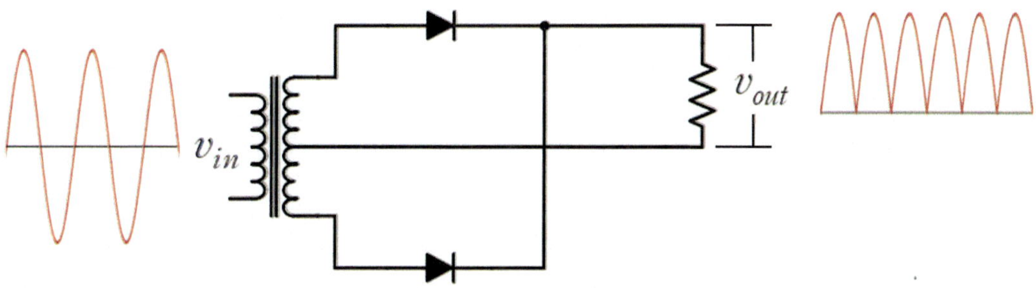

그림 2-2 트랜스포머 중간 탭 방식 전파 정류회로

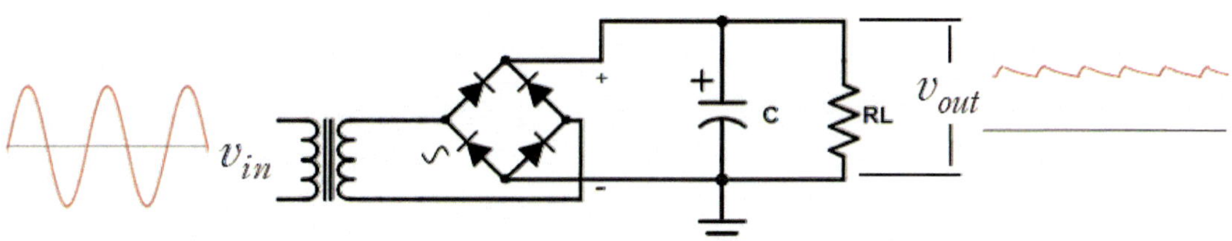

그림 2-3 브리지 정류회로 (평활회로 포함)

3) 평활회로

정류된 직류 전압에는 여전히 교류 성분(리플)이 포함되어 있으므로, 이를 제거하여 더 순수한 직류 전압을 얻기 위해 평활회로를 사용한다. 부하가 작을 때의 리플은 작고 평균 전압은 커지며, 부하가 클 때의 리플은 크고 평균 전압은 작아진다. 일반적으로 사용되는 평활회로는 다음과 같다.

- 커패시터(Capacitor) 필터 : 리플 전압을 줄이는 가장 간단한 방법
- 인덕터(Inductor) 필터 : 교류 성분을 저지하고 직류 성분을 통과.
- RC필터 : 저항과 커패시터를 조합하여 리플을 줄인다.

4) 리플률

평활화된 직류 속에 포함된 교류 성분을 리플이라 하며 리플의 주파수(f), 커패시터의 용량(C), 그리고 부하전류의 크기(I)를 알면 리플 전압의 크기(V_R)은 다음 식(2-1)과 같이 계산된다. 여기서, 리플 전압은 피크-피크값(peak to peak)이다.

$$V_R = \frac{I}{f\,C}\ [V_{PP}] \qquad \text{식}(2-1)$$

직류 전압 속에 포함된 리플 전압의 비율을 % 크기로 나타낸 값이 리플률이며 그 계산식은 다음과 같다.

$$\text{리플률}\ \gamma = \frac{V_{AC}}{V_{DC}} \times 100\ [\%] \qquad \text{식}(2-2)$$

여기서, 리플 전압 $V_{Ripple} = V_{AC}$는 실효 값 크기이다.

4. 실험 순서

■ 반파 정류회로

그림 2-4와 같은 반파 정류회로를 구성하고 부하 저항에서 관측되는 파형을 관찰한다.

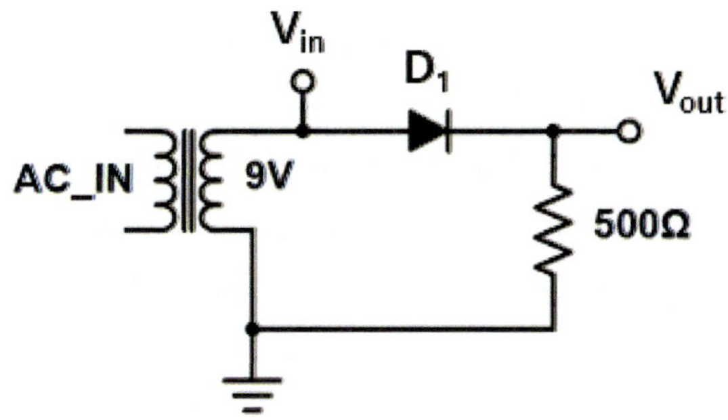

그림 2-4 반파 정류회로 실험 회로

실험 2-1 TinkerCAD를 활용한 반파 정류회로 실험

▸ 다음의 실험 절차를 진행하고 그 결과를 '◈ 실험 결과 고찰 2'의 '실험 2-1 TinkerCAD를 활용한 반파 정류회로 실험'에 작성한다.

① TinkerCAD에서 그림 2-4의 반파 정류회로 실험 회로를 구성한다. 입력 교류 전압은 9V가 되게 하고 부하 저항은 500Ω을 연결한다. 그림 2-5는 TinkerCAD를 활용하여 구성한 반파 정류회로를 나타내었다.

② 함수 발생기의 주파수는 50Hz, 진폭은 9V, DC 오프셋은 0V, 함수는 사인으로 설정한다.

③ 오실로스코프의 T/div (Time per Division)은 10ms로 설정한다.

④ 시뮬레이션을 진행하여 파형을 관찰하고 '입력신호 파형'과 '출력신호 파형'에 그린다.

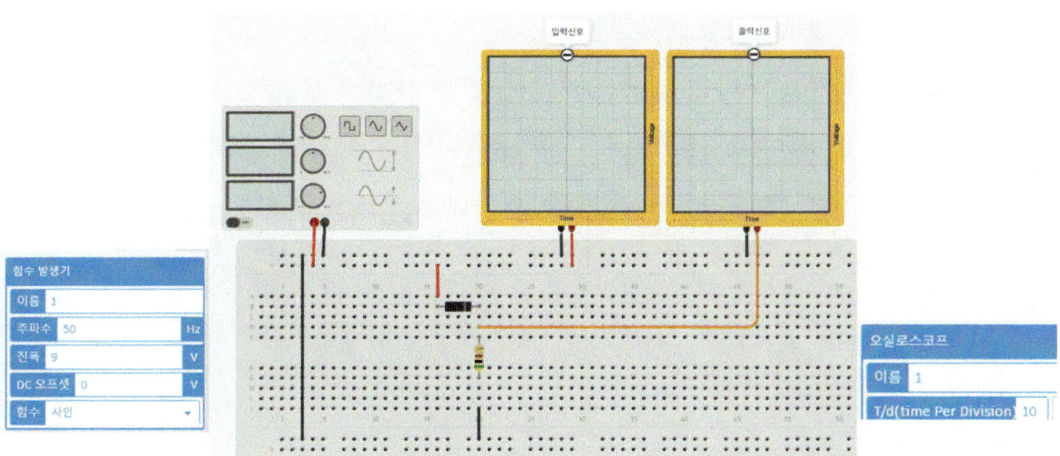

그림 2-5 반파 정류 실험 회로 (TinkerCAD)

실험 2-2 MultiSIM을 활용한 반파 정류회로 실험

▸ 다음의 실험 절차를 진행하고 그 결과를 '◈ 실험 결과 고찰 2'의 '실험 2-2 MultiSIM을 활용한 반파 정류회로 실험'에 작성한다.

① MultiSIM을 실행시키고 그림 2-4의 반파 정류회로를 구성한다. Sources(Group) → SIGNAL_VOLTAGE_SOURCES(Family) → AC_VOLTAGE(Component)를 배치하고 Component를 더블클릭하여 나오는 속성창의 Value탭에서 Voltage(Pk)는 9 V, Frequency(F)는 50 Hz로 설정한다.

② Diodes(Group) → DIODE(Family) → 1N4004G(Component)를 선택하여 배치한다.

③ Basic(Group) → RESISTOR(Family) → 500(Component)을 선택하고 Ctrl+R을 눌러 회전시켜 부하 저항 500Ω을 배치한다.

④ Sources(Group) → POWER_SOURCES(Family) → GROUND(Component)를 배치한다.

⑤ 그림 2-6의 회로도를 참조하여 반파 정류회로를 배선한다.

⑥ 오실로스코프를 배치하여 AC_VOLTAGE의 입력 파형과 부하 저항에서 측정되는 출력 파형을 관찰하기 위해 채널 A는 입력 파형에 채널 B는 출력 파형에 배선한다. 채널 B에 연결된 배선을 더블 클릭하여 나오는 'Net Properties' 창에서 Net color를 '파랑'색으로 변경한다. 그림 2-6는 MultiSIM을 이용하여 구현된 실험 회로와 오실로스코프 설정을 나타내었다.

> ▹ MultiSIM - 오실로스코프 설정
> ◦ Timebase : Scale - 10ms/Div
> ◦ Channel A : Scale – 5 V/Div , 입력 결합 : DC
> ◦ Channel B : Scale – 5 V/Div , 입력 결합 : DC
> ◦ Trigger : CH A, 상승 에지(Ƒ), Single

⑦ 시뮬레이션을 실행하여 오실로스코프의 파형을 관찰한다. Reverse를 클릭하면 오실로스코프의 배경이 백색으로 반전된다. 채널 A 및 B의 Y pos를 조정하면 입력 파형과 출력 파형을 구분해서 관찰할 수 있다. '빨강' 색으로 표시되는 파형은 입력신호의 파형이고 '파랑' 색으로 표시되는 파형은 출력신호의 파형이다. 입력신호의 반 주기에 해당하는 신호만이 출력신호에서 관찰된다. 시뮬레이션 결과 파형을 '입력신호 파형'과 '출력신호 파형'에 그린다.

⑧ 출력 전압값을 측정하기 위해 그림 2-6과 같이 멀티미터 XMM1은 교류(AC)로 설정하여 리플 전압(V_{AC})를 측정하고, XMM2는 직류(DC)로 설정하여 직류 전압(V_{DC})을 측정한다. 이 값을 표 2-1의 '$R1$: 500Ω, $C1$: 개방' 칸에 기록하고 리플률을 계산한다.

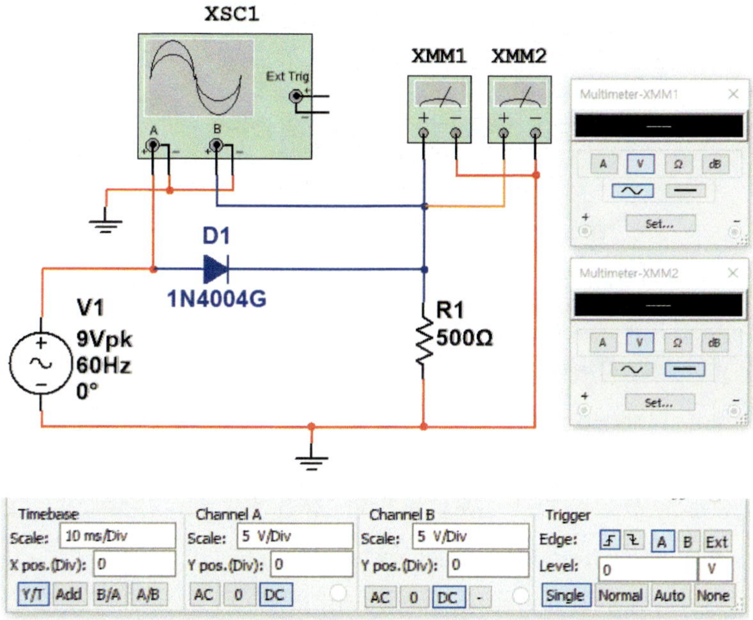

그림 2-6 반파 정류 실험 회로 및 오실로스코프 설정 (MultiSIM)

실험 2-3 Smart LAB을 활용한 반파 정류회로 실험

▸ 다음의 실험 절차를 진행한다.

① Smart LAB 실습 키트를 활용하여 그림 2-4와 같은 반파 정류회로를 구성한다. 다이오드 $D1$의 방향에 주의한다. 흰색 띠가 있는 부분이 Cathode 쪽으로 오른쪽으로 가도록 배치하고 배선한다. Channel A와 Channel B는 각각 입력과 출력 파형을 관찰하기 위해 2CH Digital Oscilloscope에 BNC 커넥터를 사용하여 연결한다. 입력신호는 DC & AC POWER SUPPLY의 $V1$과 COM단자에 연결한다. 그림 2-7에 Smart LAB을 활용한 반파 정류 회로를 나타내었다.

그림 2-7 반파 정류회로 실험 회로 (Smart LAB)

② Smart LAB-Analogue & Digital Lab Unit과 PC를 USB 케이블로 연결하고 PC에서 Smart LAB을 실행시킨다. Smart LAB 실험 키트의 POWER(왼쪽 옆 스위치)를 ON 시켜 전원을 인가한다.

③ Smart LAB 창에서 '신호 입력-오실로스코프'와 '가변전원 공급기-3상 AC 전원'을 클릭하고 그림 2-8과 같이 AC전압은 $9.0\,V$, 주파수는 $50\,Hz$로 설정한 다음 'ON'스위치를 클릭하여 전원을 공급한다. 전압과 주파수가 표시된 수치에서 더블 클릭하면 나오는 QuickNumKeypad 창에서 수치를 직접 입력할 수 있다.

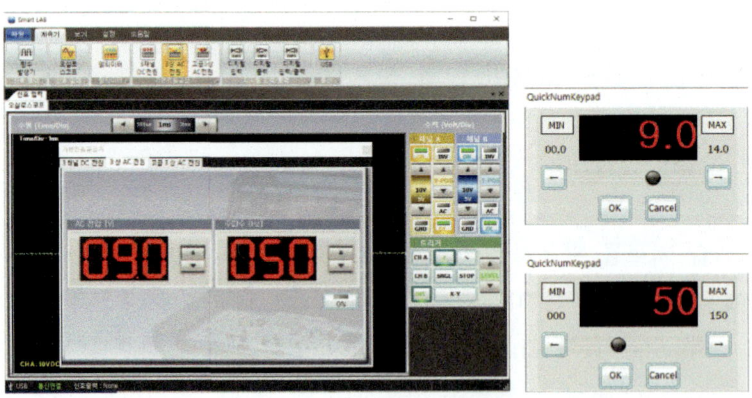

그림 2-8 Smart LAB의 가변전원공급기 설정

④ Smart LAB의 Digital Multimeter를 이용하여 그림 2-4의 V_{in}의 교류 전압을 측정한다. 측정을 위해 Digital Multimeter의 V단자에는 DC & AC Power supply의 $V2$이 연결된

브레드보드의 위쪽 전원 홀에 연결하고 COM단자에는 Power supply의 COM단자가 연결된 브레드보드의 아래쪽 전원 홀에 그림 2-9(a)와 같이 연결한다. Smart LAB 실험 키트의 TFT LCD Display에서 그림 2-9(b)와 같이 DMM을 터치하여 선택하고 Function부분에서 'V'와 'AC'를 선택하여 계측한다. Smart LAB 프로그램에서 멀티미터를 선택한다. 그림 2-9(c)와 같이 계측 모드를 'ACV'로 설정하고 측정할 수 있다.

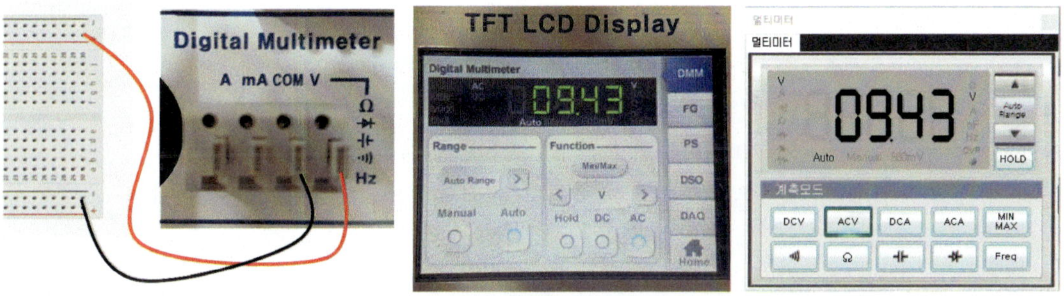

(a) 공급 전원 측정을 위한 연결 (b) DMM(실습키트) (c) 멀티미터(Smart LAB)

그림 2-9 Smart LAB 실험 키트를 활용한 전압의 측정

⑤ Smart LAB의 오실로스코프 창에서 다음과 같이 설정하여 입출력 파형을 관측한다. 관측된 파형을 'CH A(입력신호) 파형'과 'CH B(출력신호) 파형'을 그린다.

▹ Smart LAB – 오실로스코프 설정
- 채널 A ON : 수직 감도 : 5 V/Div
- 채널 B ON : 수직 감도 : 5 V/Div
- 트리거(Trigger)기준 : CH A, 상승 에지(↗), SNGL(Single)
- 수평 [$Time/Div$] : 10ms

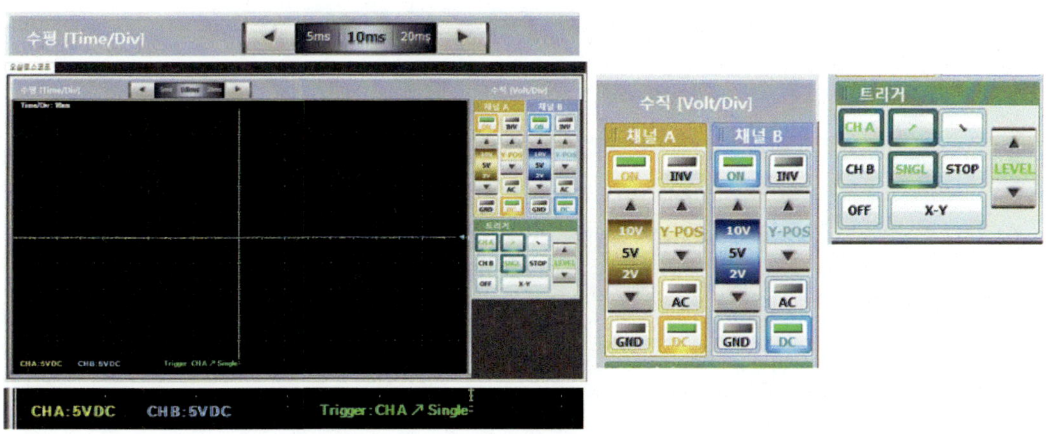

그림 2-10 Smart LAB의 오실로스코프 설정

■ 평활회로를 포함하는 반파 정류 회로

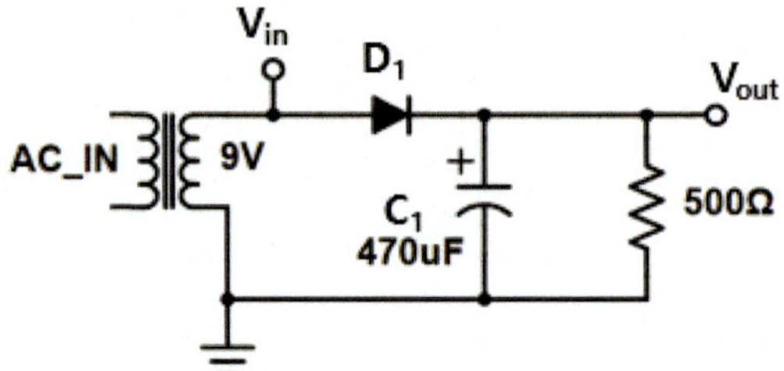

그림 2-11 평활회로를 포함하는 반파 정류 실험 회로

실험 2-4 TinkerCAD를 활용한 평활회로를 포함하는 반파 정류회로 실험

▸ 다음의 실험 절차를 진행하고 그 결과를 '◈ 실험 결과 고찰 2'의 '실험 2-4 TinkerCAD를 활용한 평활회로를 포함하는 반파 정류회로 실험'에 작성한다.

① TinkerCAD에서 그림 2-5의 반파 정류회로에 다음 그림 2-11과 같이 $470\mu F$을 저항과 병렬로 추가로 연결하여 회로를 구성한다. 전해 캐패시터는 극성이 있는 부품이므로 방향에 유의한다. 흰색 띠가 있는 부분(음극)이 아래로 향하도록 배치한다. 그림 2-12는 TinkerCAD에서 구현한 평활회로를 포함하는 반파정류실험 회로를 나타내었다.

② 시뮬레이션을 진행하여 파형을 관찰한다. 시뮬레이션 결과 파형을 '입력신호 파형'과 '출력신호 파형'에 그린다.

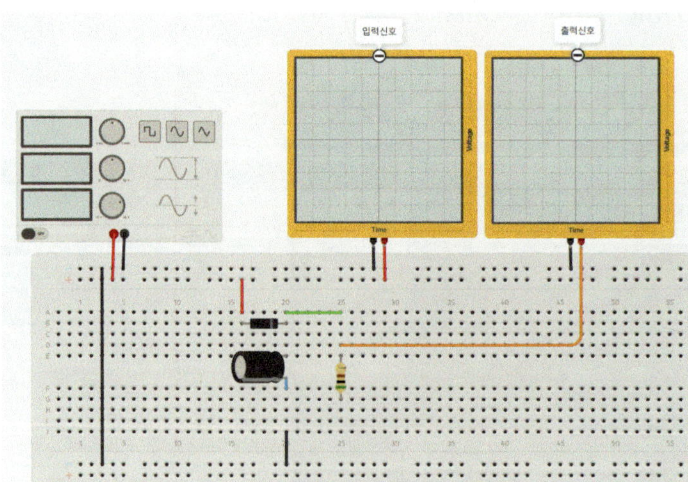

그림 2-12 평활회로를 포함하는 반파 정류회로 (TinkerCAD)

실험 2-5 MultiSIM을 활용한 평활회로를 포함하는 반파 정류회로 실험

▸ 다음의 실험 절차를 진행하고 그 결과를 '◈ 실험 결과 고찰 2'의 '실험 2–5 MultiSIM을 활용한 평활회로를 포함하는 반파 정류회로 실험'에 작성한다.

① MultiSIM에서 그림 2-6의 반파 정류회로에 그림 2-13과 같이 'Select a Component' 메뉴에서 Basic(Group) → CAP_ELECTROLIT(Family) → 470u(Component)를 추가하여 저항 $R1$과 병렬로 연결하고 시뮬레이션한다. 그 결과 파형을 '입력신호 파형'과 '출력신호 파형'에 그린다.

② 출력 전압값을 측정하기 위해 그림 2-13과 같이 멀티미터 XMM1은 교류(AC)로 설정하여 리플 전압(V_{AC})를 측정하고, XMM2는 직류(DC)로 설정하여 직류 전압(V_{DC})을 측정한다. 이 값을 표 2-1의 '$R1$: 500Ω, $C1$:470μF' 칸에 기록하고 리플률을 계산한다.

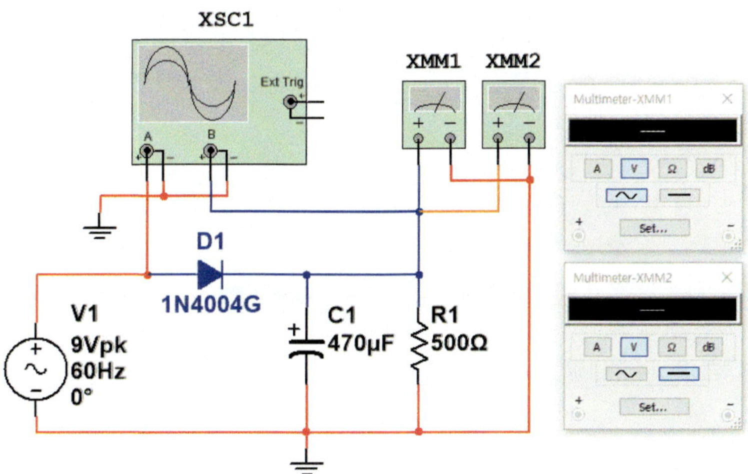

그림 2–13 평활회로를 포함하는 반파 정류회로 (MultiSIM)

③ 부하 저항 $R1$을 200Ω으로 변경하고 시뮬레이션하여 리플 전압과 직류 전압을 측정하고 그 결과를 표 2-1의 '$R1$: 200Ω, C1 :470μF' 칸에 기록하고 리플률을 계산한다.

④ 캐패시터의 크기를 2,200μF으로 변경하고 시뮬레이션하여 리플 전압과 직류 전압을 측정하고 그 결과를 표 2-1의 '$R1$: 200Ω, $C1$:2200μF' 칸에 기록하고 리플률을 계산한다.

실험 2-6 Smart LAB을 활용한 평활회로를 포함하는 반파 정류회로 실험

▸ 다음의 실험 절차를 진행하고 그 결과를 '◈ 실험 결과 고찰 2'의 '실험 2-6 SmartLAB을 활용한 평활회로를 포함하는 반파 정류회로 실험'에 작성한다.

① 470μF를 추가하여 그림 2-11의 같이 평활회로를 포함하는 반파 정류 실험 회로를 구성한다. 입력신호와 오실로스코프의 연결은 반파 정류회로 실험과 동일하다. 그림 2-14에 Smart LAB을 활용한 평활회로를 포함하는 반파 정류회로를 나타내었다.

② SMART LAB의 오실로스코프를 이용하여 입력 파형(CH A)과 출력 파형(CH B)을 관측한다. 관측된 파형을 'CH A(입력신호) 파형'과 'CH B(출력신호) 파형'에 그린다.

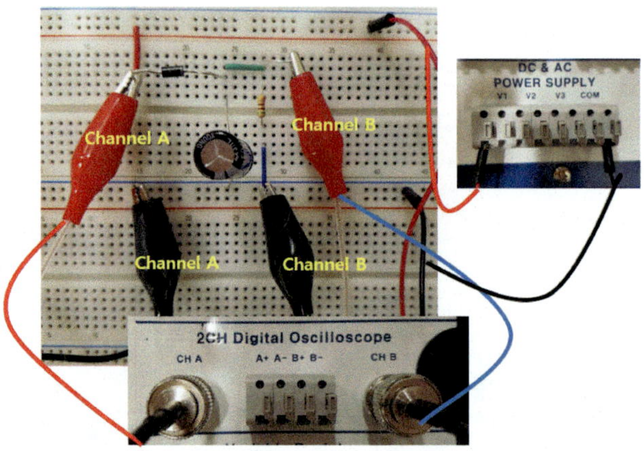

그림 2-14 평활회로를 포함하는 반파 정류회로 실험 회로 (Smart LAB)

■ 브리지 전파 정류회로

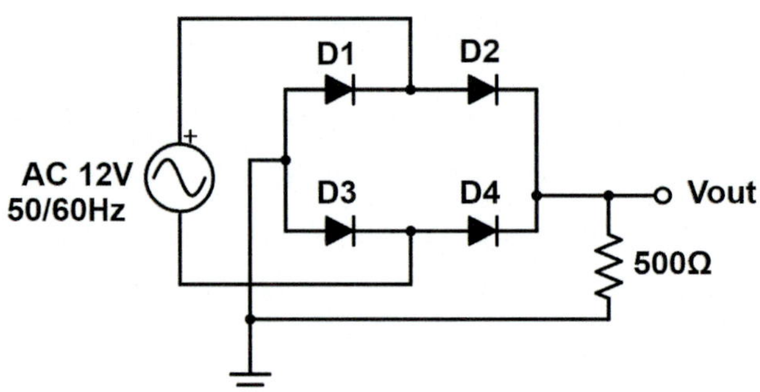

그림 2-15 브리지 전파 정류회로

실험 2-7 TinkerCAD를 활용한 브리지 전파 정류회로 실험

▸ 다음의 실험 절차를 진행하고 그 결과를 '◈ 실험 결과 고찰 2'의 '실험 2-7 TinkerCAD를 활용한 브리지 전파 정류회로 실험'에 작성한다.

① TinkerCAD에서 그림 2-15의 브리지 전파 정류회로 실험 회로를 구성한다. 입력 교류 전압은 9 V가 되게 하고 부하 저항은 500Ω을 연결한다. 그림 2-16은 TinkerCAD를 활용한 브리지 전파정류 실험 회로를 나타내었다.
② 함수 발생기의 주파수는 50Hz, 진폭은 9 V, DC오프셋은 0 V, 함수는 사인으로 설정한다.
③ 오실로스코프의 T/d(Time per Division)은 10ms로 설정한다.
④ 시뮬레이션을 진행하여 파형을 관찰하고 '입력신호 파형'과 '출력신호 파형'에 그린다.

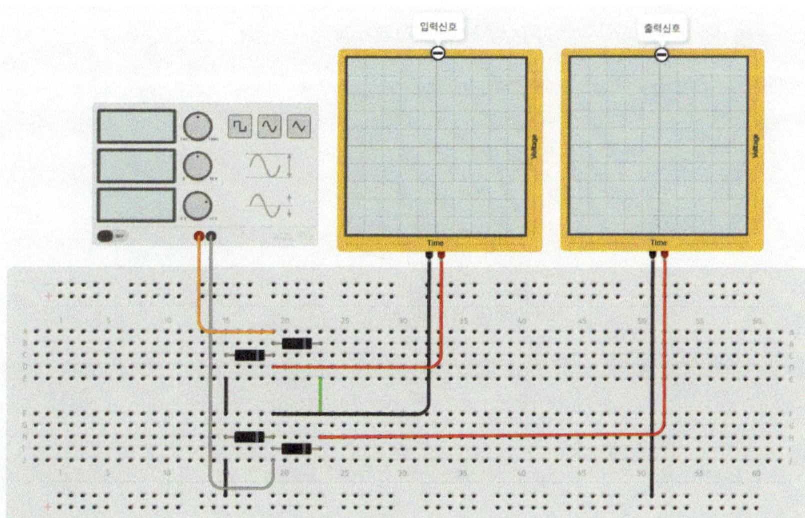

그림 2-16 브리지 전파정류 실험 회로 (TinkerCAD)

실험 2-8 MultiSIM을 활용한 브리지 전파 정류회로 실험

▸ 다음의 실험 절차를 진행하고 그 결과를 '◈ 실험 결과 고찰 2'의 '실험 2-8 MultiSIM을 활용한 브리지 전파 정류회로 실험'에 작성한다.

① MultiSIM을 실행시키고 그림 2-15의 브리지 전파 정류회로를 구성한다.
AC_VOLTAGE(Component)의 속성은 Voltage(P_k)는 12 V, Frequency(F)는 50Hz로 설정한다.

② 1N4004G, 500Ω, GROUND를 배치한 다음 그림 2-17을 참조하여 브리지 전파 정류회로를 배선한다.

③ 오실로스코프를 배치하고 브리지 전파 정류회로의 입력 파형과 부하 저항에서 측정되는 출력 파형을 관찰하기 위해 채널 A와 채널 B를 각각 입출력 파형 측정을 위해 그림 2-17과 같이 배선한다. 채널 B에 연결된 배선을 더블 클릭하여 나오는 Met Properties 창에서 Net color를 '파랑' 색으로 변경한다. 그림 2-17은 MultiSIM을 이용하여 구현한 실험 회로를 나타내었다.

④ 시뮬레이션을 실행하여 오실로스코프의 파형을 관찰한다. 아래와 같이 오실로스코프를 설정한다. 그 결과 파형을 '입력신호 파형'과 '출력신호 파형'에 그린다.

▹ MultiSIM – 오실로스코프 설정
- Timebase : Scale – 10ms/Div
- Channel A : Scale – 10 V/Div , 입력 결합 : DC
- Channel B : Scale – 10 V/Div , 입력 결합 : DC
- Trigger : CH A, 상승 에지(⨍), Single

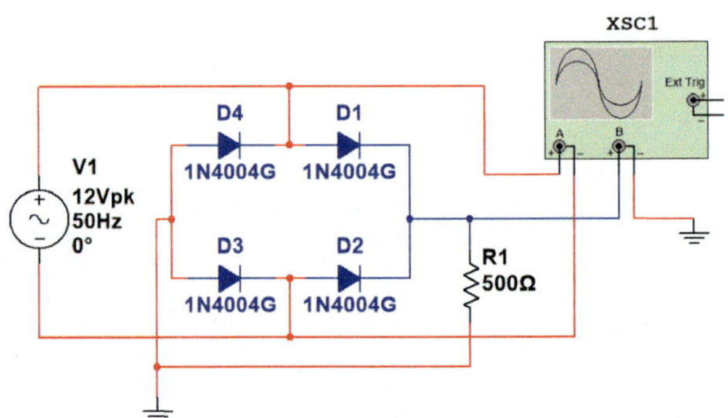

그림 2-17 브리지 전파정류 실험 회로 (MultiSIM)

실험 2-9 Smart LAB을 활용한 브리지 전파 정류회로 실험

▸ 다음의 실험 절차를 진행하고 그 결과를 '◈ 실험 결과 고찰 2'의 '실험 2-9 SmartLAB을 활용한 브리지 전파 정류회로 실험'에 작성한다.

① Smart LAB 실습 키트를 활용하여 그림 2-15의 브리지 전파 정류회로를 구성한다. 그림 2-18에 Smart LAB을 활용한 브리지 전파정류 실험 회로를 나타내었다. Channel A와 Channel B는 각각 입력과 출력 파형을 관찰하기 위해 2CH Digital Oscilloscope에 BNC커넥

터를 사용하여 연결한다. 입력신호는 DC & AC POWER SUPPLY의 $V1$과 COM단자에 연결하고 12 V, 50 Hz로 설정한다.

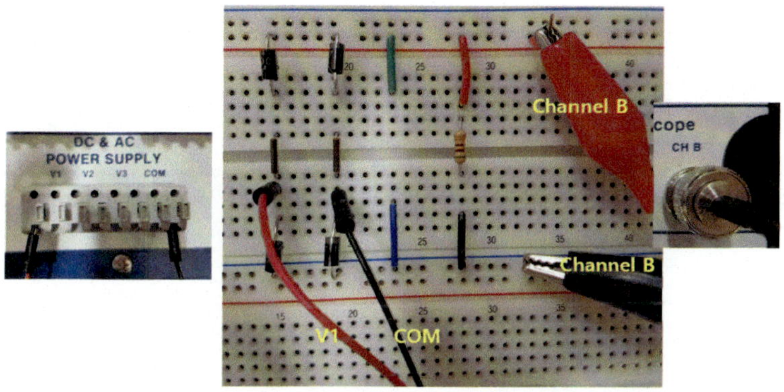

(a) 부하 저항 = 500Ω, 커패시터 없음)

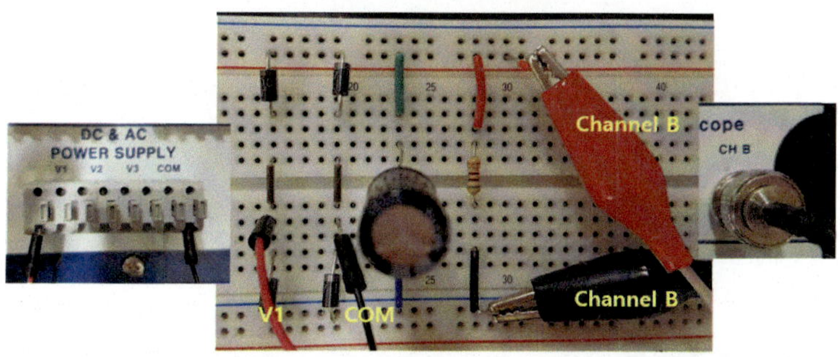

(b) 부하 저항 = 500Ω, 커패시터=470μF

그림 2-18 브리지 전파 정류회로 실험 회로 (Smart LAB)

② Smart LAB을 실행시키고, Smart LAB 키트의 POWER(왼쪽 옆 스위치)를 ON시켜 전원을 인가한다.

③ 가변전원 공급기 창에서 3상 AC전원 탭을 선택하고 AC 전압은 12.0 V, 주파수는 50 Hz로 설정한 다음 ON 스위치를 클릭하여 전원을 공급한다.

④ SMART LAB의 오실로스코프를 이용하여 입출력 파형을 측정 관측한다. 관측된 파형을 그래프에 그린다. CH B의 파형은 '부하 저항=500Ω, C없음' 그래프에 그린다.

⑤ 그림 2-18(b)와 같이 부하 저항과 병렬로 470[μF]의 캐패시터를 평활회로를 구성하기 위해 추가하고 SMART LAB의 오실로스코프를 이용하여 출력 파형을 측정 관측한 다음 그 결과를 '부하 저항=500Ω, C=470μF' 그래프에 그린다.

실험 결과 고찰 2

[실험 2-1] TinkerCAD를 활용한 반파 정류회로 실험

입력신호 파형 **출력신호 파형**

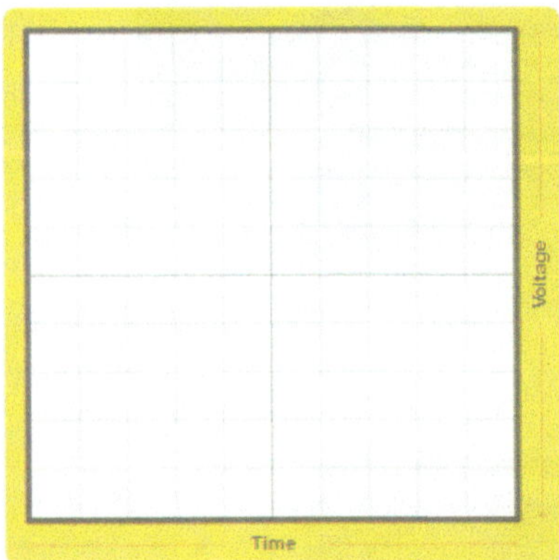

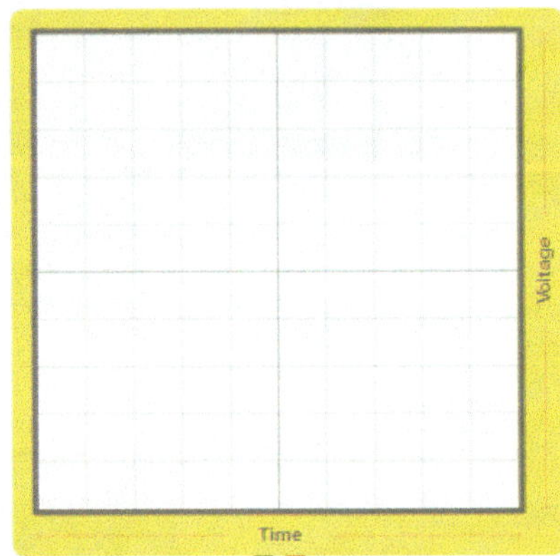

[실험 2-2] MultiSIM을 활용한 반파 정류회로 실험

입력신호 파형 **출력신호 파형**

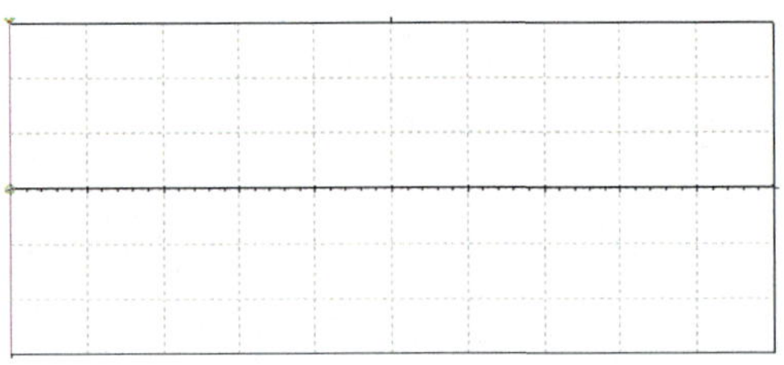

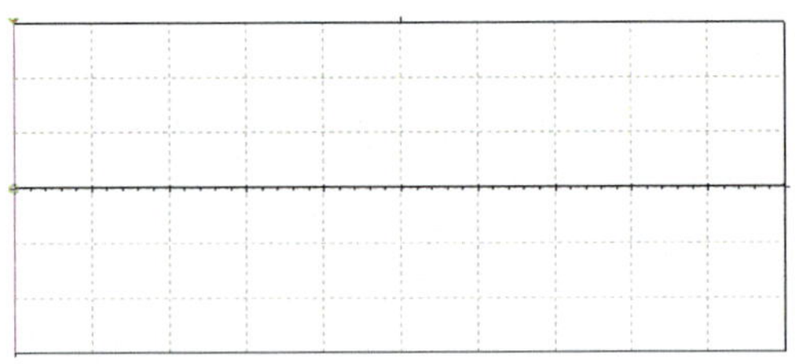

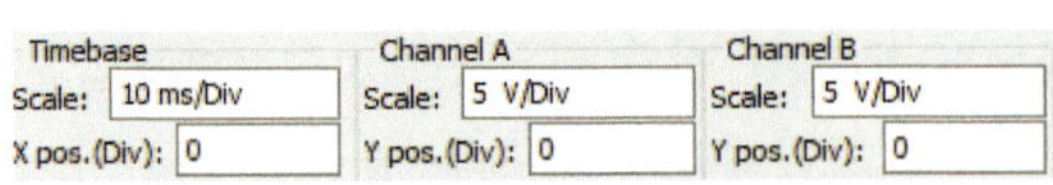

[실험 2-3] SmartLAB을 활용한 반파 정류회로 실험

CH A (입력신호) 파형

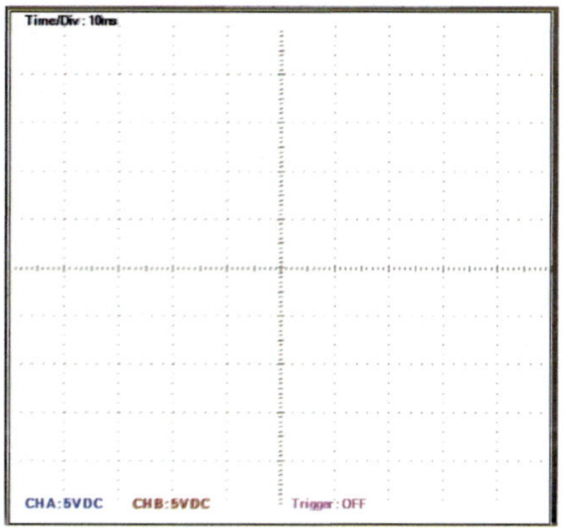

CH B (출력신호) 파형

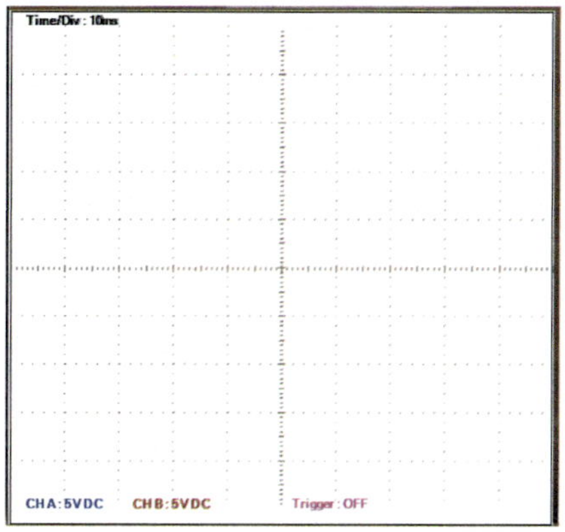

☞ 반파 정류 회로 실험 결과를 바탕으로 반파 정류 회로의 특성에 대해 간단히 기술하라.

[실험 2-4] TinkerCAD를 활용한 평활회로를 포함하는 반파 정류회로 실험

입력신호 파형

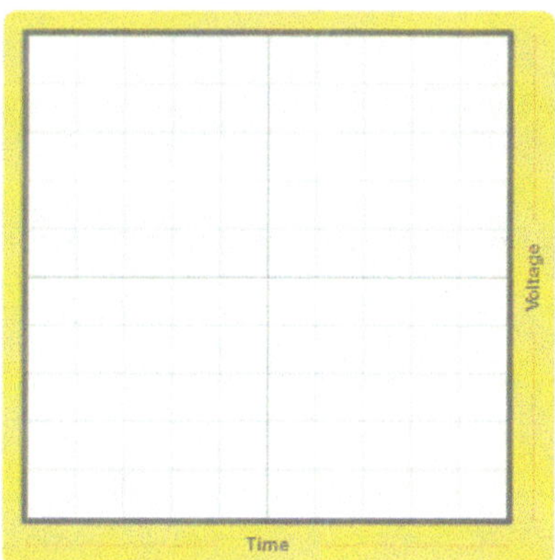

출력신호 파형

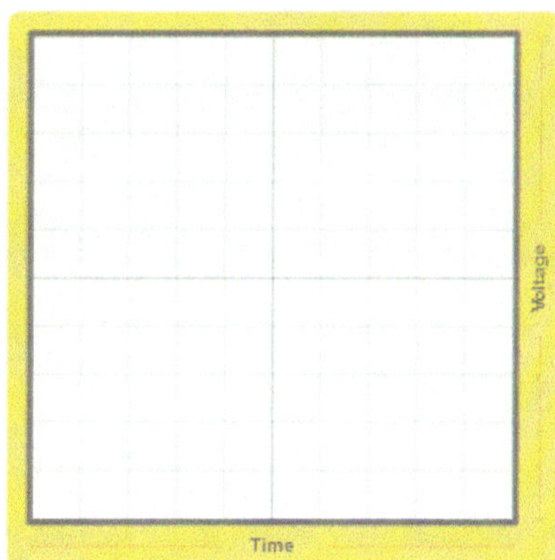

[실험 2-5] MultiSIM을 활용한 평활회로를 포함하는 반파 정류회로 실험

입력신호 파형

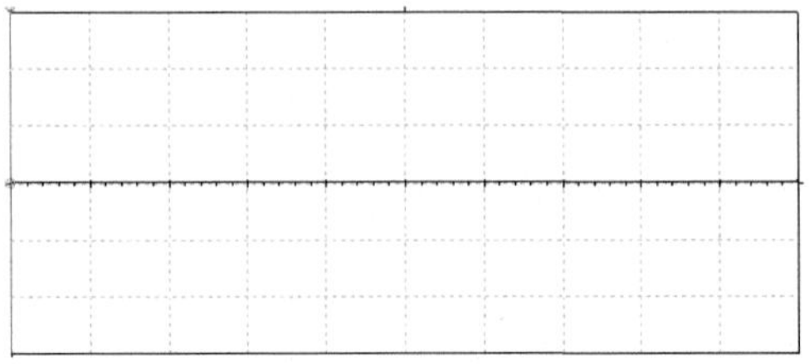

출력신호 파형

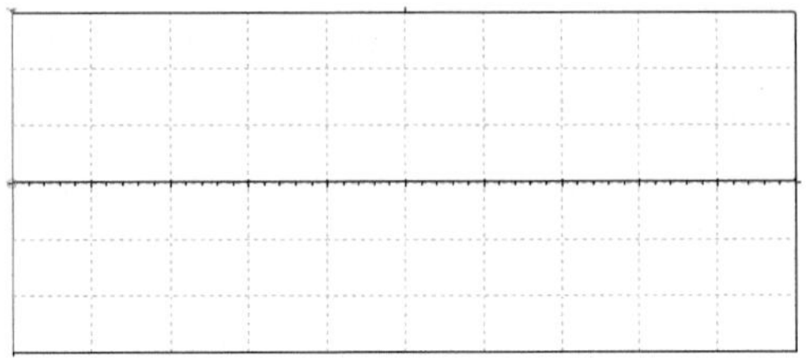

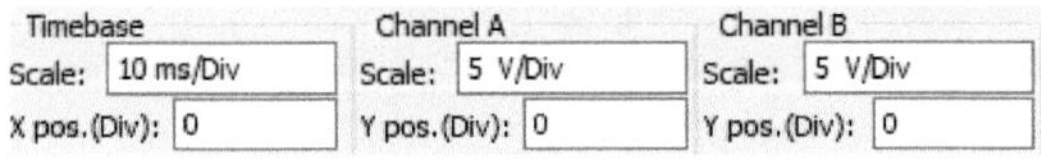

표 2-1. 반파 정류회로 측정결과

	$R1$: 500Ω $C1$: 개방	$R1$: 500Ω $C1$: 470μF	$R1$: 200Ω $C1$: 470μF	$R1$: 200Ω $C1$: 2,200μF
직류 전압 $V_{DC(av)}$	$[V]$	$[V]$	$[V]$	$[V]$
리플 전압 $V_{AC(rms)}$	$[V]$	$[V]$	$[V]$	$[V]$
리플률 $= \dfrac{V_{ac}}{V_{dc}} \times 100$	[%]	[%]	[%]	[%]

☞ 부하 저항 $R1$이 500Ω, $C1$이 개방된 회로의 측정결과와 470μF의 $C1$을 부하 저항에 병렬로 추가한 결과의 리플률을 계산하여 기록하고 그 캐패시터가 리플률에 미치는 영향에 대해 간단히 기술하라.

☞ 부하 저항 $R1$이 500Ω, $C11$이 470μF의 측정결과와 부하 저항이 200Ω일 때의 측정결과를 비교하고 부하 저항의 크기가 리플률에 미치는 영향을 간단히 기술하라.

☞ 부하 저항 $R1$이 200Ω, $C1$이 470μF의 측정결과와 캐패시터의 크기를 2,200μF으로 변경했을 때의 측정결과를 비교하고 캐패시터의 크기가 리플률에 미치는 영향을 간단히 기술하라.

[실험 2-6] SmartLAB을 활용한 평활회로를 포함하는 반파 정류회로 실험

CH A (입력신호) 파형

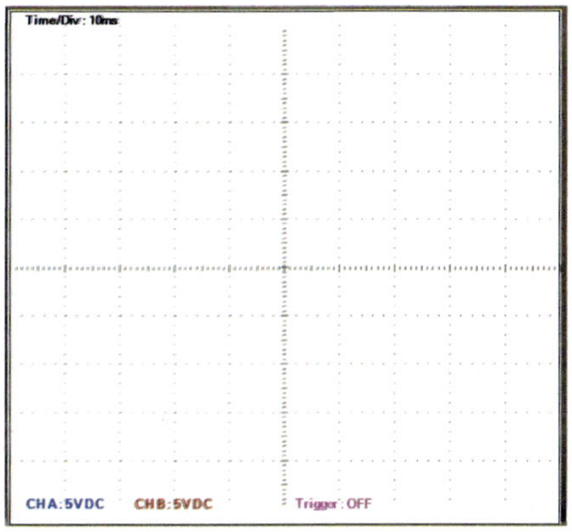

CH B (출력신호) 파형

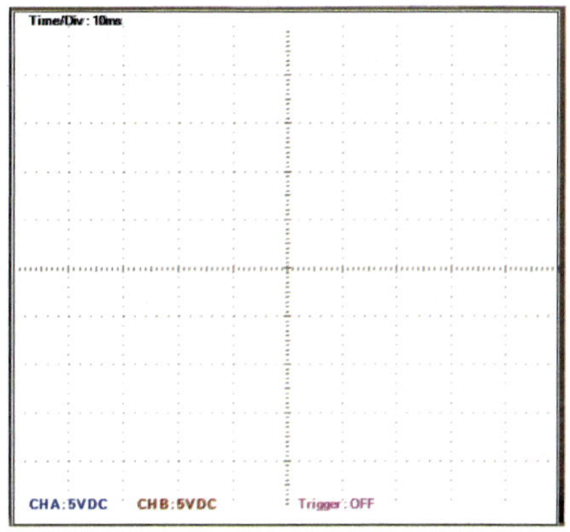

☞ 실험 결과를 바탕으로 반파 정류회로에 부가된 평활회로의 역할에 대해 간단히 기술하라.

[실험 2-7] TinkerCAD를 활용한 브리지 전파 정류회로 실험

입력신호 파형

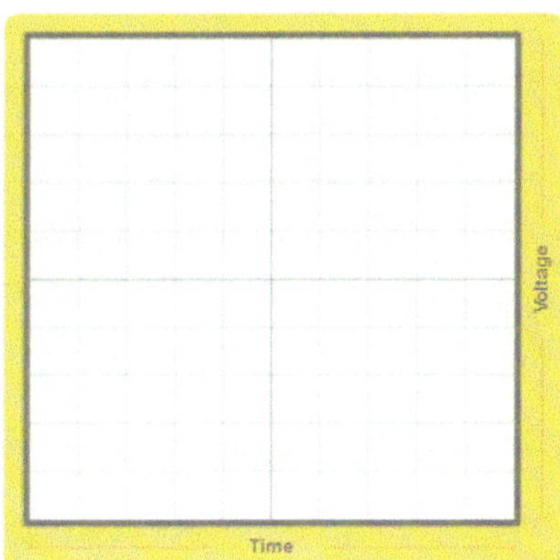

출력신호 파형

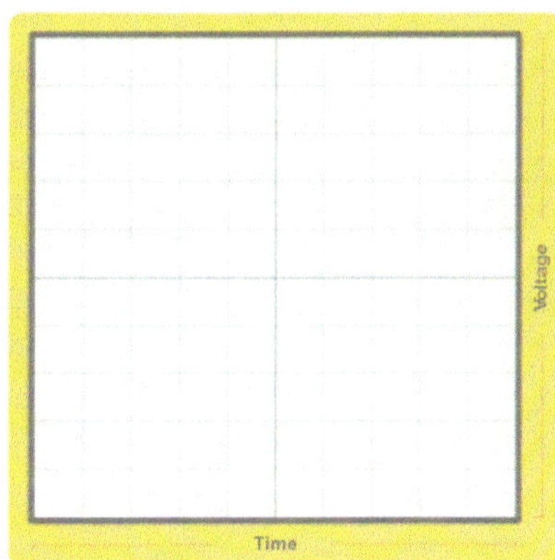

[실험 2-8] MultiSIM을 활용한 브리지 전파 정류회로 실험

입력신호 파형

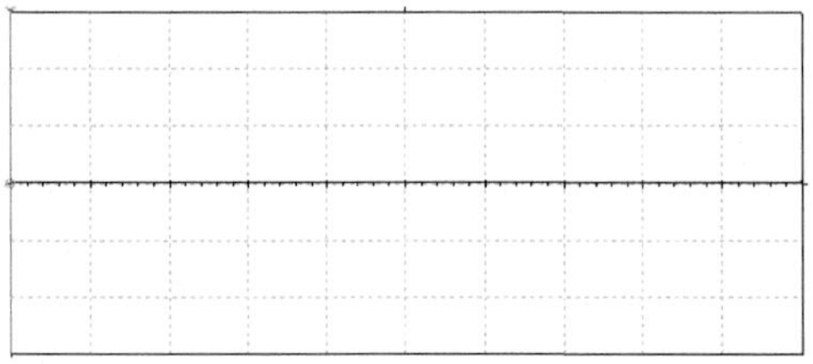

출력신호 파형

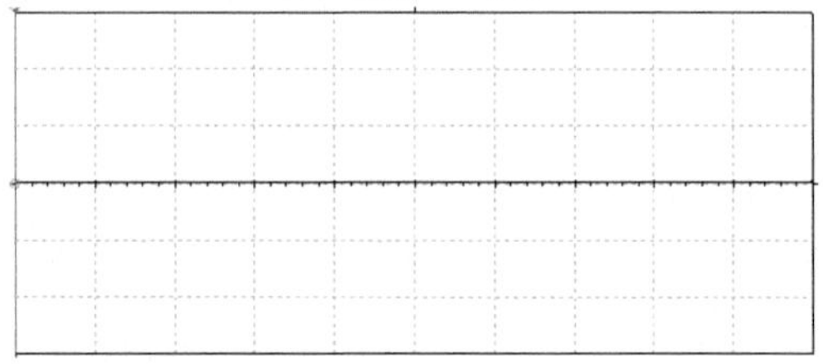

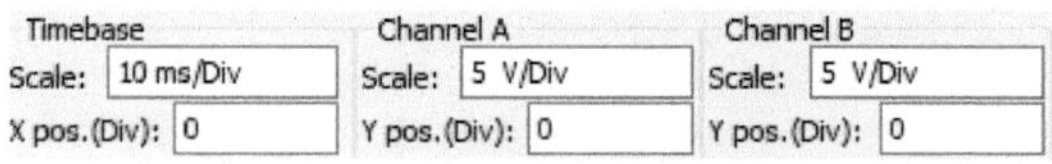

[실험 2-9] SmartLAB을 활용한 브리지 전파 정류회로 실험

CH A (입력신호) 파형

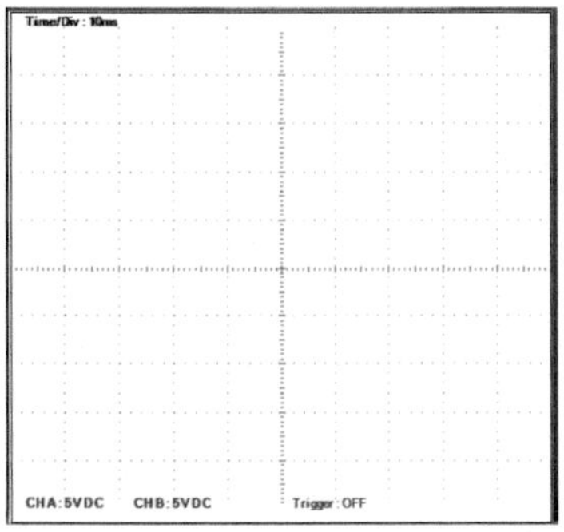

CH B (출력신호) 파형
부하 저항=500Ω, C 없음

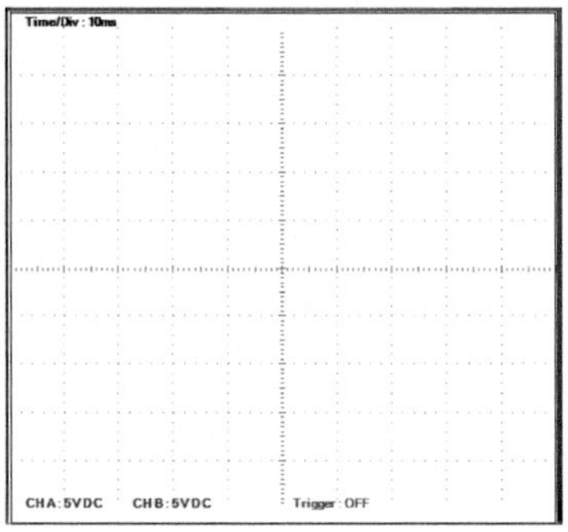

CH B (출력신호) 파형
부하 저항=500Ω, C=470μF

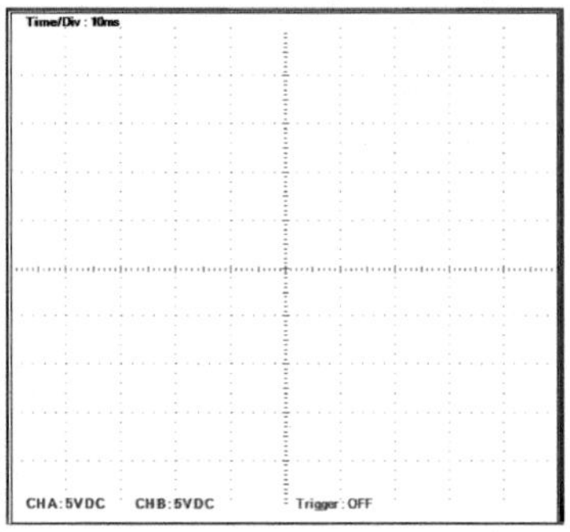

☞ 브리지 전파 정류회로 실험 결과를 바탕으로 전파 정류회로의 특성에 대해 간단히 기술하라.

CHAPTER 03

클리퍼(Clipper)와 클램퍼(Clamper)

1. 실험 목적

- 클리퍼와 클램퍼회로를 구분하여 동작을 설명할 수 있다.

2. 실험 준비물

- 브레드보드, 리드선 적당량
- 저항 $3k\Omega$, $100k\Omega$, $300k\Omega$
- 다이오드 1N4004(1A/400 V) × 4
- 멀티미터, 2채널 디지털(메모리) 오실로스코프

3. 관련 이론

클리퍼(Clipper)와 클램퍼(Clamper)는 전자회로에서 신호의 특정 부분을 조정하거나 변형하는 데 사용되는 두 가지 기본적인 회로 유형이다.

1) 클리퍼(Clipper)

클리퍼는 입력신호의 특정 전압 이상 또는 이하의 부분을 잘라내는 회로이다. 클리퍼는 신호의 진폭을 제한하거나 특정 레벨을 초과하는 부분을 제거하는 데 사용된다. 클리퍼 회로는 다이오드를 주로 사용하며, 다음과 같은 회로가 있다.

- 양 클리퍼: 그림 3-1과 같이 입력신호가 양의 방향일 때 특정 전압 이상을 잘라낸다.
- 음 클리퍼: 그림 3-2와 같이 입력신호가 음의 방향일 때 특정 전압 이하를 잘라낸다.
- 이중 클리퍼(Double Clipper): 입력신호의 양의 부분과 음의 부분 모두를 자를 수 있다.

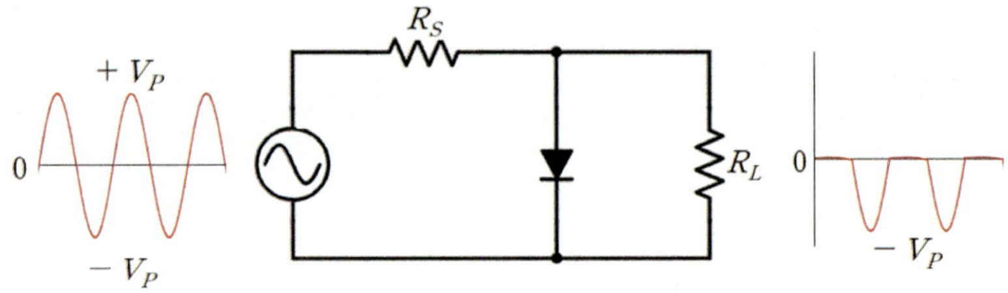

그림 3–1 양 클리퍼

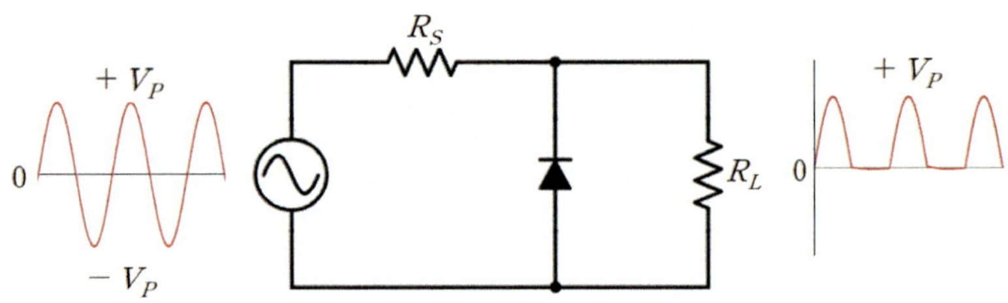

그림 3–2 음 클리퍼

2) 리미터(Limiter) 또는 다이오드 클램프(Clamp)

리미터 또는 다이오드 클램프는 입력신호의 진폭이 설정된 임계값(Threshold)을 초과할 때 그 부분을 제한하여 출력신호의 최대 및 최소 진폭을 일정하게 유지하는 회로이다. 신호가 임계값을 넘지 않도록 하여 신호의 왜곡을 방지하거나 시스템을 보호하기 위한 목적으로 사용된다.

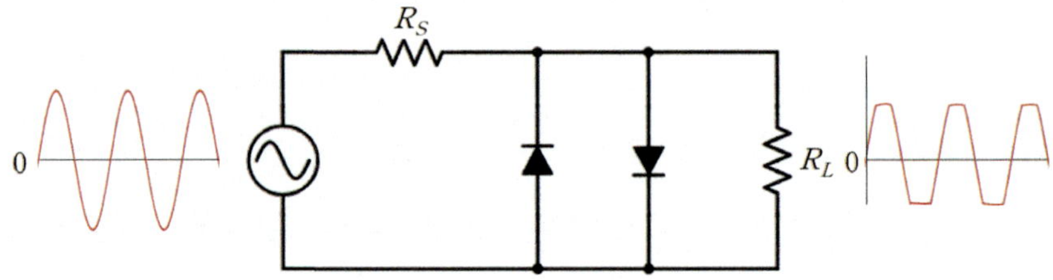

그림 3–3 다이오드 클램프

3) 클램퍼(Clamper)

클램퍼는 입력신호의 DC레벨을 변경하여 신호의 전체 전압 레벨을 상하로 이동시키는 회로이다. 클램퍼 회로는 신호의 피크 전압은 유지하면서도, 신호의 위치를 위아래로 이동시킨다. 다이오드와 커패시터를 조합하여 구성되며, 다음과 같이 분류할 수 있다.

- 양 클램퍼: 그림 3-4와 같이 신호를 위쪽으로 이동시켜 전체적인 DC레벨을 높인다.
- 음 클램퍼: 신호를 아래쪽으로 이동시켜 전체적인 DC레벨을 낮춘다.

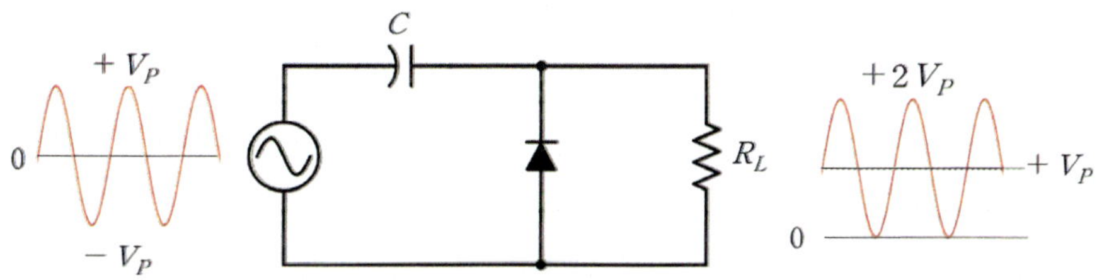

그림 3–4 양 클램퍼

4. 실험 순서

■ 양(+) 클리퍼 회로

그림 3-5의 양 클리퍼 회로를 구성하고 부하 저항에서 관측되는 파형을 관찰한다.

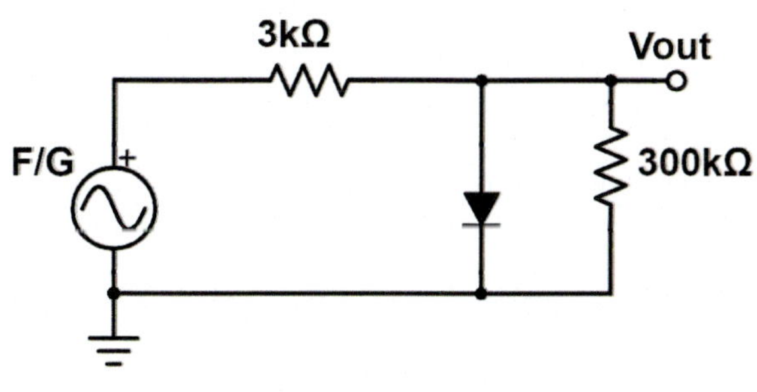

그림 3–5 양(+) 클리퍼 실험 회로

실험 3-1 TinkerCAD를 활용한 양(+) 클리퍼 회로 실험

▸ 다음의 실험 절차를 진행하고 그 결과를 '◈ 실험 결과 고찰 3'의 '실험 3-1 TinkerCAD를 활용한 양(+) 클리퍼 회로 실험'에 작성한다.

① TinkerCAD에서 그림 3-5의 양(+)클리퍼 실험 회로를 구성한다. 그림 3-6은 TinkerCAD를 활용한 양(+) 클리퍼 실험 회로를 나타내었다.

② 함수 발생기의 진폭은 $10\,V$, 주파수는 $1{,}000\,Hz$, 함수는 사인함수로 설정한다. 입력 측 저항은 $3\,k\Omega$, 부하 저항 $300\,k\Omega$으로 설정한다. 오실로스코프의 T/d는 $0.1\,ms$로 설정한다.

③ 시뮬레이션을 실행하고 결과를 관찰한다. 시뮬레이션 결과 파형을 '입력신호 파형'과 '출력신호 파형'에 그린다.

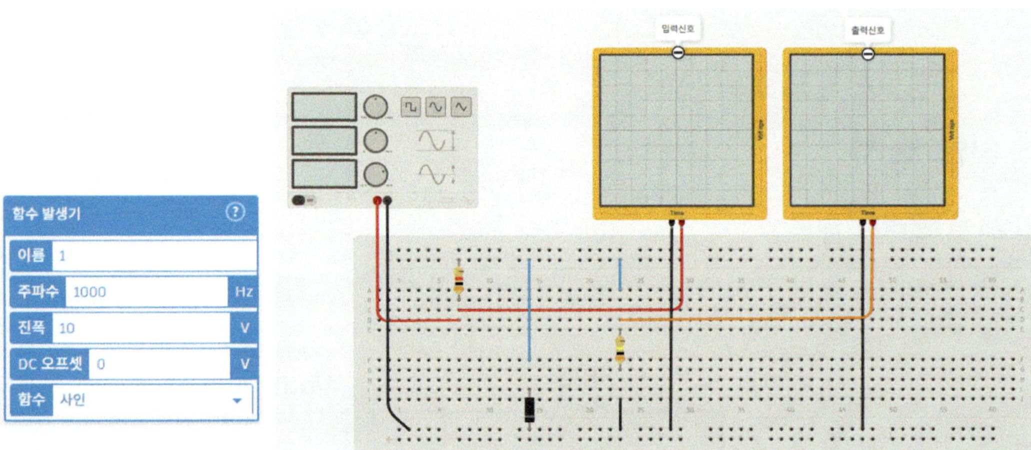

그림 3-6 양(+) 클리퍼 실험 회로 (TinkerCAD)

실험 3-2 MultiSIM을 활용한 양(+)클리퍼 회로 실험

▸ 다음의 실험 절차를 진행하고 그 결과를 '◈ 실험 결과 고찰 3'의 '실험 3-2 MultiSIM을 활용한 양(+) 클리퍼 회로 실험'에 작성한다.

① MultiSIM을 실행시키고 그림 3-5의 양(+) 클리퍼 실험 회로를 구성한다. 그림 3-7에 MultiSIM을 활용한 양(+) 클리퍼 실험 회로를 나타내었다.

② Function Generator는 Waveforms를 사인함수로, Frequency를 $1\,kHz$로 설정한다.

③ 시뮬레이션을 실행하여 오실로스코프의 파형을 관찰한다. 그 결과 파형을 '입력신호 파형'과 '출력신호 파형'에 그린다. 각 채널의 Scale은 20 V/Div로 했으며 Timebase의 Scale은 1 ms/Div로 설정했다.

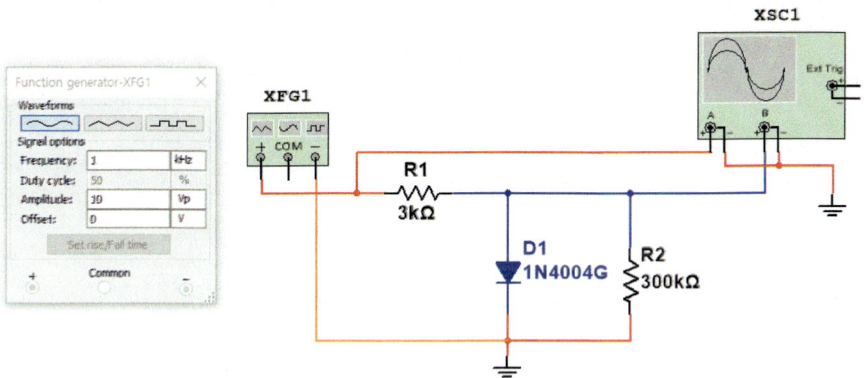

(a) 실험 회로

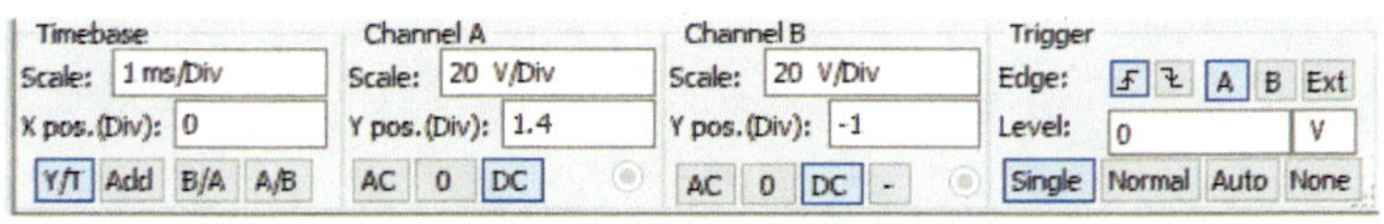

(b) 오실로스코프의 각 채널 설정

그림 3-7 양(+) 클리퍼 실험 회로 (MultiSIM)

실험 3-3 Smart LAB을 활용한 양(+) 클리퍼 회로 실험

▸ 다음의 실험 절차를 진행하고 그 결과를 '◈ 실험 결과 고찰 3'의 '실험 3-3 SmartLAB을 활용한 양(+) 클리퍼 회로 실험'에 작성한다.

① Smart LAB 실습 키트를 활용하여 그림 3-5의 양(+) 클리퍼 회로를 구성한다. 입력신호로 실습 키트의 Function Generator를 사용하고 출력 레벨은 20 V_{PP}로 설정하고 Amplitude를 50%로 설정하여 출력 레벨이 10.0 V_{PP}가 되도록 조정한다. 주파수는 1kHz, 신호는 사인파로 설정한 다음 ON버튼을 클릭하여 전원을 인가하여 실험한다. 그림 3-8에 Smart LAB 실습 키트를 활용한 클리퍼 실험 회로를 나타내었다.

② SMART LAB의 오실로스코프를 이용하여 출력 파형을 측정 관측한다. 관측된 파형을 'CH A(입력신호) 파형'과 'CH B(출력신호) 파형'에 그린다.

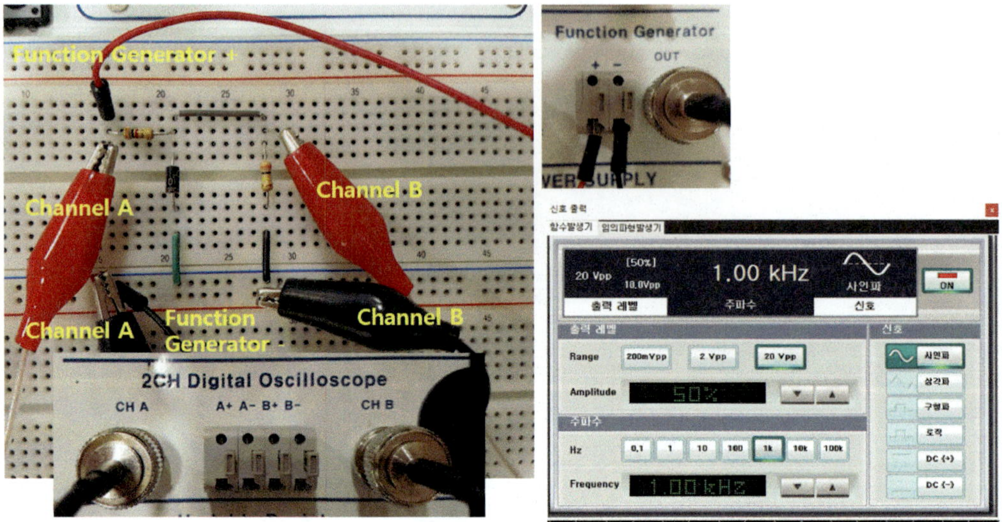

그림 3-8 양(+) 클리퍼 실험 회로 (Smart LAB)

■ 음(−) 클리퍼 회로

그림 3-9의 음(-) 클리퍼 회로를 구성하고 부하 저항에서 관측되는 파형을 관찰한다.

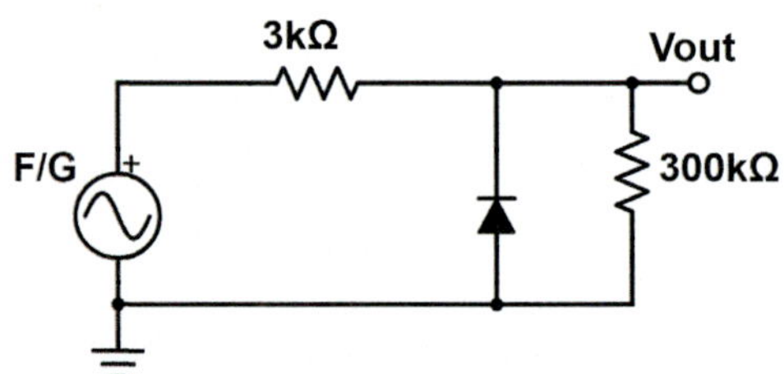

그림 3-9 음(−) 클리퍼 실험 회로

실험 3-4 TinkerCAD를 활용한 음(−) 클리퍼 회로 실험

▸ 다음의 실험 절차를 진행하고 그 결과를 '◈ 실험 결과 고찰 3'의 '실험 3-4 TinkerCAD를 활용한 음(−) 클리퍼 회로 실험'에 작성한다.

① TinkerCAD에서 양(+) 클리퍼 실험 회로에서 다이오드의 방향을 반대로 연결하여 그림 3-9의 음(-) 클리퍼 실험 회로를 구성한다. 그림 3-10는 TinkerCAD를 이용하여 결선한 음(-) 클리퍼 실험 회로이다. 나머지 설정은 양(+) 클리퍼 실험 회로와 동일하다.

② 시뮬레이션을 진행하여 파형을 관찰한다. 시뮬레이션 결과 파형을 '입력신호 파형'과 '출력신호 파형'에 그린다.

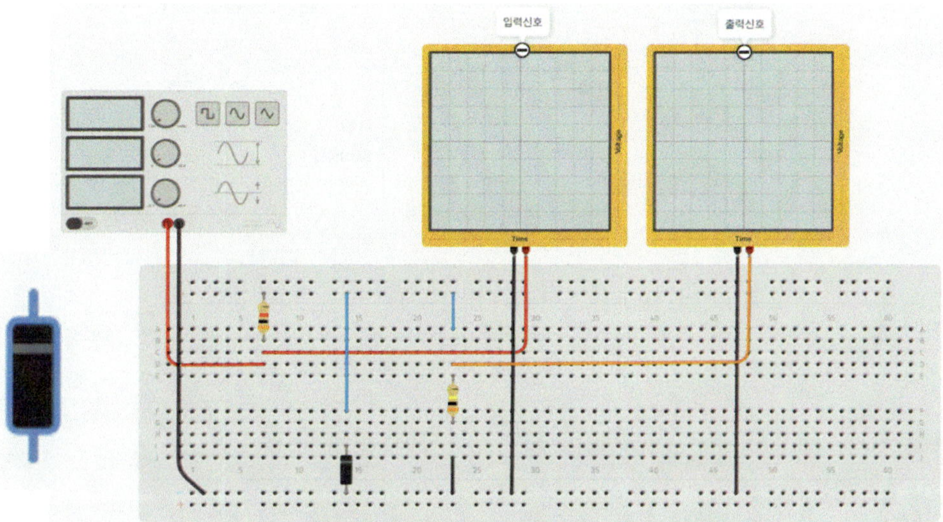

그림 3-10 음(–) 클리퍼 실험 회로 (TinkerCAD)

실험 3-5 MultiSIM을 활용한 음(–) 클리퍼 회로 실험

▸ 다음의 실험 절차를 진행하고 그 결과를 '◈ 실험 결과 고찰 3'의 '실험 3–5 MultiSIM을 활용한 음(–) 클리퍼 회로 실험'에 작성한다.

① MultiSIM을 실행시키고 그림 3-9의 음(-) 클리퍼 실험 회로를 구성한다. Function Generator와 오실로스코프의 연결은 양(+) 클리퍼 실험 회로와 동일하게 구성한다. 그림 3-11은 MultiSim을 활용한 음(-) 클리퍼 실험 회로이다.

② 시뮬레이션을 실행하여 오실로스코프의 파형을 관찰한다. 결과 파형을 '입력신호 파형'과 '출력신호 파형'에 그린다.

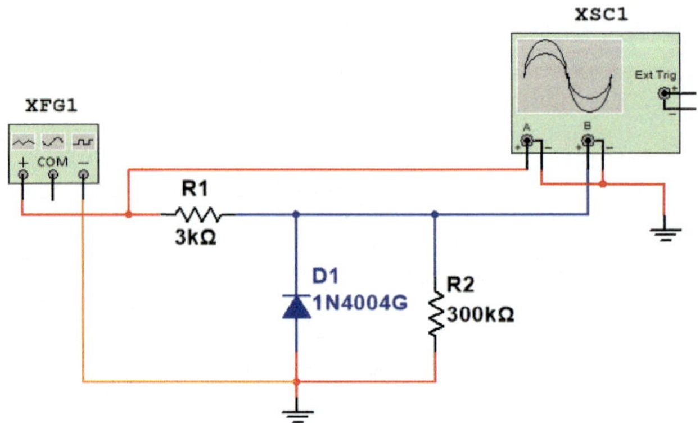

그림 3-11 음(-) 클리퍼 실험 회로 (MultiSIM)

실험 3-6 Smart LAB을 활용한 음(-) 클리퍼 회로 실험

▸ 다음의 실험 절차를 진행하고 그 결과를 '◈ 실험 결과 고찰 3'의 '실험 3-6 SmartLAB을 활용한 음(-) 클리퍼 회로 실험'에 작성한다.

① Smart LAB 실습 키트를 활용하여 그림 3-9의 음(-) 클리퍼 회로를 구성한다. (양(+) 클리퍼 회로에서 다이오드의 방향을 반대로 배치하여 배선한다.) Function Generator와 오실로스코프 설정은 양(+) 클리퍼 회로와 동일하게 설정한다. 그림 3-12에 Smart LAB 실습 키트를 활용한 클리퍼 실험 회로를 나타내었다.

② SMART LAB의 오실로스코프를 이용하여 출력 파형을 측정 관측한다. 관측된 파형을 'CH A(입력신호) 파형'과 'CH B(출력신호) 파형'에 그린다.

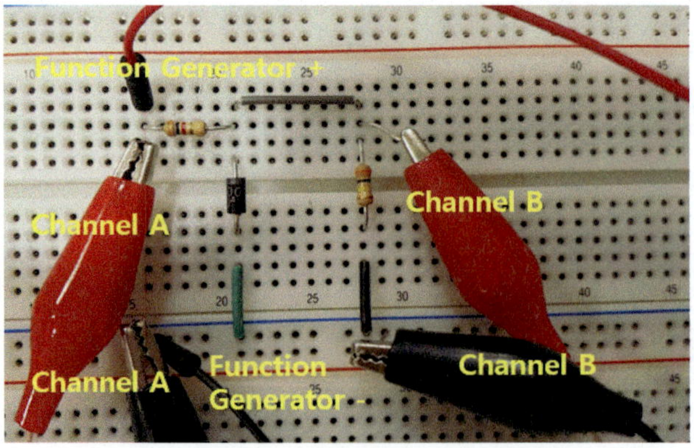

그림 3-12 음(-) 클리퍼 실험 회로 (Smart LAB)

■ 다이오드 결합 클리퍼 회로

그림 3-13의 다이오드 결합 클리퍼 회로를 구성하고 부하 저항에서 관측되는 파형을 관찰한다.

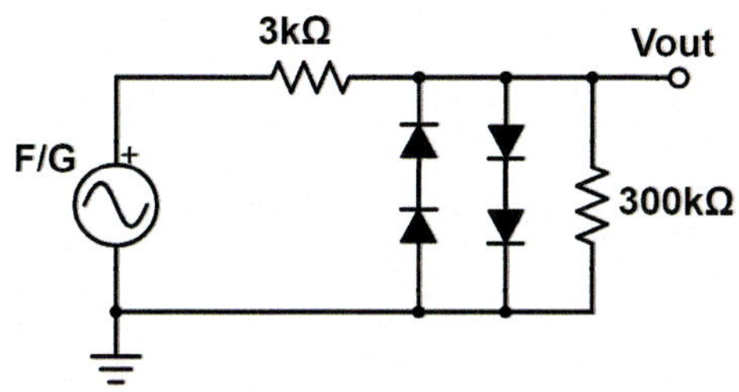

그림 3-13 다이오드 결합 클리퍼 실험 회로

실험 3-7 TinkerCAD를 활용한 다이오드 결합 클리퍼 회로 실험

▸ 다음의 실험 절차를 진행하고 그 결과를 '◈ 실험 결과 고찰 3'의 '실험 3-7 TinkerCAD를 활용한 다이오드 결합 클리퍼 회로 실험'에 작성한다.

① TinkerCAD에서 그림 3-13의 다이오드 결합 클리퍼 실험 회로를 구성한다. 그림 3-14은 TinkerCAD를 이용하여 결선한 다이오드 결합 클리퍼 실험 회로이다.

② 시뮬레이션을 진행하여 파형을 관찰한다. 시뮬레이션 결과 파형을 '입력신호 파형'과 '출력신호 파형'에 그린다.

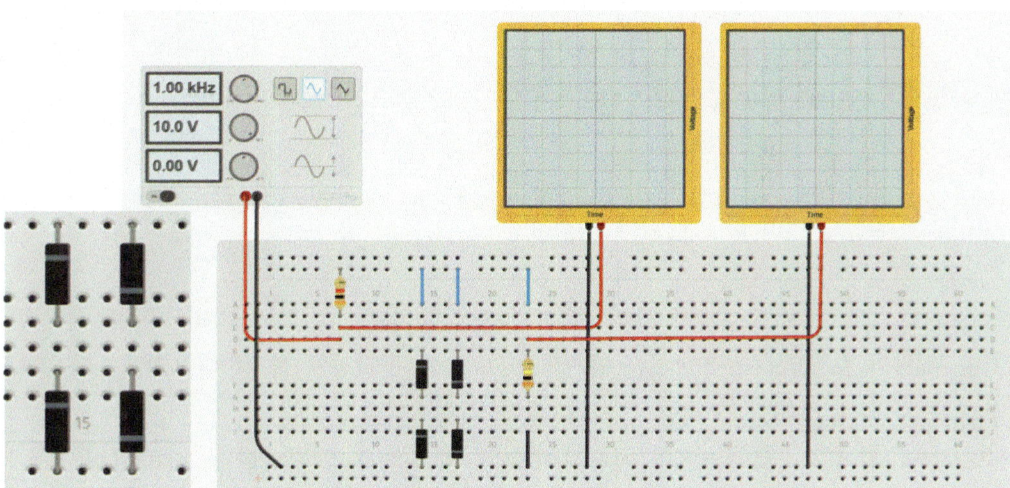

그림 3-14 다이오드 결합 클리퍼 실험 회로 (TinkerCAD)

실험 3-8 MultiSIM을 활용한 다이오드 결합 클리퍼 회로 실험

▸ 다음의 실험을 진행하고 그 결과를 '◈ 실험 결과 고찰 3'의 '실험 3–8 MultiSIM을 활용한 다이오드 결합 클리퍼 회로 실험'에 작성한다.

① MultiSIM을 실행시키고 그림 3-13의 다이오드 결합 클리퍼 실험 회로를 구성한다. Function Generator와 오실로스코프의 연결은 양(+) 클리퍼 실험 회로와 동일하게 구성한다. 그림 3-15는 MultiSim을 활용한 다이오드 결합 클리퍼 실험 회로이다.

② 시뮬레이션을 실행하여 오실로스코프의 파형을 관찰한다. 결과 파형을 '입력신호 파형'과 '출력신호 파형'에 그린다.

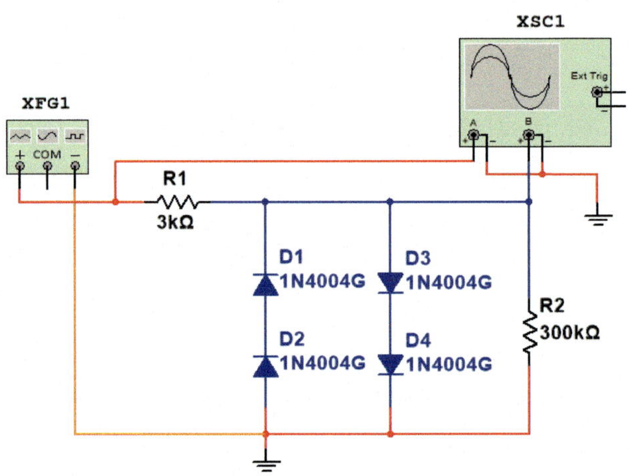

그림 3–15 다이오드 결합 클리퍼 실험 회로 (MultiSIM)

실험 3-9 Smart LAB을 활용한 다이오드 결합 클리퍼 회로 실험

▸ 다음의 실험 절차를 진행하고 그 결과를 '◈ 실험 결과 고찰 3'의 '실험 3–9 SmartLAB을 활용한 다이오드 결합 클리퍼 회로 실험'에 작성한다.

① Smart LAB 실습 키트를 활용하여 그림 3-13의 다이오드 결합 클리퍼 회로를 구성한다. Generator와 오실로스코프 설정은 양 클리퍼 회로와 동일하게 설정한다. 그림 3-16은 Smart LAB을 활용한 다이오드 결합 클리퍼 실험 회로이다.

② SMART LAB의 오실로스코프를 이용하여 출력 파형을 측정 관측한다. 관측된 파형을 'CH A(입력신호) 파형'과 'CH B(출력신호) 파형'에 그린다.

그림 3-16 다이오드 결합 클리퍼 실험 회로 (Smart LAB)

■ 양(+) 클램퍼 회로

그림 3-17의 양(+) 클램퍼 회로를 구성하고 부하 저항에서 관측되는 파형을 관찰한다.

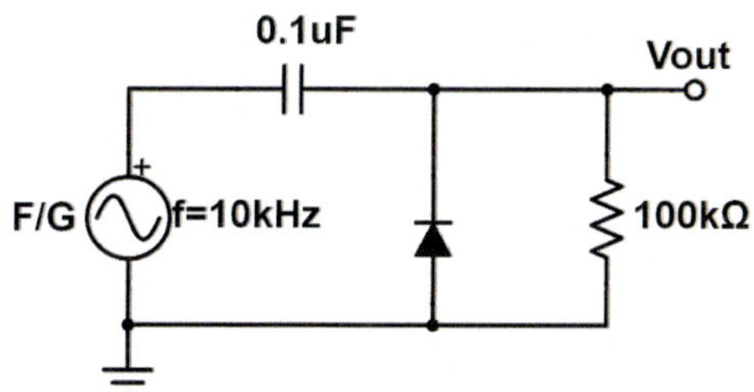

그림 3-17 양(+) 클램퍼 실험 회로

실험 3-10 TinkerCAD를 활용한 양(+) 클램퍼 회로 실험

▸ 다음의 실험 절차를 진행하고 그 결과를 '◈ 실험 결과 고찰 3'의 '실험 3-10 TinkerCAD를 활용한 양(+) 클램퍼 회로 실험'의 에 작성한다.

① TinkerCAD에서 그림 3-17의 양(+) 클램퍼 실험 회로를 구성한다. 그림 3-18은 TinkerCAD를 이용하여 결선한 양(+) 클래퍼 회로이다. 함수 발생기의 주파수는 $10kHz$, 진폭 $10\,V$, DC 오프셋은 0, 함수는 사인으로 설정한다.

② 시뮬레이션을 진행하여 파형을 관찰한다. 시뮬레이션 결과 파형을 '입력신호 파형'과 '출력신호 파형'에 그린다. 입력 파형과 출력 파형의 세로축의 $[Volt/Div]$의 값을 기록하고 비교한다.

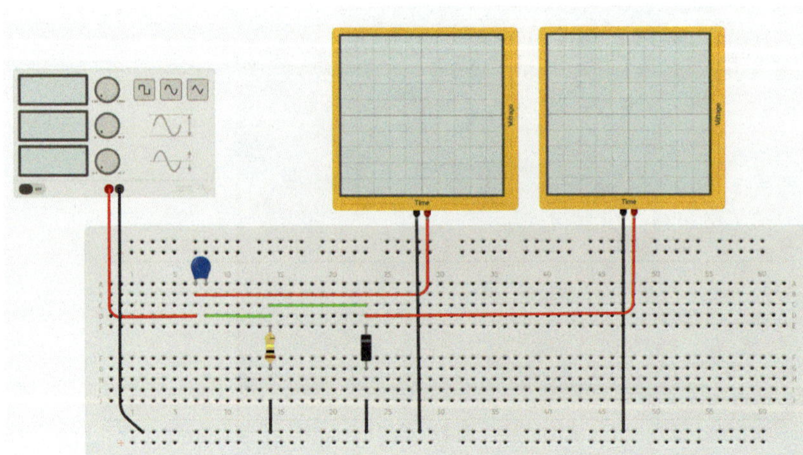

그림 3-18 양(+) 클램퍼 실험 회로 (TinkerCAD)

실험 3-11 MultiSIM을 활용한 양(+) 클램퍼 회로 실험

▸ 다음의 실험 절차를 진행하고 그 결과를 '◈ 실험 결과 고찰 3'의 '실험 3-11 MultiSIM을 활용한 양(+) 클램퍼 회로 실험'에 작성한다.

① MultiSIM을 실행시키고 그림 3-17의 양(+) 클램퍼 실험 회로를 구성한다. Function Generator의 주파수는 $10kHz$로 조정하고 오실로스코프의 연결은 양(+) 클리퍼 실험 회로와 동일하게 설정한다. 그림 3-19는 MultiSim을 활용한 양 (+)클램퍼 실험 회로이다.

② 시뮬레이션을 실행하여 오실로스코프의 파형을 관찰하고 결과 파형을 '입력신호 파형'과 '출력신호 파형'에 그린다.

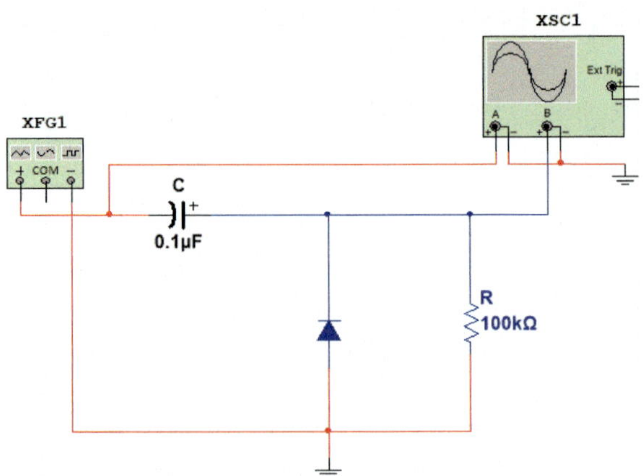

(a) 실험 회로

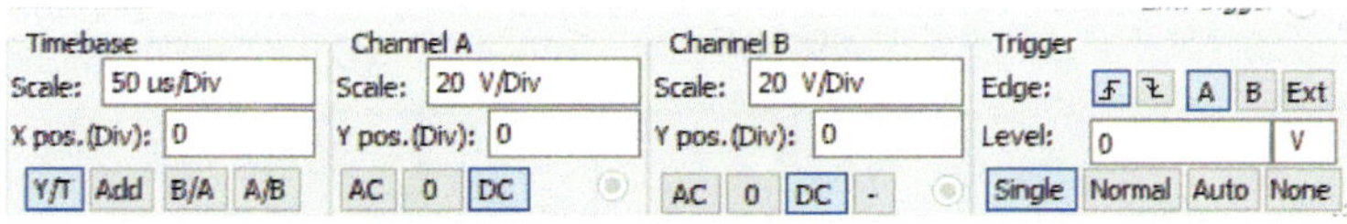

(b) 오실로스코프 설정

그림 3-19 양(+) 클램퍼 실험 회로 (MultiSIM)

실험 3-12 Smart LAB을 활용한 양(+) 클램퍼 회로 실험

▸ 다음의 실험 절차를 진행하고 그 결과를 '◈ 실험 결과 고찰 3'의 '실험 3-6 SmartLAB을 활용한 양(+) 클램퍼 회로 실험'에 작성한다.

① Smart LAB 실습 키트를 활용하여 그림 3-17의 양(+) 클램퍼 회로를 구성한다. 함수 발생기의 주파수는 $10kHz$, 진폭은 $10\,V_{PP}$로 조정하다. 그림 3-20은 Smart LAB을 활용한 양(+) 클램퍼 실험 회로이다.

② Smart LAB의 오실로스코프를 사용하여 양(+) 클램퍼 출력 파형을 관측하고 그 파형을 'CH A(입력신호) 파형'과 'CH B(출력신호) 파형'에 그린다.

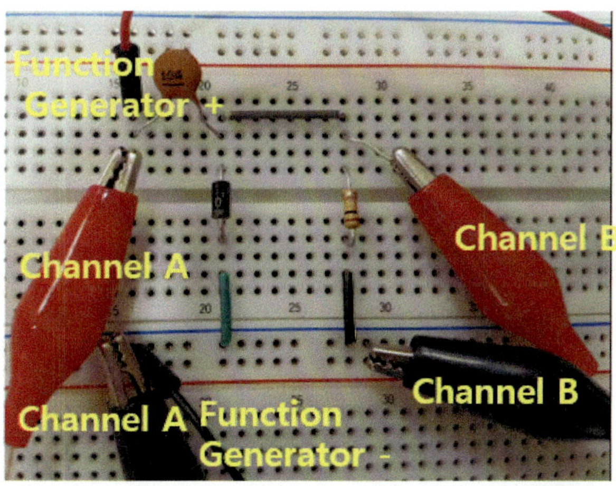

그림 3-20 양(+) 클램퍼 실험 회로 (Smart LAB)

■ 음(−) 클램퍼 회로

그림 3-21의 음(-) 클램퍼 회로를 구성하고 부하 저항에서 관측되는 파형을 관찰한다.

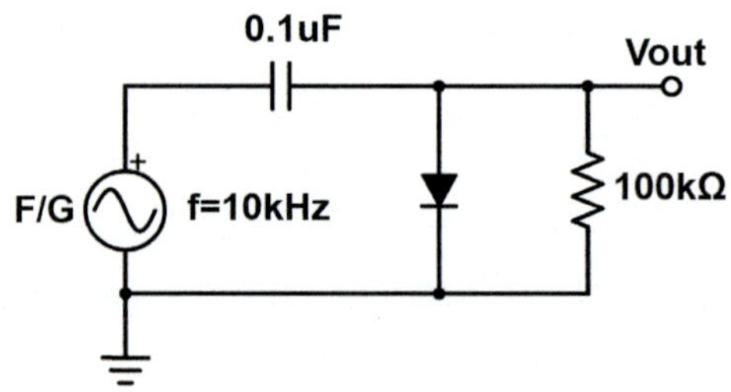

그림 3-21 음(–) 클램퍼 실험 회로

실험 3-13 TinkerCAD를 활용한 음(–) 클램퍼 회로 실험

▸ 다음의 실험 절차를 진행하고 그 결과를 '◈ 실험 결과 고찰 1'의 '실험 1–1 디지털 멀티미터(DMM)을 이용한 다이오드 저항 측정 실험'에 작성한다.

① 실습 3-10의 TinkerCAD의 양(+) 클램퍼 회로에서 다이오드의 방향을 반대로 연결하여 그림 3-21의 음(-) 클램퍼 실험 회로를 구성한다.

② 시뮬레이션을 진행하여 파형을 관찰한다. 시뮬레이션 결과 파형을 '입력신호 파형'과 '출력신호 파형'에 그린다. 입력 파형과 출력 파형의 세로축의 [$Volt/Div$]의 값을 기록하고 비교한다.

실험 3-14 MultiSIM을 활용한 음(–) 클램퍼 회로 실험

▸ 다음의 실험 절차를 진행하고 그 결과를 '◈ 실험 결과 고찰 3'의 '실험 3–14 MultiSIM을 활용한 음(–) 클램퍼 회로 실험'에 작성한다.

① 실습 3-11의 MultiSIM의 양(+) 클램퍼 회로에서 다이오드의 방향을 반대로 연결하여 그림 3-21의 음(-) 클램퍼 실험 회로를 구성한다.

② 시뮬레이션을 실행하여 오실로스코프의 파형을 관찰한다. 결과 파형을 '입력신호 파형'과 '출력신호 파형'에 그린다.

실험 3-15 Smart LAB을 활용한 음(−) 클램퍼 회로 실험

▸ 다음의 실험 절차를 진행하고 그 결과를 '◈ 실험 결과 고찰 3'의 '실험 3−15 SmartLAB을 활용한 음(−) 클램퍼 회로 실험'에 작성한다.

① 실습 3-12의 Smart LAB 실습 키트를 활용한 양(+) 클램퍼 회로에서 다이오드를 반대로 연결하여 그림 3-21의 음(-) 클램퍼 회로를 구성한다. 그림 3-22는 Smart LAB 실습 키트를 활용한 음 클램퍼 실험 회로이다.

② 오실로스코프를 사용하여 음(-) 클램퍼 출력 파형을 관측하고, 그 파형을 'CH A(입력신호) 파형'과 'CH B(출력신호) 파형'에 그린다.

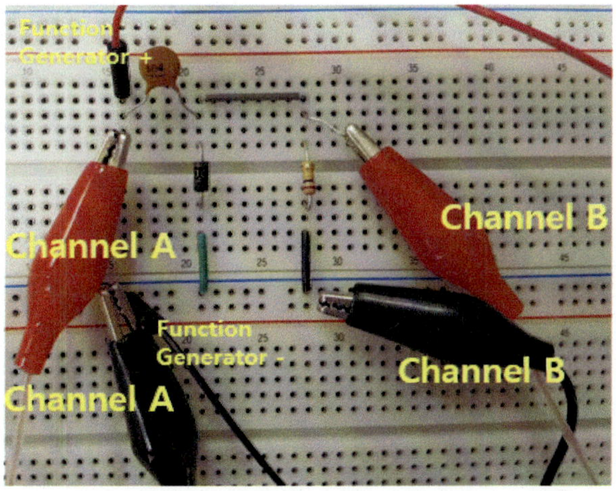

그림 3−22 음 클램퍼 실험 회로 (Smart LAB)

실험 결과 고찰 3

[실험 3-1] TinkerCAD를 활용한 양(+) 클리퍼 회로 실험

입력신호 파형

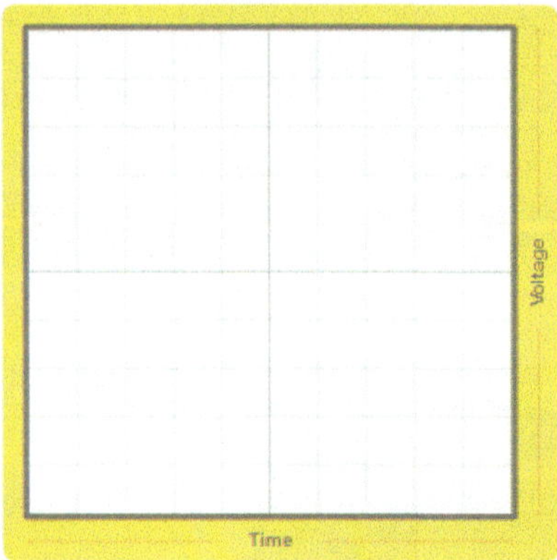

출력신호 파형

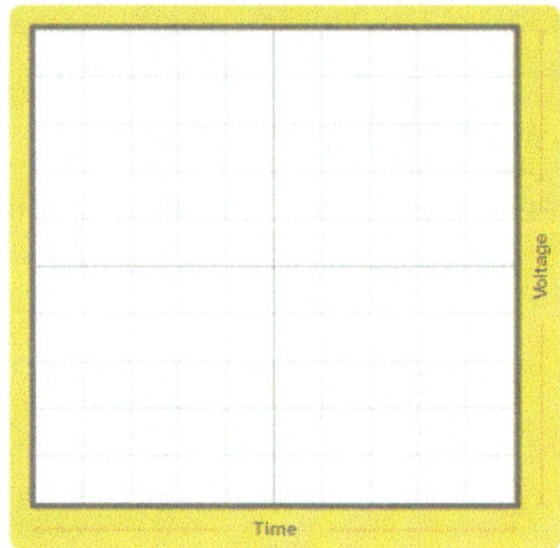

[실험 3-2] MultiSIM을 활용한 양(+) 클리퍼 회로 실험

입력신호 파형

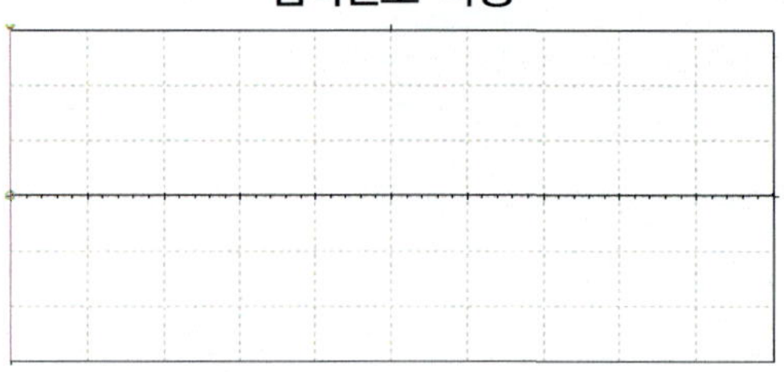

출력신호 파형

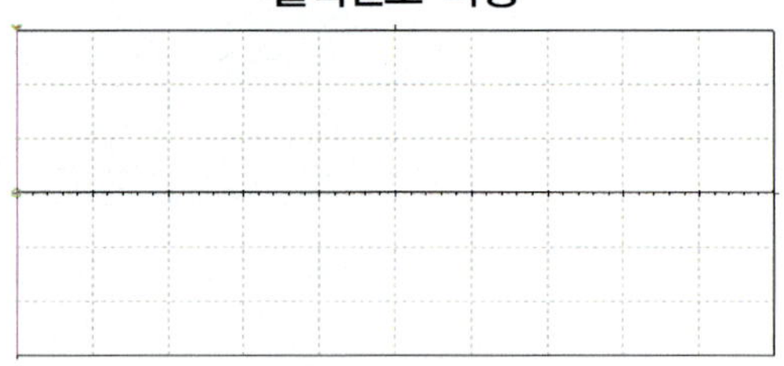

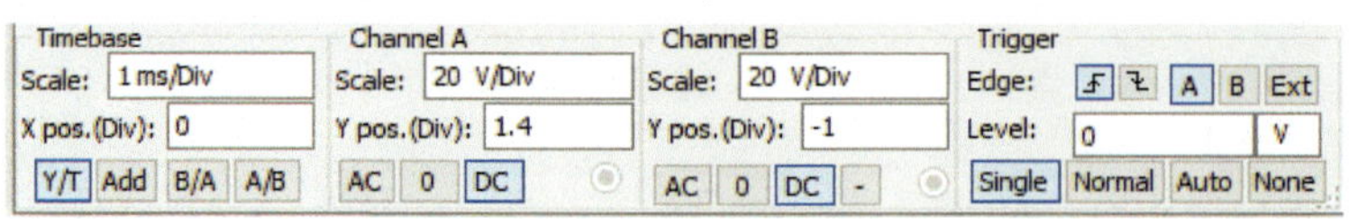

[실험 3-3] SmartLAB을 활용한 양(+) 클리퍼 회로 실험

CH A (입력신호) 파형

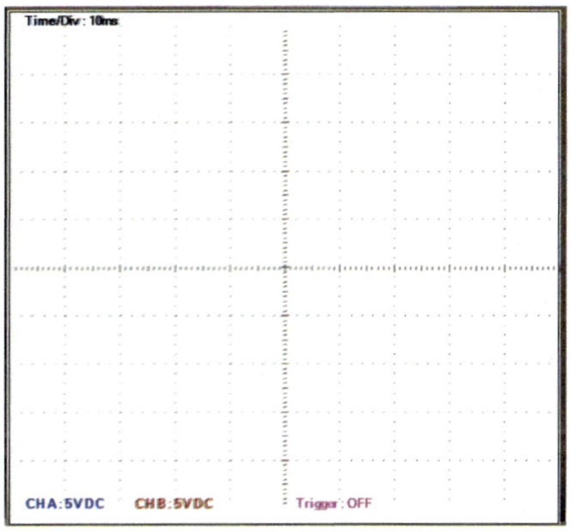

CH B (출력신호) 파형

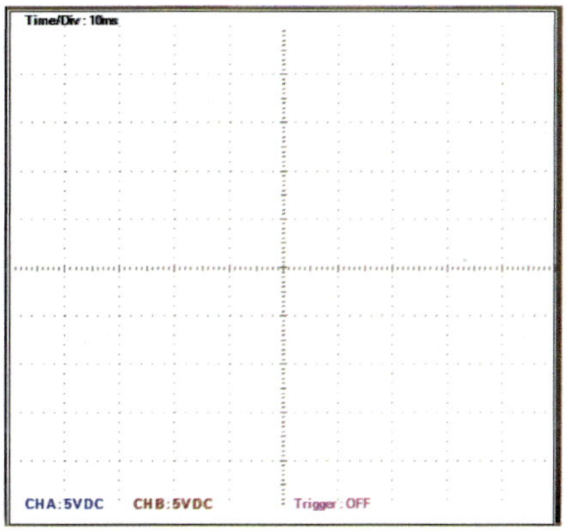

[실험 3-4] TinkerCAD를 활용한 음(-) 클리퍼 회로 실험

입력신호 파형

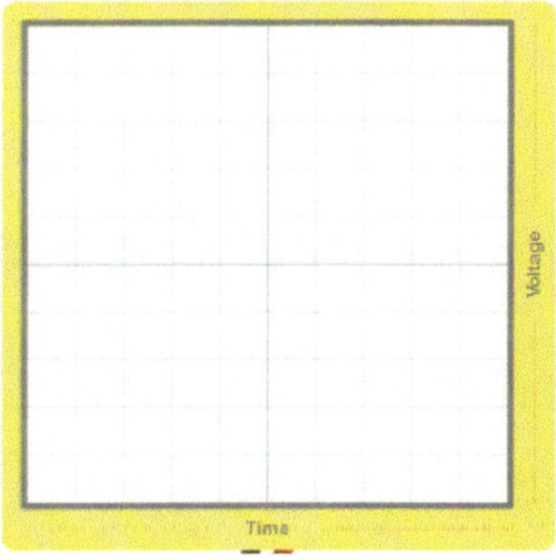

출력신호 파형

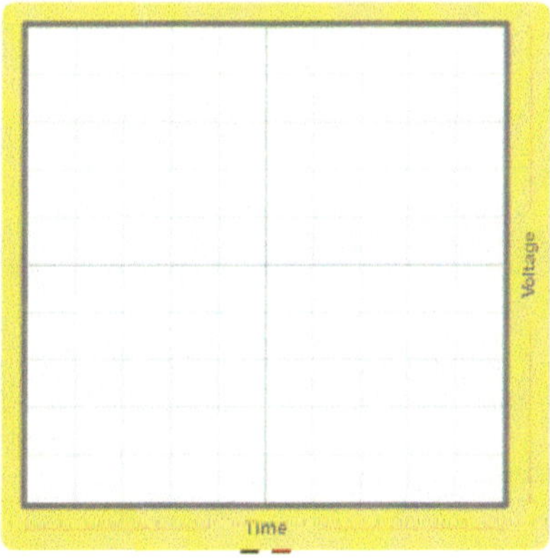

[실험 3-5] MultiSIM을 활용한 음(-) 클리퍼 회로 실험

입력신호 파형

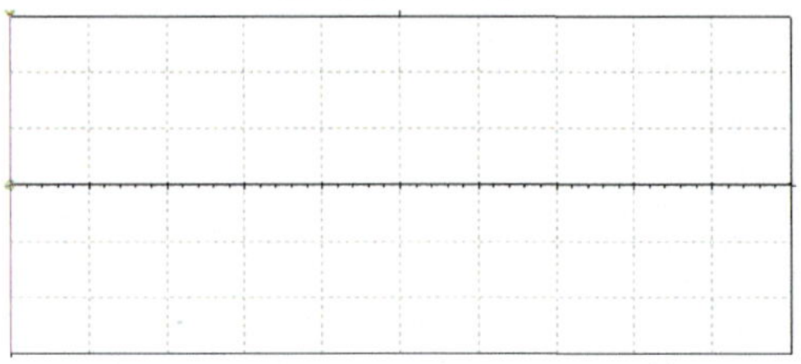

출력신호 파형

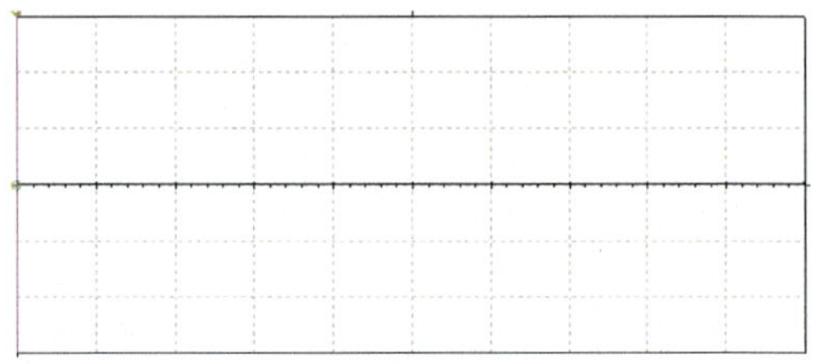

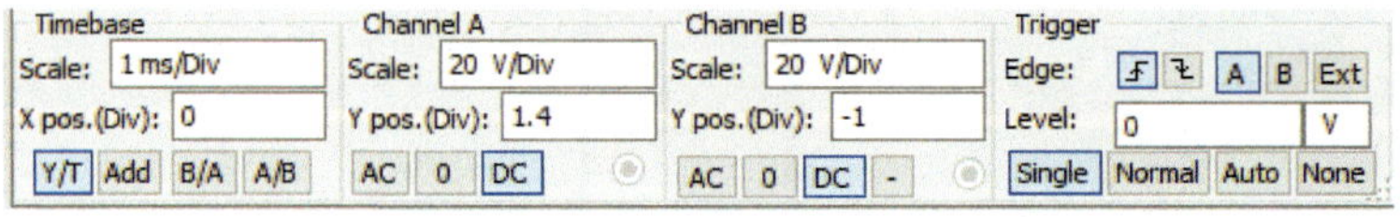

[실험 3-6] SmartLAB을 활용한 음(-) 클리퍼 회로 실험

CH A (**입력신호**) **파형**

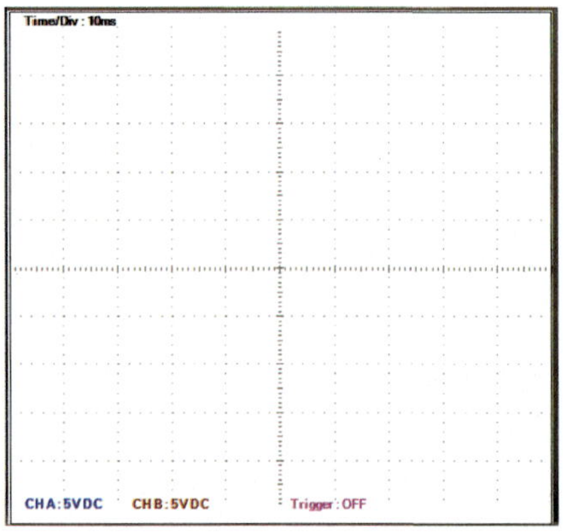

CH B (**출력신호**) **파형**

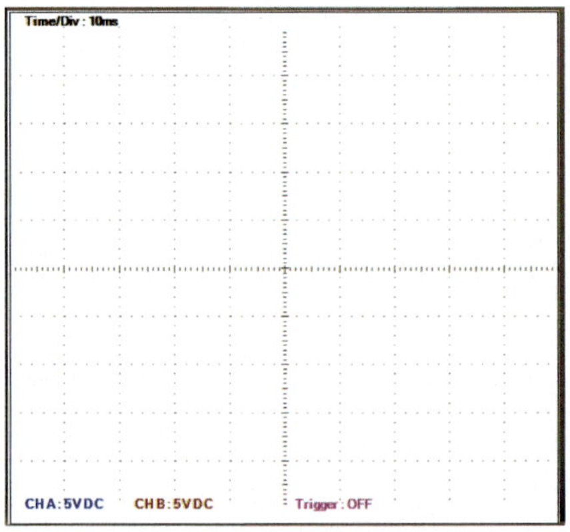

☞ 클리퍼 회로 실험 결과를 바탕으로 클리퍼의 역할에 대해 간단히 기술하라.

[실험 3-7] TinkerCAD를 활용한 다이오드 결합 클리퍼 회로 실험

입력신호 파형

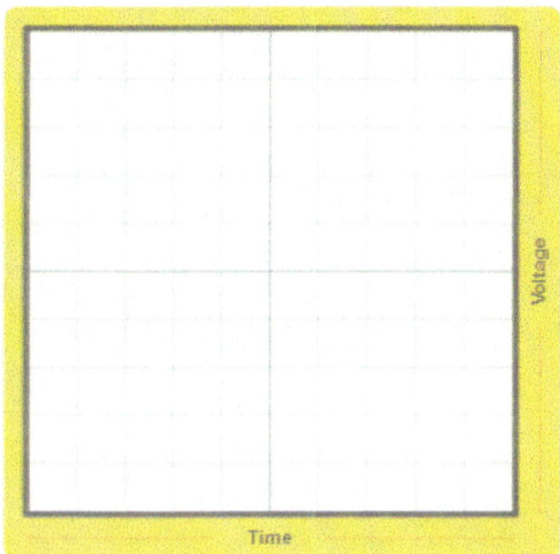

출력신호 파형

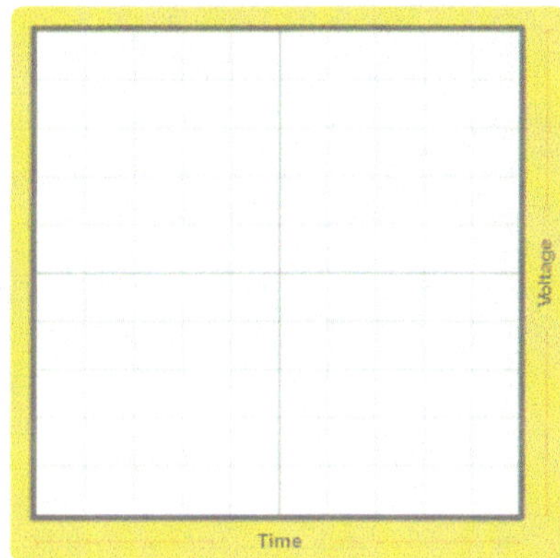

[실험 3-8] MultiSIM을 활용한 다이오드 결합 클리퍼 회로 실험

입력신호 파형

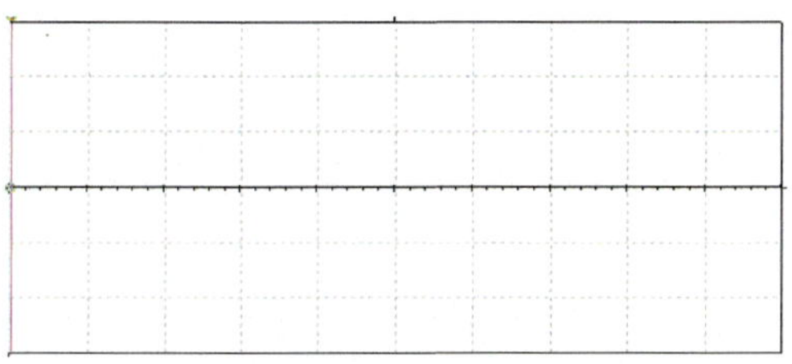

출력신호 파형

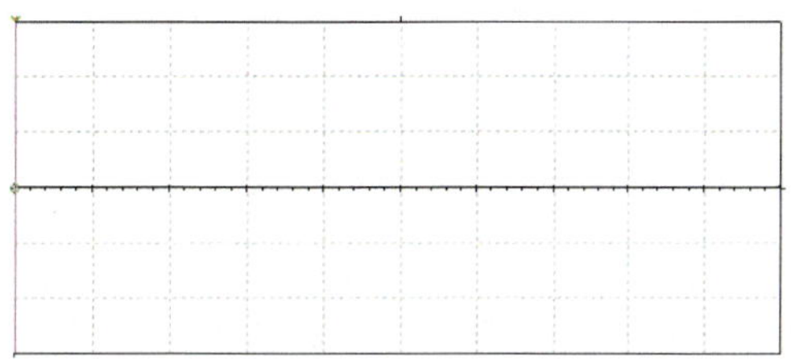

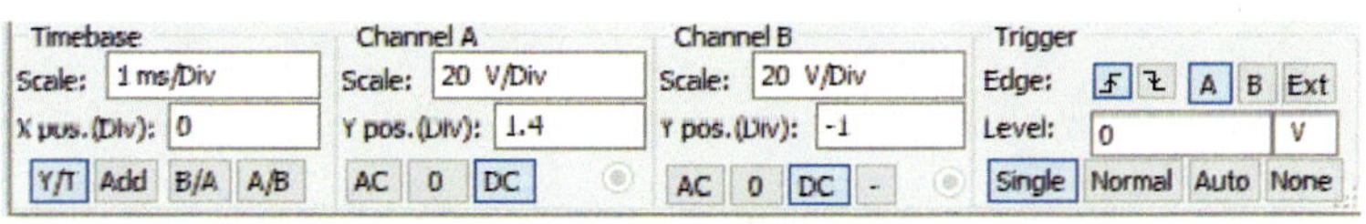

[실험 3-9] SmartLAB을 활용한 다이오드 결합 클리퍼 회로 실험

CH A (입력신호) 파형

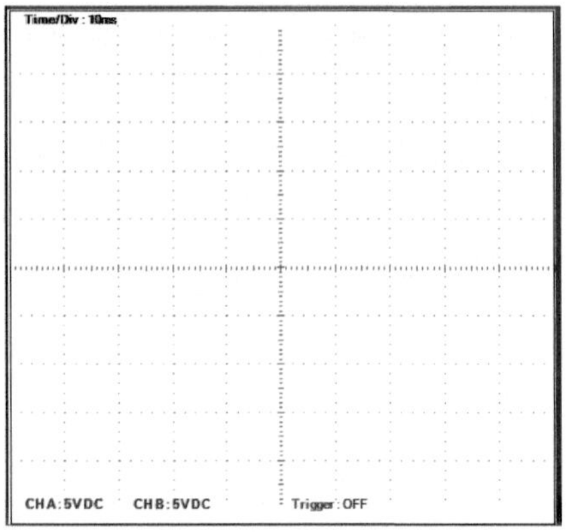

CH B (출력신호) 파형

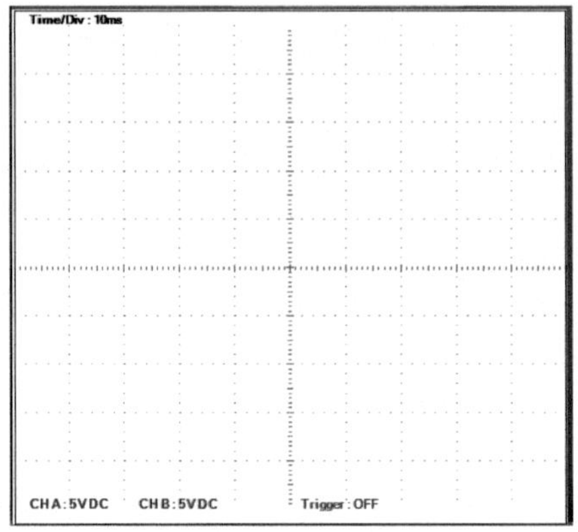

☞ 다이오드 결합 클리퍼 회로 실험 결과를 바탕으로 다이오드 결합 클리퍼의 특성에 대해 간단히 기술하라.

[실험 3-10] TinkerCAD를 활용한 양(+) 클램퍼 회로 실험

입력신호 파형 **출력신호 파형**

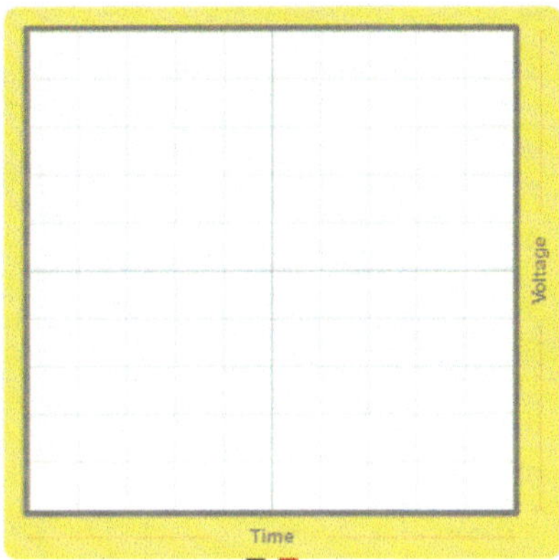

______ [$Volts/Div$]

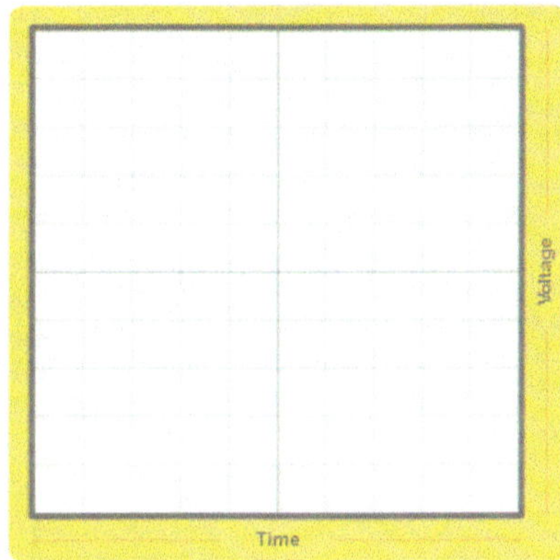

______ [$Volts/Div$]

[실험 3-11] MultiSIM을 활용한 양(+) 클램퍼 회로 실험

입력신호 파형 **출력신호 파형**

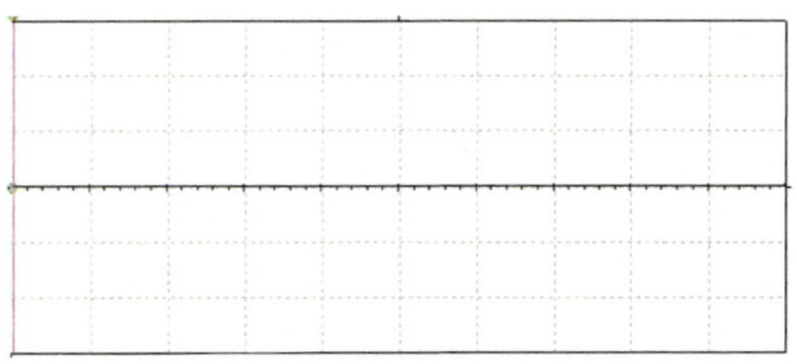

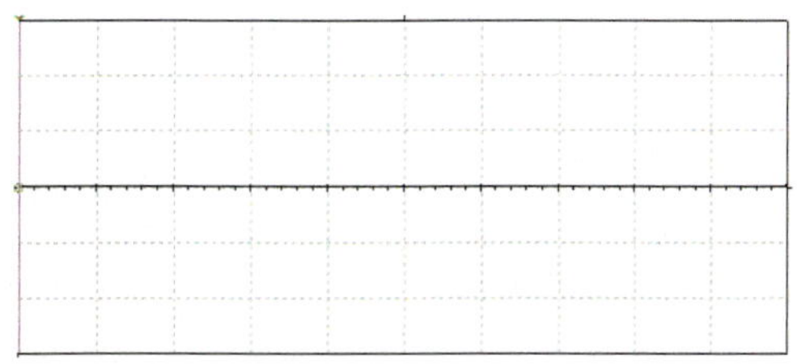

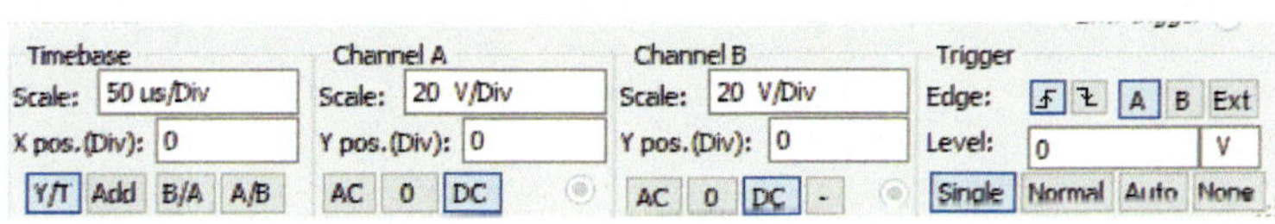

[실험 3-12] SmartLAB을 활용한 양(+) 클램퍼 회로 실험

CH A (입력신호) 파형

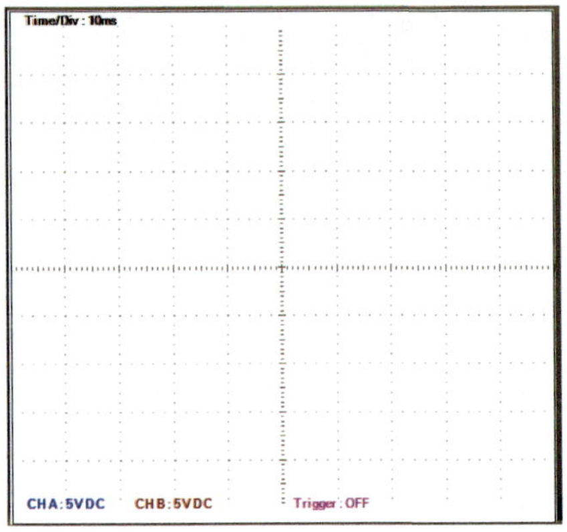

CH B (출력신호) 파형

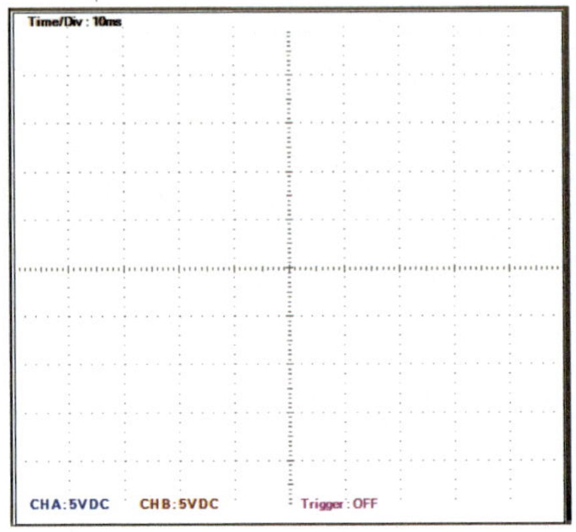

[실험 3-13] TinkerCAD를 활용한 음(-) 클램퍼 회로 실험

입력신호 파형

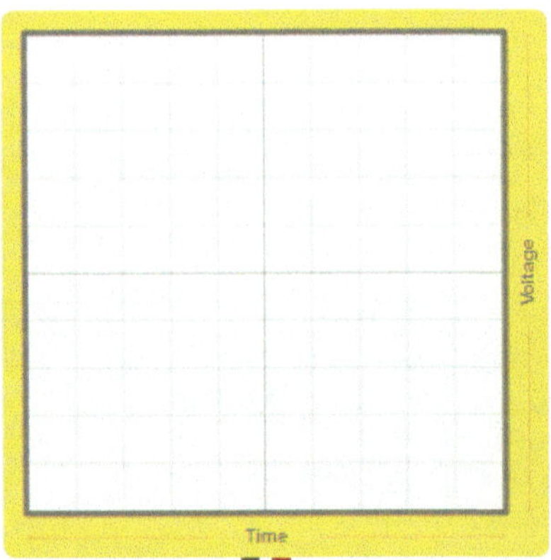

______ [Volts/Div]

출력신호 파형

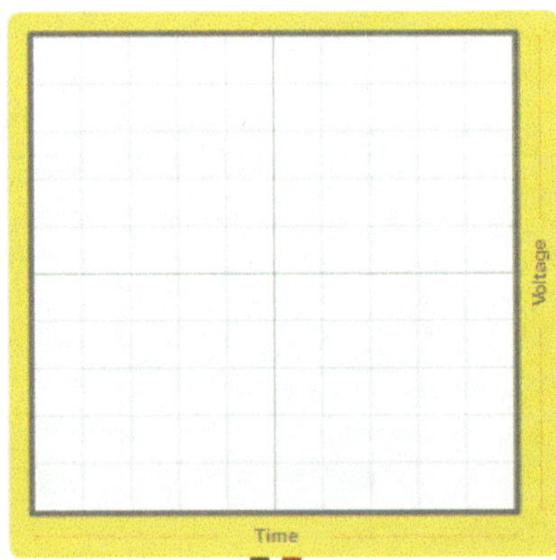

______ [Volts/Div]

[실험 3-14] MultiSIM을 활용한 음(−) 클램퍼 회로 실험

입력신호 파형

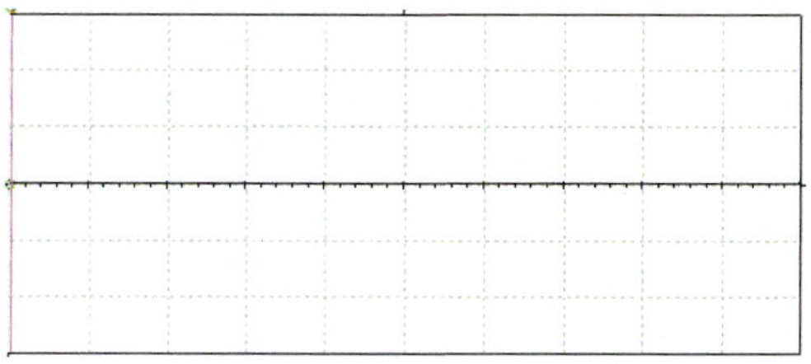

출력신호 파형

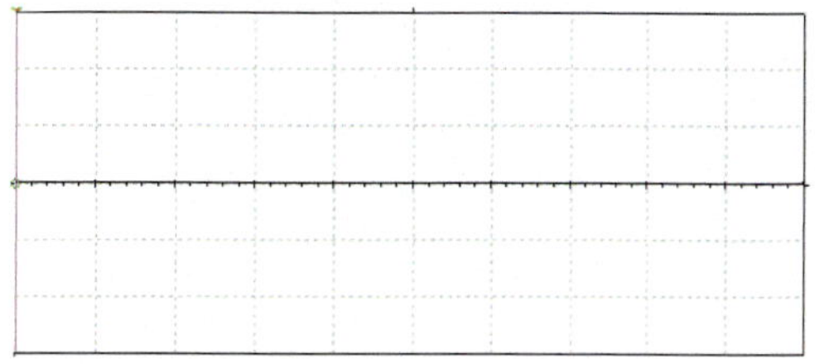

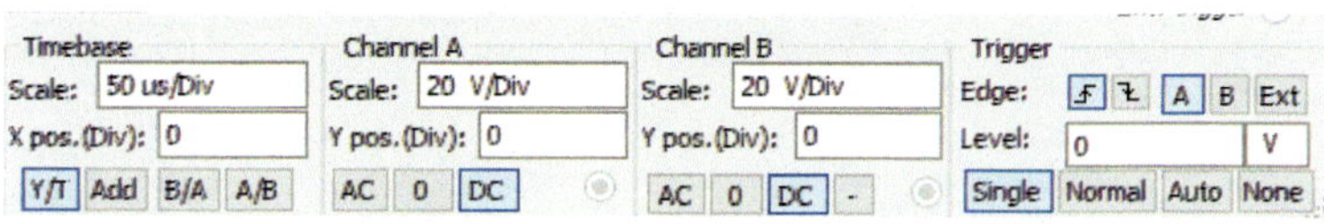

[실험 3-15] SmartLAB을 활용한 음(−) 클램퍼 회로 실험

CH A (입력신호) 파형

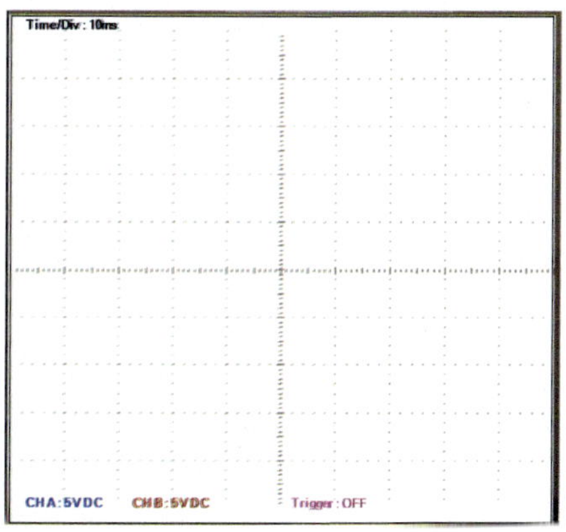

CH B (출력신호) 파형

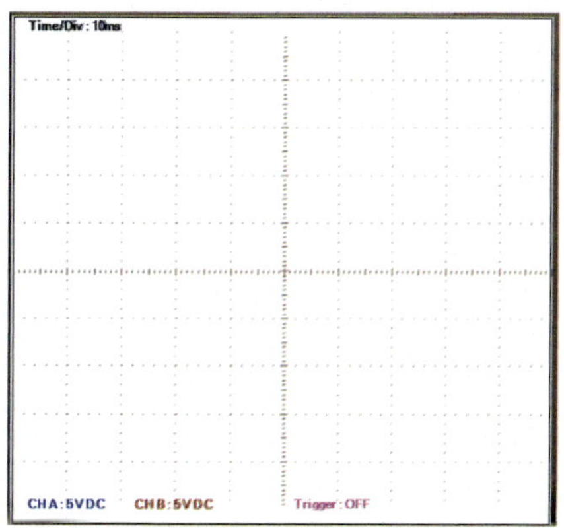

☞ 클램퍼 회로 실험 결과를 바탕으로 클램퍼의 특성에 대해 간단히 기술하라.

CHAPTER 04

배전압 정류회로

1. 실험 목적

- 2배압 정류회로를 구성하고 동작 원리를 설명할 수 있다.
- 3배압 정류회로를 구성하고 동작 원리를 설명할 수 있다.
- 4배 이상의 정수 배압 정류 회로를 설계할 수 있다.

2. 실험 준비물

- 브레드보드, 리드선 적당량
- 저항 $5.6k\Omega$, $10k\Omega$, 전해 캐패시터 $100\mu F/50\,V \times 4$, 다이오드 1N5814 × 4
- 함수 발생기 또는 교류 전원 공급기, 2채널 디지털(메모리) 오실로스코프, 멀티미터

3. 관련 이론

배전압 정류회로(Multiplier Rectifier Circuit)는 입력 AC(교류) 전압을 정류하여 DC(직류) 전압으로 변환하면서, 그 전압을 배가시키는 기능을 하는 회로이다. 이러한 회로는 전원 공급 장치에서 높은 직류 전압이 필요하지만, 높은 변압기 출력이 어려운 경우에 주로 사용된다. 배전압 정류회로의 대표적인 예로는 배전압 정류기(Double Voltage Rectifier), 3배 전압 정류기(Triple Voltage Rectifier), 콕크로프트-월튼 전압 배전기(Cockcroft-Walton Voltage Multiplier) 등이 있다.

1) 2배압 정류기(Voltage Doubler)

가장 기본적인 형태의 배전압 정류회로는 두 개의 다이오드와 두 개의 커패시터로 구성된다. 그림 4-1에서 2배압 정류회로에서 교류 전압의 한 주기 동안, 음의 반주기 동안 $D1$을 통해 입력 전압의 최댓값이 커패시터 $C1$에 충전된다. 다음 양의 반주기는 전원의 기전력과 $C1$에 충전된 전하가 직렬로 중첩되어 $D2$를 거쳐 $C2$에 충전된다. 두 커패시터의 전압이 합쳐져서 출력이 두 배가 된다.

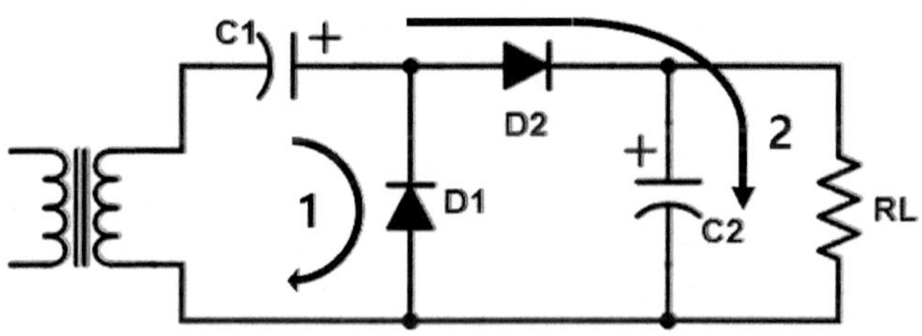

그림 4-1 2배압 정류회로

2) 3배압 정류기(Voltage Tripler)

3배압 정류기는 세 개의 다이오드와 세 개의 커패시터로 구성된다. 그림 4-2의 3배압 정류회로에서 음의 반주기 동안 $D1$을 거쳐 $C1$에 충전된다. $C1$에 충전된 전압과 양의 반주기 전압이 중첩되어 2번 경로를 따라 $C2$에 충전된다. 다시 다음의 음의 반주기 동안 $C2$에 충전된 전압과 입력 전압이 중첩되어 3번 경로를 따라 $C3$에 충전되고 이때 1번 경로의 충전도 병행된다. $C1$과 $C3$ 두 캐패시터의 직렬 전압이 출력 전압이 되어 세 배로 증가하게 된다.

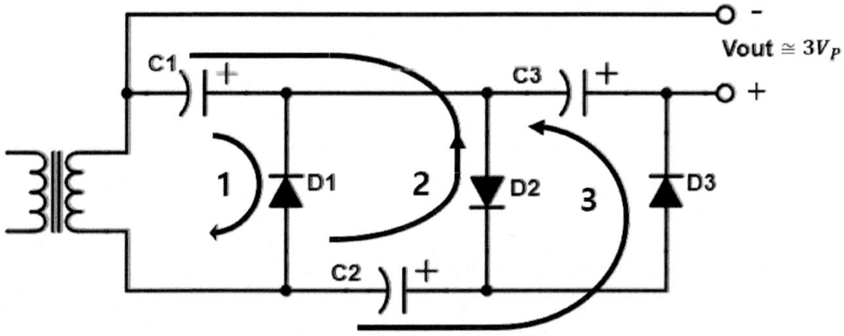

그림 4-2 3배압 정류회로

3) 콕크로프트-월튼 전압 배전기 (Cockcroft-Walton Voltage Multiplier)

이 회로는 여러 단계의 다이오드와 커패시터로 구성된다. 각 단계마다 교류 전압을 차례로 증폭시키며, 높은 직류 전압을 얻을 수 있다. 콕크로프트-월튼 회로는 입자가속기, X-선 발생기 등 매우 높은 전압이 필요한 곳에서 사용된다.

4. 실험 순서

■ 2배압 정류회로 실험

그림 4-3의 2배압 정류 회로를 구성하고 부하 저항에서 관측되는 파형을 관찰한다.

- $D1 = D2 = 1N5819$, $C1 = C2 = 100\mu F/50\,V$
- 입력에는 상용교류 $10\,V$를 공급하고, 부하는 $R1(5.6k\Omega)$을 사용한다.

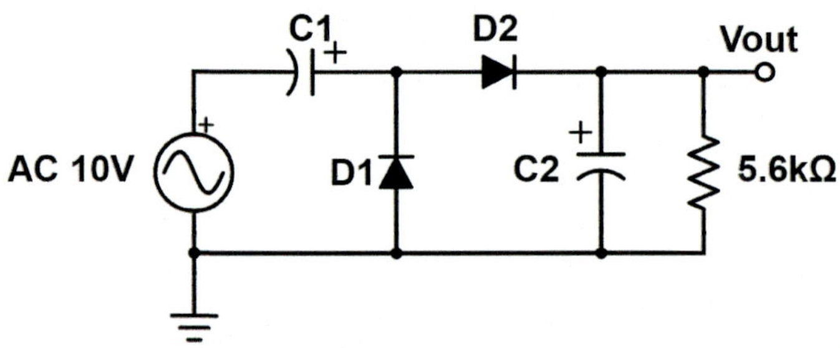

그림 4-3 2배압 정류 실험 회로

실험 4-1 TinkerCAD를 활용한 2배압 정류회로 실험

▸ 다음의 실험 절차를 진행하고 그 결과를 '◈ 실험 결과 고찰 4'의 '실험 4-1 TinkerCAD를 활용한 2배압 정류회로 실험'에 작성한다.

① TinkerCAD에서 그림 4-3의 2배압 정류 실험 회로를 구성한다. 캐패시터의 정격을 $50\,V$로 설정한다. 그림 4-4는 TinkerCAD를 이용하여 결선한 2배압 정류 실험 회로이다.

② 시뮬레이션을 진행하여 파형을 관찰한다. TinkerCAD에서의 시뮬레이션의 경우, 캐패시터가 포함된 경우, 오실로스코프의 파형이 안정화 될 때까지 충분히 대기한 다음 실험 결과를 관찰한다. 시뮬레이션 결과 파형을 '입력신호 파형'과 '출력신호 파형'에 그린다. 입력 파형과 출력 파형의 세로축의 $[Volt/Div]$의 값을 기록하고 비교한다.

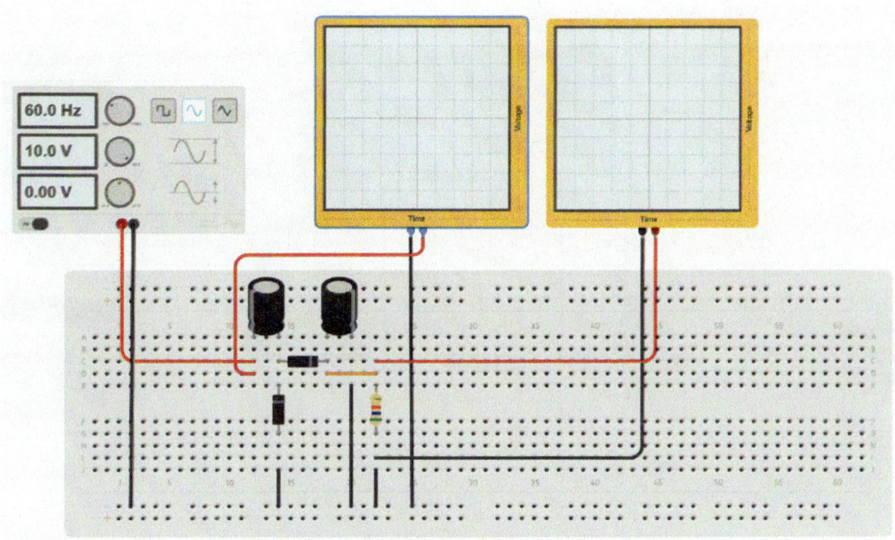

그림 4-4 2배압 정류 실험 회로 (TinkerCAD)

실험 4-2 MultiSIM을 활용한 2배압 정류회로 실험

▸ 다음의 실험 절차를 진행하고 그 결과를 '◈ 실험 결과 고찰 4'의 '실험 4-2 MultiSIM을 활용한 2배압 정류회로 실험'에 작성한다.

① MultiSIM을 실행시키고 그림 4-3의 2배압 정류 실험 회로를 구성한다.

② 그림 4-5에 2배압 정류 실험 회로와 파형 관측을 위한 오실로스코프 설정을 나타내었다. 멀티미터 XMM1는 리플 전압(AC)을 측정하고, XMM2는 직류(DC) 전압을 측정한다.

③ 시뮬레이션을 실행하고 그 결과를 그래프에 그리고 $R1$값을 각각 $5.6k\Omega$, $1.2k\Omega$일 때의 직류 전압과 리플 전압을 '표 4-1에 기록하고 리플률을 계산한다.

④ 부하 저항 $R1$일 때, $C1$과 $C2$를 $470\mu F$으로 변경하고 시뮬레이션을 실행하여 직류 전압과 리플 전압을 '표 4-1에 기록하고 리플률을 계산한다.

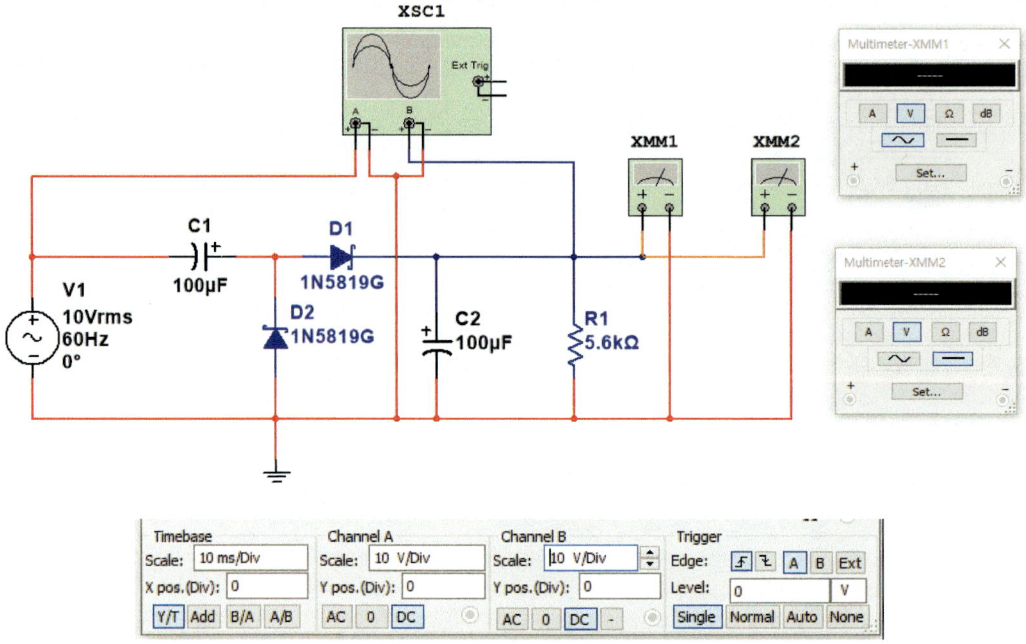

그림 4-5 2배압 정류 실험 회로와 오실로스코프 설정 (MultiSIM)

실험 4-3 SmartLAB을 활용한 2배압 정류회로 실험

▸ 다음의 실험 절차를 진행하고 그 결과를 '◈ 실험 결과 고찰 4'의 '실험 4-3 SmartLAB을 활용한 2배압 정류회로 실험'에 작성한다.

① Smart LAB 실습 키트를 활용하여 그림 4-3의 2배압 정류회로를 구성한다. 그림 4-6에 Smart LAB을 활용한 2배압 정류회로를 나타내었다. Channel A와 Channel B는 각각 입력과 출력 파형을 관찰하기 위해 2CH Digital Oscilloscope에 BNC커넥터를 사용하여 연결한다. 입력신호는 DC & AC POWER SUPPLY의 $V1$과 COM단자에 연결하고 9 V, 60 Hz로 설정한다.

② SMART LAB의 오실로스코프를 이용하여 입·출력 파형을 측정 관측한다. 관측된 파형을 'CH A(입력신호) 파형'과 'CH B(출력신호) 파형'에 그린다.

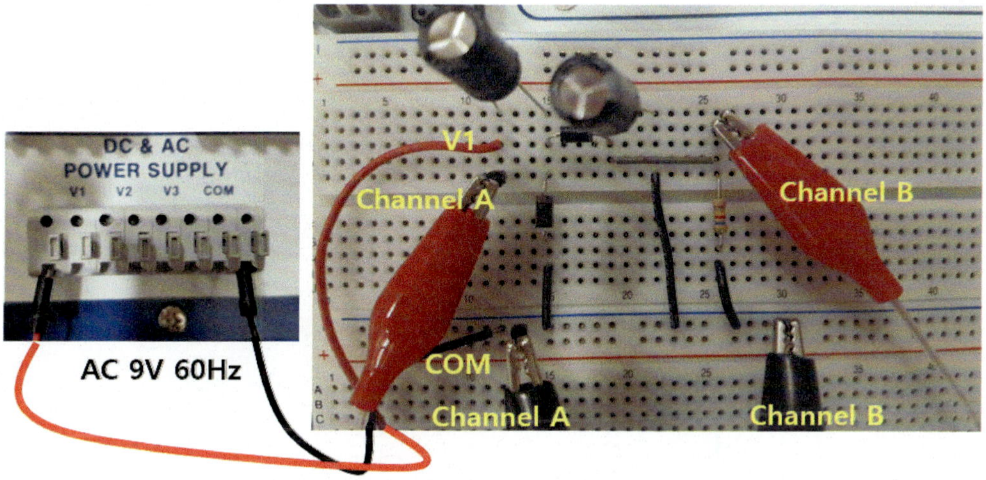

그림 4-6 2배압 정류 실험 회로 (Smart LAB)

- 3배압 정류회로 실험

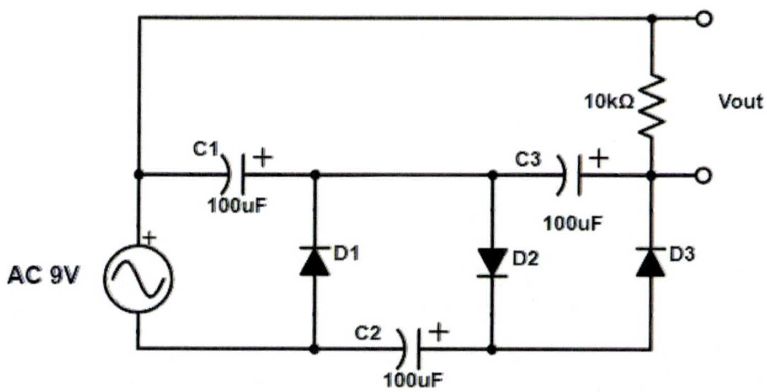

그림 4-7 3배압 정류 실험 회로

실험 4-4 TinkerCAD를 활용한 3배압 정류회로 실험

▸ 다음의 실험 절차를 진행하고 그 결과를 '◈ 실험 결과 고찰 4'의 '실험 4-4 TinkerCAD를 활용한 3배압 정류회로 실험'에 작성한다.

① TinkerCAD에서 그림 4-7의 3배압 정류 실험 회로를 구성한다. 그림 4-8은 TinkerCAD를 활용한 3배압 정류회로를 나타내었다.

② 함수 발생기의 진폭은 10 V, 주파수는 60 Hz, 함수는 사인함수로 설정한다. 부하 저항 10 $k\Omega$으로 설정한다. 오실로스코프의 T/d는 10 ms로 설정한다.

③ 시뮬레이션을 실행하고 결과를 관찰한다. 시뮬레이션 결과 파형을 '입력신호 파형'과 '출력신호 파형'에 그린다.

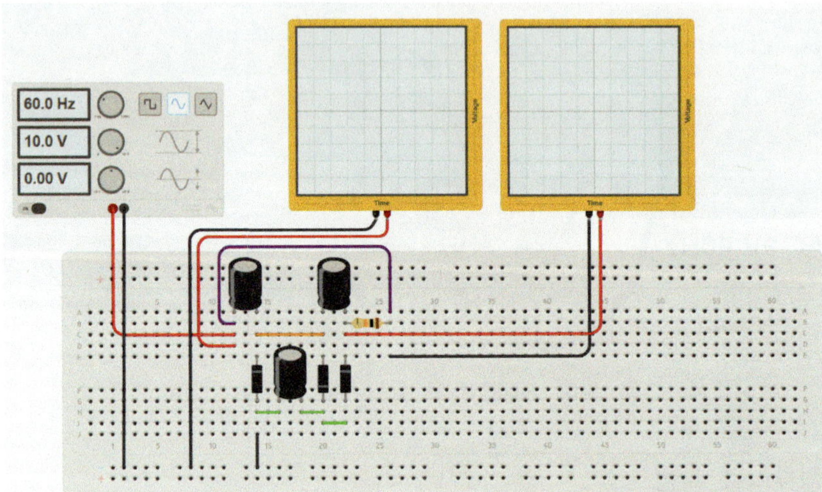

그림 4-8 3배압 정류 실험 회로 (TinkerCAD)

실험 4-5 MultiSIM을 활용한 3배압 정류회로 실험

▸ 다음의 실험 절차를 진행하고 그 결과를 '◈ 실험 결과 고찰 4'의 '실험 4-5 MultiSIM을 활용한 3배압 정류회로 실험'에 작성한다.

① MultiSIM을 실행시키고 그림 4-7의 3배압 정류 실험 회로를 구성한다. $D1 \sim D3 = 1N5819$, $C1 \sim C3 = 100\mu F/50\,V$의 부품을 설정하고, 입력은 상용교류 $9\,V$를 공급하고, 부하 저항은 $R1$은 $10k\Omega$을 사용한다.

② 그림 4-9 2배압 정류 실험 회로와 같이 멀티미터를 설정하여 전압을 측정한다. 멀티미터 XMM1는 리플 전압(AC)을 측정하고, XMM2는 직류(DC) 전압을 측정한다.

③ 시뮬레이션을 실행하고 그 결과를 표 4-2에 기록하고 리플률을 계산한다.

④ 부하 저항을 $2k\Omega$로 변경하고 시뮬레이션을 진행하고 그 결과를 표 4-2에 기록하고 리플률을 계산한다.

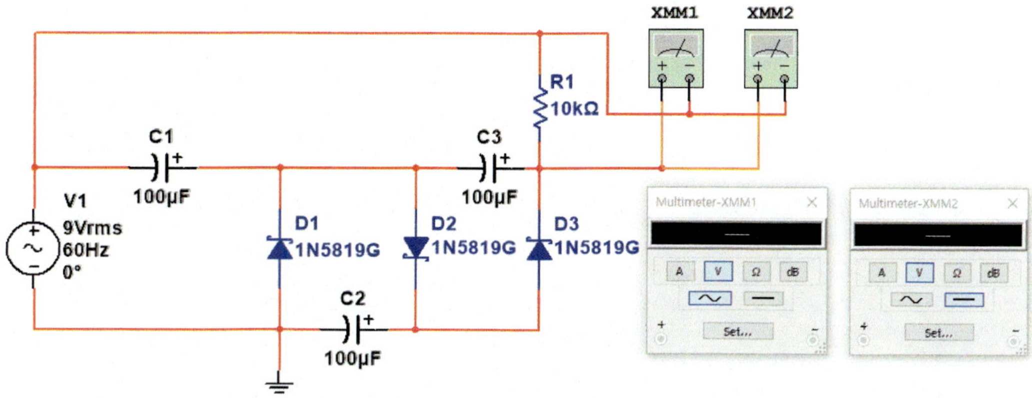

그림 4-9 3배압 정류 실험 회로 (MultiSIM)

실험 4-6 SmartLAB을 활용한 3배압 정류회로 실험

▸ 다음의 실험 절차를 진행하고 그 결과를 '◈ 실험 결과 고찰 4'의 '실험 4-7 SmartLAB을 활용한 3배압 정류회로 실험'에 작성한다.

① Smart LAB 실습 키트를 활용하여 그림 4-7의 3배압 정류 실험 회로를 구성한다. 그림 4-10에 Smart LAB을 활용한 3배압 정류회로를 나타내었다. Channel A와 Channel B는 각각 입력과 출력 파형을 관찰하기 위해 2CH Digital Oscilloscope에 BNC커넥터를 사용하여 연결한다. 입력신호는 DC & AC POWER SUPPLY의 $V1$과 COM단자에 연결하고 $8\,V$, $60\,Hz$로 설정한다.

② SMART LAB의 오실로스코프를 이용하여 입출력 파형을 측정 관측한다. 관측된 파형을 'CH A(입력신호) 파형'과 'CH B(출력신호) 파형'에 그린다.

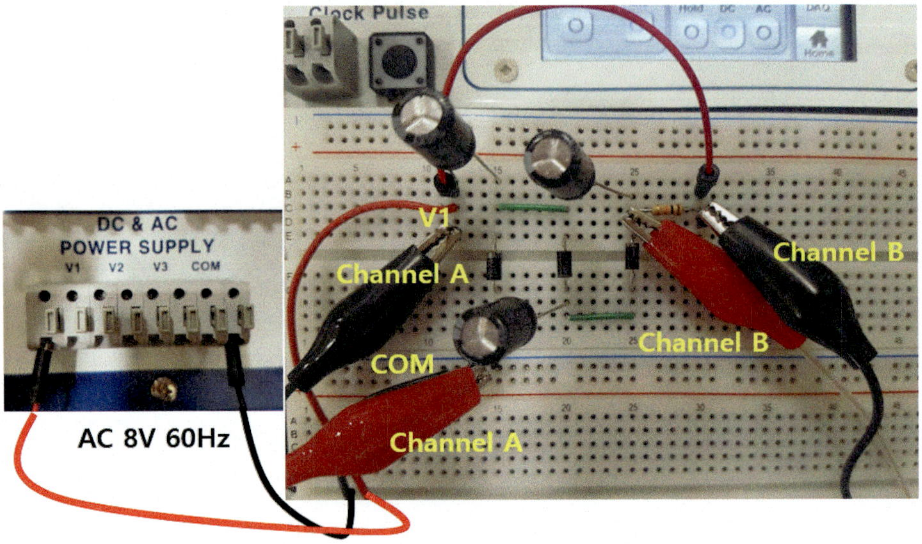

그림 4-10 3배압 정류 실험 회로 (Smart LAB)

■ 4배압 정류회로 실험

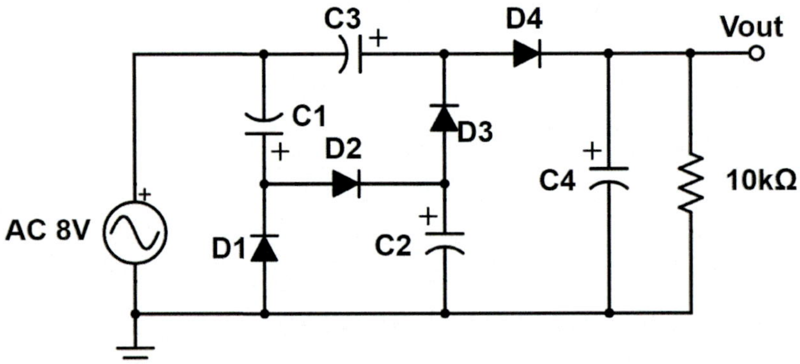

그림 4-11 4배압 정류 실험 회로

실험 4-7 MultiSIM을 활용한 4배압 정류회로 실험

▸ 다음의 실험 절차를 진행하고 그 결과를 '◈ 실험 결과 고찰 4'의 '실험 4-7 MultiSIM을 활용한 4배압 정류회로 실험'에 작성한다.

① MultiSIM을 실행시키고 그림 4-11 4배압 정류 실험 회로를 구성한다. $D1 \sim D4$=1N5819, $C1 \sim C4$=100㎌/50V의 부품을 설정하고, 입력은 상용교류 8 V를 공급하고, 부하 저항은 $R1(10k\Omega)$으로 한다. 멀티미터 XMM1은 리플 전압(AC)을 측정하고 XMM2는 직류 전압(DC)을 측정한다. 그림 4-12는 MultiSIM을 활용한 4배압 정류 실험 회로이다.

② 시뮬레이션을 실행하여 멀티미터의 측정된 전압값을 표 4-3에 기록하고 리플률을 계산한다.

③ 부하 저항을 $2k\Omega$으로 변경하고 시뮬레이션을 진행하고 그 결과를 표 4-3에 기록하고 리플률을 계산한다.

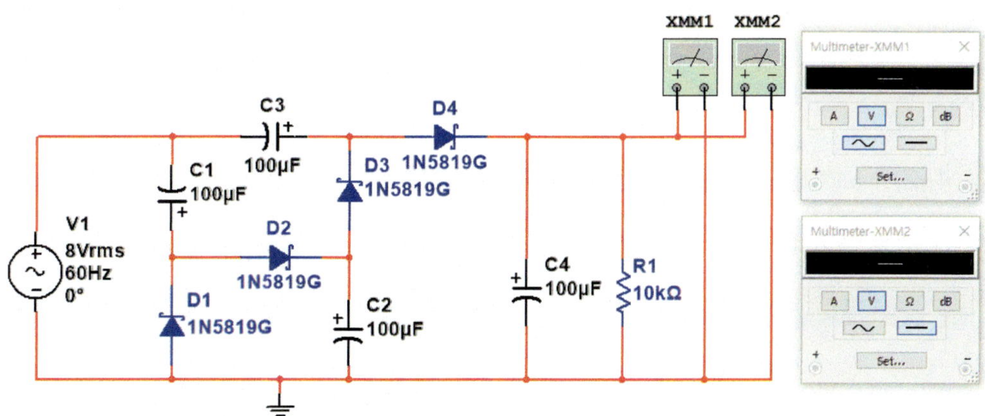

그림 4-12 4배압 정류 실험 회로 (MultiSIM)

실험 결과 고찰 4

[실험 4-1] TinkerCAD를 활용한 2배압 정류회로 실험

입력신호 파형

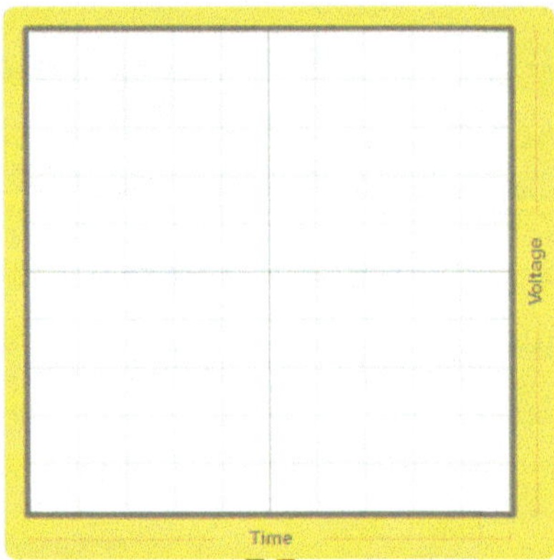

_______ [$Volts/Div$]

출력신호 파형

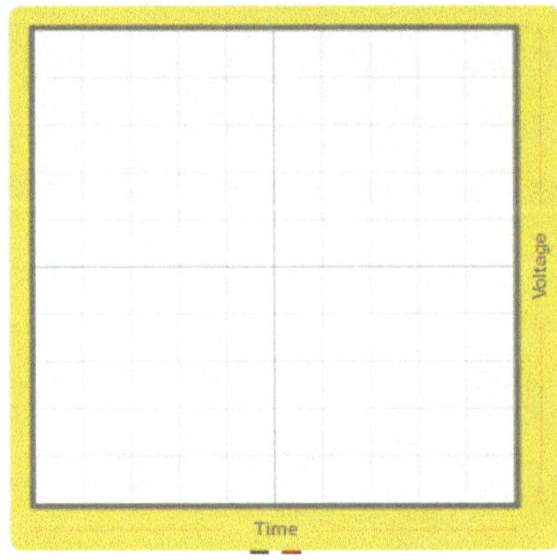

_______ [$Volts/Div$]

[실험 4-2] MultiSIM을 활용한 2배압 정류회로 실험

입력신호 파형

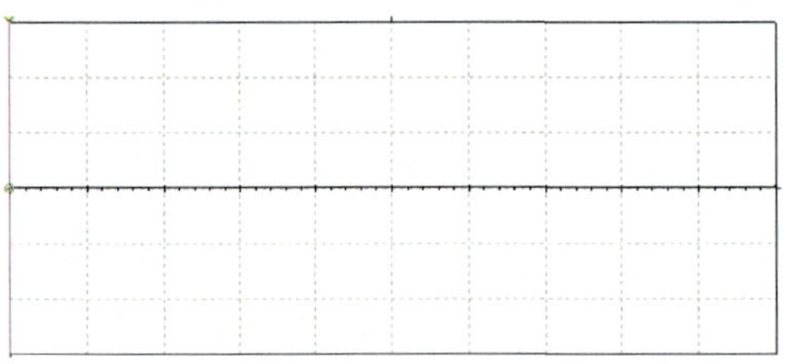

출력신호 파형

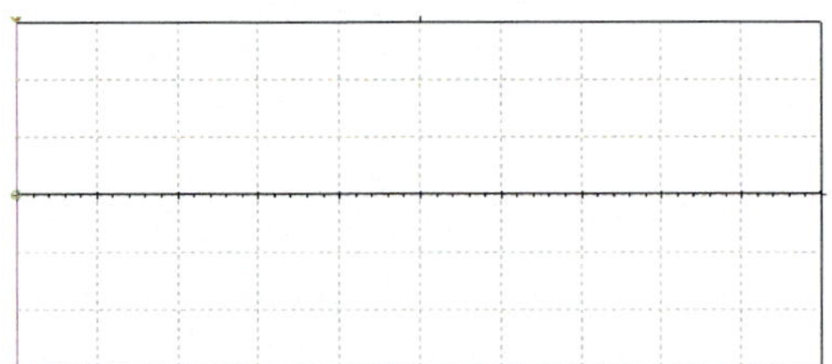

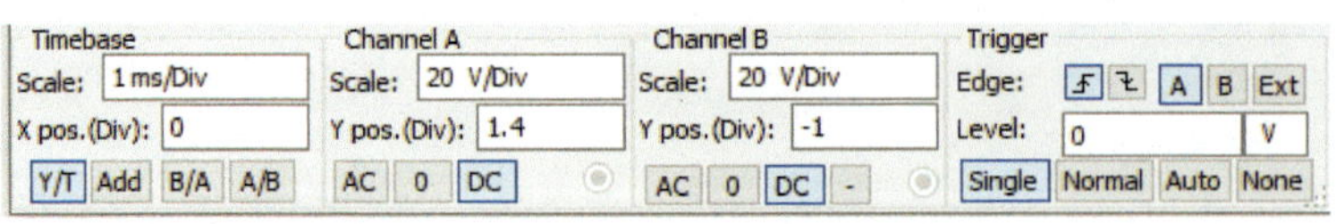

표 4-1 2배압 정류회로 측정결과

	$R1$: 5.6$k\Omega$ $C1, C2$: 100μF	$R1$: 1.2$k\Omega$ $C1, C2$: 100μF	$R1$: 1.2$k\Omega$ $C1, C2$: 470μF
직류 전압 $V_{DC(av)}$	$[V]$	$[V]$	$[V]$
리플 전압 $V_{AC(\mathrm{rms})}$	$[V]$	$[V]$	$[V]$
리플률 $= \frac{V_{ac}}{V_{dc}} \times 100$	[%]	[%]	[%]

☞ 부하 저항 $R1$이 1.2$k\Omega$인 경우와, 5.6$k\Omega$인 경우의 측정결과를 보고 부하저항이 리플률에 미치는 영향에 대해 간단히 기술하라.

☞ $C1$, $C2$가 470μF일 때의 측정결과와 100μF일 때의 측정결과를 비교하고 캐패시터의 크기가 리플률에 미치는 영향을 간단히 기술하라.

[실험 4-3] SmartLAB을 활용한 2배압 정류회로 실험

CH A (입력신호) 파형

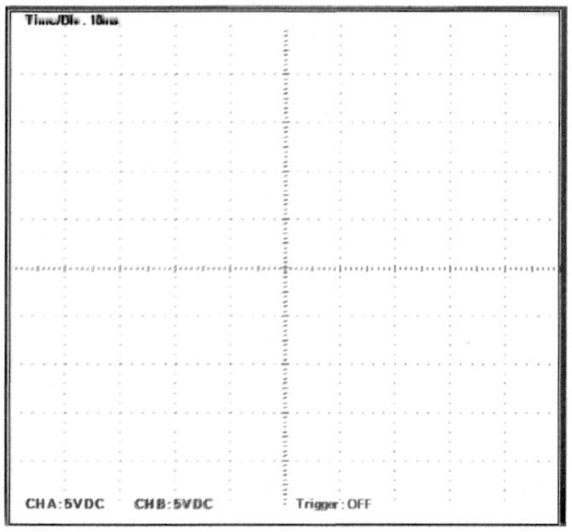

CH B (출력신호) 파형

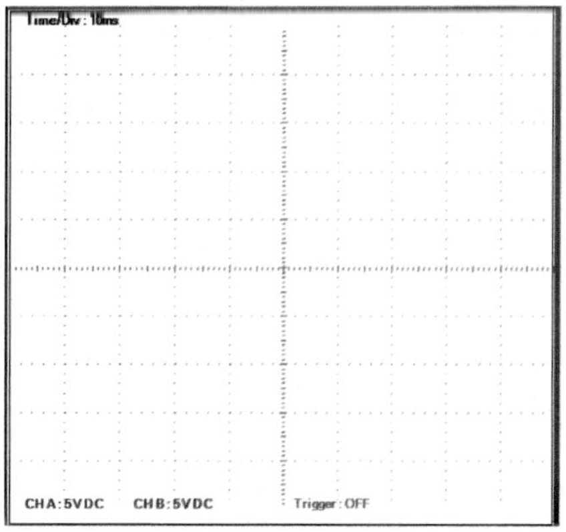

[실험 4-4] TinkerCAD를 활용한 3배압 정류회로 실험

입력신호 파형

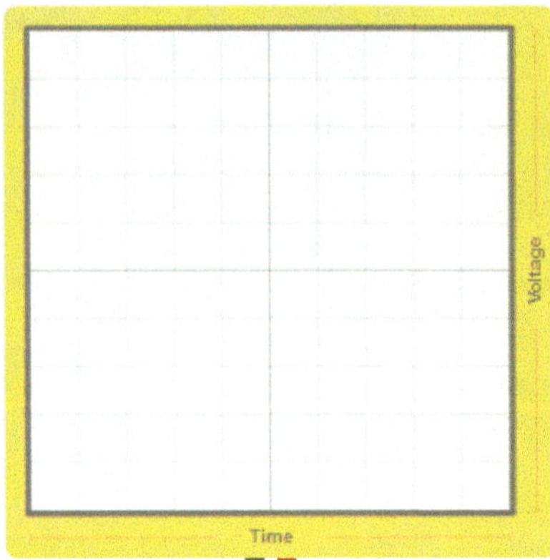

출력신호 파형

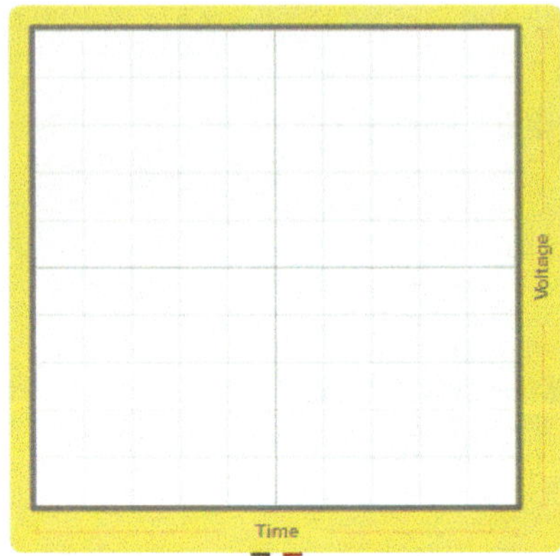

[실험 4-5] MultiSIM을 활용한 3배압 정류회로 실험

표 4-2 3배압 정류회로 측정결과

	$R1$: $10k\Omega$ $C1, C2, C3$: $100\mu F$	$R1$: $2k\Omega$ $C1, C2, C3$: $100\mu F$
직류 전압 $V_{DC(av)}$	$[V]$	$[V]$
리플 전압 $V_{AC(rms)}$	$[V]$	$[V]$
리플률 $= \frac{V_{ac}}{V_{dc}} \times 100$	[%]	[%]

[실험 4-6] SmartLAB을 활용한 3배압 정류회로 실험

CH A (입력신호) 파형

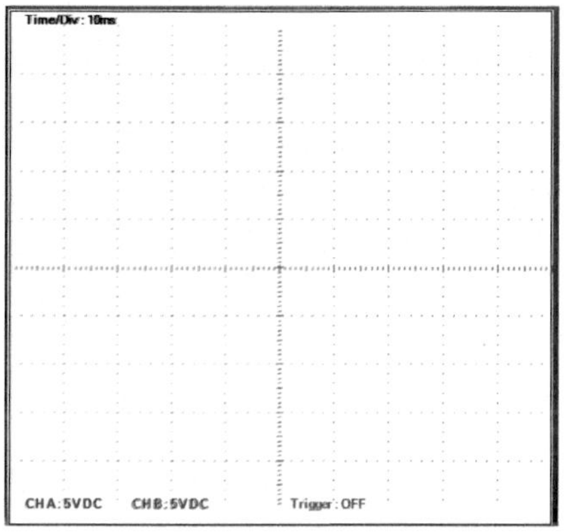

CH B (출력신호) 파형

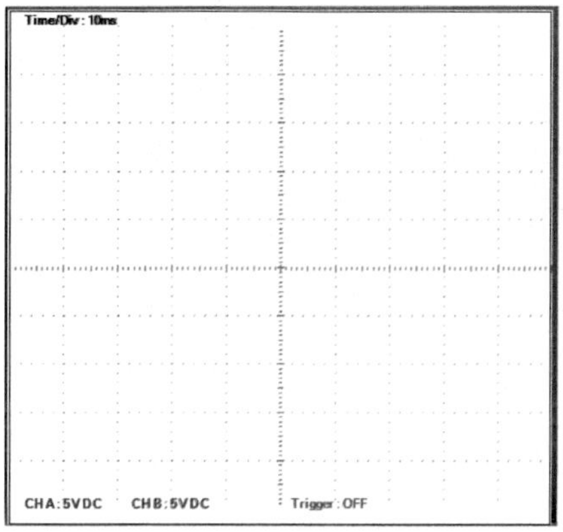

[실험 4-7] MultiSIM을 활용한 4배압 정류회로 실험

표 4-3 4배압 정류회로 측정결과

	$R1$: $10k\Omega$ $C1, C2, C3, C4$: $100\mu F$	$R1$: $2k\Omega$ $C1, C2, C3, C4$: $100\mu F$
직류 전압 $V_{DC(av)}$	$[V]$	$[V]$
리플 전압 $V_{AC(rms)}$	$[V]$	$[V]$
리플률 $= \frac{V_{ac}}{V_{dc}} \times 100$	[%]	[%]

☞ 부하 저항이 리플률에 미치는 영향에 대해 간단히 기술하라.

CHAPTER 05

제너 다이오드와 발광 다이오드(LED)

1. 실험 목적

- 제너 다이오드의 순방향 및 역방향 바이어스의 전류 효과를 관찰하고, 전압-전류 특성을 알아본다.
- LED 구동 회로를 설계할 수 있다.

2. 실험 준비물

- 브레드보드, 리드선 적당량
- 저항 100Ω, 200Ω, $3k\Omega$, 제너 다이오드 1N4734, LED(RED)
- 함수 발생기, 2채널 디지털(메모리) 오실로스코프

3. 관련 이론

1) 제너 다이오드(Zener diode)

제너 다이오드는 일반 다이오드와 유사하게 동작하지만, 역방향 전압이 특정 값을 초과할 때 전류를 흘릴 수 있도록 설계된 특수한 다이오드이다. 이 특정 값을 제너 전압(Zener voltage)이라고 하며, 제너 다이오드는 이 전압에서 안정적으로 작동할 수 있도록 만들어진다. 제너 다이오드는 특정 역방향 전압에서 전류를 흘리기 시작한다. 이 전압을 제너 전압 또는 항복 전압(breakdown voltage)이라고 합니다. 제너 전압은 다이오드의 제조 과정에서 도핑 농도에 따라 결정된다.

일반 다이오드는 역방향 전압이 걸리면 거의 전류가 흐르지 않는다. 하지만 제너 다이오드는 제너 전압 이상에서는 큰 전류가 흐르게 된다. 이 상태에서 다이오드는 큰 전류를 견딜 수 있으며, 이를 통해 안정적인 전압 기준을 제공한다. 제너 다이오드는 제너 전압에서 매우 일정한 전압을 유지하는 정전압 특성이 있다. 이는 전압 조정 및 전압 기준 회로에서 매우 유용하다.

(1) 응용 분야

- 전압 조정 : 제너 다이오드는 전압 조정기(voltage regulator)로 많이 사용된다. 회로에 일정한 전압을 공급하기 위해 전압 기준으로 사용된다.
- 과전압 보호 : 제너 다이오드는 전자회로에서 과전압이 발생하면 이를 보호하기 위한 장치로 사용된다. 설정된 제너 전압 이상에서는 전류를 흘려 회로를 보호한다.
- 신호 클리핑 및 정형 : 제너 다이오드는 신호 처리 회로에서 신호의 피크 전압을 제한하거나 특정 전압 이상의 신호를 제거하기 위해 사용될 수 있다.

회로도에서 제너 다이오드는 일반 다이오드 기호와 유사하지만, 다이오드 기호의 끝부분에 "Z"자 모양의 선이 추가된다. 이는 제너 다이오드의 특수한 특성을 나타낸다.

(a) 제너 다이오드 실물 (b) 기호

그림 5-1 제너 다이오드

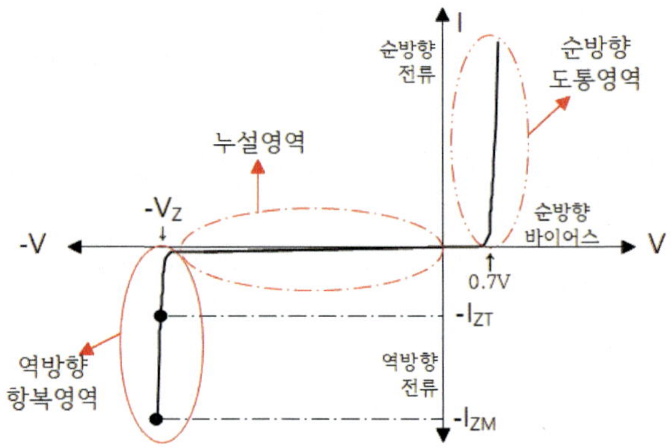

그림 5-2 제너 다이오드의 전압-전류 특성곡선

2) 발광 다이오드(LED)

다이오드의 일종으로 한쪽 방향으로 전류를 흘리면 빛을 발생시키는 반도체 소자이다. 영어로 표기되는 Light Emitting Diode의 약어가 LED이다. 또 최근에 개발된 고휘도 발광 다이오드를 HB LED라고 부른다. 사용하는 반도체의 재료에 따라 발광 색이 결정된다. 가장 처음 만들어진 LED는 빨강(Red)색이다. 이후 노랑, 초록, 파랑 등의 색을 내는 LED가 개발되었고, 이후 이들 3색을 결합한 백색 LED가 개발되었다. 같은 소재라도 도핑 농도에 따라 색이 달라진다. LED는 다이오드와 마찬가지로 Anode에서 Cathode로 한 방향으로 전류가 흐르면서 전기에너지를 빛에너지로 바꾸는 전자부품이다. 일반적으로 LED 실물에서 리드선이 긴 쪽이 Anode를 나타내며, 부품을 자세히 들여다보았을 때 넓은 면적으로 구성된 쪽이 Cathode이다.

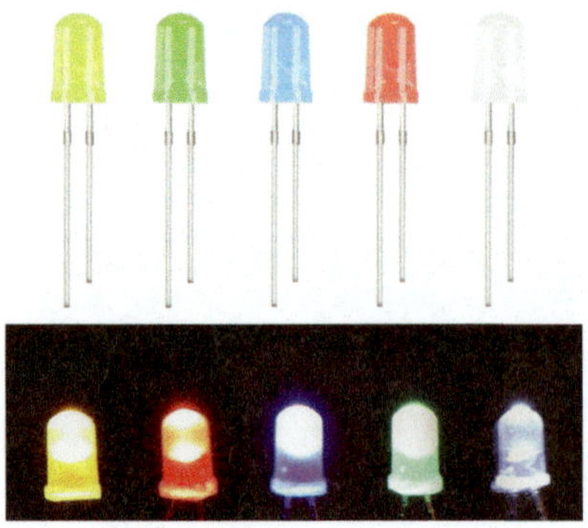

그림 5-3 LED 실물

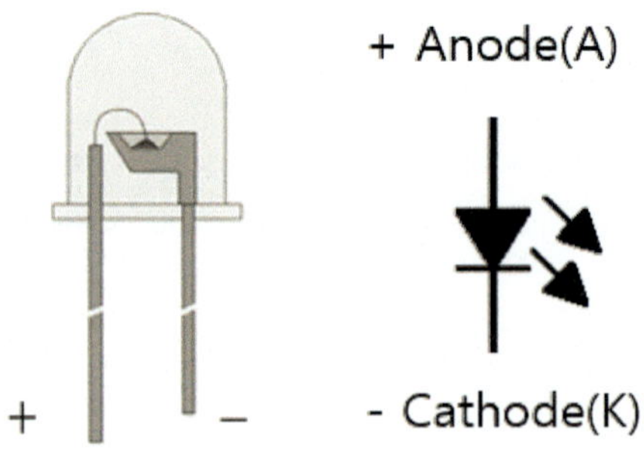

그림 5-4 LED의 구조와 기호

4. 실험 순서

■ 제너 다이오드의 특성실험

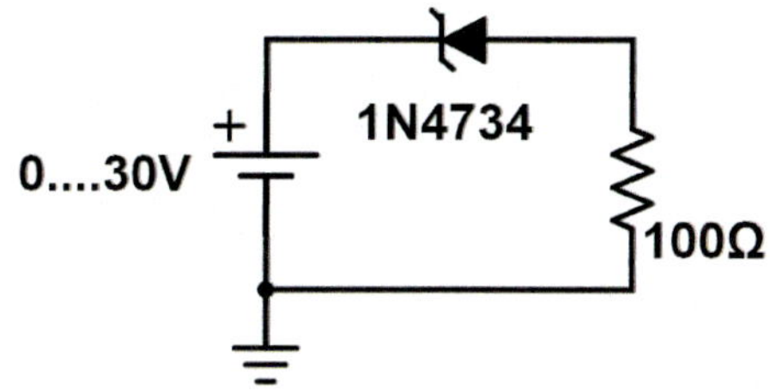

그림 5-5 제너 다이오드 특성 실험 회로

실험 5-1 TinkerCAD를 활용한 제너 다이오드의 특성실험

▸ 다음의 실험 절차를 진행하고 그 결과를 '◈ 실험 결과 고찰 5'의 '실험 5-1 TinkerCAD를 활용한 제너 다이오드의 특성실험'에 작성한다.

① TinkerCAD에서 그림 5-5의 제너 다이오드의 특성실험 회로를 구성한다. 함수 발생기의 진폭은 9 V, 주파수는 50Hz, 함수는 사인함수로 설정한다. 부하 저항 100 Ω으로 설정한다.

② 시뮬레이션을 진행하여 전류와 전압을 측정한다. 공급 전원을 0 V에서 30 V까지 표 5-1의 공급 전원 값과 같이 조정할 때 회로에 흐르는 전류 값과 다이오드의 전압 강하 값을 관찰하여 표 5-1에 기록한다. 그림 5-6은 TinkerCAD에서 구성한 실험 회로를 나타내었다.

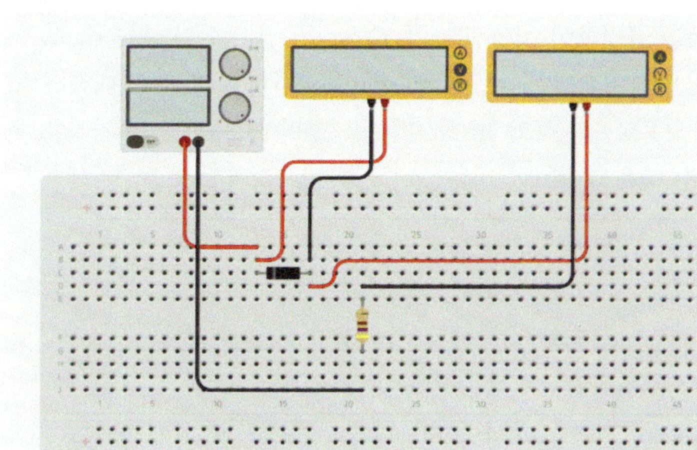

그림 5-6 제너 다이오드의 특성 실험 회로 (TinkerCAD)

실험 5-2 MultiSIM을 활용한 제너 다이오드의 특성실험

▸ 다음의 실험 절차를 진행하고 그 결과를 '◈ 실험 결과 고찰 5'의 '실험 5-2 MultiSIM을 활용한 제너 다이오드의 특성실험'에 작성한다.

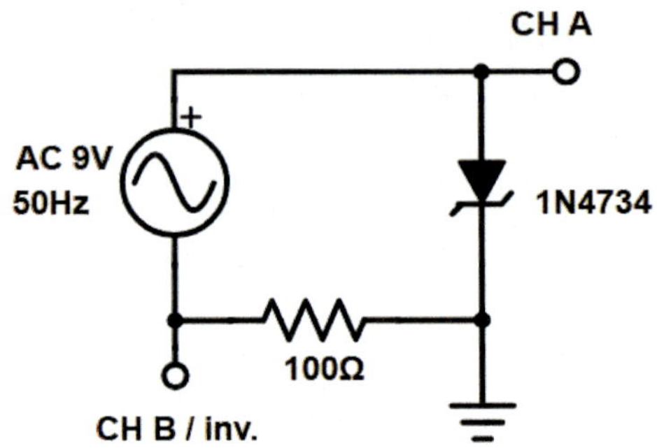

그림 5-7 제너 다이오드 특성 시험회로

① MultiSim을 활용하여 그림 5-7의 제너 다이오드의 특성실험 회로를 구성한다. 함수 발생기의 진폭은 $9\,V$, 주파수는 $50\,Hz$, 함수는 사인함수로 설정한다. 부하 저항 $100\,\Omega$으로 설정한다. 오실로스코프는 Tektronix Oscilloscope를 사용한다. 그림 5-8은 MultiSIM으로 작성된 제너 다이오드의 특성실험 회로와 Tektronix Oscilloscope를 나타내었다.

② Oscilloscope 설정은 Power를 ON으로 설정하고 CH1 Menu, CH2 Menu, DISPLAY 버튼을 각각 클릭하여 다음과 같이 설정하다. 그림 5.9는 Tektronix Oscilloscope의 Channel 및 Display 설정과 관련된 버튼 및 수치를 나타낸다. 각 채널의 $Volts/Div$를 설정하기 위해 CH1 Menu 버튼을 누르면 디스플레이에 CH1과 관련된 메뉴가 나오고 이 중 $Volt/Div$에 해당하는 버튼을 클릭하여 조정 모드를 'Coarse'로 설정한다. 다음으로 $VOLTS/DIV$버튼을 조정하여 CH1이 $2\,V$가 설정되도록 조정한다. CH2에 대해서도 같은 방법으로 $Volts/Div$를 $2\,V$로 설정하고 'Invert' 버튼을 클릭하여 'ON' 상태가 되도록 한다. 'DISPLAY' 버튼을 클릭한 다음 'Format' 버튼을 클릭하여 'XY Mode'로 디스플레이를 설정한다.

> ▹ MultiSIM – Tektronix Oscilloscope 설정
> - CH1 Menu : $VOLT/DIV$ - $2\,V/DIV$
> - CH2 Menu : $VOLT/DIV$ - $2\,V/DIV$, INVERT On
> - DISPLAY : FORMAT - XY

③ 시뮬레이션을 진행하여 오실로스코프의 파형을 관측한다. 그 결과를 그래프에 그린다.

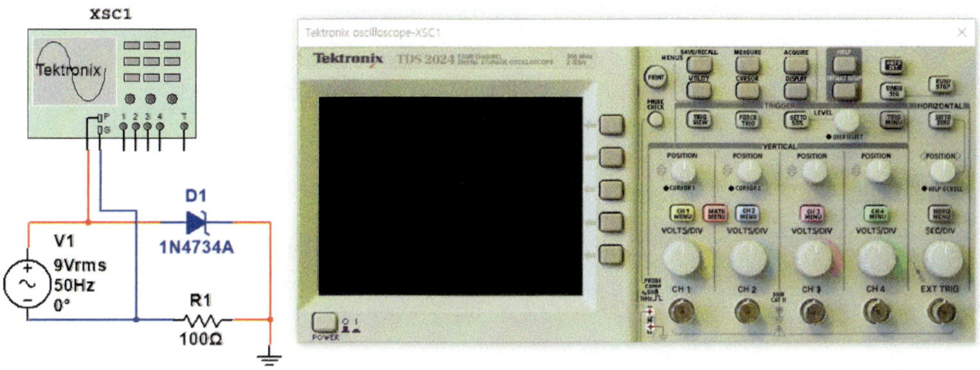

(a) 실험 회로 (b) Tektronix Oscilloscope

그림 5-8 제너 다이오드의 특성 실험 회로 (MultiSIM)

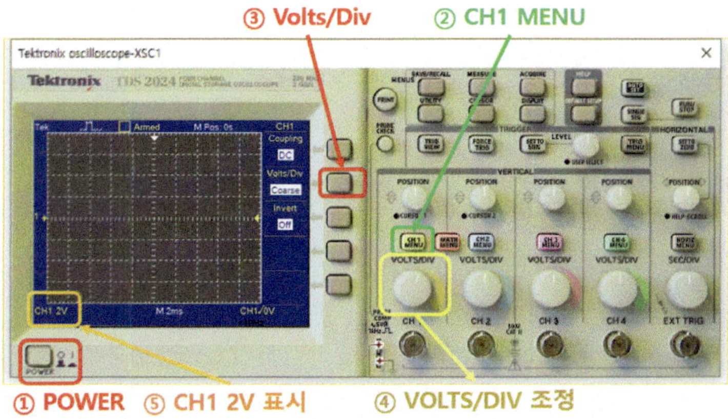

(a) CH1 설정

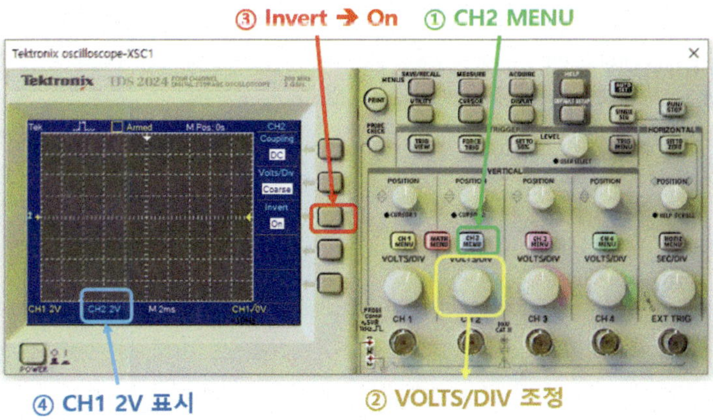

(b) CH2 설정

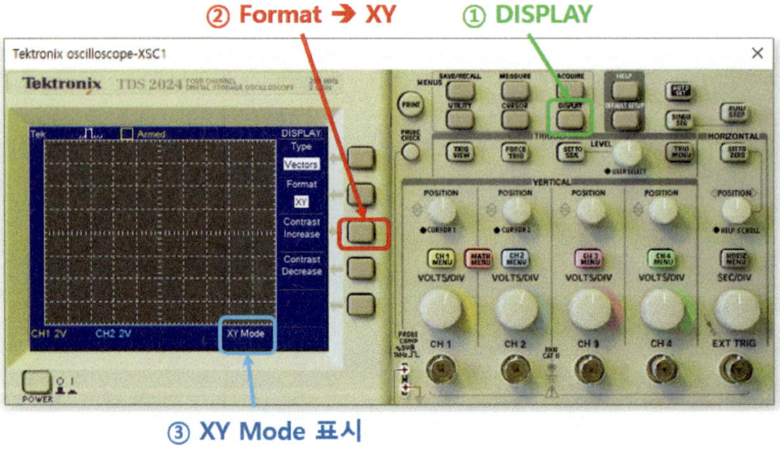

(c) Display 설정

그림 5-9 MultiSIM의 Tektronix Oscilloscope 채널 및 디스플레이 설정

실험 5-3 MultiSIM의 DC Sweep analysis를 활용한 제너 다이오드 전압-전류 특성실험

- 다음의 실험 절차를 진행하고 그 결과를 '실험 5-3 MultiSIM의 DC Sweep analysis를 활용한 제너 다이오드 전압-전류 특성실험'에 작성한다.

① MultiSIM에서 그림 5-10(a)와 같이 제너 다이오드 특성을 실험하기 위한 회로를 구성한다.

② [Simulate / Analyses and simulation] 메뉴를 선택하여 나오는 창에서 Active Analysis:DC Sweep을 선택하고 그림 5-10(b)를 참조하여 다음과 같이 설정한다. Output에는 '$I(D1[ID1])$'를 더블 클릭하거나 선택된 상태에서 'Add' 버튼을 눌러 제너 다이오드의 전류를 Output으로 설정한다.

> ▹ Analysis parameters 탭
>
> ◦Source : $V1$, Start Value : $-5.2\,V$, Stop Value : $1\,V$, Increment : $0.1\,V$
>
> ▹ Output 탭
>
> ◦Selected variables for analysis $I(D1[ID])$

③ 'Run' 버튼을 눌러 시뮬레이션을 진행하고 결과 'Grapher View'의 'Cursor' 메뉴에서 'Show cursors'를 선택한 다음 커서를 이동하여 전류가 역방향으로 급격하게 증가하는 부분('y1'의 값이 $-20mA$가 되는 위치)까지 이동하면 제너 다이오드의 항복 전압을 측정할 수 있다.

이 값을 '제너 다이오드의 항복 전압 : ' 칸에 기록하고 제너 다이오드의 DC Sweep결과를 그래프에 그린다.

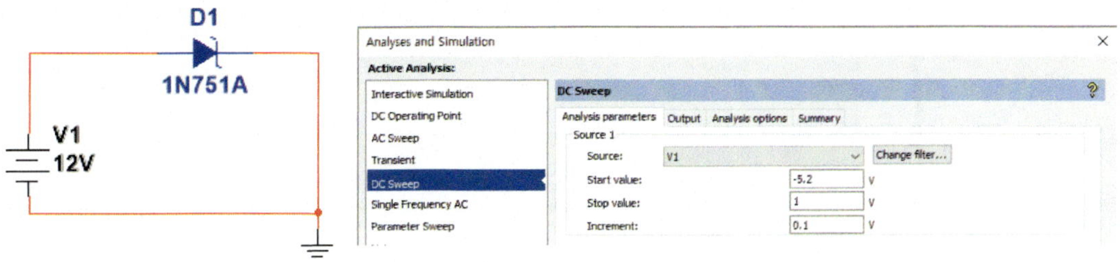

(a) 실험 회로

(b) 항복 전압 측정을 위한 DC Sweep의 Analysis parameters 설정

그림 5-10 제너 다이오드 특성실험을 위한 회로 및 DC Sweep 설정 (MultiSIM)

실험 5-4 Smart LAB을 활용한 제너 다이오드 특성실험

▸ 다음의 실험 절차를 진행하고 그 결과를 '◈ 실험 결과 고찰 5'의 '실험 5-4 SmartLAB을 활용한 제너 다이오드 특성실험'에 작성한다.

① Smart LAB 실습 키트를 활용하여 그림 5-7의 제너 다이오드 특성실험 회로를 구성한다. 실험 회로의 CH A에 오실로스코프 채널 A의 측정 프로브를 연결하고, 단자 CH B에 채널 B의 측정 프로브를 연결한다.

② Smart LAB을 실행시키고, Smart LAB 키트의 POWER(왼쪽 옆 스위치)를 ON시켜 전원을 인가한다. 입력 전원은 가변 전원(Variable Power)에서 $AC\,9\,V$, 주파수 $50Hz$를 설정한다. 그림 5-11에 Smart LAB을 활용한 제너 다이오드 특성실험 회로를 나타내었다.

그림 5-11 제너 다이오드 특성실험 회로 및 오실로스코프 설정 (Smart LAB)

③ Smart LAB 프로그램을 실행시키고 오실로스코프를 다음과 같이 설정한다.

> ▹ Smart LAB – 오실로스코프 설정
> - 채널 A : 수직 감도 : V/Div, 입력 결합 : DC
> - 채널 B : 수직 감도 : V/Div, 입력 결합 : DC, 위상 : 반전(INV)
> - 트리거(Trigger)기준 : CH A, 상승 에지(↗)
> - 동작모드 : $X-Y$ 모드
> - 수평 소인 시간(Horizontal) : $1ms$

④ 오실로스코프 파형을 판독한다. 전원이 공급되는 순간부터 화면에는 자동으로 특성곡선이 나타난다. 관측된 그래프를 그린다.

여기서 스크린의 왼쪽 아래의 그래프에 표시되는 파형이 제너 다이오드의 특성을 나타낸다. X축의 (-)방향에서 급격하게 전류가 증가하는 순간의 전압이 제너 전압이다. X축의 (+)방향에서 급격하게 전류가 증가하는 순간의 전압은 다이오드의 순방향 기립 전압이다. 이 전압은 모든 제너에서 $0.7V$ 정도이다. 제너 전류(I_Z)는 Y축 전압 크기에 대응한다. Y축 전압은 제너 전류가 만든 전압 강하(V_R)이므로 그들의 관계를 이용하면 다음 식과 같다.

$$\text{Y축 전압} = V_R = I_Z R \qquad \therefore I_Z = \frac{V_R}{R} \qquad \text{식(5-1)}$$

즉, Y축에서 판독한 전압(V_R)을 저항 100Ω으로 나누면 전류 값이 된다.

▌LED 특성실험

실험 5-5 TinkerCAD를 활용한 LED 특성실험

▸ 다음의 실험 절차를 진행하고 그 결과를 '◈ 실험 결과 고찰 5'의 '실험 5-5 TinkerCAD를 활용한 LED 특성실험'에 작성한다.

① TinkerCAD에서 그림 5-12의 LED 특성실험 회로를 구성한다. 함수 발생기의 진폭은 5 V, 주파수는 1 Hz, 함수는 사인함수로 설정한다. 저항은 200 Ω으로 한다. 이 저항은 LED에 과도한 전류가 흘러 부품이 손상되지 않도록 전류를 제한하는 역할을 한다.

② 시뮬레이션을 진행하여 오실로스코프의 파형을 관측한다. 결과 파형을 '입력신호 파형'과 '출력신호 파형'에 그린다. 시뮬레이션 동안 LED의 불이 켜지는 부분은 입력 파형(왼쪽)의 양의 전압에서만 LED를 통과하여 전류가 흘러 전압이 측정되는 것을 관찰할 수 있다.

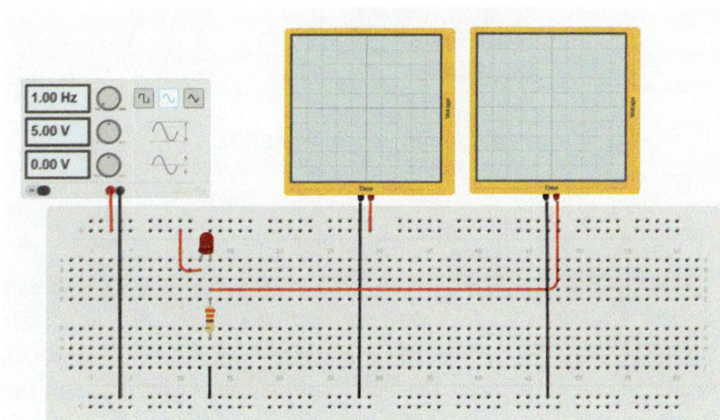

그림 5-12 LED 특성 실험 회로 (TinkerCAD)

실험 5-6 MultiSIM을 활용한 LED 특성실험

▸ 다음의 실험 절차를 진행하고 그 결과를 '◈ 실험 결과 고찰 5'의 '실험 5-6 MultiSIM을 활용한 LED 특성실험'에 작성한다.

① MultiSim을 활용하여 그림 5-13의 LED 특성실험 회로를 구성한다. 함수 발생기의 진폭은 9 V, 주파수는 50 Hz, 함수는 사인함수로 설정한다. 부하 저항 200 Ω으로 설정한다. 오실로스코프는 Tektronix Oscilloscope를 사용한다.

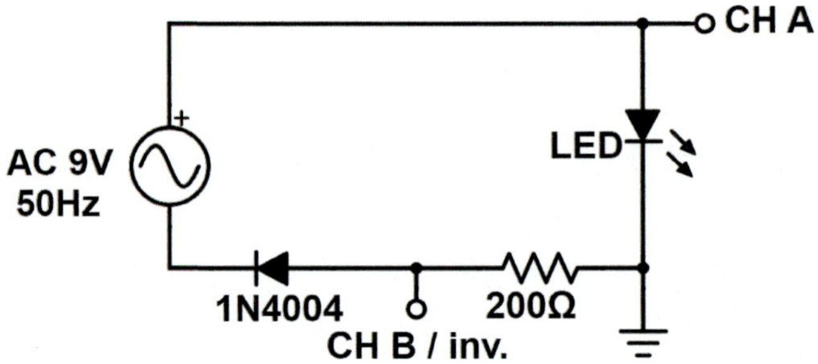

그림 5-13 LED 특성실험 회로

② 오실로스코프의 설정은 제너 다이오드의 특성실험 회로와 동일하게 설정한다. 그림 5-14는 MultiSIM으로 작성된 LED 특성실험 회로이다. 시뮬레이션을 실행하고 그 결과를 그래프에 그린다.

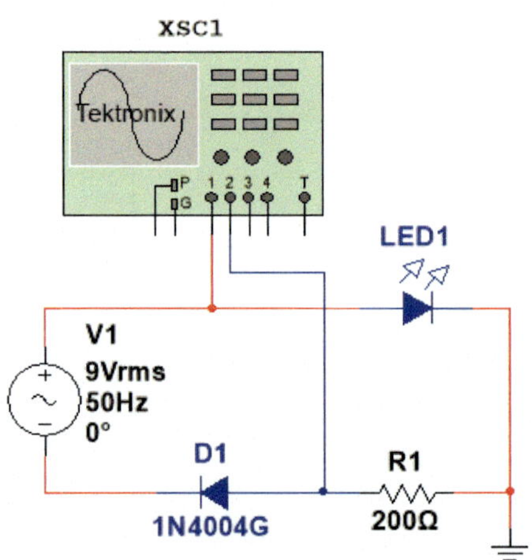

그림 5-14 LED 특성 실험 회로 (MultiSIM)

실험 5-7 Smart LAB을 활용한 LED 특성실험

▸ 다음의 실험 절차를 진행하고 그 결과를 '◈ 실험 결과 고찰 5'의 '실험 5-7 SmartLAB을 활용한 LED 특성실험'에 작성한다.

① Smart LAB 실습 키트를 활용하여 그림 5-13의 LED 특성실험 회로를 구성한다. 실험 회로의 오실로스코프 채널 A와 채널 B의 측정 프로브를 연결한다. 그림 5-15는 Smart LAB 실습 키트를 활용하여 구성한 LED 특성실험 회로이다.

② Smart LAB을 실행시키고, Smart LAB 키트의 POWER(왼쪽 옆 스위치)를 ON시켜 전원을 인가한다. 입력 전원은 가변 전원(Variable Power)에서 $AC\ 5\,V$, 주파수 $50\,Hz$를 설정한다.

③ SmartLAB 프로그램을 실행시키고 오실로스코프를 다음과 같이 설정한다.

> ▹ Smart LAB – 오실로스코프 설정
> - 채널 A : 수직 감도 : $5\,V/Div$, 입력 결합 : AC
> - 채널 B : 수직 감도 : $5\,V/Div$, 입력 결합 : AC
> - 트리거(Trigger)기준 : CH A, 상승 에지(↗), SINGLE
> - 수평 소인 시간(Horizontal) : $5\,ms$

④ 오실로스코프 파형을 관찰하고 LED의 특성실험의 입·출력 파형을 'CH A(입력신호) 파형'과 'CH B(출력신호) 파형'에 그린다.

⑤ AC전원의 주파수를 $1\,Hz$에서부터 $50\,Hz$까지 증가시켜 가면서 LED의 상태를 관찰하고 그 결과를 간단히 기술한다.

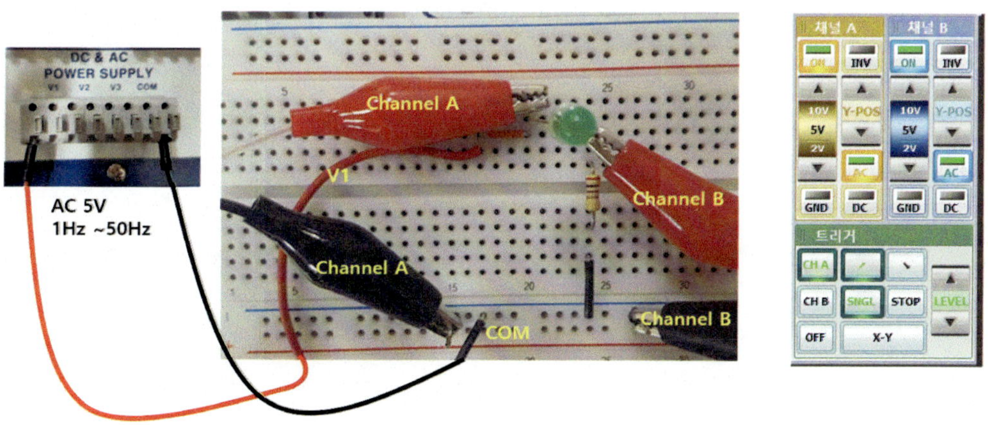

그림 5-15 LED 특성실험 회로 (Smart LAB)

실험 5-8 MultiSIM – DC Sweep을 활용한 LED 구동 전류 측정

▸ 다음의 실험 절차를 진행하고 그 결과를 '◈ 실험 결과 고찰 5'의 '실험 5-8 MultiSIM – DC Sweep을 활용한 LED 구동 전류 측정 실험'에 작성한다.

① MultiSIM을 활용하여 그림 5-16(a)의 LED 구동 전류 측정을 위한 실험 회로를 구성한다. LED는 'LED_blue'를 사용하였다. $V1$를 더블 클릭하여 나오는 속성 창에서 Value 탭의

Voltage를 3.3 V로 설정한다.

② Interactive모드에서 시뮬레이션을 실행한다. LED는 OFF 상태이다. $V1$의 값을 3.4 V로 증가시켜 시뮬레이션하면 LED는 ON 상태로 된다. 해당 LED는 3.4 V의 전압에서 빛을 낸다.

③ 시뮬레이션을 멈추고 실험 회로의 LED를 선택한 후 마우스 오른쪽 버튼을 눌러 'Replace Components..'를 선택한 다음 Group을 〈All groups〉로 변경하고 Family에서 '3D_VIRTUAL'을 선택한 후 Component:Led3_Green을 선택한 후 'OK' 버튼을 클릭하여 부품을 변경한다. 정리된 회로도를 그림 5-16(b)에 나타내었다.

④ 이때 흐르는 전류를 측정하기 위해 DC Sweep모드로 시뮬레이션한다. Output 탭에 $I(d1:xul[id])$가 보이지 않으면 Output 탭의 하단의 'Add Device / model parameter...' 버튼을 클릭하고 나오는 창의 Parameter를 'id'로 설정한 후 적용한다.

> ▹ *Analysis parameter* 탭
> ◦ *Source* : $V1$, *Start Value* : 0 V , *Stop Value* : 5 V , *Increment* : 0.1 V
> ▹ *Ouput* 탭
> ◦ *Selected variables for analysis* : $I(d1[xul:id])$

⑤ 구동 전류를 측정하기 위해 앞의 실험에서 LED를 구동하기 위한 전압 3.4 V에 해당하는 전압(x1)으로 커서를 이동한 후 y1의 값을 측정하면 LED의 구동 전류가 된다. 이 값을 'LED 구동 전류'에 기록한다.

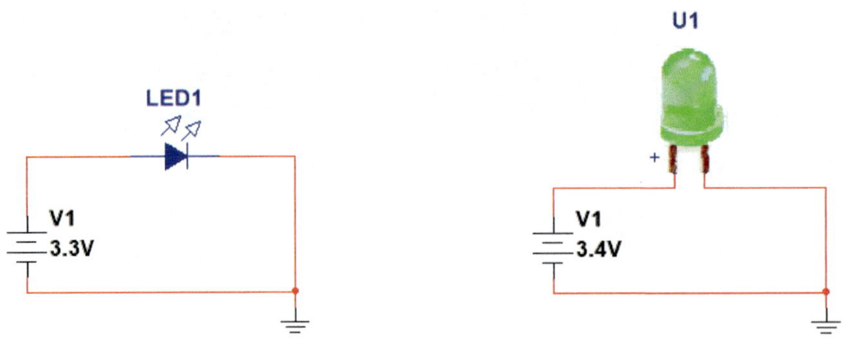

(a) LED_blue 사용　　　　(c) Led3_Green 사용

그림 5-16　LED 구동 전류 측정 (MultiSIM)

실험 결과 고찰 5

[실험 5-1] TinkerCAD를 활용한 제너 다이오드의 특성실험

표 5-1 제너 다이오드의 특성실험

공급 전원 [V]	전류 [mA]	다이오드의 전압 강하 [V]	공급 전원 [V]	전류 [mA]	다이오드의 전압 강하 [V]	공급 전원 [V]	전류 [mA]	다이오드의 전압 강하 [V]
0			5.3			8		
2			5.4			9		
4			5.5			10		
5			5.7			15		
5.1			6			20		
5.2			7			25		

[실험 5-2] MultiSIM을 활용한 제너 다이오드의 특성실험

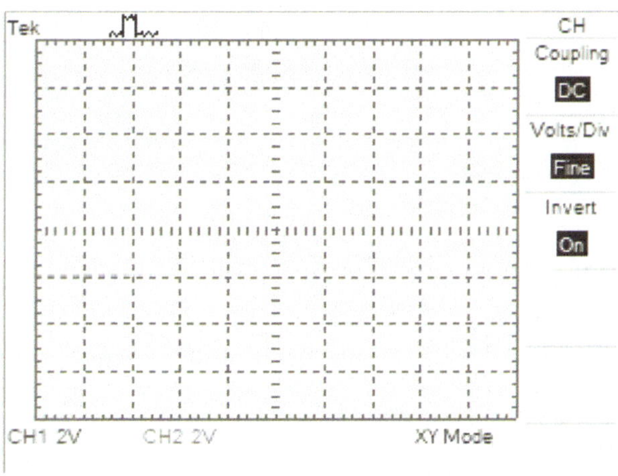

[실험 5-3] MultiSIM의 DC Sweep analysis를 활용한 제너 다이오드 전압-전류 특성실험

- 제너 다이오드의 항복 전압 : V

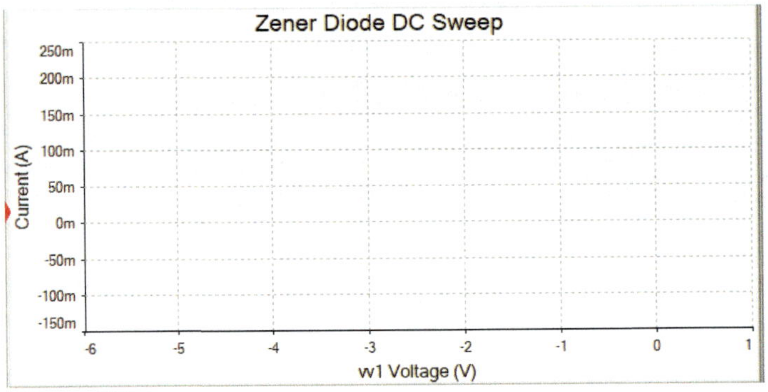

[실험 5-4] SmartLAB을 활용한 제너 다이오드 특성실험

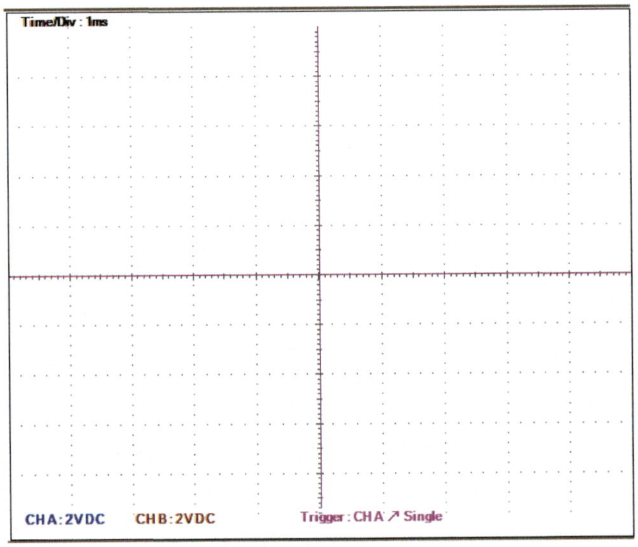

☞ 제너 다이오드 특성실험 결과를 바탕으로 제너 다이오드의 특성과 용도에 대해 간단히 기술하라.

[실험 5-5] TinkerCAD를 활용한 LED 특성실험

입력신호(함수 발생기) 파형

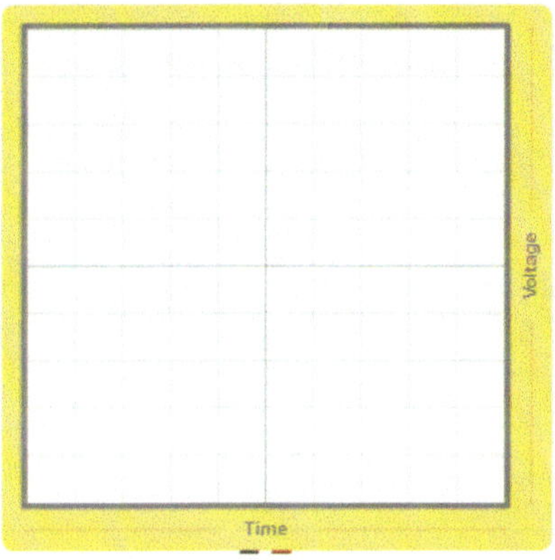

출력신호(저항 양단) 파형

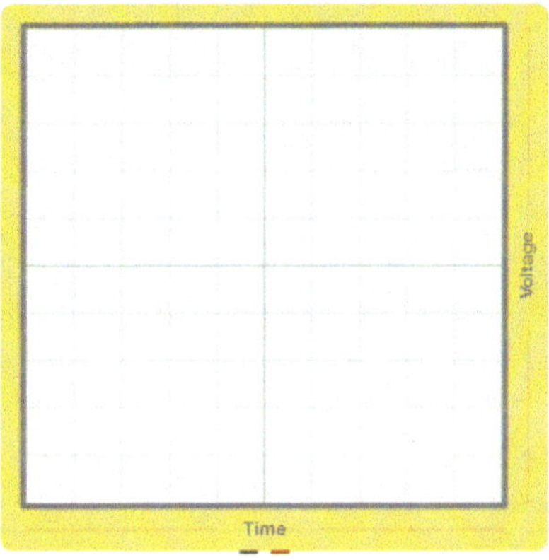

[실험 5-6] MultiSIM을 활용한 LED 특성실험

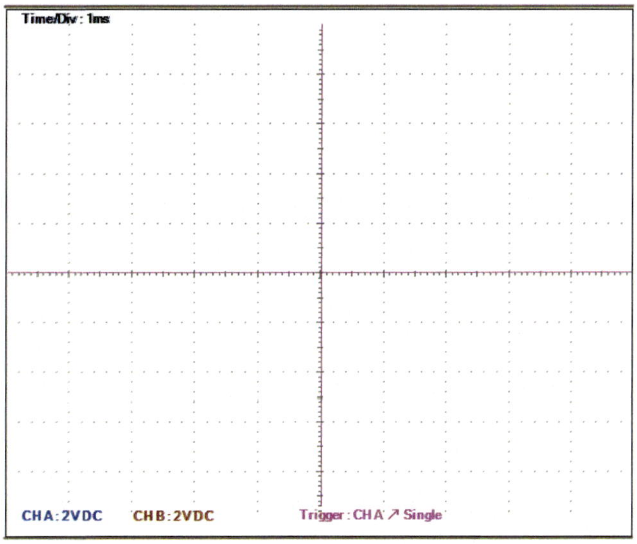

[실험 5-7] Smart LAB을 활용한 LED 특성실험

CH A (입력신호) 파형

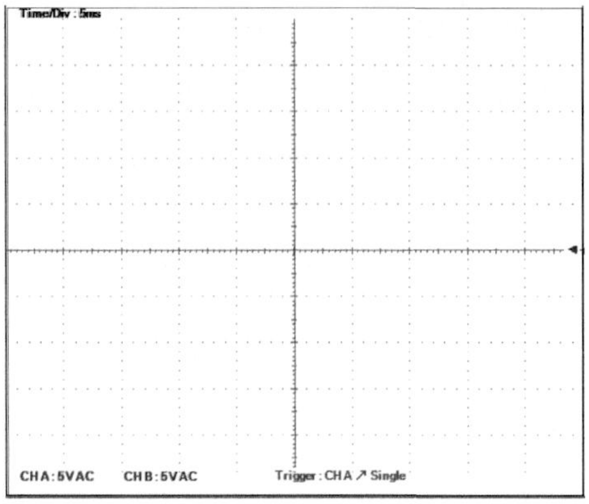

CH B (출력신호) 파형

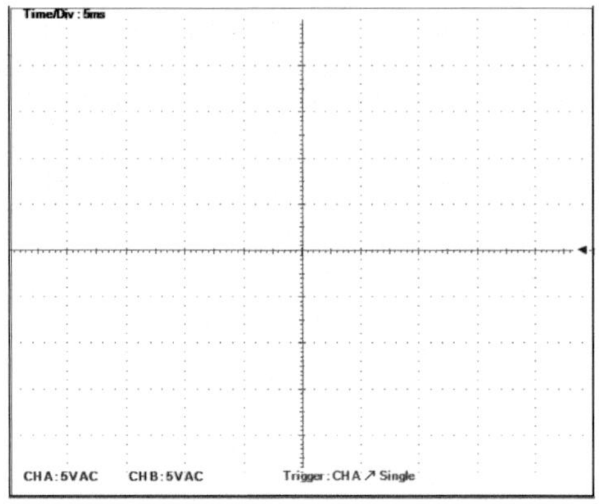

☞ AC전원의 주파수를 $1Hz$~$50Hz$까지 증가시키는 경우, LED의 상태에 대해 간단히 기술하라.

[실험 5-8] MultiSIM - DC Sweep을 활용한 LED 구동 전류 측정 실험

- LED 구동 전류 : mA

☞ LED 특성실험 결과를 바탕으로 LED의 특성과 용도에 대해 간단히 기술하라.

CHAPTER 06

쌍극성 접합 트랜지스터(BJT)의 특성

1. 실험 목적

- 멀티미터를 이용하여 트랜지스터의 불량 여부를 판단할 수 있다.
- 데이터 시트를 통해 트랜지스터의 전기적 정격을 파악할 수 있다.

2. 실험 준비물

- NPN BJT 2N3094, TIP31C
- PNP BJT 2N3096, TIP32C
- 멀티미터

3. 관련 이론

바이폴라 접합 트랜지스터(Bipolar Junction Transistor, BJT)는 반도체 소자 중 하나로, 증폭 및 스위칭 기능을 수행하는 데 널리 사용된다. BJT는 두 종류의 전하 운반자(전자와 홀)를 이용하여 전류를 제어하는 특징을 가지고 있다. 이는 전압 제어 소자인 MOSFET와의 주요 차이점이다.

1) BJT의 구조 및 종류

BJT는 세 개의 단자(Base, Emitter, Collector)로 이루어져 있으며, 두 개의 PN 접합으로 구성된다. BJT는 두 가지 형태가 있다:

- NPN 트랜지스터:

  N형 반도체(전자 캐리어)가 P형 반도체(홀 캐리어) 사이에 끼워진 구조.
  전류가 Emitter에서 Collector로 흐르는 방식으로 동작.

- PNP 트랜지스터:

  P형 반도체가 N형 반도체 사이에 끼워진 구조.
  전류가 Collector에서 Emitter로 흐르는 방식으로 동작.

2) BJT의 기호

회로도에서 BJT는 NPN 또는 PNP 형식에 따라 다르게 표시된다. 각 기호는 세 개의 단자(Base, Emitter, Collector)와 함께 방향성을 나타내는 화살표로 표시된다.

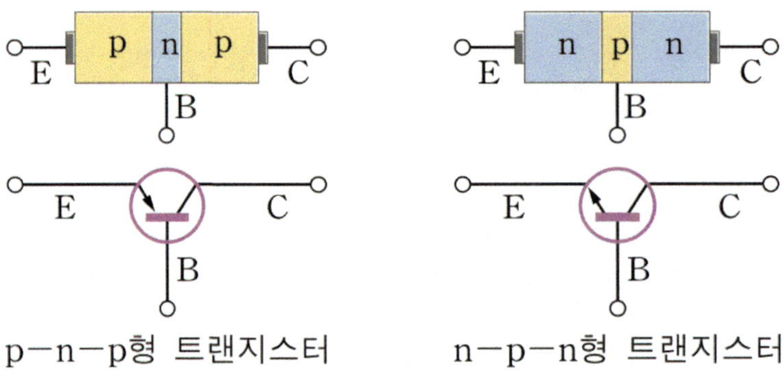

그림 6-1 트랜지스터의 구조와 기호

3) BJT의 동작 원리

BJT의 동작은 베이스 전류를 이용하여 컬렉터 전류를 제어하는 방식으로 이루어진다. NPN 트랜지스터를 예로 들면 다음과 같다:

- **활성 영역:** 베이스-이미터 접합이 순방향(전압인가)으로 바이어스되고, 컬렉디-베이스 접합이 역방향(전압인가)으로 바이어스된다. 이 상태에서 작은 베이스 전류가 큰 컬렉터 전류를 제어한다.
- **포화 영역:** 베이스-이미터 접합과 컬렉터-베이스 접합이 모두 순방향 바이어스되면 트랜지스터는 최대 전류를 흐르게 하고, 스위칭 동작 시 'ON' 상태로 간주한다.

• **차단 영역**: 베이스-이미터 접합과 컬렉터-베이스 접합이 모두 역방향 바이어스되면 트랜지스터는 전류를 거의 흐르지 않게 하고, 스위칭 동작 시 'OFF' 상태로 간주한다.

4) 증폭율

(1) 전류 이득 (β 또는 h_{FE})

전류 이득(β 또는 h_{FE})은 컬렉터 전류(I_C)와 베이스 전류(I_B) 간의 비율을 나타낸다.

$$\beta = \frac{I_C}{I_B} \qquad \text{식 (6-1)}$$

높은 전류 이득은 베이스 전류의 작은 변화가 큰 컬렉터 전류 변화를 일으킬 수 있음을 의미한다.

(2) 전류의 관계

트랜지스터의 원리에서 베이스 전류와 컬렉터 전류는 트랜지스터 중심으로 유입되고, 이미터전류는 유출하는 방향이므로 이 관계를 키르히호프의 법칙으로 정리하면 다음과 같다.

$$I_E = I_B + I_C \qquad \text{식 (6-2)}$$

그리고 I_B는 I_C에 비하여 매우 작으므로 근사식으로 처리하면 다음과 같다.

$$I_E \approx I_C \qquad \text{식 (6-3)}$$

(3) 전류 증폭율: α_{dc}

이 파라미터는 이미터전류에 대한 컬렉터 전류의 비로 정의한다.

$$\alpha_{dc} = \frac{I_C}{I_E}$$

$$\therefore\ I_C = \alpha_{dc} I_E \qquad \text{식 (6-4)}$$

공통베이스 증폭회로 설계에 사용하는데 그 크기는 1보다 조금 작다. 예를 들면 소신호 트랜지스터의 경우 0.99~0.9975 정도이고 대전력 트랜지스터의 경우 0.95~0.98 정도이다.

(4) 전류 증폭율: β_{dc}

트랜지스터 증폭회로로 가장 널리 사용하는 공통이미터 증폭회로에서 베이스 전류와 컬렉터 전류의 비를 전류 증폭률이라 부르고 문자기호로 β_{dc}를 사용한다.

직류 베타의 크기는 소신호 트랜지스터에서 100~400, 대전력 트랜지스터의 경우는 20~50 정도이다. 이와 같이 입력(I_B)에 작은 전류가 들어가서 큰 전류(I_C)가 얻어지므로 '전류 이득'(current gain)이라고도 부른다.

전류 증폭율 또는 전류 이득은 다음 식과 같이 주어진다.

$$\beta_{dc} = \frac{I_C}{I_B}$$

$$\therefore \ I_C = \beta_{dc} I_B \qquad \text{식 (6-5)}$$

(5) 두 증폭률의 관계식

직류 알파(α_{dc})와 직류 베타(β_{dc})의 상호 변환식은 다음과 같다. 알파의 크기를 알면 베타의 크기를 계산할 수 있고 그 반대도 가능하다.

$$\beta_{dc} = \frac{\alpha_{dc}}{1-\alpha_{dc}} \qquad \text{식 (6-6)}$$

$$\alpha_{dc} = \frac{\beta_{dc}}{1+\beta_{dc}} \qquad \text{식 (6-7)}$$

5) 응용 분야

대표적인 응용 분야로는 신호 증폭을 들 수 있는데 예를 들어, 오디오 앰프에서 미약한 오디오 신호를 증폭하는 증폭기로 사용된다. 디지털 회로에서 신호를 제어하거나 전원을 공급/차단하는 데 사용된다. 특정 주파수의 신호를 생성하는 오실레이터 회로에 사용된다.

4. 실험 순서

■ 멀티미터로 트랜지스터 측정하기

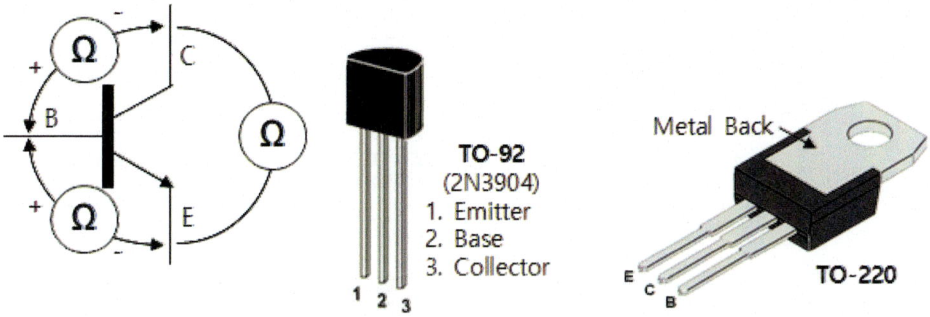

그림 6–2 트랜지스터의 각 저항을 측정하기 위한 연결 및 핀 맵

실험 6-1 TinkerCAD를 활용한 트랜지스터 단자간 저항 측정하기

(a) NPN (b) PNP

그림 6–3 TinkerCAD의 BJT의 핀 맵

▸ 다음의 실험 절차를 진행하고 그 결과를 '실험 결과 고찰 6'의 '실험 6–1. 트랜지스터 각 단자간 저항 측정 실험(TinkerCAD)'에 작성한다.

① TinkerCAD에서 트랜지스터의 각 단자간 저항을 측정하기 위한 그림 6-2의 연결 방법 및 그림 6-3의 핀 맵을 참조하여 실험 회로를 구성한다. TinkerCAD에서 제공하는 BJT의 핀 맵은 NPN 타입의 경우, 왼쪽에서부터 컬렉터(C), 베이스(B), 이미터(E)의 순이며, PNP 타입의 경우, 왼쪽에서부터 이미터(E), 베이스(B), 컬렉터(C)의 순이다.

② 다음의 각 단자 사이의 저항값을 측정하기 위해 회로를 구성하고 시뮬레이션을 진행한다. 그 결과를 표 6-1에 기록한다.

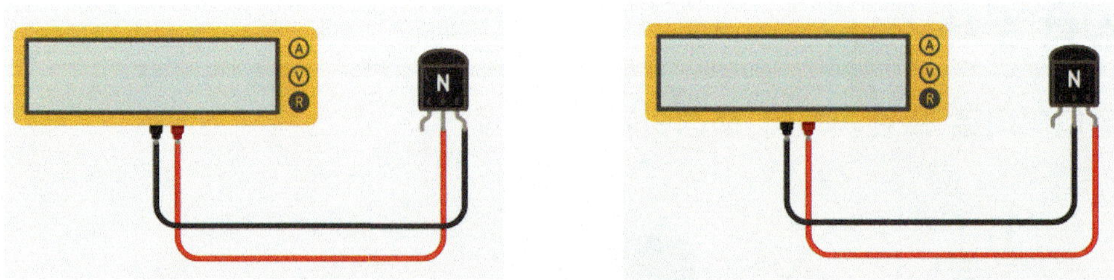

(a) 순방향 (B➔E) (b) 역방향 (E➔B)

그림 6-4 트랜지스터의 베이스-이미터간 저항 측정 회로 (TinkerCAD)

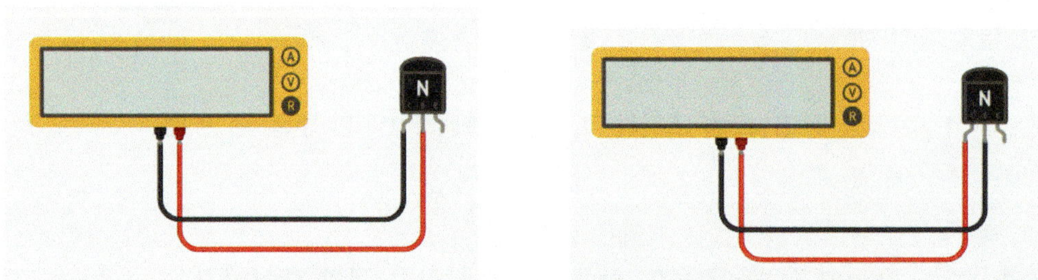

(a) 순방향 (C➔B) (b) 역방향 (B➔C)

그림 6-5 트랜지스터의 컬렉터-베이스간 저항 측정 회로 (TinkerCAD)

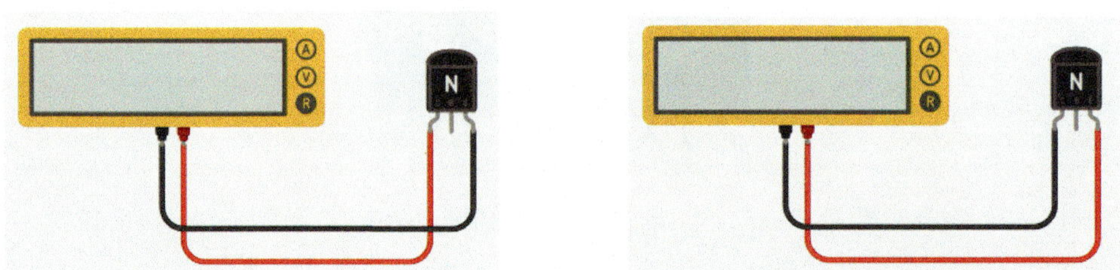

(a) 순방향 (C➔E) (b) 역방향 (E➔C)

그림 6-6 트랜지스터의 컬렉터-이미터간 저항 측정 회로 (TinkerCAD)

실험 6-2 MultiSim을 활용한 트랜지스터 단자간 저항 측정하기

▸ 다음의 실험 절차를 진행하고 그 결과를 '실험 결과 고찰 6'의 '실험 6-2. 트랜지스터 각 단자간 저항 측정 실험(MultiSIM)'에 작성한다.

① MultiSim을 활용하여 그림 6-2의 트랜지스터의 특성실험 회로를 구성한다. 그림 6-7과 그림 6-8은 각각 은 MultiSIM으로 작성된 트랜지스터 순방향 측정 실험 회로와 역방향 측정

실험 회로를 나타내었다.

② 시뮬레이션을 실행하고 그 결과를 표 6-2에 기록한다.

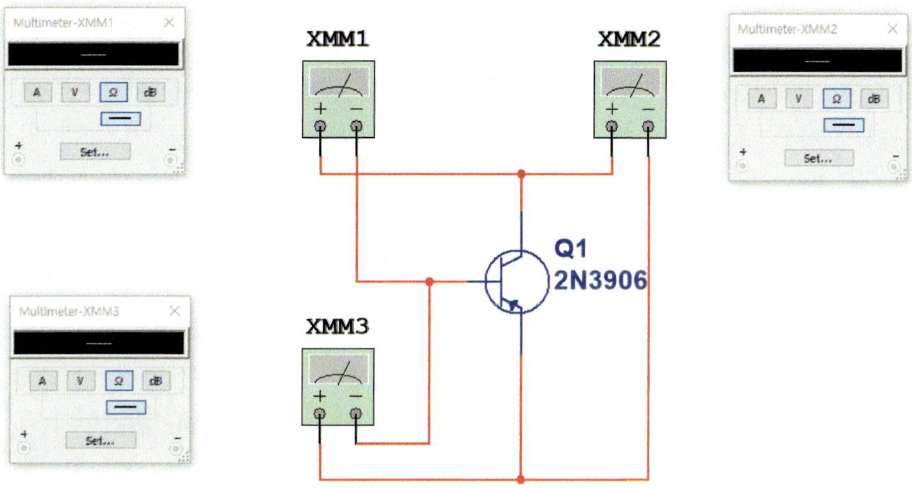

그림 6-7 BJT의 저항 측정 회로(순방향)

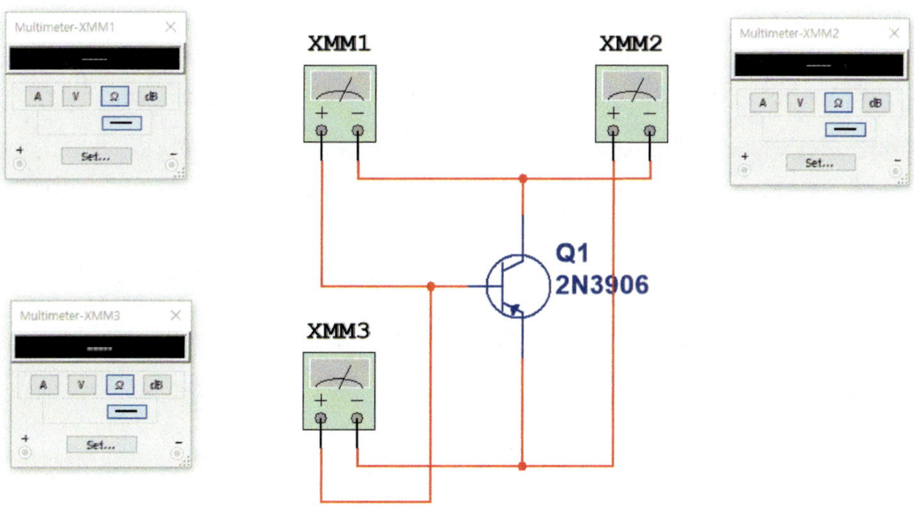

그림 6-8 BJT의 저항 측정 회로(역방향)

실험 6-3 Smart LAB을 활용한 트랜지스터 단자간 저항 측정하기

▸ 다음의 실험 절차를 진행하고 그 결과를 '실험 결과 고찰 6'의 '실험 6-3 Smart LAB을 활용한 트랜지스터 단자간 저항 측정하기' 작성한다.

① Smart LAB 실습 키트가 제공하는 디지털 멀티미터 또는 멀티미터를 활용하여 트랜지스터의 각 단자의 저항값을 측정한다. 멀티미터의 측정 레인지에 다이오드 기호( )가 있다면 그곳을 선택한다.

- 다이오드( ) 레인지에서 트랜지스터 접합(예를 들면 E-B)을 측정하면 접합의 순방향 전압을 표시기에 나타내고, 역방향 접속이면 'OL' 또는 숫자 '1'을 표시한다.
- 일반적인 소형 트랜지스터의 순방향 전압은 0.6~0.7 V 범위이다.
- 용량이 큰 대전력 트랜지스터의 순방향 전압은 0.5 V 정도이다.
- 게르마늄 트랜지스터나 쇼트키 배리어 다이오드는 0.17~0.25 V 범위이다.
- 이상의 순방향 전압은 온도에 절대적인 영향을 받는다. 온도가 상승하면 순방향 전압은 낮아지고, 온도가 하강하면 순방향 전압은 높아진다.

② 트랜지스터(2N3904)의 두 단자 사이를 측정하고 표 6-3에 기록한다.

- 베이스-이미터 사이
- 컬렉터-베이스 사이
- 컬렉터-이미터 사이를 순방향 및 역방향으로 바꾸어 가면서 측정한다.

③ 트랜지스터(2N3906)의 두 단자 사이를 측정하고 표 6-4에 기록한다.

- 베이스-이미터 사이
- 컬렉터-베이스 사이
- 컬렉터-이미터 사이를 순방향 및 역방향으로 바꾸어 가면서 측정한다.

실험 결과 고찰 6

[실험 6-1] TinkerCAD를 활용한 트랜지스터 단자간 저항 측정하기

표 6-1 트랜지스터의 각 단자간 저항 측정 실험 (TinkerCAD)

	순방향 [Ω]	역방향 [Ω]
베이스-이미터		
컬렉터-베이스		
컬렉터-이미터		

[실험 6-2] MultiSIM을 활용한 트랜지스터 단자간 저항 측정하기

표 6-2 트랜지스터의 각 단자간 저항 측정 실험 (MultiSIM)

	순방향 [Ω]	역방향 [Ω]
베이스-이미터 (*XMM1*)		
컬렉터-베이스 (*XMM3*)		
컬렉터-이미터 (*XMM2*)		

[실험 6-3] SmartLAB을 활용한 트랜지스터 단자간 저항 측정하기

표 6-3 멀티미터를 사용한 트랜지스터의 측정결과-NPN

측정할 전극		2N3904		TIP31C	
		저항값(Ω)	V_F 눈금	저항값(Ω)	V_F 눈금
베이스-이미터 (B-E)	순방향 ($B \rightarrow E$)				
	역방향 ($E \rightarrow B$)				
컬렉터-베이스 (B-C)	순방향 ($B \rightarrow C$)				
	역방향 ($C \rightarrow B$)				
컬렉터-이미터 (C-E)	순방향 ($C \rightarrow E$)				
	역방향 ($E \rightarrow C$)				

표 6-4 멀티미터를 사용한 트랜지스터의 측정결과-PNP

측정할 전극		2N3906(PNP)		TIP32C(PNP)	
		저항값(Ω)	V_F 눈금	저항값(Ω)	V_F 눈금
베이스-이미터 (B-E)	순방향 ($B \rightarrow E$)				
	역방향 ($E \rightarrow B$)				
컬렉터-베이스 (B-C)	순방향 ($B \rightarrow C$)				
	역방향 ($C \rightarrow B$)				
컬렉터-이미터 (C-E)	순방향 ($C \rightarrow E$)				
	역방향 ($E \rightarrow C$)				

☞ 트랜지스터의 각 단자간 측정 실험을 통해 트랜지스터의 정상 동작 여부를 판별하는 방법에 대해 간단히 기술하라.

CHAPTER 07

베이스, 컬렉터 특성과 부하선

1. 실험 목적

- 실험을 통해서 확인한 베이스 특성($V_{BE}-I_B$ Curve)을 설명할 수 있다.
- 컬렉터 특성곡선은 어떤 특징이 있는지 설명할 수 있다.
- 부하선을 그리는 방법을 설명할 수 있다.

2. 실험 준비물

- 브레드보드, 리드선 적당량
- 저항 100Ω, $1k\Omega$, $5k\Omega$
- NPN BJT 2N3904, TIP31C
- 멀티미터, 전원공급기, 함수 발생기, 2채널 디지털(메모리) 오실로스코프

3. 관련 이론

1) 베이스 특성곡선

베이스에 인가하는 전압을 증가시킬 때 베이스 전류는 어떻게 변하는지 나타낸 것이 베이스 특성곡선이다. 증폭기의 입력에 해당하는 베이스 전류는 다른 외부의 요인에 의해 영향을 받지 않고 오직 베이스 전원 전압(V_{BB})과 저항 R_B의 크기에 따라 전류가 흐른다. 그림 7-1의 공통이미터 증폭기에서 베이스 전류 I_B는 다음의 계산식으로 구할 수 있다. (이 트랜지스터의 β_{dc}는 100이다.)

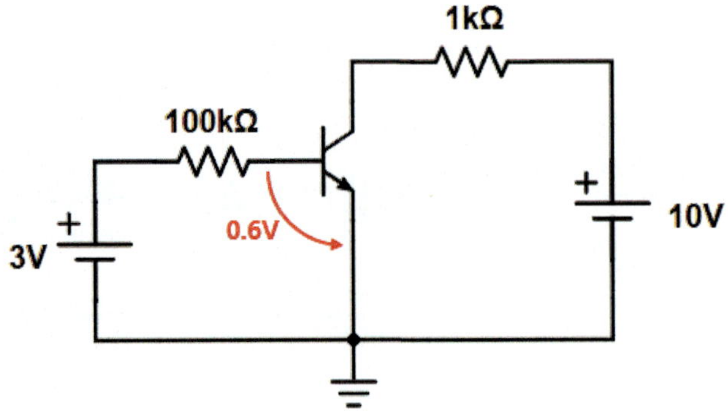

그림 7-1 CE 증폭기 모델 회로 1

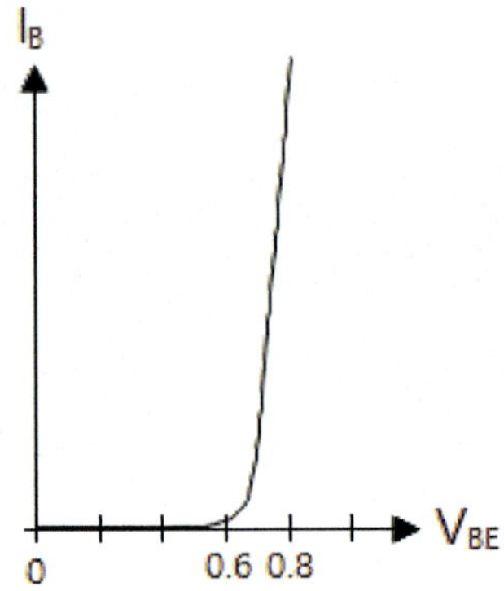

그림 7-2 $V_{BE}-I_B$ 특성곡선

$$I_B = \frac{V_{BB}-V_{BE}}{R_B} = \frac{3-0.6\,V}{100k\Omega} = 24\mu A \qquad \text{식 (7-1)}$$

$$I_C = \beta\ I_B = 100 \times 24\mu A = 2.4\ mA \qquad \text{식 (7-2)}$$

2) 컬렉터 특성곡선

컬렉터에 가해주는 전압과 컬렉터 전류의 관계를 나타내는 것이 컬렉터 특성곡선 또는 $V_{CE}-I_C$ 특성곡선이다. 원래 컬렉터에 가해주는 전압이 낮아도 이미터에서 베이스를 넘어오는 전자를 받아들일 수 있으며 전압의 세기에는 큰 영향이 없다. 컬렉터 전류는 이미터에서 방출된 전자가 베이스 층을 넘어올 때 이것을 흡수함으로써 흐르는 것인데 컬렉터 전압을 높인다고 이미터 전자가 증가하지 않기 때문이다. $V_{CE}-I_C$ 특성곡선을 수동적인 방법으로 확인하는 방법은 다음과 같다.

① 먼저 베이스 전류를 임의의 세기로 맞춘다.(예를 들면 $10\mu A$)
② 전원 전압을 조절하여 V_{CE}가 $0.5\,V$, $1\,V$, $2\,V$, $3\,V$ 등 단계별로 증가하도록 한다.
③ 매 단계마다 컬렉터 전류를 측정한다.

그림 7-3의 모델 회로를 사용하여 컬렉터 전압 대 컬렉터 전류의 변화를 그래프로 나타내면 그림 7-4와 같다. 이 곡선의 특징을 구간별로 나누어 설명하면 다음과 같다.

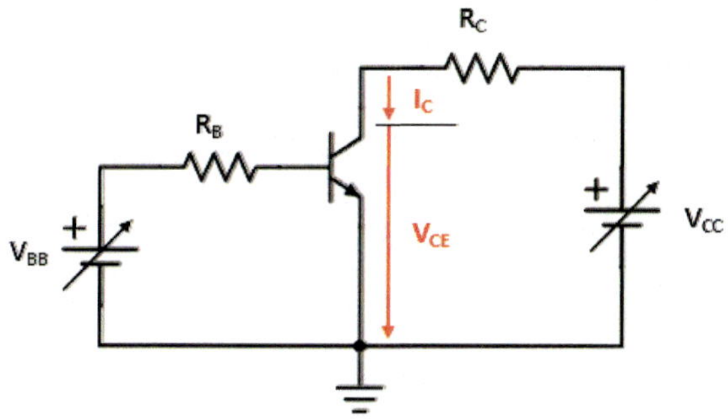

그림 7-3 CE 증폭기 모델 회로 2

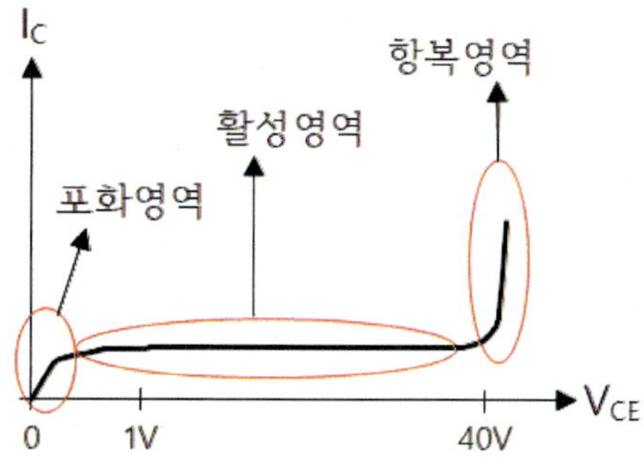

그림 7-4 $V_{CE}-I_C$ 특성곡선

- 컬렉터 전압(V_{CE})이 $0.5\,V$ 가까이 되면 컬렉터 전류(I_C)가 급격히 흐르기 시작한다. 이와 같이 전류가 상승하기 시작하는 영역을 포화 영역이라 한다.
- 일단 상승한 컬렉터 전류는 컬렉터 전압의 증가와 관계없이 일정한 크기로 흐른다. 따라서 곡선은 거의 직선으로 나타나는데 이 부분을 활성 영역이라 한다.
- 컬렉터 전압이 더욱 높아지면 어느 순간 컬렉터 전류가 급격히 증가하면서 트랜지스터가 파괴되는데 이곳을 항복영역이라 한다. 이때의 전압을 최대 컬렉터 전압 $V_{CE(\max)}$이라 한다. 보통의 경우는 이 영역을 볼 수 없다.

3) 부하선

그림 7-5와 같은 기본적인 공통이미터 증폭에서 컬렉터 전류와 컬렉터 전압의 관계를 알아보자. 이 회로는 하나의 전원 전압으로 컬렉터와 베이스에 전원을 공급하고 있는 실용적인 회로이다. R_B를 조절하여 베이스 전류(I_B)를 변화시키면 컬렉터 전류(I_C)가 변하고 따라서 컬렉터 전압(V_{CE})도 변하게 된다.

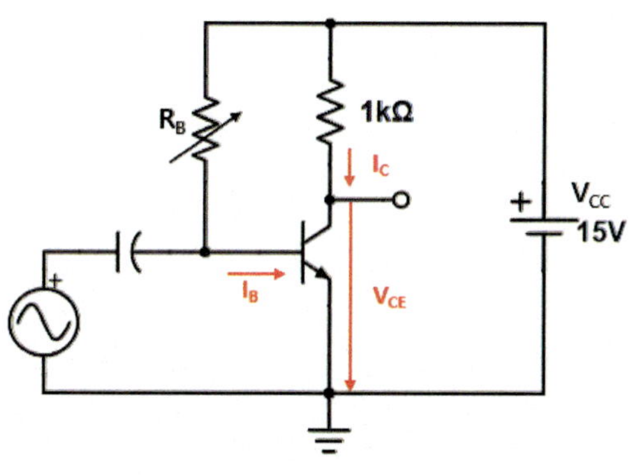

그림 7-5 공통이미터 증폭기 모델 3

(1) 최대 컬렉터 전류 $I_{C(\max)}$

그런데 여기서 컬렉터 전류와 컬렉터 전압의 한계를 정해주는 중요한 요소가 컬렉터 저항이다. 컬렉터 저항을 알면 최대로 흐를 수 있는 컬렉터 전륫값을 알 수 있다. 컬렉터 루프에서 키르히호프의 전압 법칙을 적용해보면 다음과 같다.

$$V_{CC} = I_C R_C + V_{CE} \qquad \text{식 (7-3)}$$

만약 트랜지스터가 극단적으로 도통되어 V_{CE}가 0 V라면 최대 컬렉터 전류는 다음과 같다.

$$I_{C(\max)} = \frac{V_{CC}}{R_C} \qquad \text{식 (7-4)}$$

(2) 최대 컬렉터 전압 $V_{CE(\max)}$

반대의 경우, 컬렉터 전류가 최소일 때 컬렉터 전압은 얼마일까? 앞에서 사용한 키르히호프의 전압 법칙을 다시 적용하면

$$V_{CC} = I_C R_C + V_{CE} \qquad \text{식 (7-5)}$$

여기서, 컬렉터 전류(I_C)가 0이라면 $I_C R_C = 0$이 될 것이므로 컬렉터 전압은 전원 전압과 같아진다.

$$V_{CE(\max)} = V_{CC} \qquad \text{식 (7-6)}$$

그림 7-5의 공통이미터 증폭기 모델 회로에서는 컬렉터 저항이 1$k\Omega$으로 주어졌다. 여기서 ① 최대 컬렉터 전류 $I_{C(\max)}$와 ② 최대 컬렉터 전압 $V_{CE(\max)}$를 계산해 보고, 트랜지스터 BC547의 $V_{CE} - I_C$ 특성곡선에 적용해보기로 하자.

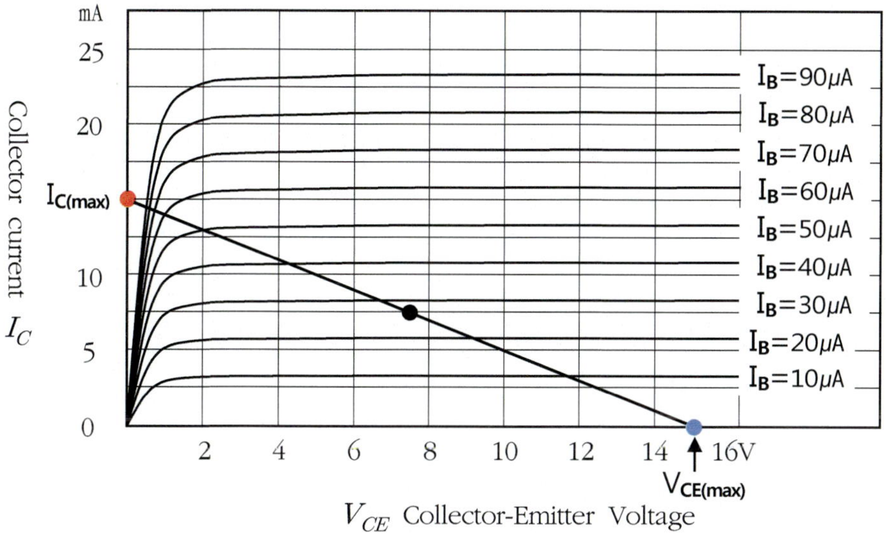

그림 7-6 BC547의 $V_{CE}-I_C$ 특성곡선과 부하선

① 최대컬렉터전류 $I_{C(\max)} = V_{CC}/R_C = 15\,V/1\text{k}\Omega = 15\,mA$

② 최대컬렉터전압 $V_{CE(\max)} = V_{CC} = 15\,V$

이렇게 구한 $I_{C(\max)} = 15mA$와 $V_{CE(\max)} = 15\,V$를 특성곡선에 적용하면 그림 7-6과 같다.

Y축의 최대 전류 $I_{C(\max)}$와 X축의 최대 전압 $V_{CE(\max)}$을 연결하는 직선을 부하선이라 부르는데 그 이유는 이 직선의 기울기가 부하 저항의 역수$(1/R_C)$와 같기 때문이다.

$$\frac{I_{C(\max)}}{V_{CE(\max)}} = \frac{1}{R_C} \qquad \text{식 (7-7)}$$

즉, 부하 저항에 의해 컬렉터 최대 전류가 결정되고 직선의 중간에 해당하는 베이스 전류(바이어스)의 크기도 판단할 수 있다.

4) 동작점

모든 트랜지스터 증폭회로는 포화 전류와 차단 전압을 가지며, 이 두 점을 연결하는 부하선을 가진다. 그림 7-7은 베이스 저항이 $500k\Omega$인 바이어스 회로이다. 이 회로를 모델로 하여 포화 전류와 차단 전압을 구해보자. 포화 전류는 다음 식과 같이 계산된다.

$$포화\ 전류\ I_{C(\max)} = V_{CC}/RC = 15V/3k\Omega = 5mA \qquad 식\ (7-8)$$

차단 전압은 베이스 전류가 0인 경우를 가상하면 컬렉터-이미터간이 개방된 것과 같으므로 다음과 같이 된다. 이 두 개의 값을 특성곡선에 기입하면 그림 7-8과 같다.

$$컬렉터차단전압\ V_{CE(\max)} = V_{CC} = 15V \qquad 식\ (7-9)$$

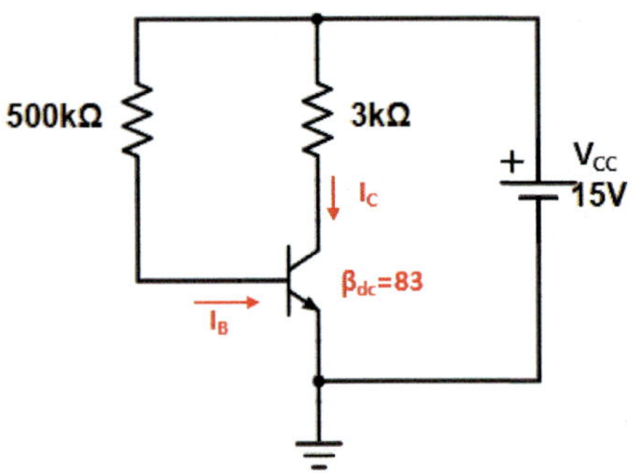

그림 7-7 CE 증폭기 모델 4

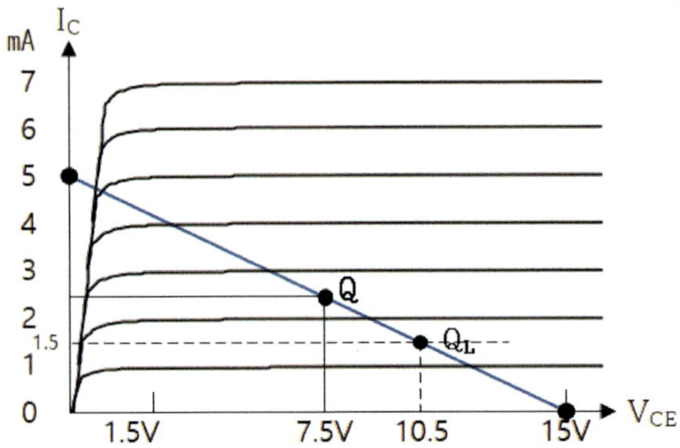

그림 7-8 컬렉터 전류에 따른 동작점 변화

이제 포화 전류가 흐를 때의 베이스 전류를 구해보면 다음과 같다.

$$I_B = \frac{V_{cc} - V_{BE}}{R_B} = \frac{15 - 0.7}{470k\Omega} = 30.4\mu A \qquad 식\ (7-10)$$

이때의 컬렉터 전류는 베이스 전류에 전류 이득을 곱하면 된다.

$$I_C = \beta_{dc} I_B = 83 \times 30.4 = 2.5mA \text{ --------------- } (Y_Q) \qquad 식\ (7-11)$$

컬렉터 저항 3㏀에 2.5㎃의 전류가 흐르면 7.5V의 전압 강하를 일으키므로 컬렉터 전압은 전원 전압에서 전압 강하를 빼면 된다.

$$V_{CE} = V_{cc} - I_c R_c = 15 - 7.5 = 7.5V \text{ ----------- } (X_Q) \qquad 식\ (7-12)$$

이제까지의 과정을 통해서 구한 전류와 전압값 (X_Q , Y_Q)을 특성곡선의 부하선 상에 표시하면 그림 7-8의 Q점과 같다. Q점은 정지점(quiescent point)의 약어인데 그렇게 부르는 이유는 '정지해 있는' 또는 '멈춘' 동작점이라는 의미를 가졌기 때문이다.

(1) 동작점의 변화

전류 이득 83의 트랜지스터로 동작점을 찾았다. 전류 이득이 커진다면 β_{dc} 증가(↑), I_C 증가(↑), R_C 전압 강하 증가(↑), V_{CE} 감소(↓)가 예상되고 동작점은 부하선의 높은 쪽으로 이동할 것이다. 반대로 전류 이득이 작은 트랜지스터라면 β_{dc} 감소(↓), I_C감소(↓), R_C전압 강하 감소(↓), V_{CE} 증가(↑)가 예상되며 동작점은 부하선의 아래쪽으로 이동할 것이다. 예를 들어, 그림 7-7의 동일한 회로 조건에서 전류 이득이 50인 트랜지스터라면

$$I_C = \beta_{dc} I_B = 50 \times 30.4 = 1.5mA \quad \text{식 (7-13)}$$

컬렉터 전류는 $1.5mA$가 되고 전압 강하 $1.5mA \times 3k\Omega = 4.5V$를 뺀 컬렉터 전압은 $10.5V$가 되어 동작점은 아래쪽 Q_L 자리로 이동할 것이다.

4. 실험 순서

■ 트랜지스터 입력 특성실험

입력특성은 베이스 전압 대 베이스 전류의 관계이기 때문에 베이스 특성이라고도 한다. 이 실험에서는 교류 신호를 이용하여 자동으로 입력 전압을 증가시키고 그에 대한 전류를 측정하는데 오실로스코프의 $X-Y$ 모드를 이용한다.

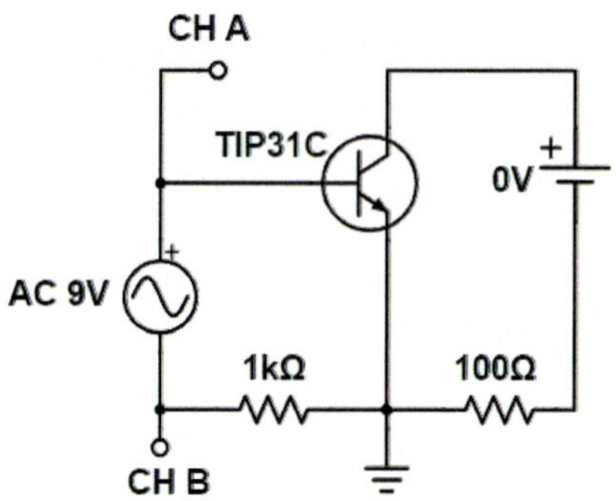

그림 7-9 트랜지스터 입력특성 실험 회로(NPN)

실험 7-1 MultiSIM을 활용한 트랜지스터의 입력특성 실험

▸ 다음의 실험 절차를 진행하고 그 결과를 '실험 결과 고찰 7'의 '실험 7-1 MultiSIM을 활용한 트랜지스터의 입력특성 실험'에 작성한다.

① MultiSim을 활용하여 그림 7-9의 트랜지스터 입력특성 실험 회로를 구성한다. 함수 발생기의 진폭은 9 V, 주파수는 50Hz, 함수는 사인함수로 설정한다.

② 오실로스코프는 Tektronix Oscilloscope를 사용한다. 그림 7-10는 MultiSIM으로 작성된 트랜지스터 입력특성 실험 회로를 나타내었다. CH1은 $Volts/Div$를 1 V로 설정하였다. CH2는 $Volts/Div$를 2 V로 설정하고 Invert를 on으로 설정, DISPLAY는 XY Mode로 설정한다.

③ 시뮬레이션을 진행하여 오실로스코프의 파형을 관측한다. 그 결과를 그래프에 그린다.

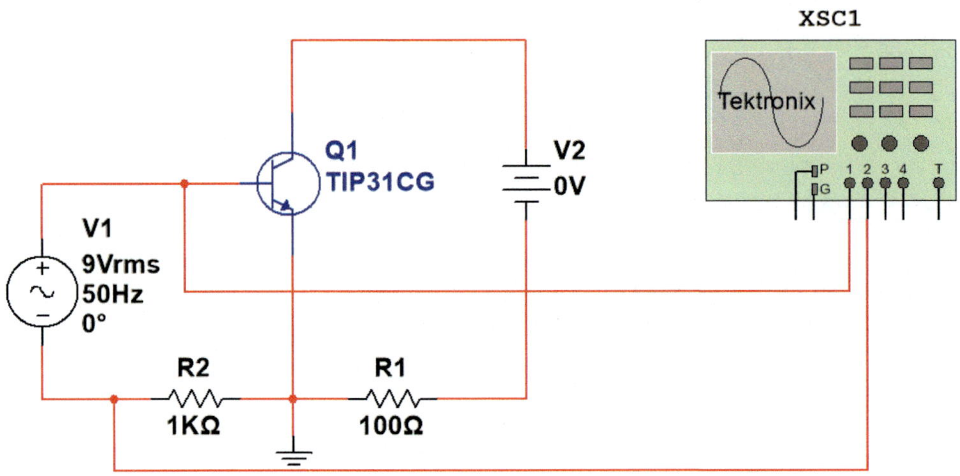

그림 7-10 트랜지스터의 입력특성 실험 회로 (MultiSIM)

실험 7-2 SmartLAB을 활용한 트랜지스터의 입력특성 실험

▸ 다음의 실험 절차를 진행하고 그 결과를 '실험 결과 고찰 7'의 '실험 7-2 Smart LAB을 활용한 트랜지스터의 입력특성 실험'에 작성한다.

① 그림 7-9와 같이 트랜지스터의 입력특성 실험 회로를 구성하고, 측정 단자 CH A, CH B 및 GND에 오실로스코프의 프로브를 연결한다.

② Smart LAB을 실행시키고, Smart LAB 키트의 POWER(왼쪽 옆 스위치)를 ON 시켜 전원을 인가한다. 컬렉터 전원 5 V는 고정 전원을 이용하고, 베이스 전원은 Smart LAB의 가변 전원(Variable Power)에서 AC 9 V로 조정하여 사용한다.

③ 오실로스코프를 실행시키고 다음과 같이 설정한다.

▹ Smart LAB – 오실로스코프 설정
- 채널 A : 수직 감도 : 1~0.5 V/Div, 입 력결합 : DC
- 채널 B : 수직 감도 : 2~5 V/Div, 입력 결합 : DC, 위상 : 반전(INV)
- 트리거(Trigger)기준 : $CH\ A$, 상승 에지(↗)
- 동작모드 : $X-Y$ 모드
- 수평 소인 시간(Horizontal) : 1ms

④ 오실로스코프 파형을 관찰한다. 트랜지스터의 입력 특성곡선을 기록한다. 화면에 나타나는 파형은 베이스 전압(V_B)이 증가할 때 베이스 전류(I_B)의 변동상태를 보여주는 것이다. X축으로 베이스 전압이 증가할 때 흘러가는 베이스 전류가 저항 1$k\Omega$에 전압 강하를 일으켜 Y축의 높이로 나타난다. 베이스 입력 전압(V_{BE})은 스크린에서 X축의 크기에 1칸이 1 V에 대응한다. 베이스 전류(I_B)는 Y축 전압 크기에 대응한다. Y축에서 저항 1$k\Omega$에 걸리는 전압이 2 V라면

$$\text{Y축 전압} = V_Y = V_R = I_B R$$

$$\therefore I_B = \frac{V_R}{R} = \frac{2\,V}{1k\Omega} = 2\,[mA] \qquad \text{식 (7-14)}$$

즉, Y축에서 판독한 전압(V_R)을 저항 1$k\Omega$으로 나누면 전류 값이 된다.

■ 트랜지스터의 출력 특성실험

출력특성은 컬렉터 전압(V_{CE}) 대 컬렉터 전류(I_C)의 관계를 표시하는 것이며, 컬렉터 특성이라고도 한다. 이 실험에서는 교류 신호를 이용하여 자동으로 컬렉터 전압을 증가시키고 그에 따른 컬렉터 전류를 측정하는데 오실로스코프의 $X-Y$모드를 이용한다. 실험의 조건으로 베이스 전류를 특정한 값으로 조절하고 그때마다 $V_{CE}-I_C$그래프를 그린다.

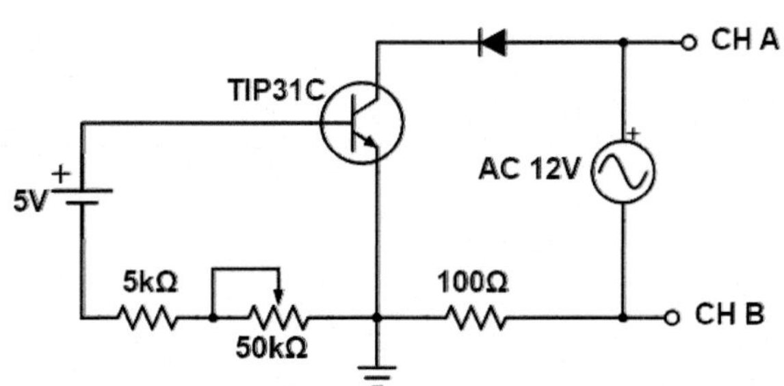

그림 7-11 트랜지스터의 출력특성 실험 회로

실험 7-3 MultiSIM을 활용한 트랜지스터 출력특성 실험

▸ 다음의 실험 절차를 진행하고 그 결과를 '실험 결과 고찰 7'의 '실험 7-3 MultiSIM을 활용한 트랜지스터의 출력특성 실험'에 작성한다.

① MultiSim을 활용하여 그림 7-11의 트랜지스터의 출력특성 실험 회로를 구성한다. 베이스 전원 5 V는 고정 전원을 이용하고, 컬렉터 전원은 Variable Power AC 12 V, 10 Hz를 활용한다. 오실로스코프는 Tektronix Oscilloscope를 사용한다. CH1은 2 $Volts/Div$으로 설정하였다. CH2는 5 $Volts/Div$으로 설정하고 Invert를 on으로 설정, DISPLAY는 XY Mode로 설정한다. 그림 7-12는 MultiSIM으로 작성된 트랜지스터의 출력특성 실험 회로를 나타내었다. 포텐시오미터의 값은 A 키를 눌러 비율을 증가시킬 수 있고 Shift+A 키를 눌러 감소시킬 수 있다. 키와 증감하는 비율은 Variable Resistor를 더블클릭하여 나오는 속성 창에서 Value 탭의 Key와 Increment를 설정할 수 있다. 이를 그림 7-13에 나타내었다.

② 포텐시오미터의 위치를 조정해 가면서 시뮬레이션을 진행하고 오실로스코프의 파형을 관측한다. 포텐시오미터를 각각 0%, 50%, 100%의 시뮬레이션 결과에 대해 그래프에 그린다.

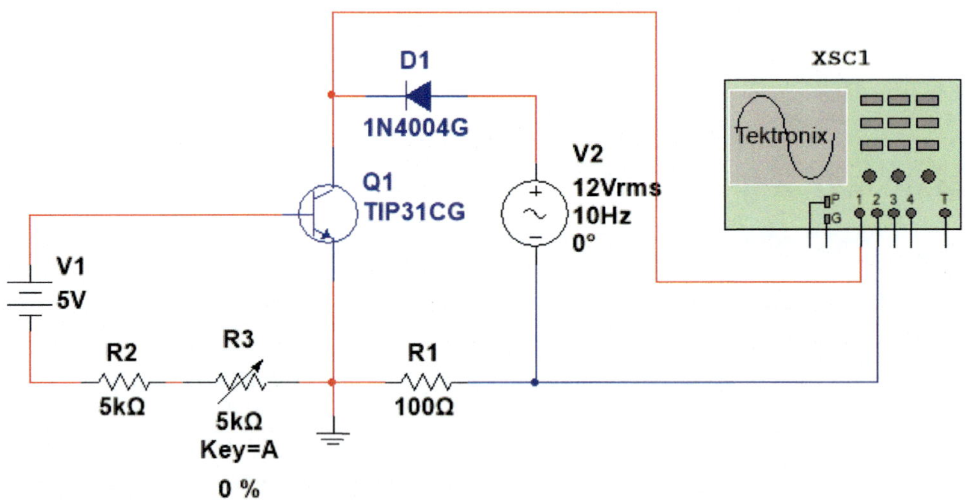

그림 7-12 트랜지스터의 출력특성 실험 회로 (MultiSIM)

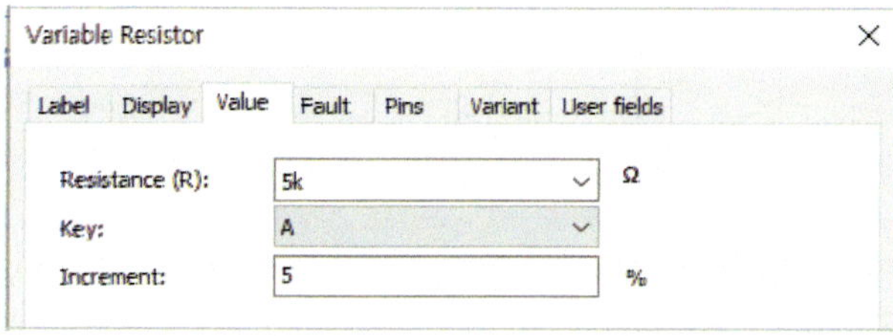

그림 7-13 포텐시오미터(Variable Resistor)의 설정

실험 7-4 SmartLAB을 활용한 트랜지스터 출력특성 실험

▸ 다음의 실험 절차를 진행하고 그 결과를 '실험 결과 고찰' 7의 '실험 7-4 SmartLAB을 활용한 트랜지스터의 출력특성 실험'에 작성한다.

① 그림 7-11과 같이 트랜지스터의 출력특성 실험 회로를 구성하고, 측정 단자 CH A, CH B, GND를 SmartLAB 오실로스코프의 Ch-A, Ch-B, GND 단자에 각각 연결한다.

② Smart LAB을 실행시키고, SmartLAB 키트의 POWER(왼쪽 옆 스위치)를 ON 시켜 전원을 인가한다. 베이스 전원 5 V는 고정 전원을 이용하고, 컬렉터 전원은 Variable Power AC 12 V를 활용한다.

③ 오실로스코프를 실행시키고 다음과 같이 설정한다.

> ▹ Smart LAB – 오실로스코프 설정
> - 채널 A : 수직 감도 : 2 V/Div, 입력 결합 : DC
> - 채널 B : 수직 감도 : 5 V/Div, 입력 결합 : DC, 위상 : 반전(INV)
> - 트리거(Trigger)기준 : $CH\ A$, 상승 에지(↗)
> - 동작모드 : $X-Y$ 모드
> - 수평 소인 시간(Horizontal) : 5ms

④ 50$k\Omega$ 포텐시오미터를 조절하여 베이스 전류가 변화시켜 가면서 오실로스코프 파형을 관찰한다. 화면에 나타나는 파형은 컬렉터 전압이 증가할 때 컬렉터 전류의 변화를 나타낸다. 그래프에서 X축의 컬렉터 전압(V_C)이 증가할 때 컬렉터 전류(I_C)는 Y축의 높이로 나타난다. 스크린에 나타난 그래프를 보면, 컬렉터 전압이 0.5 V 정도를 넘어서면 이후에는 전압이 증가하여도 컬렉터 전류는 거의 변화 없이 일정한 크기를 유지하는 것을 볼 수 있다. 컬렉터 전압(V_{CE})은 스크린에서 X축의 1칸이 2 V에 대응한다. 컬렉터 전류(I_C)는 Y축 전압에 대응한다. 컬렉터 전류(I_C)는 저항 100Ω을 통과하면서 전압 강하(V_R)를 발생한다. 오실로

스코프의 채널 B가 이것을 측정하여 Y축의 전압 크기(V_Y)로 나타난다. 그래프에서 전류의 세기는 다음과 같이 구할 수 있다. (Y축의 전압 감도=5 V/Div)

$$\text{Y축 전압 } V_Y = V_R = I_c R$$

$$\therefore I_C = \frac{V_R}{R} = \frac{5\,V}{100\Omega} = 50\ [mA] \qquad \text{식 (7-15)}$$

즉, Y축에서 판독한 전압($V_Y = V_R$)을 저항 100Ω으로 나누면 전류 값이 된다.

⑤ 베이스 전류를 아래와 같이 설정하고 $V_{CE} - I_C$특성을 반복 측정한다. 베이스 전류가 설정되면 $V_{CE} - I_C$ 특성곡선은 스크린에 자동으로 나타나기 때문에 화면을 기록하고 2번째 측정조건으로 진행하면 된다.

측정순서 →	# 1	# 2	# 3
측정조건	$I_B = 80\mu A$ 가변저항=최대 위치	$I_B = 250\mu A$ 가변저항=중간 위치	$I_B = 0.88mA$ 가변저항=최소 위치

⑥ 오실로스코프에 나타난 특성곡선을 그래프에 그린다.

■ 트랜지스터 특성실험

실험 7-5 MultiSIM의 IV Analyzer를 활용한 트랜지스터 출력특성($V_{CE} - I_C$) 실험

▸ 다음의 실험 절차를 진행하고 그 결과를 '실험 결과 고찰 7'의 '실험 7–5 MultiSIM의 IV Analyzer를 활용한 트랜지스터의 출력특성($V_{CE} - I_C$) 실험'에 작성한다.

① MultiSIM을 실행시키고 BJT(2N3904)와 IV Analyzer를 배치하여 그림 7-14와 같이 BJT 출력특성을 실험하기 위한 회로를 구성한다. XIV1을 더블 클릭하고 Components를 BJT NPN으로 변경하면 하단에 외부로 연결되는 3단자가 그림으로 표시된다. base, emitter, collector의 순으로 배선한다.

② 시뮬레이션을 실행하고 실험 결과를 분석한다. 시뮬레이션 결과를 그래프에 그린다.

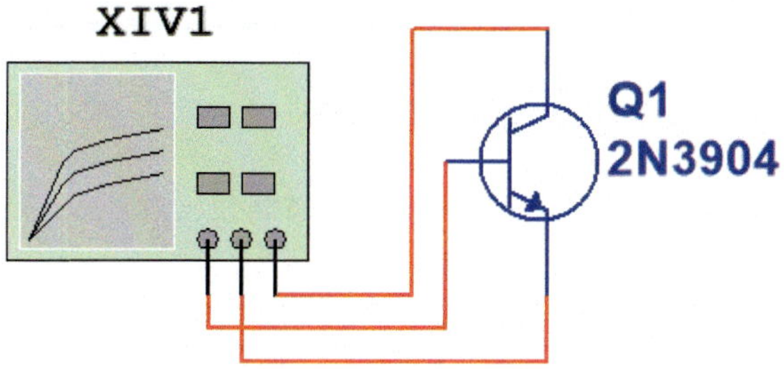

그림 7-14 BJT 특성실험을 위한 회로 (MultiSIM-IV Analyzer 활용)

실험 7-6 공통이미터 증폭기의 부하선 그리기

▸ 다음의 실험 절차를 진행하고 그 결과를 '실험 결과 고찰 7'의 '실험 7-6 공통이미터 증폭기의 부하선 그리기'에 작성한다.

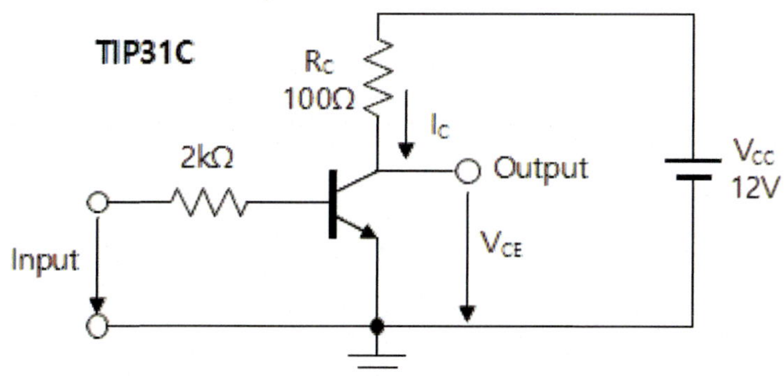

그림 7-15 트랜지스터 회로 모델 5

① 컬렉터 차단 전압과 컬렉터 포화 전류를 계산한다.

- 컬렉터 차단 전압 $= V_{cc} =$ $[V]$

- 컬렉터 포화 전류 $= I_{Sat} = \dfrac{V_{CC}}{R_C} =$ $[mA]$

② ①에서 계산된 값을 활용하여 부하선을 그래프에 그린다.

실험 결과 고찰 7

[실험 7-1] MultiSIM을 활용한 트랜지스터의 입력특성 실험

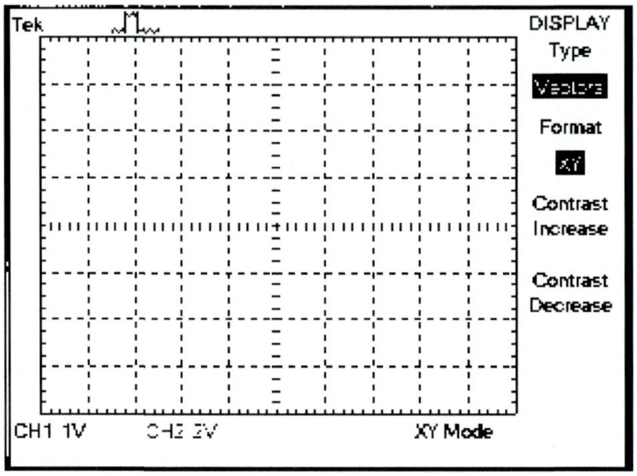

[실험 7-2] SmartLAB을 활용한 트랜지스터의 입력특성 실험

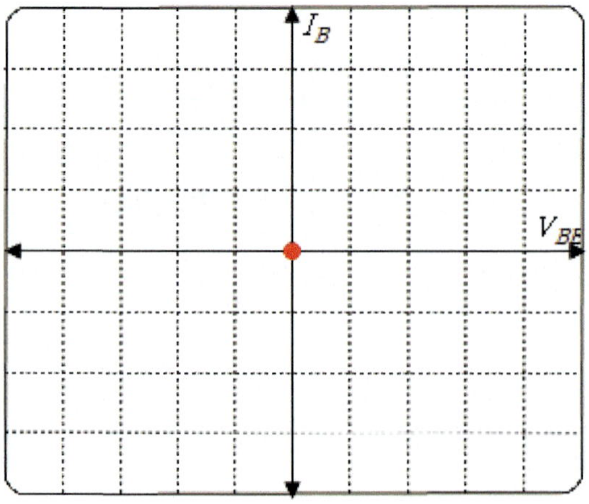

☞ 트랜지스터의 입력특성 실험을 통한 트랜지스터의 입력특성에 대해 간단히 기술하라.

[실험 7-3] MultiSIM을 활용한 트랜지스터의 출력특성 실험

가변저항 = 0%

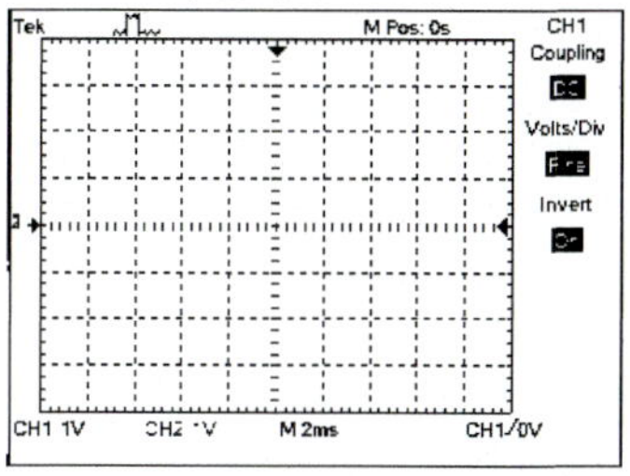

가변저항 = 50%

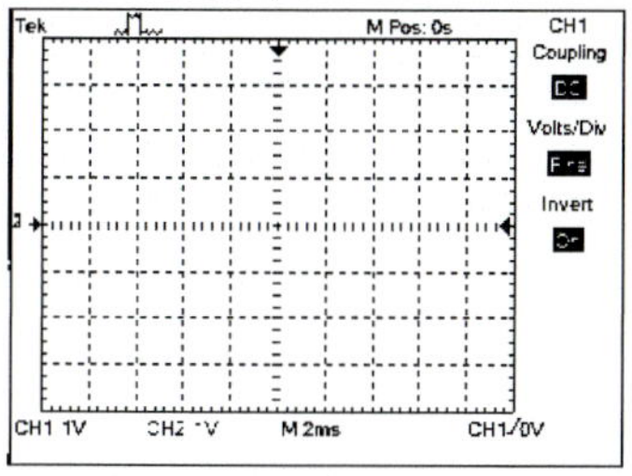

가변저항 = 100%

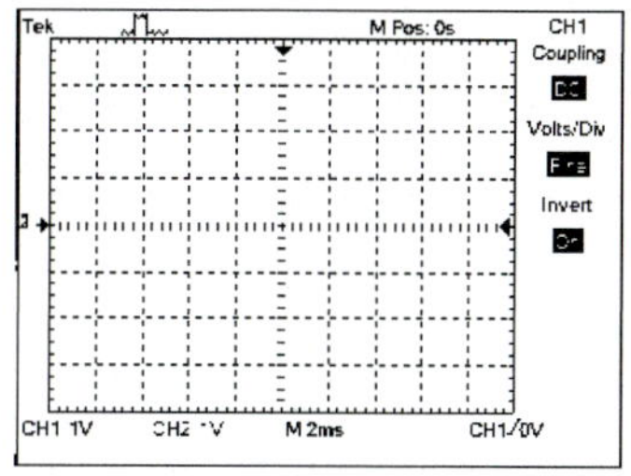

[실험 7-4] SmartLAB을 활용한 트랜지스터의 출력특성 실험

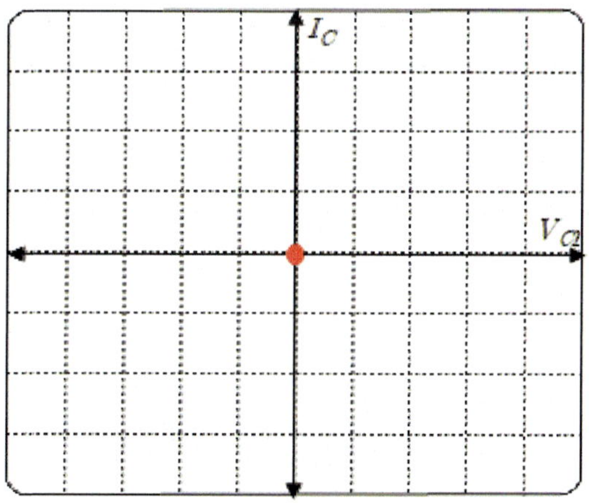

☞ 트랜지스터의 출력특성 실험을 통한 트랜지스터의 출력특성에 대해 간단히 기술하라.

[실험 7-5] MultiSIM의 IV Analyzer를 활용한 트랜지스터 출력특성($V_{CE} - I_C$) 실험

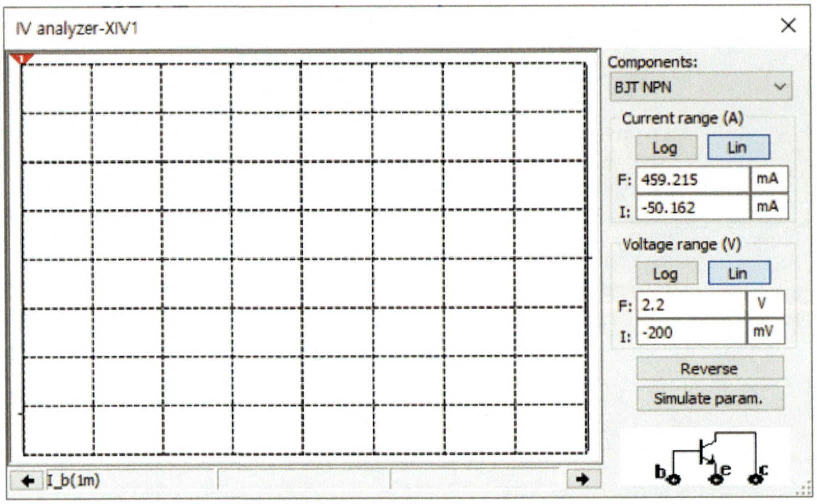

☞ MultiSIM의 IV Analyzer를 활용한 BJT 특성실험 결과를 바탕으로 IV-analyzer의 그래프에서 다음의 의미에 대해 간단히 기술하라.

- x 축 :

- y 축 :

- 그래프의 색상 :

[실험 7-6] 공통이미터 증폭기의 부하선 그리기

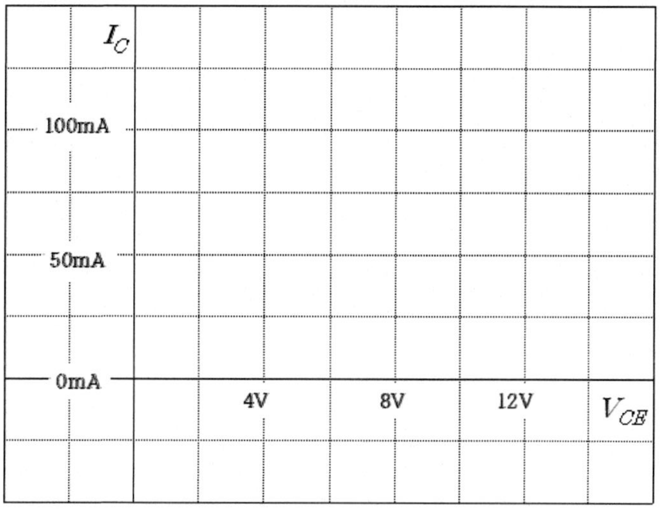

CHAPTER 08

증폭을 위한 바이어스 회로

1. 실험 목적

- 베이스 바이어스 회로를 구성할 수 있고 특징을 설명할 수 있다.
- 이미터 되먹임 바이어스 회로를 구성할 수 있고 특징을 설명할 수 있다.
- 컬렉터 되먹임 바이어스 회로를 구성할 수 있고 특징을 설명할 수 있다.
- 전압 분배 바이어스 회로를 구성할 수 있고 특징을 설명할 수 있다.

2. 실험 준비물

- 브레드보드, 리드선 적당량
- 저항 100Ω, $1k\Omega \times 2$, $2.2k\Omega$, $3.6k\Omega$, $100k\Omega$, $430k\Omega$, $910k\Omega$
- 전해 캐패시터 $68\mu F$
- NPN BJT 2N3904, TIP31C
- 멀티미터, 전원 공급기

3. 관련 이론

트랜지스터 바이어스는 트랜지스터를 정상적으로 동작시키기 위해 전압과 전류를 적절히 설정하는 과정이다. 바이어스는 트랜지스터의 동작점을 설정하여 원하는 증폭이나 스위칭 동작을 수행하도록 한다. 바이어스 방법에는 다음과 같은 것들이 있다.

1) 고정 바이어스 (Fixed Bias)

고정 바이어스는 베이스에 저항을 통해 전압을 공급하는 간단한 방법이다. 베이스 바이어스라고도 한다.

- 구성: 베이스 저항 R_B를 통해 전원을 연결.
- 장점: 회로가 간단하고 설계가 용이.
- 단점: 온도 변화와 베타 (β) 값의 변화에 민감하여 안정성이 떨어짐

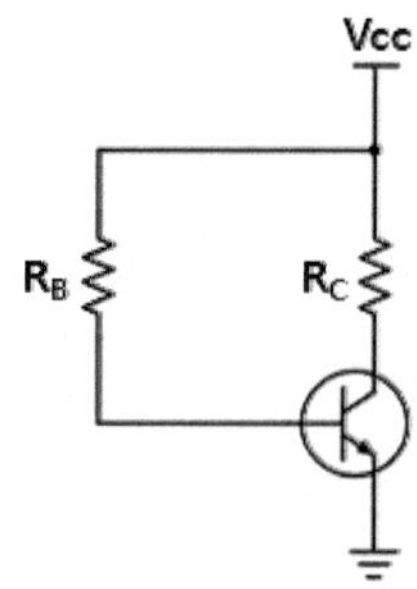

그림 8–1 베이스 바이어스 회로

2) 전압 분배 바이어스 (VDB, Voltage Divider Bias)

전압 분배 바이어스는 두 개의 저항을 사용하여 전압 분배기를 만들어 베이스에 일정한 전압을 공급하는 방법이다.

- 구성: 두 개의 저항 R_1과 R_2를 사용하여 전압 분배기를 형성하고, 베이스에 전압을 공급한다.
- 장점: 온도 변화와 β 변화에 덜 민감하여 안정성이 높다.
- 단점: 회로가 다소 복잡하다.

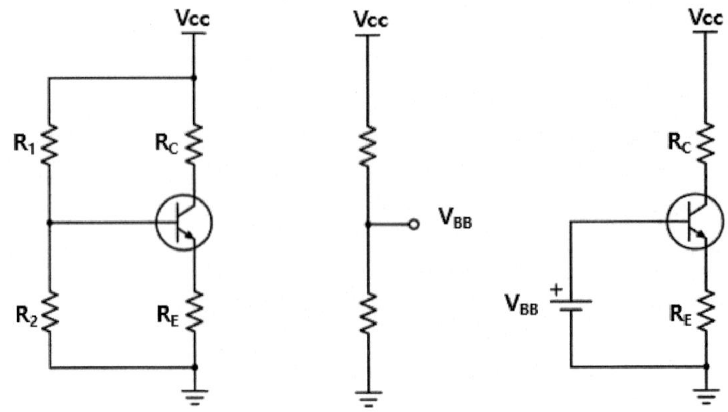

(a) VDB의 원형 (b) 전압분배 (c) 등가회로
그림 8-2 VDB(전압 분배 바이어스)의 이해

3) 이미터 바이어스 (Emitter Bias)

이미터 바이어스는 이미터에 저항을 추가하여 베이스 전류를 안정화하는 방법이다.

- 구성: 이미터 저항 R_E를 통해 전류를 안정화한다.
- 장점: 높은 안정성과 온도 변화에 대한 저항성이 있다.
- 단점: 베이스-이미터 전압이 증가하므로 베이스 전류를 크게 해야 한다.

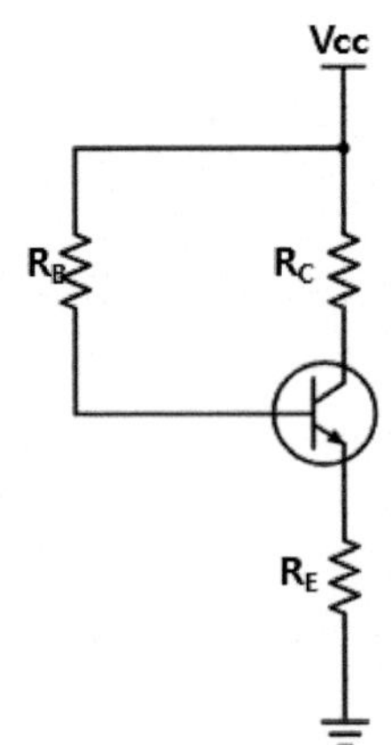

그림 8-3 이미터 되먹임 바이어스

4) 컬렉터 피드백 바이어스 (Collector-Feedback Bias)

컬렉터 피드백 바이어스는 컬렉터에서 베이스로 피드백을 주어 베이스 전압을 설정하는 방법이다.

- 구성: 컬렉터 저항 R_C 에서 베이스로 피드백을 제공한다.
- 장점: 온도 변화와 β 변화에 대한 안정성이 높다.
- 단점: 전압 이득이 낮아질 수 있다.

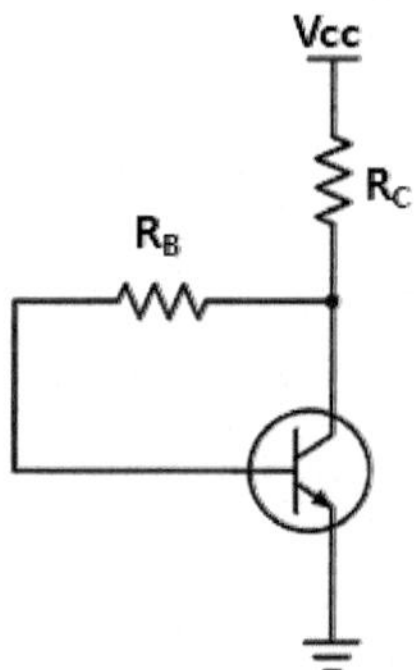

그림 8-4 컬렉터 피드백 바이어스

5) 자기 바이어스 (Self-Bias)

자기 바이어스는 트랜지스터 자체의 특성을 이용하여 바이어스를 설정하는 방법이다.

- 구성: 이미터 저항과 컬렉터 피드백을 함께 사용한다.
- 장점: 높은 안정성을 제공하며 다양한 응용에 적합하다.
- 단점: 회로가 복잡하다.

4. 실험 순서

■ 고정 바이어스 회로 실험

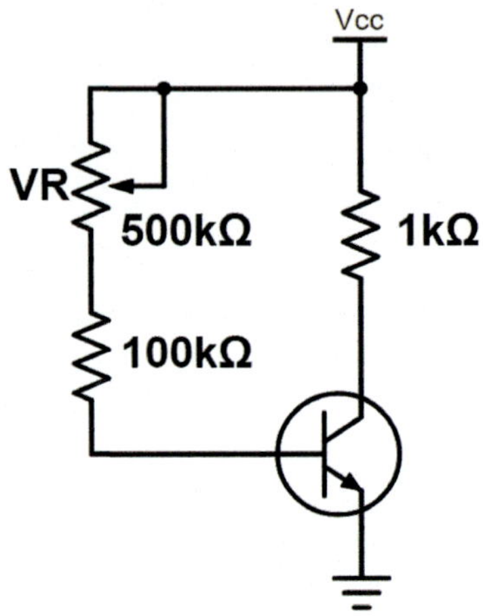

$V_{CC} = 15\,V$

그림 8-5 고정 바이어스 실험 회로

실험 8-1 TinkerCAD를 활용한 고정 바이어스 회로 실험

▸ 다음의 실험 절차를 진행하고 그 결과를 '실험 결과 고찰 8'의 '실험 8-1,2,3 고정 바이어스 회로 실험'에 작성한다.

① TinkerCAD에서 그림 8-5의 고정 바이어스 회로를 구성한다. 퍼텐쇼미터는 최대 위치에 둔다. 그림 8-6에 TinkerCAD를 활용한 고정 바이어스 실험 회로를 나타내었다. TinkerCAD의 NPN 트랜지스터의 경우, 핀 배열이 Collector, Base, Emitter의 순으로 되어 있으므로 연결에 주의한다.

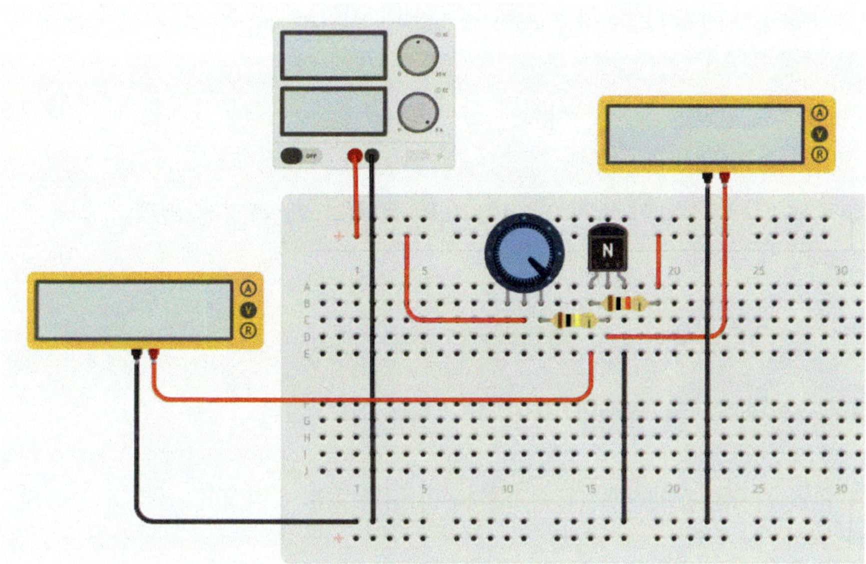

그림 8-6 고정 바이어스 실험 회로 (TinkerCAD)

② 가변저항을 조절하여 컬렉터 전압이 7.5 V 가 되도록 한다. 그리고 이때의 베이스 전압과 컬렉터 전압을 표 8-1의 '실험 8-1' 칸에 기록한다.

③ 전원을 OFF 상태로 조정한 다음 디지털 멀티미터로 베이스 저항(VR 500$k\Omega$ + 100$k\Omega$)을 측정한다. 멀티미터를 저항으로 설정하고 적색(+) 리드를 전원 단자에, 흑색(-) 리드를 베이스 단자에 접촉하여 측정하고 그 값을 표 8-2의 '실험 8-1' 칸에 기록한다.

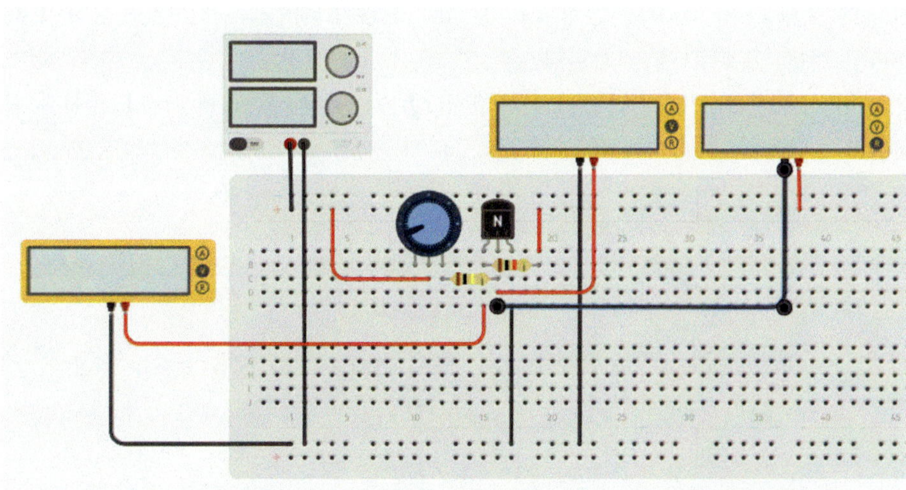

그림 8-7 고정 바이어스의 베이스 저항 측정 회로 (TinkerCAD)

④ 전원 전압을 10 V와 20 V로 바꿀 때마다 컬렉터 전압과 베이스 전압을 측정하여 표 8-3과 표 8-4의 '실험 8-1' 칸에 기록한다

⑤ 고정 바이어스 실험 회로의 부하선과 동작점(Q)을 그래프에 표시한다. 부하선은 컬렉터 차단 전압과 포화 전류를 구하여 각각 I_C 와 V_{CE}가 0인 지점을 연결하는 직선으로 그리고, 동작점 Q는 전원 전압이 각각 7.5 V, 10 V, 20 V일 때 측정된 컬렉터 전압과 부하선이 만나는 지점에 표시한다.

실험 8-2 MultiSIM을 활용한 고정 바이어스 회로 실험

▸ 다음의 실험 절차를 진행하고 그 결과를 '실험 결과 고찰 8'의 '실험 8–2 고정 바이어스 회로 실험'에 작성한다.

① MultiSIM을 활용하여 그림 8-5의 고정 바이어스 회로를 구성한다. 포텐시오미터는 최대 위치에 둔다.

② A 키를 눌러 포텐시오미터를 조절하여 컬렉터 전압이 7.5 V가 되도록 한다. 그리고 이때의 베이스 전압을 측정하고, 이때의 베이스 전압과 컬렉터 전압을 표 8-1의 '실험 8-2' 칸에 기록한다.

③ 전원을 제거한 상태에서 디지털 멀티미터로 베이스 저항(VR 500$k\Omega$ + 100 $k\Omega$)을 측정하여 기록한다. 그 측정값을 표 8-2의 '실험 8-2' 칸에 기록한다.

④ 전원 전압을 10 V와 20 V로 변경하고 컬렉터 전압과 베이스 전압을 측정하여 표 8-3과 표 8-4의 '실험 8-2' 칸에 기록한다.

⑤ 고정 바이어스 실험 회로의 부하선과 동작점(Q)을 그래프에 선 색상이나 유형을 달리하여 표시한다.

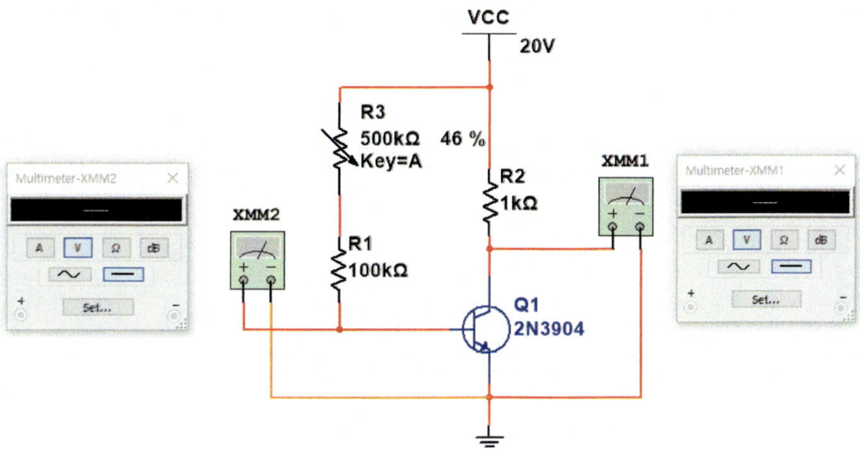

그림 8-8 고정 바이어스 실험 회로 (MultiSIM)

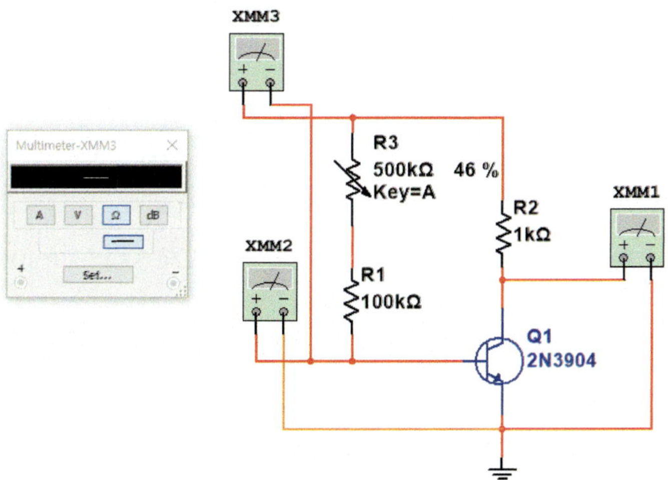

그림 8-9 고정 바이어스의 베이스 저항의 측정 (MultiSIM)

실험 8-3 Smart LAB을 활용한 고정 바이어스 회로 실험

▸ 다음의 실험 절차를 진행하고 그 결과를 '실험 결과 고찰 8'의 '실험 8-3 고정 바이어스 회로 실험'에 작성한다.

① Smart LAB을 활용하여 그림 8-5와 같이 고정 바이어스 회로를 구성한다. 퍼텐쇼미터는 최대 위치에 둔다. 그림 8-10는 Smart LAB을 이용하여 구성된 고정 바이어스 실험 회로이

다. 회로의 전원은 DC & AC POWER SUPPLY에 연결하고 DC 전압 $V1$을 20 V로 설정한다.

그림 8–10 고정 바이어스 실험 회로 (Smart LAB)

② 디지털 멀티미터로 컬렉터 전압을 측정하면서 퍼텐쇼미터를 조절하여 컬렉터 전압이 7.5 V가 되도록 한다. 그리고 이때의 베이스 전압과 컬렉터 전압을 표 8-1의 '실험 8-3' 칸에 기록한다.

③ 전원을 분리한 상태에서 디지털 멀티미터로 베이스 저항(VR 500$k\Omega$ + 100 $k\Omega$)을 측정하고 그 측정값을 표 8-2의 '실험 8-'3 칸에 기록한다.

④ 전원 전압을 10 V와 20 V로 변경하고 컬렉터 전압과 베이스 전압을 측정하여 표 8-3과 표 8-4의 '실험 8-3' 칸에 기록한다.

⑤ 고정 바이어스 실험 회로의 부하선과 동작점(Q)을 그래프에 선 색상이나 유형을 달리하여 표시한다.

■ **이미터 되먹임 바이어스 실험**

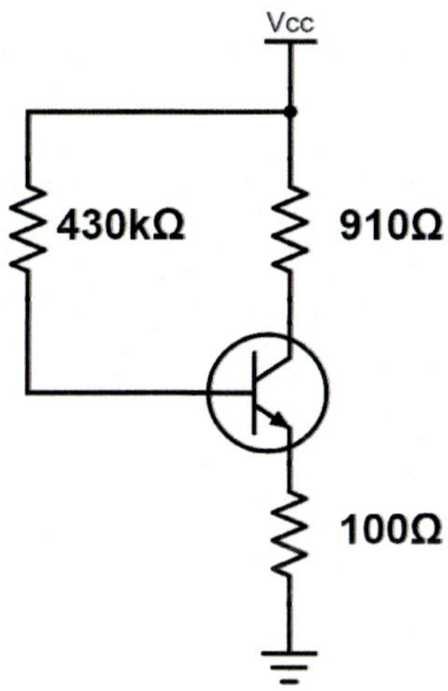

그림 8-11 이미터 되먹임 바이어스 실험 회로

실험 8-4 TinkerCAD를 활용한 이미터 되먹임 바이어스 회로 실험

▸ 다음의 실험 절차를 진행하고 그 결과를 '실험 결과 고찰 8'의 '실험 8-4 이미터 되먹임 바이어스 회로 실험'에 작성한다.

① TinkerCAD에서 그림 8-11의 이미터 되먹임 바이어스 회로를 구성한다. 그림 8-12에 TinkerCAD를 활용한 이미터 되먹임 바이어스 실험 회로를 나타내었다.
② 15 V의 V_{CC}전원을 공급하고 트랜지스터의 DC전압을 측정하여 표 8-5의 '실험 8-4' 칸에 기록한다.
③ 전원 전압을 10 V와 20 V로 변경하고 컬렉터 전압, 베이스 전압과 이미터 전압을 측정하여 표 8-2과 표 8-3의 '실험 8-4' 칸에 기록한다.
④ 이미터 되먹임 바이어스 실험 회로의 부하선과 동작점(Q)을 그래프에 표시한다.

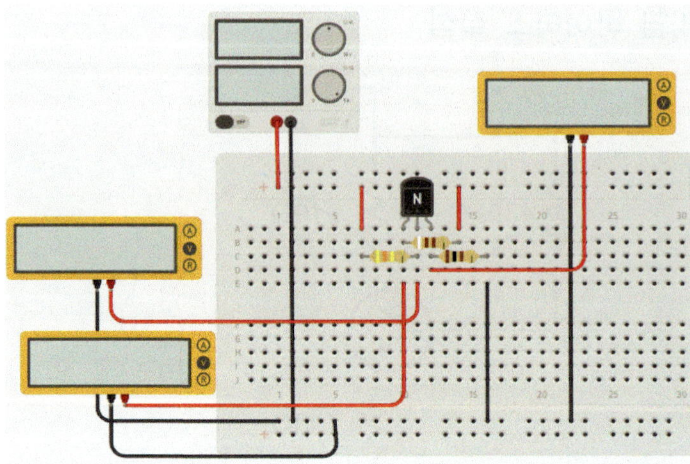

그림 8–12 이미터 되먹임 바이어스 실험 회로 (TinkerCAD)

실험 8-5 MultiSIM을 활용한 이미터 되먹임 바이어스 회로 실험

▸ 다음의 실험 절차를 진행하고 그 결과를 '실험 결과 고찰 8'의 '실험 8–5 이미터 되먹임 바이어스 회로 실험'에 작성한다.

① MultiSIM을 활용하여 그림 8-11의 이미터 되먹임 바이어스 회로를 구성한다. 그림 8-13에 MultiSIM을 활용한 이미터 되먹임 바이어스의 실험 회로를 나타내었다.

② 15 V의 V_{CC}전원을 공급하고 트랜지스터의 DC전압을 측정하여 표 8-5의 '실험 8-5' 칸에 기록한다.

③ 전원 전압을 10 V와 20 V로 변경하고 컬렉터 전압, 베이스 전압과 이미터 전압을 측정하여 표 8-2과 표 8-3의 '실험 8-5' 칸에 기록한다.

④ 이미터 되먹임 바이어스 실험 회로의 부하선과 동작점(Q)을 그래프에 선 색상이나 유형을 달리하여 표시한다.

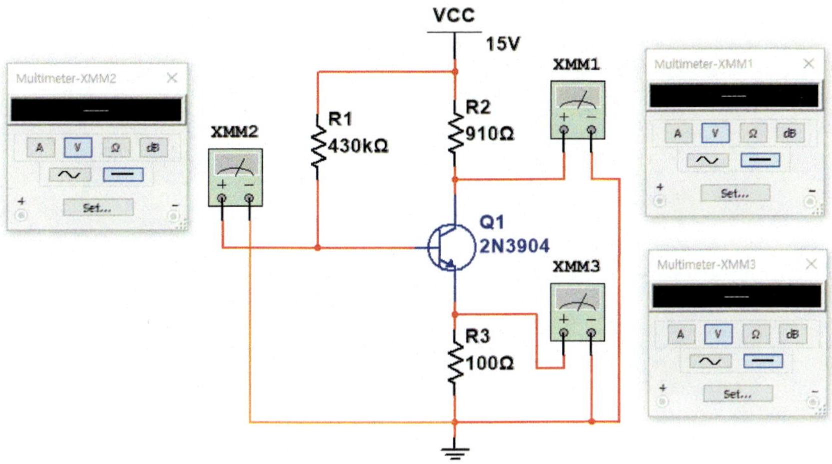

그림 8-13 이미터 되먹임 바이어스 실험 회로 (MultiSIM)

실험 8-6 Smart LAB을 활용한 이미터 되먹임 바이어스 회로 실험

▸ 다음의 실험 절차를 진행하고 그 결과를 '실험 결과 고찰 8'의 '실험 8-6 이미터 되먹임 바이어스 회로 실험'에 작성한다.

① Smart LAB을 활용하여 그림 8-11의 이미터 되먹임 바이어스 회로를 구성한다. 그림 8-14는 Smart LAB을 이용하여 구성된 이미터 되먹임 바이어스 실험 회로이다.

② 15 V의 V_{CC}전원을 공급하고 트랜지스터의 DC전압을 측정하여 표 8-5의 '실험 8-6' 칸에 기록한다.

③ 전원 전압을 10 V와 20 V로 변경하고 컬렉터 전압, 베이스 전압과 이미터 전압을 측정하여 표 8-2와 표 8-3의 '실험 8-6' 칸에 기록한다.

④ 이미터 되먹임 바이어스 실험 회로의 부하선과 동작점(Q)을 그래프에 선 색상이나 유형을 달리하여 표시한다.

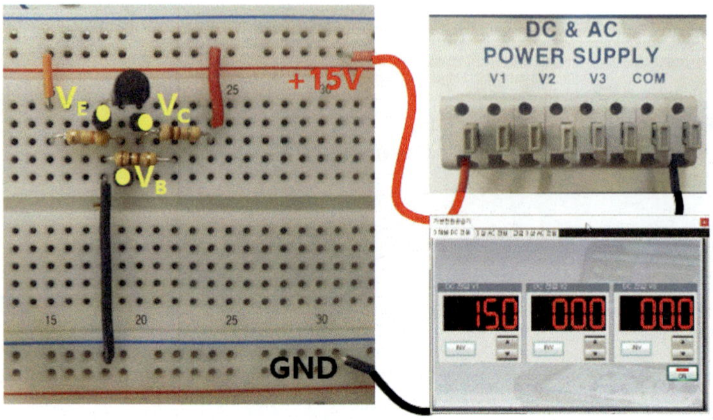

그림 8–14 이미터 되먹임 바이어스의 실험 회로 (Smart LAB)

■ **컬렉터 되먹임 바이어스 실험**

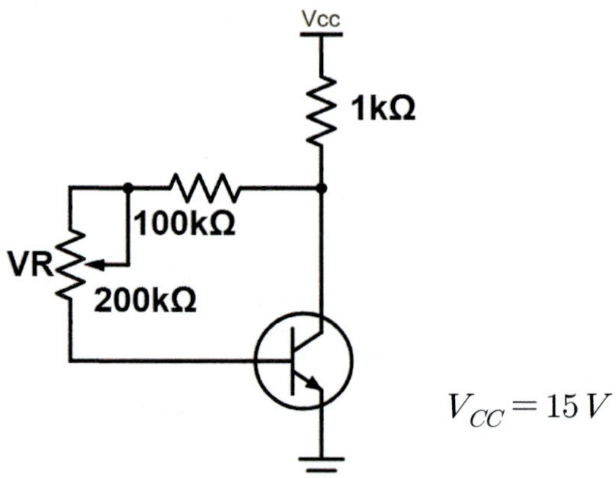

그림 8–15 컬렉터 되먹임 바이어스 실험 회로

실험 8-7 TinkerCAD를 활용한 컬렉터 되먹임 바이어스 회로 실험

▸ 다음의 실험 절차를 진행하고 그 결과를 '실험 결과 고찰 8'의 '실험 8–7 컬렉터 되먹임 바이어스 회로 실험'에 작성한다.

① 그림 8-15와 같이 컬렉터 되먹임 바이어스 회로를 구성하고 퍼텐쇼미터는 최대 위치에 둔다. 그림 8-16에 TinkerCAD를 활용한 컬렉터 되먹임 바이어스 실험 회로를 나타내었다.

② 동작점 조절을 위해 디지털 전압계로 컬렉터 전압을 측정하면서 퍼텐쇼미터를 조절하여 컬렉터 전압이 7.5 V 가 되도록 하고, 그리고 이때의 베이스 전압과 컬렉터 전압을 표 8-8의 실험 8-7칸에 기록한다.

③ 전원을 OFF 상태로 조정한 다음 디지털 멀티미터로 베이스 저항(VR 200$k\Omega$ + 100 $k\Omega$)을 측정한다. 멀티미터를 저항으로 설정하고 적색(+) 리드를 컬렉터 단자에, 흑색(-) 리드를 베이스 단자에 접촉하여 측정한다. 그 값을 표 8-9의 '실험 8-7' 칸에 기록한다

④ 전원 전압을 10 V와 20 V로 바꿀 때마다 컬렉터 전압과 베이스 전압을 측정하여 표 8-10과 표 8-11의 '실험 8-7' 칸에 기록한다.

⑤ 컬렉터 되먹임 바이어스 실험 회로의 부하선과 동작점(Q)을 그래프에 표시한다.

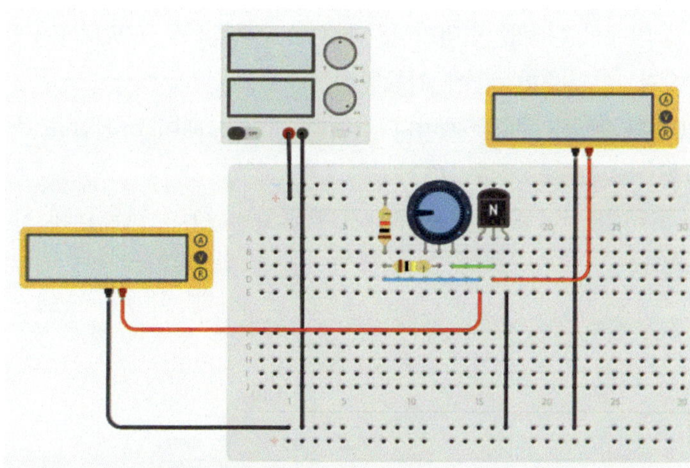

그림 8-16 컬렉터 되먹임 바이어스 회로 실험 회로 (TinkerCAD)

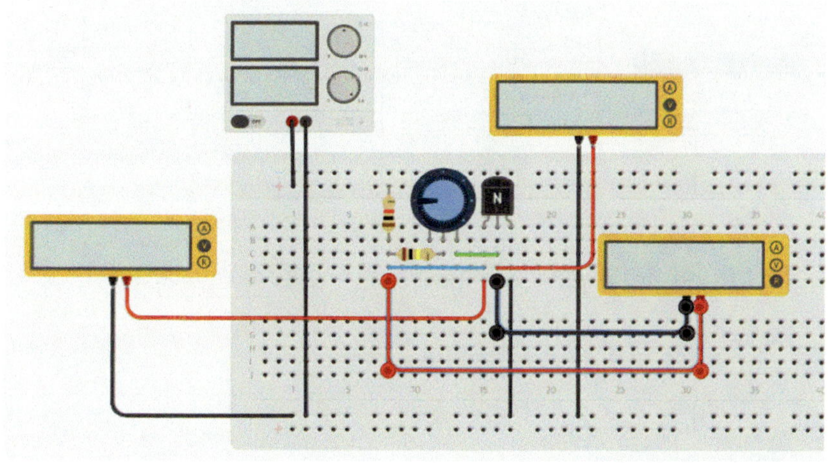

그림 8-17 컬렉터 되먹임 바이어스의 베이스 저항 측정 회로 (TinkerCAD)

실험 8-8 MultiSIM을 활용한 컬렉터 되먹임 바이어스 회로 실험

▸ 다음의 실험 절차를 진행하고 그 결과를 '실험 결과 고찰 8'의 '실험 8–8 컬렉터 되먹임 바이어스 회로 실험'에 작성한다.

① MultiSIM을 활용하여 그림 8-15의 컬렉터 되먹임 바이어스 회로를 구성한다. 그림 8-18에 MultiSIM을 활용한 컬렉터 되먹임 바이어스의 실험 회로를 나타내었다.

② A 키를 눌러 포텐시오미터를 조절하여 컬렉터 전압이 7.5 V 가 되도록 한다. 그리고 이때의 베이스 전압을 측정하고 이때의 베이스 전압과 컬렉터 전압을 표 8-8의 '실험 8-8' 칸에 기록한다.

③ 전원을 제거한 상태에서 디지털 멀티미터로 베이스 저항(VR 200$k\Omega$ + 100 $k\Omega$)을 측정하고 그 값을 표 8-9의 '실험 8-8' 칸에 기록한다.

④ 전원 전압을 10 V와 20 V로 바꿀 때마다 컬렉터 전압과 베이스 전압을 측정하여 표 8-10과 표 8-11의 '실험 8-8' 칸에 기록한다.

⑤ 컬렉터 되먹임 바이어스 실험 회로의 부하선과 동작점(Q)을 그래프에 선 색상이나 유형을 달리하여 표시한다.

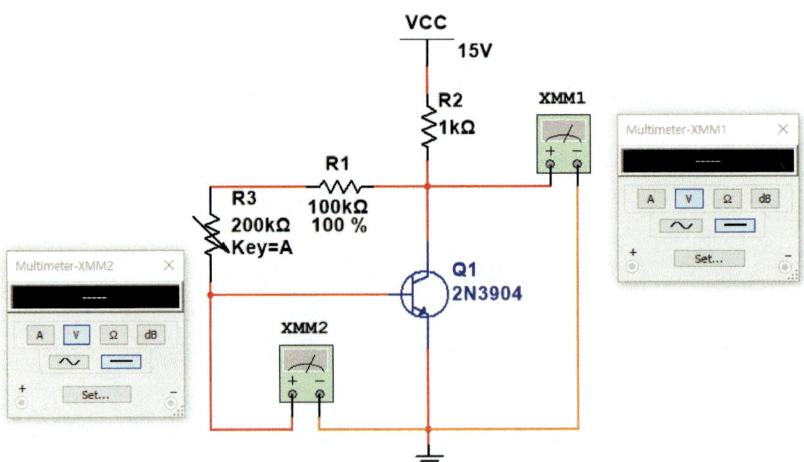

그림 8–18 컬렉터 되먹임 바이어스 실험 회로 (MultiSIM)

실험 8-9 Smart LAB을 활용한 컬렉터 되먹임 바이어스 회로 실험

▸ 다음의 실험 절차를 진행하고 그 결과를 '실험 결과 고찰 8'의 '실험 8–9 컬렉터 되먹임 바이어스 회로 실험'에 작성한다.

① Smart LAB을 활용하여 그림 8-15의 컬렉터 되먹임 바이어스 회로를 구성한다. 그림 8-19는 Smart LAB을 이용하여 구성된 컬렉터 되먹임 바이어스 실험 회로이다.

② 동작점 조절을 위해 디지털 멀티미터로 컬렉터 전압을 측정하면서 퍼텐쇼미터를 조절하여 컬렉터 전압이 $7.5\,V$ 가 되도록 한다. 그리고 이때의 베이스 전압과 컬렉터 전압을 표 8-8의 실험 '8-9' 칸에 기록한다.

③ 전원을 분리한 상태에서 디지털 멀티미터로 베이스 저항(VR $200k\Omega$ + 100 $k\Omega$)을 측정하고 그 값을 표 8-9의 '실험 8-9' 칸에 기록한다.

④ 전원 전압을 $10\,V$와 $20\,V$로 바꿀 때마다 컬렉터 전압과 베이스 전압을 측정하여 표 8-10과 표 8-11의 '실험 8-9' 칸에 기록한다.

⑤ 고정 바이어스 실험 회로의 부하선과 동작점(Q)을 그래프에 선 색상이나 유형을 달리하여 표시한다.

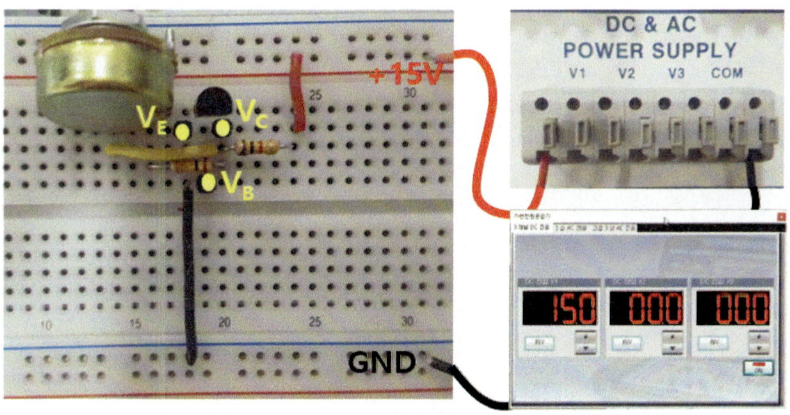

그림 8–19 컬렉터 되먹임 바이어스 실험 회로 (Smart LAB)

- 전압분배 바이어스 실험

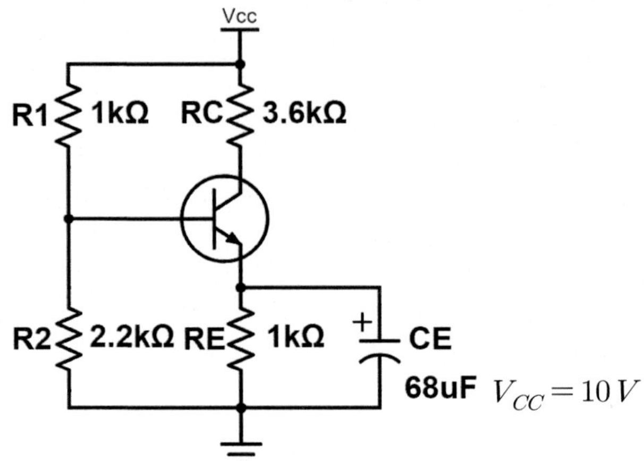

그림 8-20 전압분배 바이어스 실험 회로

실험 8-10 TinkerCAD를 활용한 전압분배 바이어스 회로 실험

▸ 다음의 실험 절차를 진행하고 그 결과를 '실험 결과 고찰 8'의 '실험 8–10 전압분배 바이어스 회로 실험'에 작성한다.

① TinkerCAD를 활용하여 그림 8-20의 전압분배 바이어스 회로를 구성한다. 그림 8-21에 TinkerCAD를 활용한 전압분배 바이어스 실험 회로를 나타내었다.

② 10 V의 V_{CC}전원을 공급하고 트랜지스터의 DC전압을 측정하여 표 8-12의 '실험 8-10' 칸에 기록한다.

③ 전원 전압을 10 V에서 33% 감소시킨 6.7 V와 33% 증가시킨 12.3 V로 변경하고 컬렉터 전압, 베이스 전압과 이미터 전압을 측정하여 표 8-13과 표 8-14의 '실험 8-10' 칸에 기록한다.

④ 전압분배 바이어스 실험 회로의 부하선과 동작점(Q)을 그래프에 표시한다.

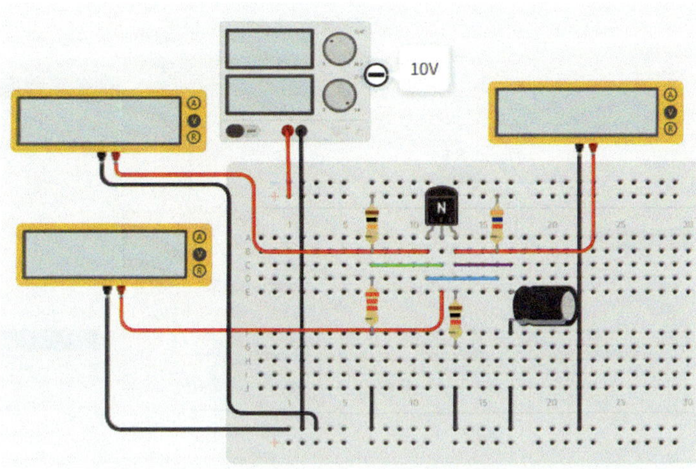

그림 8-21 전압분배 바이어스 실험 회로 (TinkerCAD)

실험 8-11 MultiSIM을 활용한 전압분배 바이어스 회로 실험

▸ 다음의 실험 절차를 진행하고 그 결과를 '실험 결과 고찰 8'의 '실험 8-11 전압분배 바이어스 회로 실험'에 작성한다.

① MultiSIM을 활용하여 그림 8-20의 전압분배 바이어스 회로를 구성한다. 그림 8-22에 MultiSIM을 활용한 전압분배 바이어스의 실험 회로를 나타내었다.

② 10 V의 V_{CC}전원을 공급하고 트랜지스터의 DC전압을 측정하여 표 8-12의 '실험 8-11칸'에 기록한다.

③ 전원 전압을 10 V에서 33% 감소시킨 6.7 V와 33% 증가시킨 12.3 V로 변경하고 컬렉터 전압, 베이스 전압과 이미터 전압을 측정하여 표 8-13과 표 8- 14의 '실험 8-11' 칸에 기록한다.

④ 전압분배 바이어스 실험 회로의 부하선과 동작점(Q)을 그래프에 선 색상이나 유형을 달리하여 표시한다.

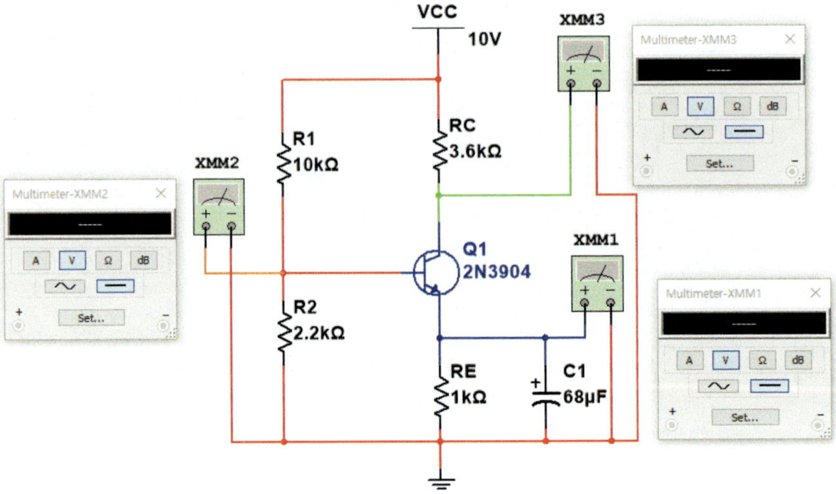

그림 8–22 전압분배 바이어스 실험 회로 (MultiSIM)

실험 8-12 Smart LAB을 활용한 전압분배 바이어스 회로 실험

▸ 다음의 실험 절차를 진행하고 그 결과를 '실험 결과 고찰 8'의 '실험 8–12 전압분배 바이어스 회로 실험'에 작성한다.

① Smart LAB을 활용하여 그림 8-20의 전압분배 바이어스 회로를 구성한다. 그림 8-23에 Smart LAB을 활용한 전압분배 바이어스 회로를 나타내었다.

② 10 V의 V_{CC}전원을 공급하고 트랜지스터의 DC전압을 측정하여 표 8-12의 '실험 8-12칸'에 기록한다.

③ 전원 전압을 10 V에서 33% 감소시킨 6.7 V와 33% 증가시킨 12.3 V로 변경하고 컬렉터 전압, 베이스 전압과 이미터 전압을 측정하여 표 8-13과 표 8-14의 '실험 8-12' 칸에 기록한다.

④ 전압분배 바이어스 실험 회로의 부하선과 동작점(Q)을 그래프에 선 색상이나 유형을 달리하여 표시한다.

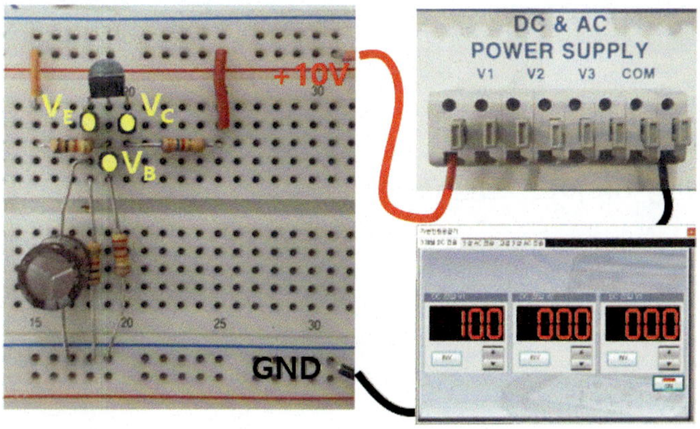

그림 8-23 전압분배 바이어스 실험 회로 (Smart LAB)

실험 결과 고찰 8

[실험 8-1,2,3] 고정 바이어스 회로 실험

표 8-1 컬렉터 전압이 7.5 V로 조정될 때의 베이스 전압 (단위 : [V])

V_{CC} = 15 V	실험 8-1	실험 8-2	실험 8-3
컬렉터 전압(V_C)			
베이스 전압(V_B)			

표 8-2 전원 OFF(또는 제거) 상태에서 베이스 저항 (단위 : [$k\Omega$])

	실험 8-1	실험 8-2	실험 8-3
베이스 저항			

표 8-3 전원 전압이 10 V일 때의 컬렉터 전압과 베이스 전압 (단위 : [V])

V_{CC} = 10 V	실험 8-1	실험 8-2	실험 8-3
컬렉터 전압(V_C)			
베이스 전압(V_B)			

표 8-4 전원 전압이 20 V일 때의 컬렉터 전압과 베이스 전압 (단위 : [V])

V_{CC} = 10 V	실험 8-1	실험 8-2	실험 8-3
컬렉터 전압(V_C)			
베이스 전압(V_B)			

◦ 고정 바이어스 실험 회로의 부하선과 동작선

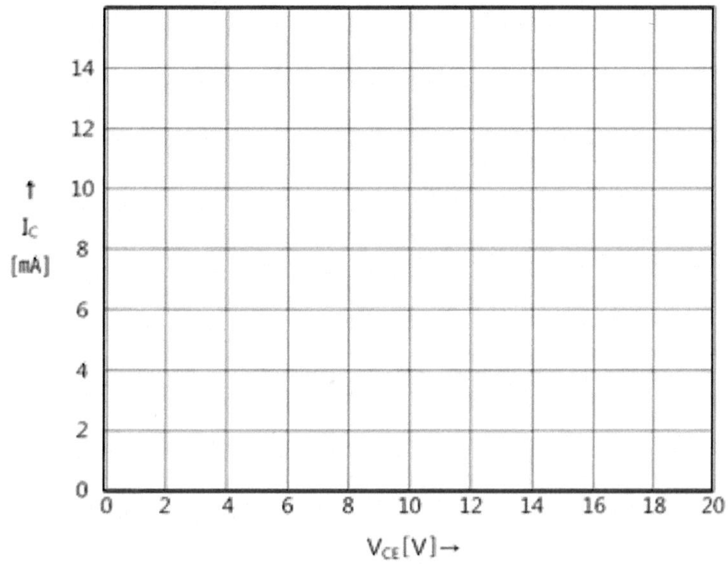

[실험 8-4,5,6] 이미터 되먹임 바이어스 회로 실험

표 8-5 컬렉터 전압이 7.5 V로 조정될 때의 베이스 전압 (단위 : [V)

V_{CC} = 15 V	**실험 8-4**	**실험 8-5**	**실험 8-6**
컬렉터 전압(V_C)			
베이스 전압(V_B)			
이미터 전압(V_E)			

표 8-6 전원 전압이 10 V일 때의 컬렉터 전압과 베이스 전압 (단위 : [V)

V_{CC} = 10 V	**실험 8-4**	**실험 8-5**	**실험 8-6**
컬렉터 전압(V_C)			
베이스 전압(V_B)			
이미터 전압(V_E)			

표 8-7 전원 전압이 20 V일 때의 컬렉터 전압과 베이스 전압 (단위 : [V])

V_{CC} = 20 V	실험 8-4	실험 8-5	실험 8-6
컬렉터 전압(V_C)			
베이스 전압(V_B)			
이미터 전압(V_E)			

◦ 이미터 바이어스 실험 회로의 부하선과 동작선

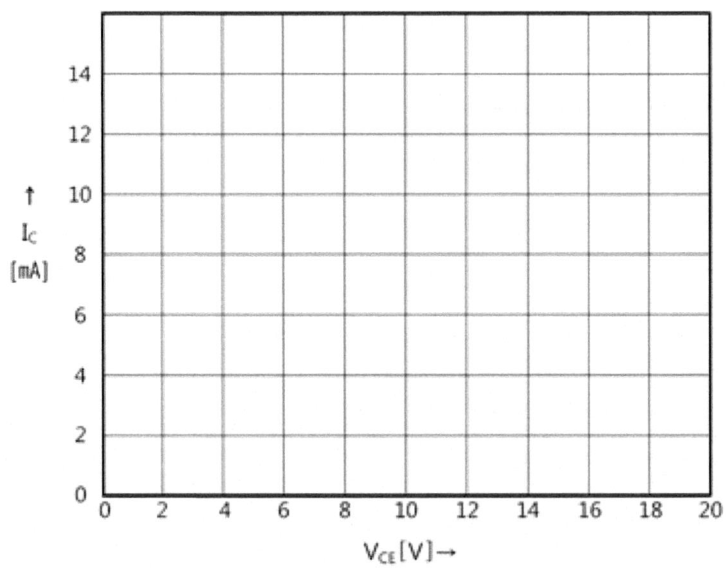

[실험 8-7,8,9] 컬렉터 되먹임 바이어스 회로 실험

표 8-8 컬렉터 전압이 7.5 V로 조정될 때의 베이스 전압 (단위 : [V])

V_{CC} = 15 V	실험 8-7	실험 8-8	실험 8-9
컬렉터 전압(V_C)			
베이스 전압(V_B)			

표 8-9 전원 OFF(또는 제거) 상태에서 베이스 저항 (단위 : [$k\Omega$])

	실험 8-7	실험 8-8	실험 8-9
베이스 저항			

표 8-10 전원 전압이 10 V일 때의 컬렉터 전압과 베이스 전압 (단위 : [V])

V_{CC} = 10 V	실험 8-7	실험 8-8	실험 8-9
컬렉터 전압(V_C)			
베이스 전압(V_B)			

표 8-11 전원 전압이 20 V일 때의 컬렉터 전압과 베이스 전압 (단위 : [V])

V_{CC} = 20 V	실험 8-7	실험 8-8	실험 8-9
컬렉터 전압(V_C)			
베이스 전압(V_B)			

◦ 컬렉터 되먹임 바이어스 실험 회로의 부하선과 동작선

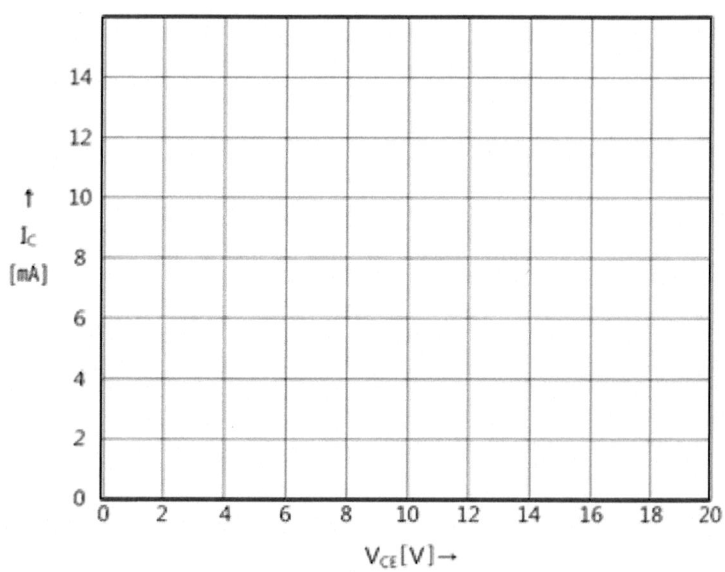

[실험 8-10,11,12] 전압분배 바이어스 회로 실험

표 8-12 컬렉터 전압이 7.5 V로 조정될 때의 베이스 전압 (단위 : [V])

V_{CC} = 15 V	실험 8-10	실험 8-11	실험 8-12
컬렉터 전압(V_C)			
베이스 전압(V_B)			
이미터 전압(V_E)			

표 8-13 전원 전압이 10 V일 때의 컬렉터 전압과 베이스 전압 (단위 : [V])

V_{CC} = 10 V	실험 8-10	실험 8-11	실험 8-12
컬렉터 전압(V_C)			
베이스 전압(V_B)			
이미터 전압(V_E)			

표 8-14 전원 전압이 20 V일 때의 컬렉터 전압과 베이스 전압 (단위 : [V])

V_{CC} = 20 V	실험 8-10	실험 8-11	실험 8-12
컬렉터 전압(V_C)			
베이스 전압(V_B)			
이미터 전압(V_E)			

◦ 전압분배 바이어스 실험 회로의 부하선과 동작선

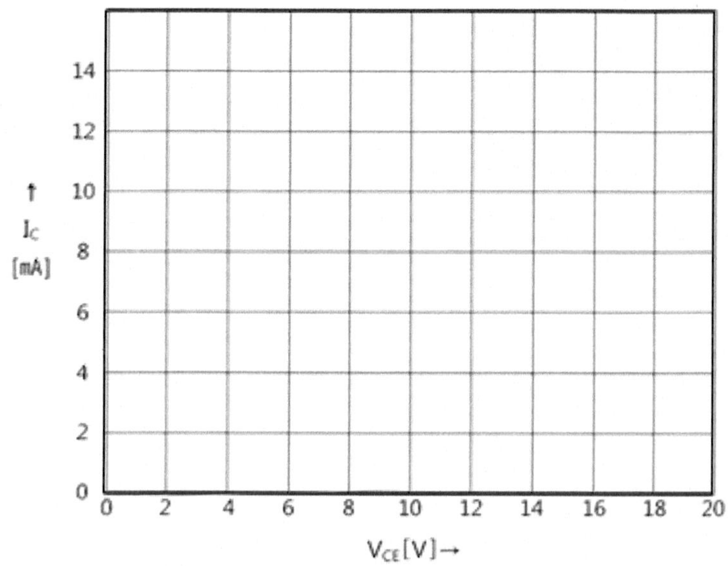

☞ 트랜지스터의 다양한 바이어스 실험 결과를 바탕으로 다음에 대해 간단히 기술하라.

- 동작점의 의미

- 전압 안정성이 가장 좋은 바이어스

- 가장 불안정한 바이어스

CHAPTER 09

공통 이미터(CE) 증폭기

1. 실험 목적

- 공통이미터 증폭기의 바이어스를 설계할 수 있다.
- 공통이미터 증폭기의 전압 이득, 입력 저항 및 출력 저항을 측정할 수 있다.

2. 실험 준비물

- 브레드보드, 리드선 적당량
- 저항 100Ω, $1k\Omega$, $2.2k\Omega$, $3.3k\Omega$, $3.6k\Omega$, $10k\Omega$, $100k\Omega$
- 전해 커패시터 $22\mu F \times 2$, $47\mu F$, $68\mu F$
- 세라믹 캐패시터 $0.033pF$
- 포텐시오미터 $5k\Omega$, $10k\Omega$, $200k\Omega$
- NPN BJT 2N3904, TIP31C
- 멀티미터, 전원 공급기, 함수 발생기, 2채널 오실로스코프

3. 관련 이론

접지방식에 따른 증폭기의 분류는 공통으로 사용하는 단자와 관련하여 CE, CB, CC 증폭기로 분류된다.

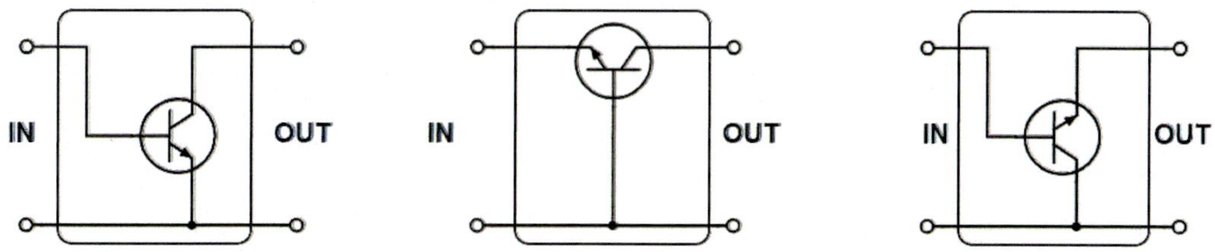

(a) CE 증폭기　　(b) CB 증폭기　　(c) CC 증폭기

그림 9-1　접지방식에 따른 증폭기의 분류

1) 회로상의 전류 및 전압의 표시

회로상의 전압이나 전류를 표현하기 위해서 첨자를 사용한다. 단일 첨자로 표시하는 경우, 해당 지점의 전압이나 전류를 표시할 때 사용한다. 예를 들어, V_B라 표시하면 베이스에 걸리는 전압을 의미하며, 측정의 기준은 접지이다. 이중 첨자로 표시하는 경우, 두 문자가 같으면 전원 전압을 의미하고 다른 경우에는 두 지점 간의 전위차를 나타낸다. 예를 들어, V_{CC}는 컬렉터에 공급되는 전원 전압을 나타내고 V_{CE}는 컬렉터와 이미터 단자간의 전위차 $(= V_C - V_E)$를 의미한다.

2) CE 증폭기의 기본 회로

이미 바이어스의 종류와 장 · 단점에 관해서 소개한 바와 같이 전압분배 바이어스(V_{DB})가 가장 널리 사용된다. 이 V_{DB}는 이미터가 공통단자로 사용되며 교류적으로 접지되어 있으므로 전형적인 공통이미터 증폭회로이다.

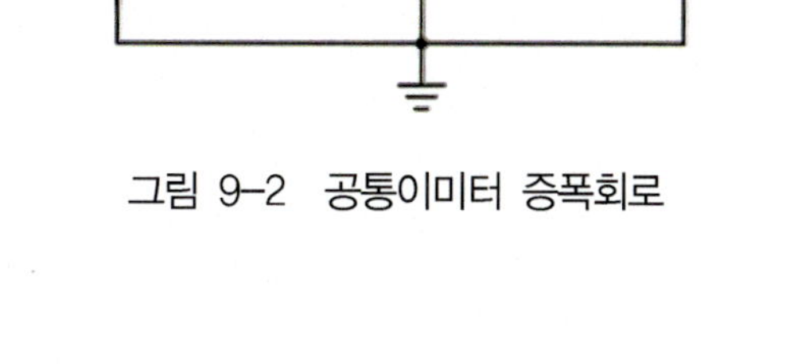

그림 9-2　공통이미터 증폭회로

CE 증폭기(Common Emitter Amplifier)는 트랜지스터를 이용한 기본적인 증폭회로 중 하나로, 주로 전압 증폭 용도로 사용된다. CE 증폭기의 주요 특징과 동작 원리를 아래와 같다.

(1) CE 증폭기의 기본 구성

- 입력신호: 베이스(Base) 단자에 입력.
- 출력신호: 컬렉터(Collector) 단자에서 출력.
- 공통단자: 이미터(Emitter) 단자가 입력과 출력 사이에 공통으로 연결.

(2) CE 증폭기의 주요 구성 요소

- 바이어스 회로: 트랜지스터가 적절한 동작 점(Q-point)에서 작동하도록 설정.
- 결합 커패시터(Coupling Capacitor): 입력신호의 DC 성분을 차단하고 AC 성분만을 통과.
- 바이패스 커패시터(Bypass Capacitor): 이미터 저항에 병렬로 연결되어 AC 신호 성분을 우회하여 전압 이득을 증가시킴.
- 부하 저항(Load Resistor): 컬렉터에 연결되어 출력 전압을 형성.

(3) CE 증폭기의 동작 원리

- 입력: 베이스에 작은 교류 신호를 인가하면, 베이스 전류가 변동.
- 증폭: 베이스 전류의 작은 변화가 컬렉터 전류의 큰 변화를 유도. 이는 트랜지스터의 전류 증폭 특성에 기인한다.
- 출력: 컬렉터 저항을 통해 변동된 컬렉터 전류는 컬렉터 전압의 큰 변화를 일으키며, 이를 통해 입력신호가 증폭.

(4) 이득 계산

- 전압 이득(Voltage Gain, A_V): 대략 $A_V = -R_c/R_e$로 계산됩니다. 여기서 Rc는 컬렉터 저항, R_e는 이미터 저항이다. 바이패스 커패시터가 있는 경우, A_v는 더욱 증가한다.
- 전류 이득(Current Gain, A_i): 트랜지스터의 $\beta(h_{FE})$에 따라 결정.
- 전력 이득(Power Gain, A_p): 전압 이득과 전류 이득의 곱으로 계산.

(5) 특성

- 입력 임피던스: 상대적으로 낮음.
- 출력 임피던스: 중간 정도.

• 위상 반전: 입력신호와 출력신호가 180도 위상 반전됨.
• 주파수 응답: 중간 주파수에서 좋은 응답을 보이며, 고주파와 저주파에서 성능이 저하될 수 있음.

(6) 응용

• 오디오 증폭기: 작은 오디오 신호를 증폭하는 데 사용.
• RF 증폭기: 무선 주파수 신호를 증폭하는 데 사용.
• 센서 신호 증폭기: 다양한 센서의 출력신호를 증폭하여 신호 처리를 쉽게 함.

4. 실험 순서

■ 공통이미터 전류 증폭 실험하기

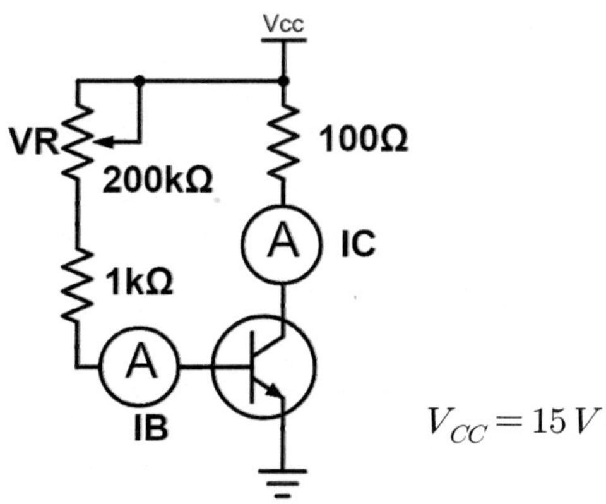

그림 9-3 공통이미터 전류 증폭기 실험 회로

실험 9-1 TinkerCAD를 활용한 공통이미터 전류 증폭기 실험

▸ 다음의 실험 절차를 진행하고 그 결과를 '실험 결과 고찰 9'의 '실험 9-1. TinkerCAD를 활용한 공통이미터 전류 증폭기 실험'에 작성한다.

① TinkerCAD를 활용하여 그림 9-3의 공통이미터 전류 증폭기 실험 회로를 구성한다. 그림 9-4에 TinkerCAD를 활용한 공통이미터 증폭기 실험 회로를 나타내었다. 트랜지스터는 TIP120을 사용하였다.

② 시뮬레이션을 실행하고 가변저항을 조정하여 베이스 전류 I_B와 컬렉터 전류 I_C를 측정하여 표 9-1에 기록하고 전류 이득 β_{dc} $(=I_C/I_B)$를 계산하여 기록한다.

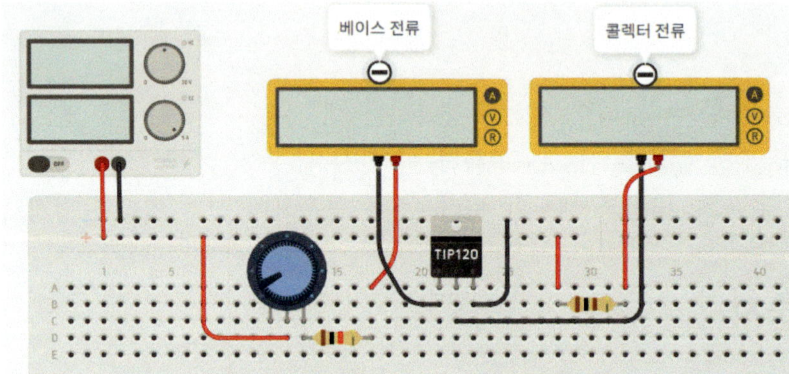

그림 9-4 공통이미터 전류 증폭기 실험 회로(TinkerCAD)

실험 9-2 MultiSIM을 활용한 공통이미터 전류 증폭기 실험

▸ 다음의 실험 절차를 진행하고 그 결과를 '실험 결과 고찰 9'의 '실험 9-2. MultiSIM을 활용한 공통이미터 전류 증폭기 실험'에 작성한다.

① MultiSIM을 활용하여 그림 9-3의 공통이미터 전류 증폭기 실험 회로를 구성한다. 그림 9-5에 MultiSIM을 활용한 공통이미터 증폭기 실험 회로를 나타내었다. 가변저항 R_3를 더블 클릭하고 Increment를 1%로 조정하여 시뮬레이션한다.

② 시뮬레이션을 실행하고 가변저항을 조정하여 베이스 전류 I_B와 컬렉터 전류 I_C를 측정하여 표 9-2에 기록하고 전류 이득 β_{dc} $(=I_C/I_B)$를 계산하여 기록한다.

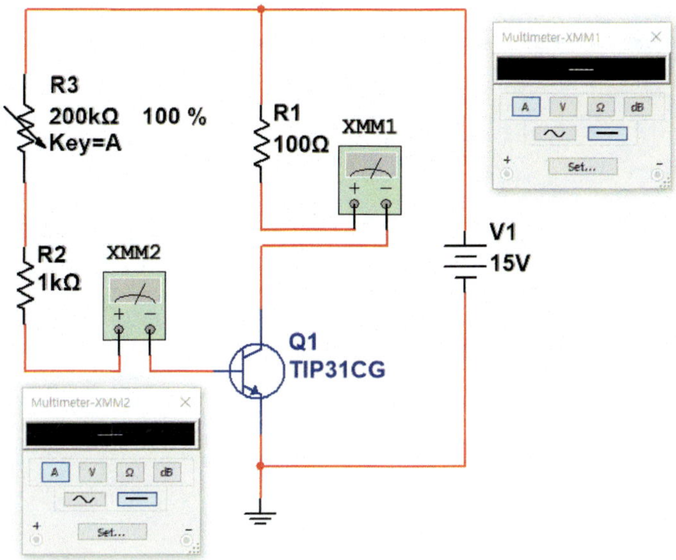

그림 9-5 공통이미터 전류 증폭기 실험 회로 (MultiSIM)

실험 9-3 Smart LAB을 활용한 공통이미터 전류 증폭기 실험

▸ 다음의 실험 절차를 진행하고 그 결과를 '실험 결과 고찰 9'의 '실험 9-3. SmartLAB을 활용한 공통이미터 전류 증폭기 실험'에 작성한다.

① Smart LAB을 활용하여 그림 9-3의 공통이미터 전류 증폭기 실험 회로를 구성한다. 그림 9-6에 Smart LAB을 활용한 공통이미터 증폭기 실험 회로를 나타내었다.

② 시뮬레이션을 실행하고 가변저항을 조정하여 베이스전류 I_B와 컬렉터 전류 I_C는 측정하여 표 9-3에 기록하고 전류 이득 β_{dc} $(= I_C / I_B)$를 계산하여 기록한다.

그림 9-6 공통이미터 전류 증폭기 실험 회로 (Smart LAB)

■ 공통이미터 전압 증폭 실험하기

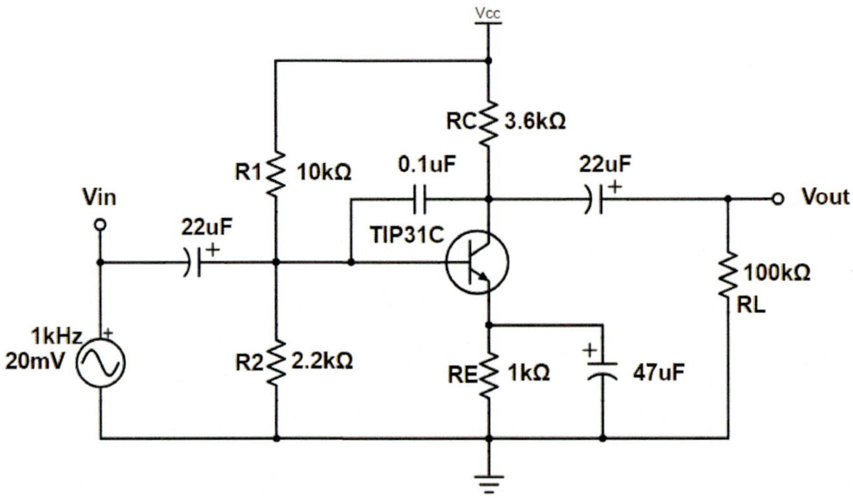

$V_{CC} = 10\,V$

그림 9-7 공통이미터 전압 증폭기 실험 회로

실험 9-4 TinkerCAD를 활용한 공통이미터 전압 증폭기 실험

▸ 다음의 실험 절차를 진행하고 그 결과를 '실험 결과 고찰 9'의 '실험 9-4. TinkerCAD를 활용한 공통이미터 전압 증폭기 실험'에 작성한다.

① TinkerCAD를 활용하여 그림 9-7의 공통이미터 전압 증폭기 실험 회로를 구성한다. 그림 9-8에 TinkerCAD를 활용한 공통이미터 전압 증폭기 실험 회로를 나타내었다.

② 시뮬레이션을 시작하고 파형이 안정될 때까지 대기한 후 입력신호의 크기와 출력 파형의 크기 측정하여 '실험 결과 고찰 9'의 '실험 9-4. TinkerCAD를 활용한 공통이미터 전압 증폭기 실험'의 각 빈칸에 기록한다. 출력신호의 [$Volts/Div$]에 유의하라.

③ 증폭기의 전압 이득을 계산하여 기록한다.

④ 시뮬레이션 결과 파형을 '입력신호 파형'과 '출력신호 파형'에 그린다. [$Volts/Div$]을 기록한다.

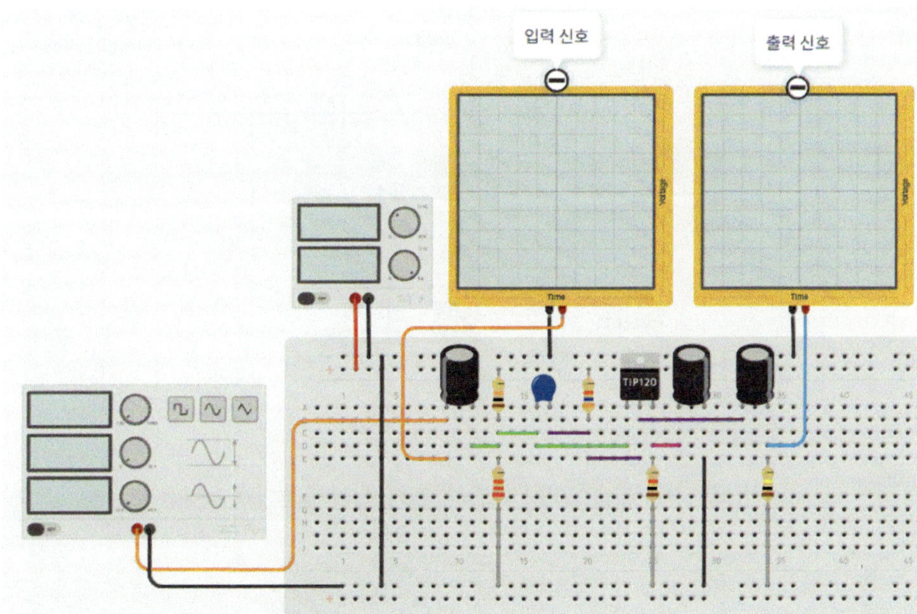

그림 9-8 공통이미터 전압 증폭기 실험 회로 (TinkerCAD)

실험 9-5 MultiSIM을 활용한 공통이미터 전압 증폭기 실험

▸ 다음의 실험 절차를 진행하고 그 결과를 '실험 결과 고찰 9'의 '실험 9-5. MultiSIM을 활용한 공통이미터 전압 증폭기 실험'에 작성한다.

① MultiSIM을 활용하여 그림 9-7의 공통이미터 전압 증폭기 실험 회로를 구성한다. 그림 9-9에 MultiSIM을 활용한 공통이미터 전압 증폭기 실험 회로를 나타내었다. Function Generator의 주파수는 $1kHz$, Amplitude는 $20mV$, Offset은 0으로 설정한다.

② 입력신호의 크기와 출력 파형의 크기 측정하여 기록한다.

③ 증폭기의 전압 이득을 계산하여 기록한다.

④ 시뮬레이션 결과 오실로스코프의 파형을 '입·출력 신호의 파형'에 그린다. 입력신호와 출력신호 pos와 Scale을 조정하여 입력신호는 오실로스코프의 하단에 출력신호는 상단에 표시되도록 한다. 오실로스코프의 Timebase, Channel A, Channel B 및 Trigger 설정은 입출력 파형의 설정을 참조한다.

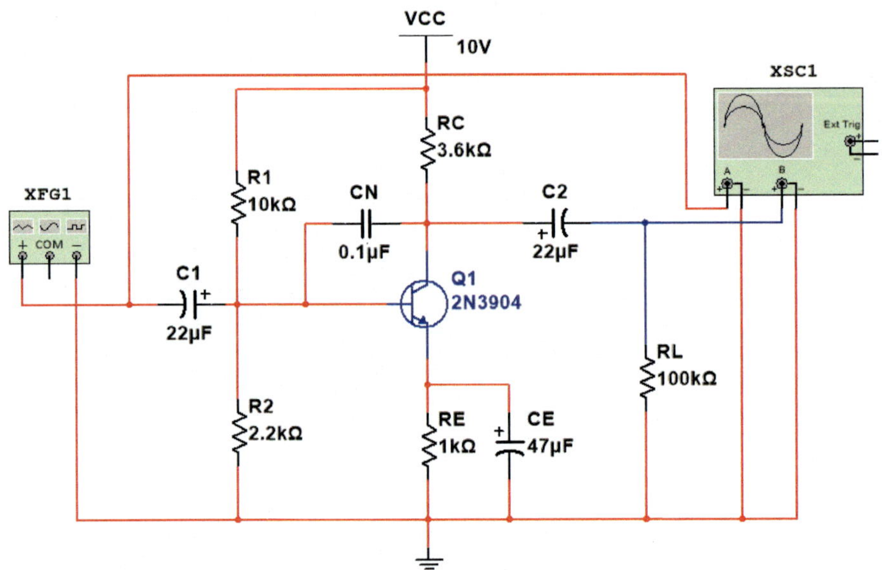

그림 9-9 공통이미터 전압 증폭기 실험 회로 (MultiSIM)

실험 9-6 Smart LAB을 활용한 공통이미터 전압 증폭기 실험

▸ 다음의 실험 절차를 진행하고 그 결과를 '실험 결과 고찰 9'의 '실험 9-6. SmartLAB을 활용한 공통이미터 전압 증폭기 실험'에 작성한다.

① Smart LAB을 활용하여 그림 9-7의 공통이미터 전압 증폭기 실험 회로를 구성한다. 그림 9-10에 Smart LAB을 활용한 공통이미터 전압 증폭기 실험 회로를 나타내었다.

② 입력단자에 발진기를 연결하고 주파수는 $1kHz$, 신호 출력은 $20mV_{PP}$p로 설정한다. (Smart LAB Function Generator의 $200mV$레인지에서 10% 레벨로 조절한다.)

③ 출력단자에 오실로스코프를 연결하여 입력신호의 크기와 출력 파형의 크기 측정하여 기록한다.

④ 증폭기의 전압 이득을 계산하여 기록한다.

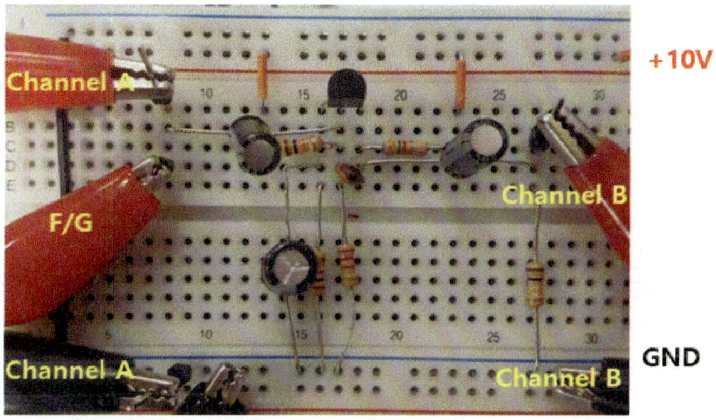

그림 9-10 공통이미터 전압 증폭기 실험 회로 (Smart LAB)

■ 공통이미터 증폭기의 입력 저항 측정하기

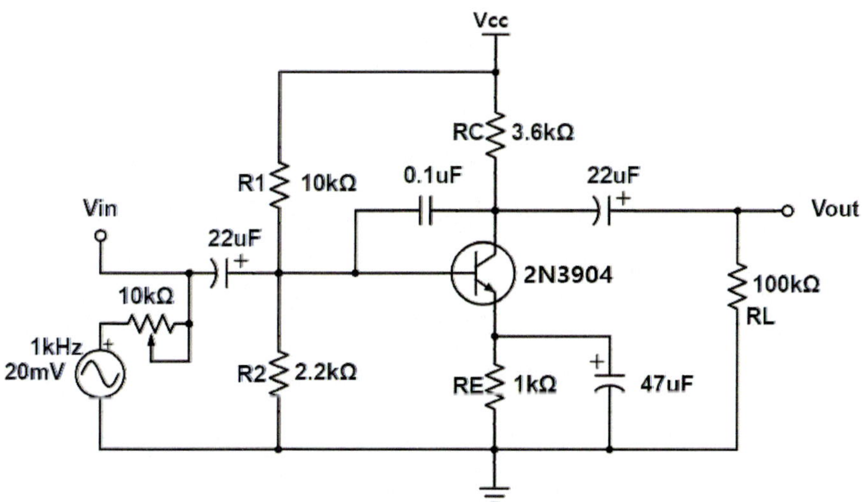

$V_{CC} = 10\,V$

그림 9-11 공통이미터 증폭기의 입력 저항 측정 회로

실험 9-7 MultiSIM을 활용한 공통이미터 증폭기의 입력 저항 측정 실험

▸ 다음의 실험 절차를 진행하고 그 결과를 '실험 결과 고찰 9'의 '실험 9-7. MultiSIM을 활용한 공통이미터 증폭기의 입력 저항 측정 실험'에 작성한다.

① MultiSIM을 활용하여 그림 9-11의 공통이미터 증폭기의 입력 저항 측정 실험 회로를 구성한다. 포텐시오미터는 최소 저항 위치에 둔다. 그림 9-12에 MultiSIM을 활용한 공통이미터 증폭기의 입력 저항 측정 실험 회로를 나타내었다. Function Generator의 주파수는 $1kHz$, Amplitude는 $20mV$, Offset은 0으로 설정한다. Variable Resistor를 더블 클릭하여 나오는 속성창의 Value 탭에서 Increment를 1%로 설정한다.

② 증폭기의 출력(V_{out}) 진폭 측정하고 '포텐시오미터 최소 상태의 출력 V_{out}'에 기록한다.

③ 증폭기가 이전 출력의 1/2크기가 될 때 포텐시오미터의 저항값을 조정(A 키 : 증가, Shift + A 키 : 감소)하고 그 값을 기록한다. 조정된 % 값에 가변저항의 값을 곱하면 공통이미터 증폭기의 입력 저항이 된다. 이 값을 '공통이미터 증폭기의 입력 저항 r_{in}'에 기록한다.

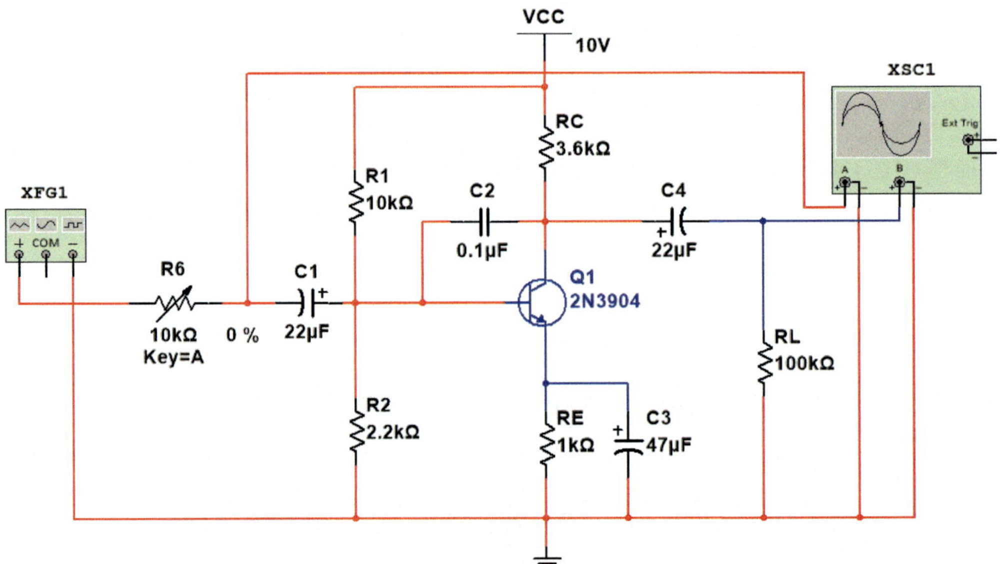

(a) 실험 회로

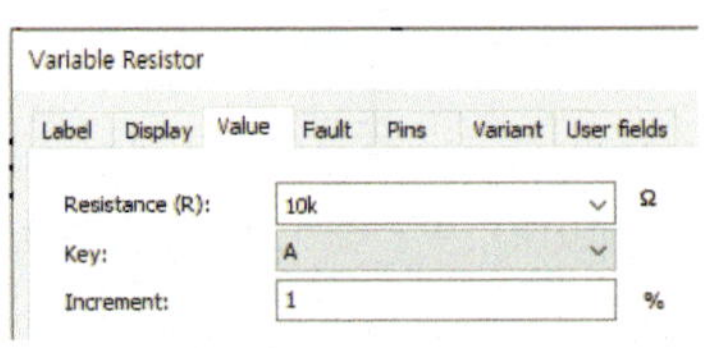

(b) Variable Resistor의 설정

그림 9-12 공통이미터 증폭기의 입력 저항 측정 실험 회로 (MultiSIM)

실험 9-8 Smart LAB을 활용한 공통이미터 증폭기의 입력 저항 측정 실험

▸ 다음의 실험 절차를 진행하고 그 결과를 '실험 결과 고찰 9'의 '실험 9–8. SmartLAB을 활용한 공통이미터 증폭기의 입력 저항 측정 실험'에 작성한다.

① Smart LAB을 활용하여 그림 9-11의 공통이미터 증폭기의 입력 저항 측정 실험 회로를 구성한다. 포텐시오미터는 최소 저항 위치에 둔다. 그림 9-13에 Smart LAB을 활용한 공통이미터 증폭기의 입력 저항 측정 실험 회로를 나타내었다. Function Generator 의 주파수는 $1kHz$, Amplitude는 $20mV$, Offset은 0으로 설정한다.

② Smart LAB의 전원을 공급하고 오실로스코프를 출력단자에 연결하고 증폭기의 출력(V_{out}) 진폭을 측정하고 '포텐시오미터 최소 상태의 출력 V_{out}'에 기록한다.

③ 포텐시오미터를 조절하여 증폭기가 이전 출력의 1/2크기가 되도록 한다.

④ 증폭기의 전원과 발진기를 분리한다. (브레드보드에서는 포텐시오미터를 분리한다.)

⑤ 포텐시오미터 양단의 저항값을 측정한다. 이 값이 증폭기의 입력 저항이다. 이 값을 '공통이미터 증폭기의 입력 저항 r_{in}'에 기록한다.

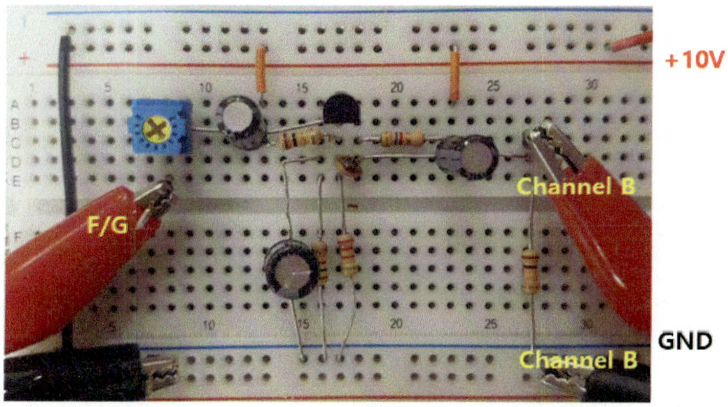

그림 9–13 공통이미터 증폭기의 입력 저항 측정 실험 회로 (Smart LAB)

■ 공통이미터 증폭기의 출력 저항 측정하기

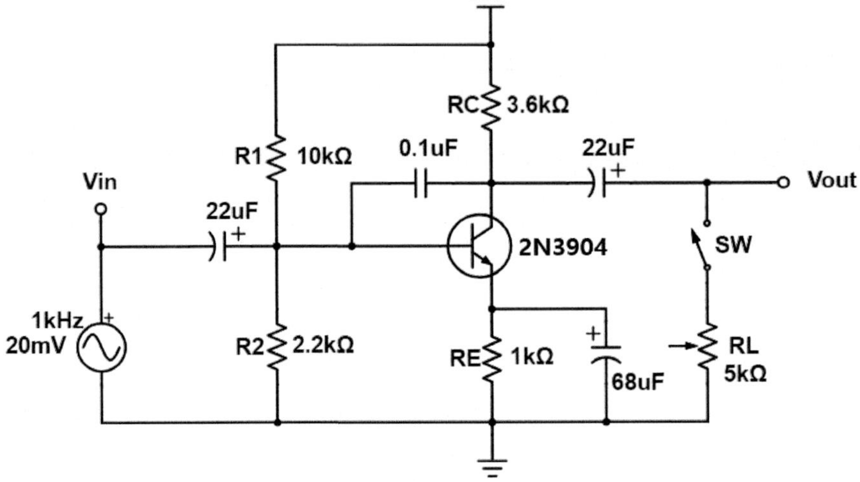

$V_{CC} = 10\,V$

그림 9-14 공통이미터 증폭기의 출력 저항 측정 회로

실험 9-9 MultiSIM을 활용한 공통이미터 증폭기의 출력 저항 측정 실험

▸ 다음의 실험 절차를 진행하고 그 결과를 '실험 결과 고찰 9'의 '실험 9-9. MultiSIM을 활용한 공통이미터 증폭기의 출력 저항 측정 실험'에 작성한다.

① MultiSIM을 활용하여 그림 9-14의 공통이미터 증폭기의 출력 저항 측정 실험 회로를 구성한다. 발진기는 연결하고 출력단의 부하 저항은(포텐시오미터 $5k\Omega$)은 연결하지 않는다. 그림 9-15에 MultiSIM을 활용한 공통이미터 증폭기의 출력 저항 측정 실험 회로를 나타내었다. Function Generator의 주파수는 $1kHz$, Amplitude는 $20mV$, Offset은 0으로 설정한다.

② 오실로스코프를 출력단자에 연결하고 입력 $20mV$일 때 출력(V_{OUT}) 진폭 측정결과를 관측하여 이 값을 '부하 개방상태의 출력 V_{OUT}'에 기록한다.

③ 부하 저항으로 포텐시오미터 $5k\Omega$을 연결하고 이를 조절(A 키 : 증가, Shift + A 키 : 감소)하여 이전 출력의 1/2이 되는 부하 저항 크기를 측정하여 기록한다. % 값에 가변저항의 크기를 곱하면 공통이미터 증폭기의 출력 저항이다. 이 값을 '공통이미터 증폭기의 출력 저항 r_c'에 기록한다.

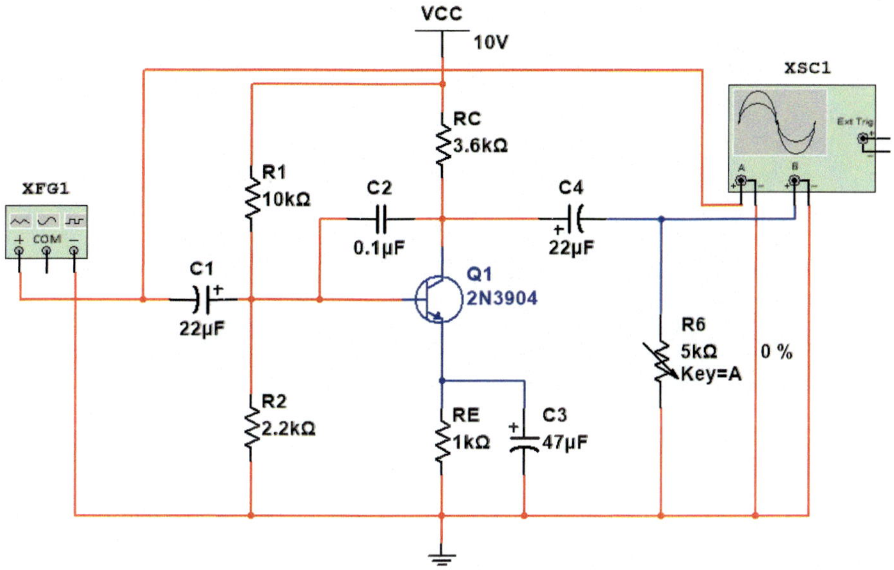

그림 9-15 공통이미터 증폭기의 출력 저항 측정 실험 회로 (MultiSIM)

실험 9-10 Smart LAB을 활용한 공통이미터 증폭기의 출력 저항 측정 실험

▸ 다음의 실험 절차를 진행하고 그 결과를 '실험 결과 고찰 9'의 '실험 9-10. SmartLAB을 활용한 공통이미터 증폭기의 출력 저항 측정 실험'에 작성한다.

① Smart LAB을 활용하여 그림 9-14의 공통이미터 증폭기의 출력 저항 측정 실험 회로를 구성한다. 발진기는 연결하고 출력단의 부하 저항은(포텐시오미터 $5k\Omega$)은 연결하지 않는다. 그림 9-16에 Smart LAB을 활용한 공통이미터 증폭기의 출력 저항 측정 실험 회로를 나타내었다. Function Generator의 주파수는 $1kHz$, Amplitude는 $20mV$, Offset은 0으로 설정한다.

② Smart LAB의 전원을 공급하고 오실로스코프를 출력단자에 연결하고 증폭기의 출력(V_{OUT}) 진폭을 측정하고 이 값을 '부하 개방상태의 출력 V_{OUT}' 에 기록한다.

③ 포텐시오미터 $5k\Omega$을 연결하고 이를 조절하여 이전 출력의 1/2이 되는 부하 저항 크기를 측정하여 기록한다. 이 값이 공통이미터 증폭기의 출력 저항이다. 이 값을 '공통이미터 증폭기의 출력 저항 r_c'에 기록한다.

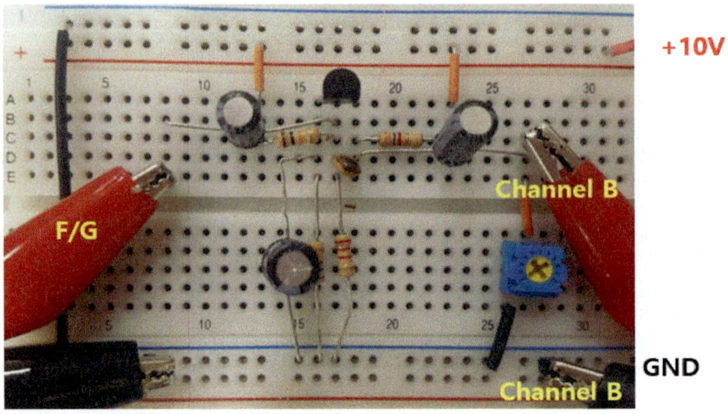

그림 9-16 공통이미터 증폭기의 출력 저항 측정 실험 회로 (Smart LAB)

■ 무 바이어스 증폭기 실험

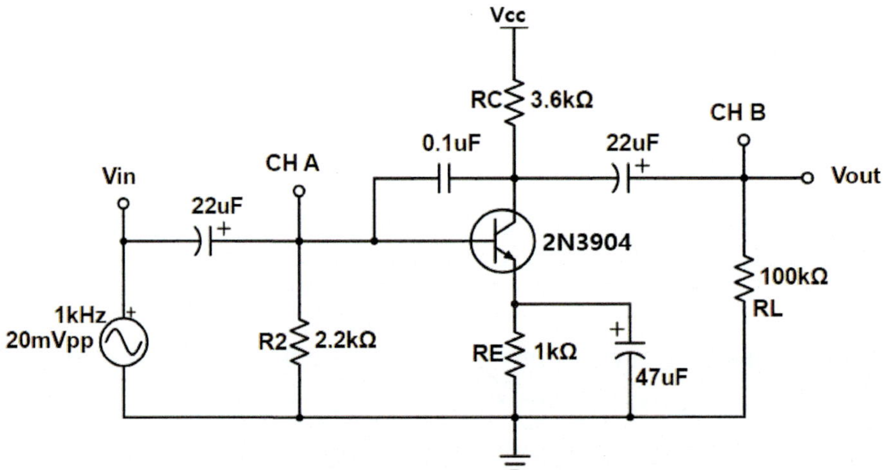

$$V_{CC} = 10\,V$$

그림 9-17 바이어스가 없는 CE 증폭기 실험 회로

실험 9-11 MultiSIM을 활용한 바이어스가 없는 공통이미터 증폭기 실험

▸ 다음의 실험 절차를 진행하고 그 결과를 '실험 결과 고찰 9'의 '실험 9-11. MultiSIM을 활용한 바이어스가 없는 공통이미터 증폭기 실험'에 작성한다.

① MultiSIM을 활용하여 그림 9-17의 바이어스가 없는 공통이미터 증폭기 실험 회로를 구성한다(그림 9-7의 공통이미터 증폭기에서 바이어스 저항 R_1을 제거). 그림 9-18에는 MultiSIM을 활용한 바이어스가 없는 공통이미터 증폭기 실험 회로를 나타내었다.

② 발진기가 연결되지 않은 상태에서 멀티미터를 활용하여 이미터, 베이스, 컬렉터 단자에 걸리는 전압을 측정하고 이 값을 각 전압에 기록한다. 그림 9-19에 이미터, 베이스, 컬렉터 단자의 전압을 측정하기 위한 실험 회로를 나타내었다.

③ 발진기와 오실로스코프를 연결한다. 입력단자에는 함수 발진기를 연결하고 사인파, 주파수는 $1kHz$, 신호 레벨은 $200mV_P$로 설정한다. 오실로스코프의 채널 A 프로브는 입력 단자 또는 베이스 단자에 접속하고, 채널 B 프로브는 증폭기의 출력(Output)단자에 접속한다.

④ 발진기의 사인파 진폭을 $200mV_P$에서부터 $750mV_P$까지 조절하여 출력 파형을 관찰하고 $350mV_P$와 $700mV_P$일 때의 입출력 파형을 '입 · 출력 파형'에 각각 그린다.

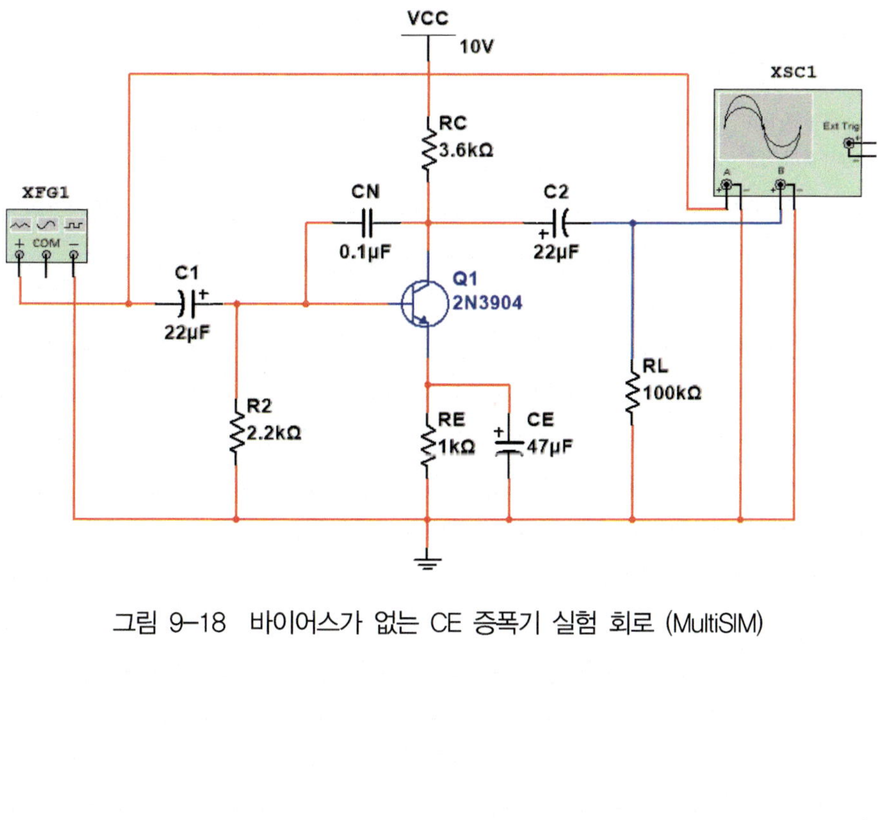

그림 9–18 바이어스가 없는 CE 증폭기 실험 회로 (MultiSIM)

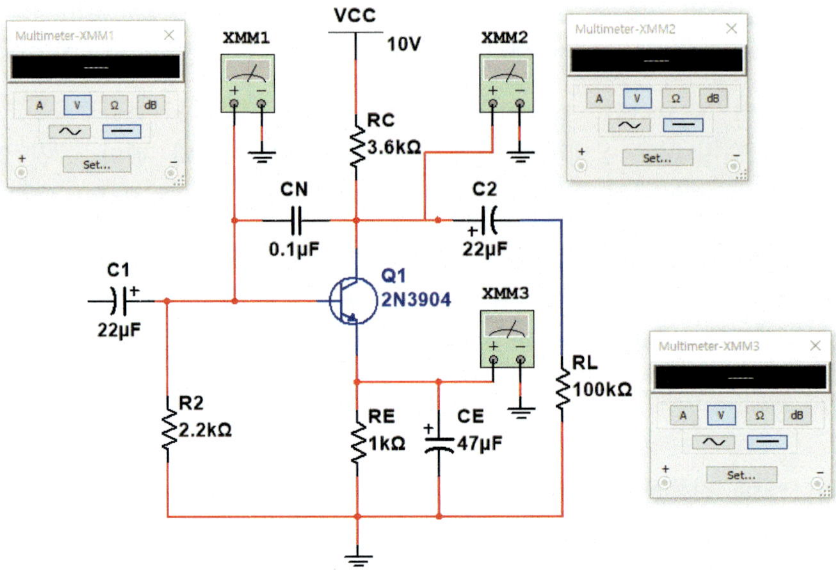

그림 9-19 CE 증폭기 각 단자의 전압 측정을 위한 실험 회로 (MultiSIM)

실험 9-12 Smart LAB을 활용한 바이어스가 없는 공통이미터 증폭기 실험

▸ 다음의 실험 절차를 진행하고 그 결과를 '실험 결과 고찰 9'의 '실험 9-12. SmartLAB을 활용한 바이어스가 없는 공통이미터 증폭기 실험'에 작성한다.

① Smart LAB을 활용하여 그림 9-17의 바이어스가 없는 공통이미터 증폭기 실험 회로를 구성한다. Function Generator의 주파수는 $1kHz$, Amplitude는 $20mV$, Offset은 0으로 설정한다. 그림 9-20에 SmartLAB을 활용한 바이어스가 없는 공통이미터 증폭기 실험 회로를 나타내었다.

② Smart LAB 실습 꾸러미의 전원을 공급하고 발진기와 측정기를 연결하지 않은 채 전원 전압만 공급한다.

③ 멀티미터를 활용하여 이미터, 베이스, 컬렉터 단자에 걸리는 전압을 측정하여 이 값을 각 전압에 기록한다.

④ 발진기와 오실로스코프를 연결한다. 입력단자에는 함수 발진기를 연결하고 F/G Signal Output의 20 V_{PP}레인지에서 7% 크기로 설정하면 1.4 V_{PP}가 되며, 이것을 최댓값으로 나타내면 0.7 V_P가 된다. 사인파, 주파수는 $1kHz$, 신호 레벨 1.4 V_{PP}로 설정한다. 오실로스코프의 채널 A 프로브는 입력단자 또는 베이스 단자에 접속하고, 채널 B 프로브는 증폭기의 출력(Output)단자에 접속한다.

⑤ 'Smart LAB의 Function Generator의 출력 레벨 비교표'을 참고하여 발진기의 사인파 진폭을 1.4 V에서부터 출발하여 낮게 또는 높게 조절할 때 스크린의 출력 파형을 관찰하고 1.4 V와 2.6 V일 때의 입·출력 파형을 그린다.

☞ 베이스 단자의 입력신호 크기가 최댓값 기준 0.6 V, PP값(=진폭) 기준 1.2 V 이하일 때는 출력 파형은 나타나지 않을 것이다.

Smart LAB의 Function Generator의 출력 레벨 비교표

20 V_{PP}에 대한 비율(%)	6%	7	8	9	10	11	12	13
전압 진폭(V_{PP})	1.2 V_{PP}	1.4	1.6	1.8	2.0	2.2	2.4	2.6
최댓값	0.6 V_P	0.7	0.8	0.9	1	1.1	1.2	1.3

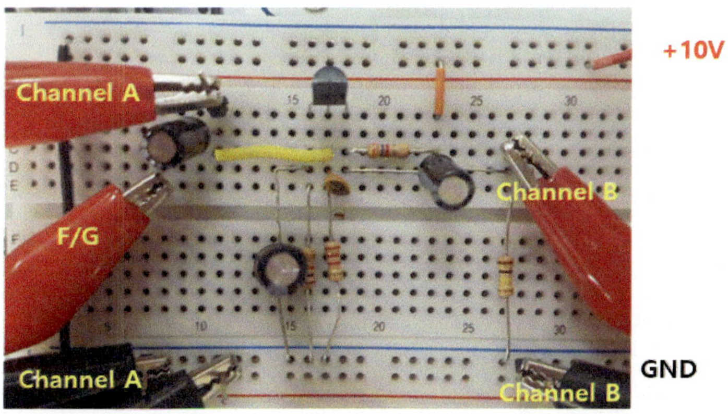

그림 9-20 바이어스가 없는 CE 증폭기 실험 회로 (SmartLAB)

실험 결과 고찰 9

[실험 9-1] TinkerCAD를 활용한 공통이미터 전류 증폭기 실험

표 9-1 전류 이득 측정결과 (TinkerCAD)

I_B [mA]	0.03	0.05	0.1	0.2	0.41	0.82	1.64
I_C [mA]							
전류 이득(β_{dc})							

[실험 9-2] MultiSIM을 활용한 공통이미터 전류 증폭기 실험

표 9-2 전류 이득 측정결과 (MultiSIM)

I_B [mA]	0.72	0.08	0.10	0.20	0.41	0.84	1.59
I_C [mA]							
전류 이득(β_{dc})							

[실험 9-3] Smart LAB을 활용한 공통이미터 전류 증폭기 실험

표 9-3 전류 이득 측정결과 (Smart LAB)

I_B [mA]	0.03	0.05	0.1	0.2	0.41	0.82	1.64
I_C [mA]							
전류 이득(β_{dc})							

[실험 9-4] TinkerCAD를 활용한 공통이미터 전압 증폭기 실험

- 입력신호의 크기: 20 $[m\,V_{PP}]$
- 출력신호의 크기: $[V_{PP}]$
- 전압 이득 $A_v = \dfrac{V_{out}}{V_{in}} = \dfrac{(\quad)V_{pp}}{(\ 0.02\ )V_{pp}} =$ 배 또는 ($[dB]$)
- 입·출력 신호의 파형

입력신호 파형

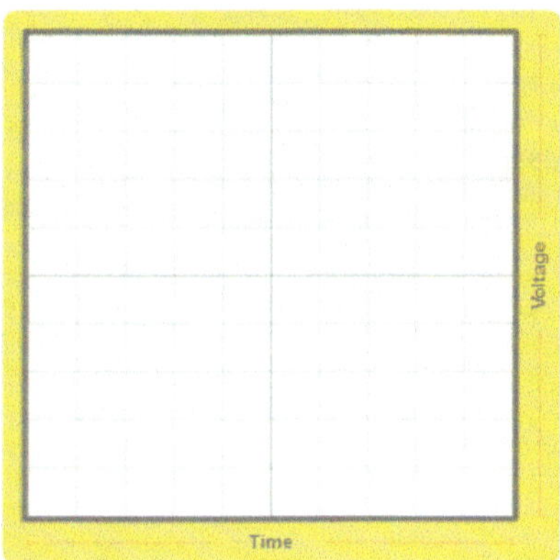

$\overline{\qquad\qquad}$ $[Volts/Div]$

출력신호 파형

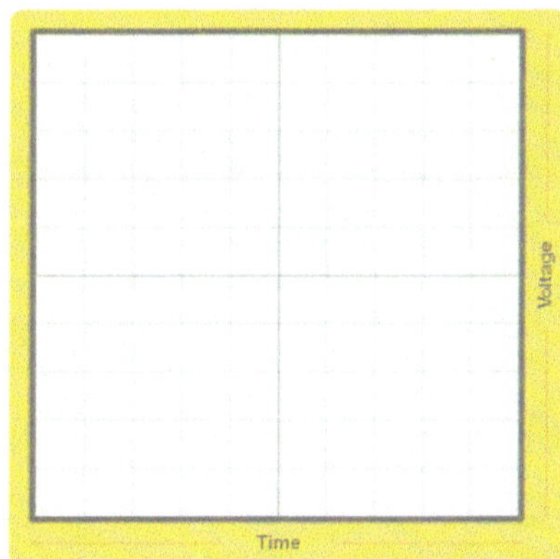

$\overline{\qquad\qquad}$ $[Volts/Div]$

[실험 9-5] MultiSIM을 활용한 공통이미터 전압 증폭기 실험

- 입력신호의 크기: 20 $[m\,V_{PP}]$
- 출력신호의 크기: $[V_{PP}]$
- 전압 이득 $A_v = \dfrac{V_{out}}{V_{in}} = \dfrac{(\quad)V_{pp}}{(\ 0.02\ )V_{pp}} =$ 배 또는 ($[dB]$)

- 입·출력 신호의 파형

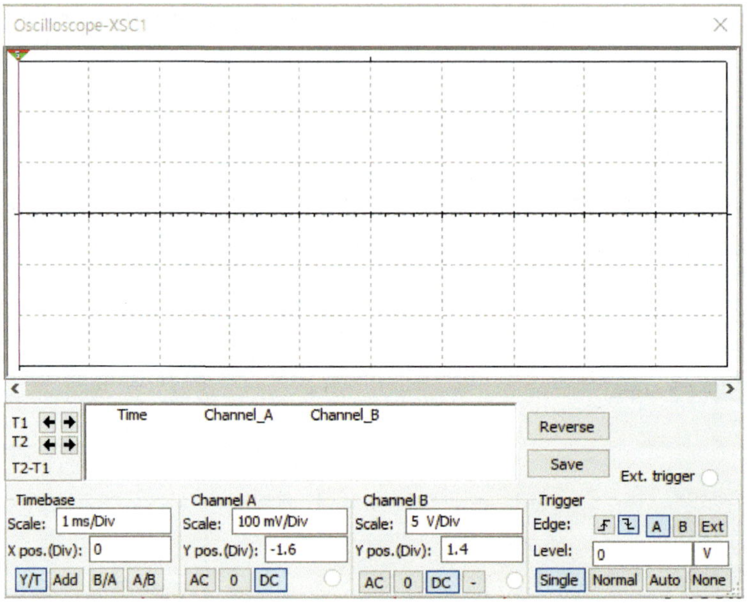

[실험 9-6] Smart LAB을 활용한 공통이미터 전압 증폭기 실험

- 입력신호의 크기: 20 $[m\,V_{PP}]$
- 출력신호의 크기: $[\,V_{PP}]$
- 전압 이득 $A_v = \dfrac{V_{out}}{V_{in}} = \dfrac{(\quad\quad)\,V_{pp}}{(\ 0.02\ )\,V_{pp}} =$ 배 또는 ($[dB]$)

[실험 9-7] MultiSIM을 활용한 공통이미터 증폭기의 입력 저항 측정 실험

- 포텐시오미터 최소 상태의 출력 V_{out}=(V_{PP})
- 공통이미터 증폭기의 입력 저항(r_{in}) = kΩ

[실험 9-8] Smart LAB을 활용한 공통이미터 증폭기의 입력 저항 측정 실험

- 포텐시오미터 최소 상태의 출력 V_{out}=(V_{PP})
- 공통이미터 증폭기의 입력 저항(r_{in}) =   kΩ

[실험 9-9] MultiSIM을 활용한 공통이미터 증폭기의 출력 저항 측정 실험

- 부하 개방상태의 출력 V_{OUT} = (V_{PP})
- 공통이미터 증폭기의 출력 저항(r_c):   kΩ

[실험 9-10] Smart LAB을 활용한 공통이미터 증폭기의 출력 저항 측정 실험

- 부하 개방상태의 출력 V_{OUT} = (V_{PP})
- 공통이미터 증폭기의 출력 저항(r_c):   kΩ

[실험 9-11] MultiSIM을 활용한 바이어스가 없는 공통이미터 증폭기 실험

- 이미터 전압(V_E): 0 [V]
- 베이스 전압(V_B): 0 [V]
- 컬렉터 전압(V_C): 0 [V]

‣ 입 · 출력 파형 (발진기의 사인파 진폭 : $350mV_P$ 일 때)

입력신호 파형

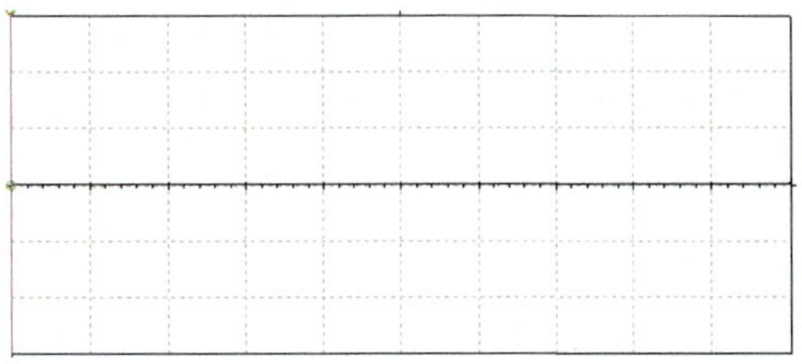

출력신호 파형

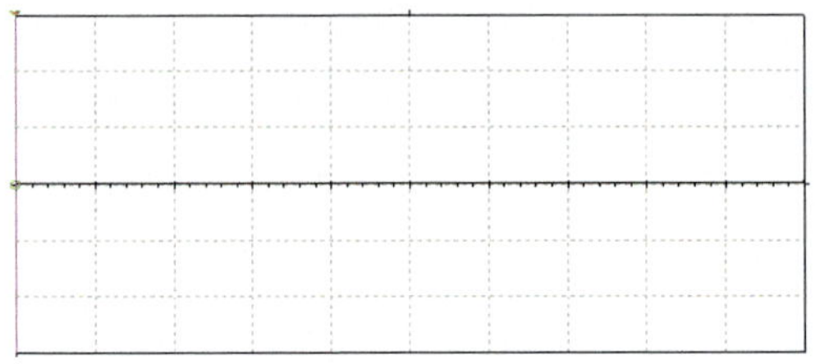

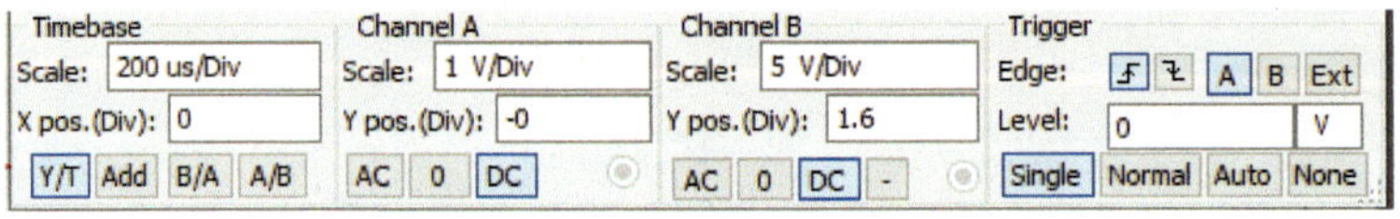

‣ 입 · 출력 파형 (발진기의 사인파 진폭 : $700mV_P$ 일 때)

입력신호 파형

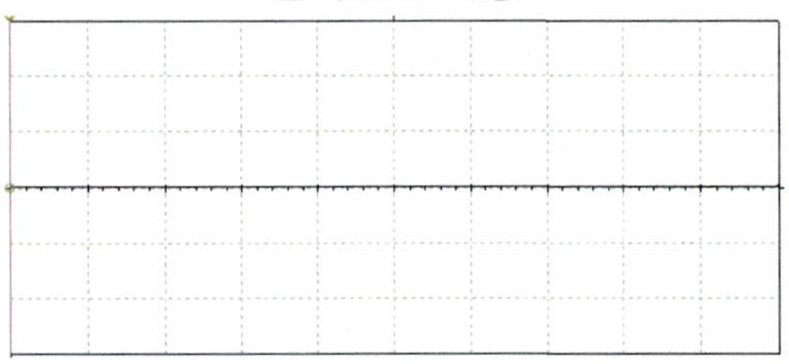

출력신호 파형

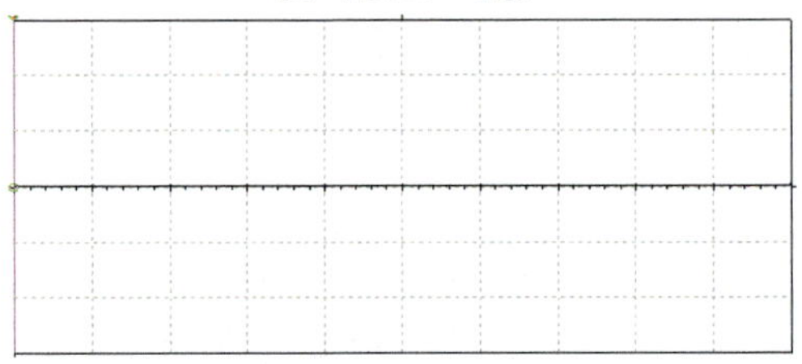

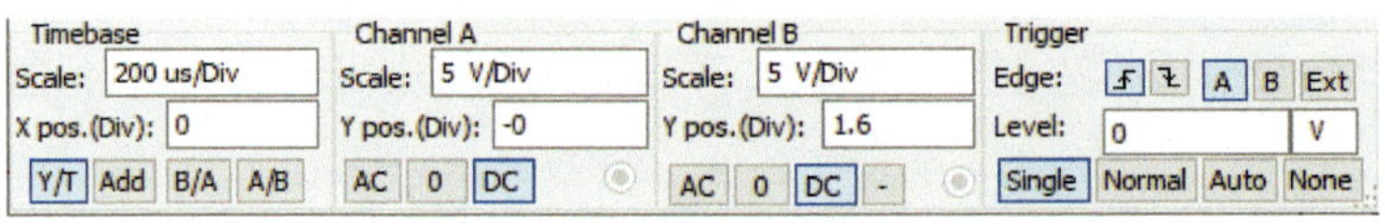

[실험 9-12] Smart LAB을 활용한 바이어스가 없는 공통이미터 증폭기 실험

‣ 이미터 전압(V_E): 0 [V]

‣ 베이스 전압(V_B): 0 [V]

‣ 컬렉터 전압(V_C): 0 [V]

▸ 입 · 출력 파형

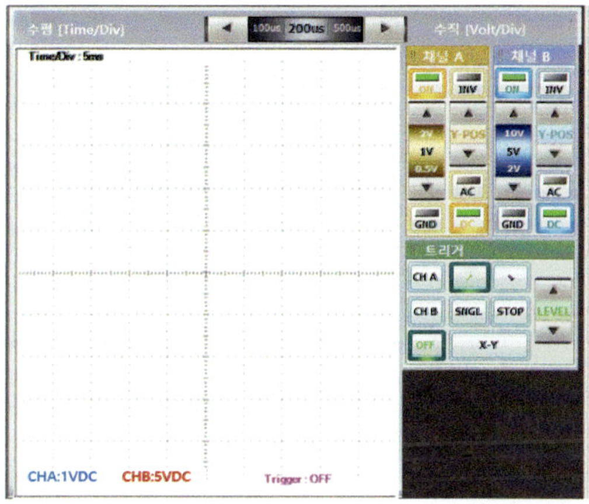

☞ 공통이미터 증폭회로 실험 결과를 바탕으로 다음에 대해 간단히 기술한다.

- 바이어스 없는 증폭기의 출력이 반응하기 위해서는 최소 몇 V이상의 신호가 입력되어야 하는가?

- 바이어스 없는 증폭기에 큰 사인파 신호가 입력될 때 출력은 어떤 형태로 나타나는가?

- 바이어스 없는 증폭기에 논리 신호가 입력될 때 출력은 어떤 형태로 나타나는가?

- 바이어스 없는 증폭기는 선형 증폭이 불가능하다. 그런데도 사용하는 분야가 있다. 어떤 분야인가?

CHAPTER **10**

공통 컬렉터(CC) 증폭기

1. 실험 목적

- 공통컬렉터 증폭기의 바이어스를 설계할 수 있다.
- 공통컬렉터 증폭기의 전압 이득, 입력 저항 및 출력 저항을 측정할 수 있다.

2. 실험 준비물

- 브레드보드, 리드선 적당량
- 저항 $100\Omega \times 2$, $10k\Omega \times 2$
- 전해 캐패시터 $22\mu F$, $33\mu F$, $100\mu F$, $330\mu F$
- 포텐시오미터 100Ω, $5k\Omega$
- NPN BJT 2N3904, TIP31C
- 8Ω 스피커
- 함수 발생기, 전원 공급기, 2채널 디지털(메모리) 오실로스코프

3. 관련 이론

1) CC 증폭기의 기본 회로

CC 증폭기(Common Collector Amplifier), 또는 이미터 팔로워(Emitter Follower)는 트랜지스터를 이용한 또 다른 기본적인 증폭회로다. 주로 전류 증폭 및 임피던스 매칭 용도로 사용된다. CC 증폭기의 주요 특징과 동작 원리를 아래와 같다.

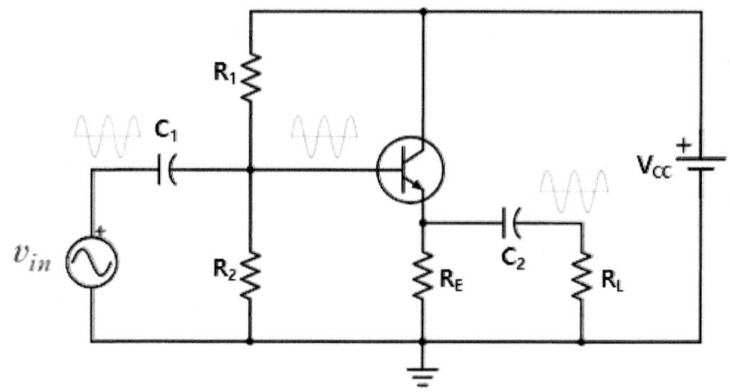

그림 10-1 이미터 팔로워 증폭기

(1) CC 증폭기의 기본 구성

- 입력신호: 베이스(Base) 단자에 입력.
- 출력신호: 이미터(Emitter) 단자에서 출력.
- 공통단자: 컬렉터(Collector) 단자가 입력과 출력 사이에 공통으로 연결

(2) CC 증폭기의 주요 구성 요소

- 바이어스 회로: 트랜지스터가 적절한 동작 점(Q-point)에서 작동하도록 설정.
- 결합 커패시터(Coupling Capacitor): 입력신호의 DC성분을 차단하고 AC성분 만을 통과.
- 부하 저항(Load Resistor): 이미터에 연결되어 출력 전압을 형성.

(3) CC 증폭기의 동작 원리

- 입력: 베이스에 작은 교류 신호를 인가하면, 베이스 전류가 변동.
- 증폭: 베이스 전류의 작은 변화가 이미터전류의 큰 변화를 유도
- 출력: 이미터 저항을 통해 변동된 이미터전류는 이미터 전압의 변화를 일으키며, 이를 통해 입력신호가 증폭.

(4) 이득 계산

- 전압 이득(Voltage Gain, A_v): 거의 1에 가깝다. 실제로는 약간 1보다 작으며, $A_v \approx 1$ 이다.
- 전류 이득(Current Gain, A_i): 트랜지스터의 $\beta(h_{FE})$와 거의 동일.
- 전력 이득(Power Gain, A_p): 전류 이득과 거의 동일.

(5) 특성

- 입력 임피던스: 매우 높음.
- 출력 임피던스: 매우 낮음.
- 위상 반전: 입력신호와 출력신호가 같은 위상을 가짐
- 주파수 응답: 매우 넓은 대역폭을 가짐.

(6) 응용

- 버퍼(Buffer): 고 임피던스 소스와 저 임피던스 부하 사이의 신호 전달.
- 임피던스 매칭: 높은 입력 임피던스와 낮은 출력 임피던스로 인해 임피던스 매칭 회로에 유용.
- 전류 증폭기: 전류 이득을 통해 신호를 강화.

4. 실험 순서

■ 이미터 팔로워 증폭 실험

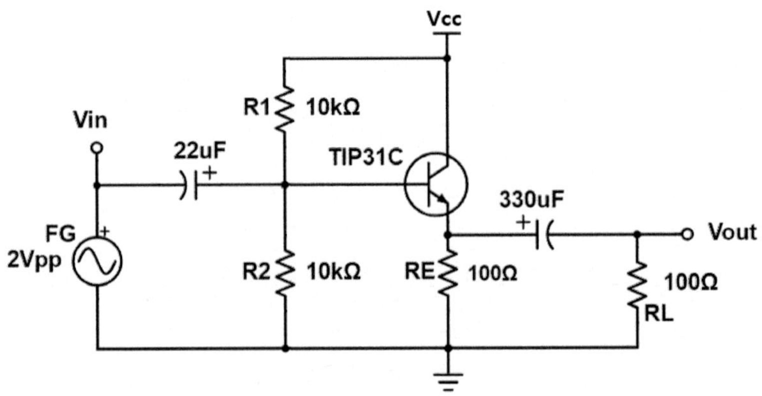

$V_{CC} = 15\,V$

그림 10-2 이미터 팔로워 증폭기 실험 회로

실험 10-1 TinkerCAD를 활용한 이미터 팔로워 증폭기 실험

▸ 다음의 실험 절차를 진행하고 그 결과를 '실험 결과 고찰 10'의 '실험 10-1. TinkerCAD를 활용한 이미터 팔로워 증폭기 실험'에 작성한다.

① TinkerCAD를 활용하여 그림 10-2의 이미터 팔로워 증폭기 실험 회로를 구성한다. 그림 10-3에 TinkerCAD를 활용한 이미터 팔로워 증폭기 실험 회로를 나타내었다.

② 시뮬레이션을 실행하고 함수 발생기의 신호 레벨이 $2\,V_{PP}$일 때 출력신호가 안정될 때까지 기다린 다음 오실로스코프 스크린에 나타나는 출력신호 파형을 관찰하고 그 크기를 측정하여 전압 이득을 계산하고 이를 '전압 이득 A_v'에 기록한다.

③ 입력신호를 계속 높여갈 때 출력 파형이 찌그러지기 시작하는 전압은 몇 $[V_{PP}]$인지 관측하고 이를 '선형 증폭의 한계 입력 전압'에 기록한다.

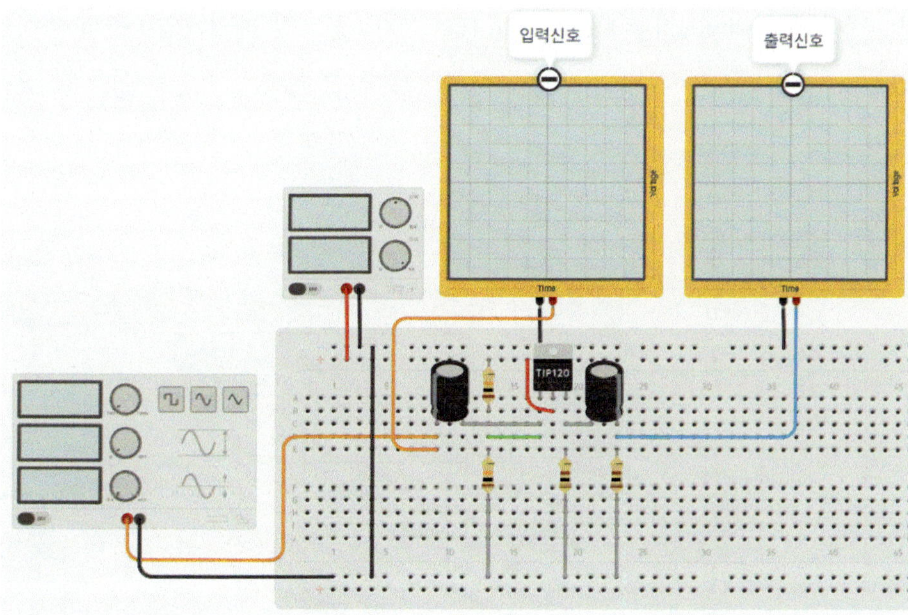

그림 10-3 이미터 팔로워 증폭기 실험 회로 (TinkerCAD)

실험 10-2 MultiSIM을 활용한 이미터 팔로워 증폭기 실험

▸ 다음의 실험 절차를 진행하고 그 결과를 '◈ 실험 결과 고찰 10'의 '실험 10-2. MultiSIM을 활용한 이미터 팔로워 증폭기 실험'에 작성한다.

① MultiSIM을 활용하여 그림 10-2의 이미터 팔로워 증폭기 실험 회로를 구성한다. 그림 10-4에 MultiSIM을 활용한 이미터 팔로워 증폭기 실험 회로와 Function Generator 설정을 나타내었다. Function Generator의 주파수는 500Hz, Amplitude는 500mV_P, Offset은 0으로 설정한다.

② 함수 발생기의 신호 레벨이 500mV_P일 때 오실로스코프 스크린에 나타나는 출력신호 파형을 관찰하고 그 크기를 측정하여 전압 이득을 계산하고 이를 '전압 이득 A_v'에 기록한다.

③ 입력신호를 계속 높여갈 때 찌그러지기 시작하는 전압은 몇 [V_{PP}]인지 관측하고 이를 '선형 증폭의 한계 입력 전압'에 기록한다.

④ 입력 파형의 Amplitude가 500mV_P 일 때와 700mV_P 일 때의 입·출력 파형을 각각 그린다.

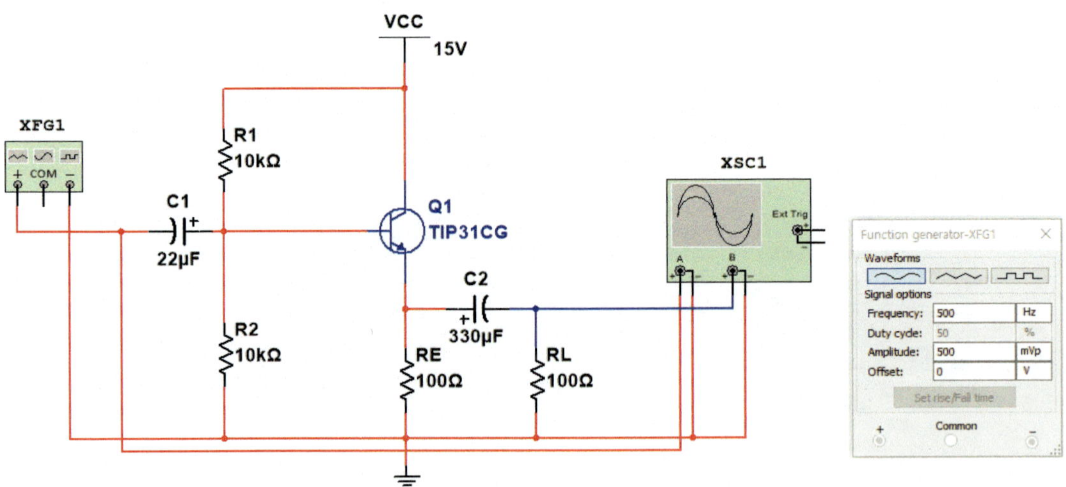

그림 10-4 이미디 팔로워 증폭기실험 회로 및 Function Generator 설정 (MultiSIM)

실험 10-3 Smart LAB을 활용한 이미터 팔로워 증폭기 회로 실험

▸ 다음의 실험 절차를 진행하고 그 결과를 '실험 결과 고찰 10'의 '실험 10-3. SmartLAB을 활용한 이미터 팔로워 증폭기실험'에 작성한다.

① Smart LAB을 활용하여 그림 10-2과 같이 이미터 팔로워 증폭기실험 회로를 구성한다. 그림 10-5에 Smart LAB을 활용한 이미터 팔로워 증폭기실험 회로를 나타내었다.
② 발진기의 신호 레벨이 2 V_{PP}일 때 오실로스코프 스크린에 나타나는 출력신호 파형을 관찰하고 Voltage & Ampere meter를 이용하여 그 크기를 측정하여 전압 이득을 계산하고 이 값을 '전압 이득 A_v'에 기록한다.
③ 입력신호를 계속 높여갈 때 출력 파형이 찌그러지기 시작하는 전압은 몇 [V_{PP}]인지 관측하고 이를 '선형 증폭의 한계 입력 전압'에 기록한다.
④ 위에서 측정한 최대 출력 전압 파형을 '이미터 팔로워의 출력 파형'에 그린다.

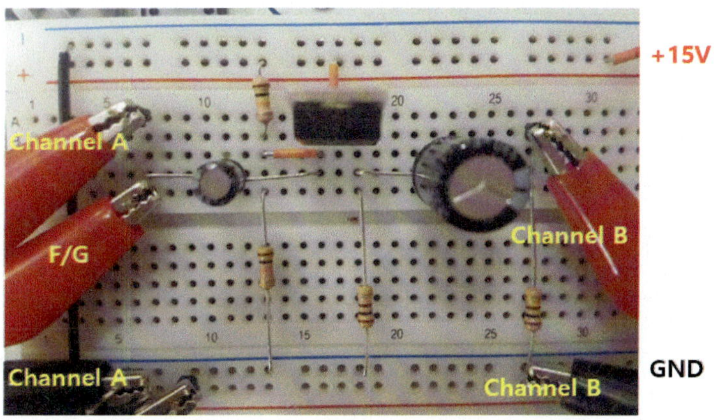

그림 10-5 공통이미터 증폭기실험 회로 (Smart LAB)

■ 이미터 팔로워 증폭기의 입력 저항 측정하기

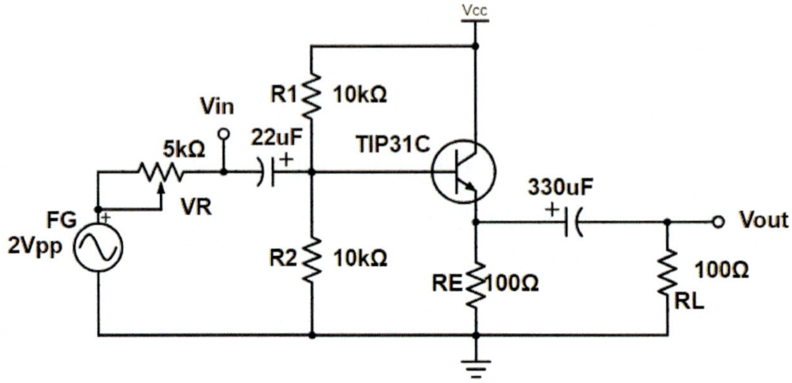

$V_{CC} = 15\,V$

그림 10-6 이미터 팔로워의 입력 저항 측정 회로

실험 10-4 MultiSIM을 활용한 이미터 팔로워 증폭기의 입력 저항 측정 실험

▸ 다음의 실험 절차를 진행하고 그 결과를 '실험 결과 고찰 10'의 '실험 10-4. MultiSIM을 활용한 이미터 팔로워 증폭기의 입력 저항 측정 실험'에 작성한다.

① MultiSIM을 활용하여 그림 10-6의 이미터 팔로워 증폭기 입력 저항 측정 실험 회로를 구성한다. 그림 10-7 MultiSIM을 활용한 이미터 팔로워 증폭기 입력 저항 측정 실험 회로를 나타내었다. Function Generator의 주파수는 $1kHz$, Amplitude는 $500m\,V_P$로 한다.

② 출력단자에는 오실로스코프를 연결한다.

③ 포텐시오미터 $5k\Omega$을 최소 위치에 두고 스크린에서 출력 파형의 진폭을 측정하여 '포텐시오미터 최소 위치에서 출력 전압'에 기록한다.

④ 포텐시오미터를 조절(A 키 : 증가, Shift + A 키 : 감소) 하여 증폭기 출력이 $1/2$크기가 되도록 한다.

⑤ 조정된 포텐시오미터의 % 비율과 가변저항의 값을 곱하면 이미터 팔로워 증폭기 실험 회로의 입력 저항이다. '이미터 팔로워의 입력 저항 r_{in}' 에 기록한다.

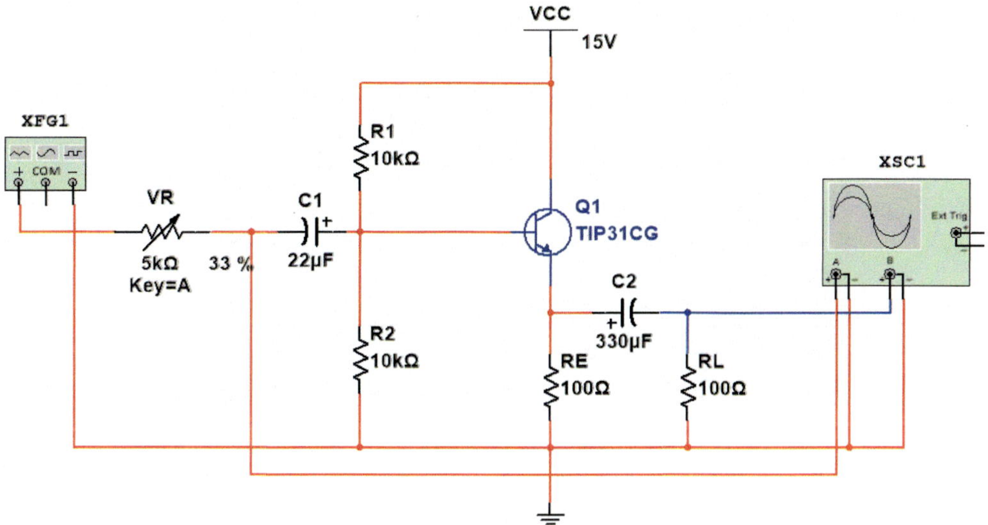

그림 10-7 이미터 팔로워의 입력 저항 측정 회로 (MultiSIM)

실험 10-5 Smart LAB을 활용한 이미터 팔로워 증폭기의 입력 저항 측정 실험

▸ 다음의 실험 절차를 진행하고 그 결과를 '실험 결과 고찰 10'의 '실험 10-5. SmartLAB을 활용한 이미터 팔로워 증폭기의 입력 저항 측정 실험'에 작성한다.

① 그림 10-6의 입력 저항을 측정하기 위해 포텐시오미터 $5k\Omega$을 삽입한다. 그림 10-8에 Smart LAB을 활용한 이미터 팔로워 증폭기의 입력 저항 측정을 위한 실험 회로를 나타내었다.

☞ 발진기는 주파수 $1kHz$ 사인파, 신호 레벨 $2\,V_{PP}$로 한다.

② 출력단자에는 오실로스코프를 연결한다.

③ 포텐시오미터 $5k\Omega$을 최소 위치에 두고 스크린에서 출력 파형의 진폭을 측정하고 이 값을 '포텐시오미터 최소 위치에서 출력 전압'에 기록한다.

④ 포텐시오미터를 조절하여 증폭기 출력이 1/2크기가 되도록 한다.

⑤ 증폭기의 전원과 발진기를 분리한다. (브레드보드에서는 포텐시오미터를 분리한다.)

⑥ 포텐시오미터 양단의 저항값을 측정한다. 이 값이 이미터 팔로워 증폭기 실험 회로의 입력 저항이다. 이 값을 '이미터 팔로워의 입력 저항 r_{in}'에 기록한다.

그림 10-8 이미터 팔로워의 입력 저항 측정 회로 (Smart LAB)

■ 이미터 팔로워 증폭기의 출력 저항 측정하기

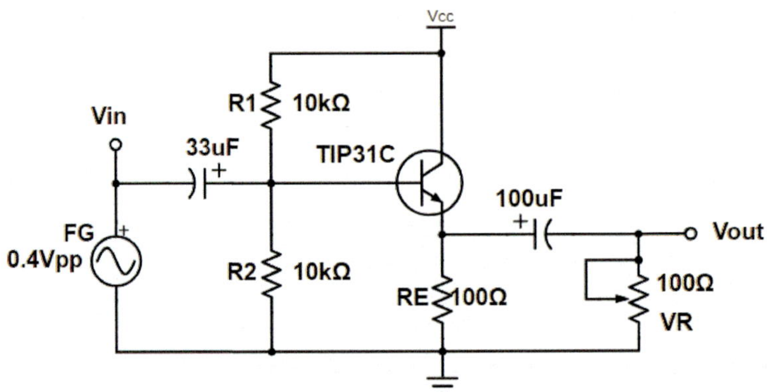

$V_{CC} = 15\,V$

그림 10-9 이미터 팔로워의 출력 저항 측정 회로

실험 10-6 MultiSIM을 활용한 이미터 팔로워 증폭기의 출력 저항 측정 실험

- 다음의 실험 절차를 진행하고 그 결과를 '실험 10-6. MultiSIM을 활용한 이미터 팔로워 증폭기의 출력 저항 측정 실험'에 작성한다.

① MultiSIM을 활용하여 그림 10-9와 같이 이미터 팔로워 증폭기의 출력 저항 측정을 위한 회로를 구성한다. 그림 10-10에 MultiSIM을 활용한 이미터 팔로워 증폭기의 출력 저항 측정을 위한 실험 회로를 나타내었다. 발진기(F/G)는 사인파, $400Hz$, 신호 레벨 $200m\,V_P$

로 설정한다. 첫 번째 단계에서는 출력단자에 부하 저항(포텐시오미터)을 연결하지 않는다.

② 오실로스코프를 출력단자에 연결하고 증폭기의 출력(V_{out}) 진폭을 측정하고 이 값을 '부하 개방상태에서 측정한 출력 전압 V_{out}'에 기록한다.

③ 포텐시오미터를 연결하고 이를 조절하여 출력 전압이 1/2크기가 되도록 한다.

④ 포텐시오미터가 표시하는 비율이 증폭기의 출력 저항이다. 이 값을 '이미터 팔로워의 출력 저항 r_{out}'에 기록한다.

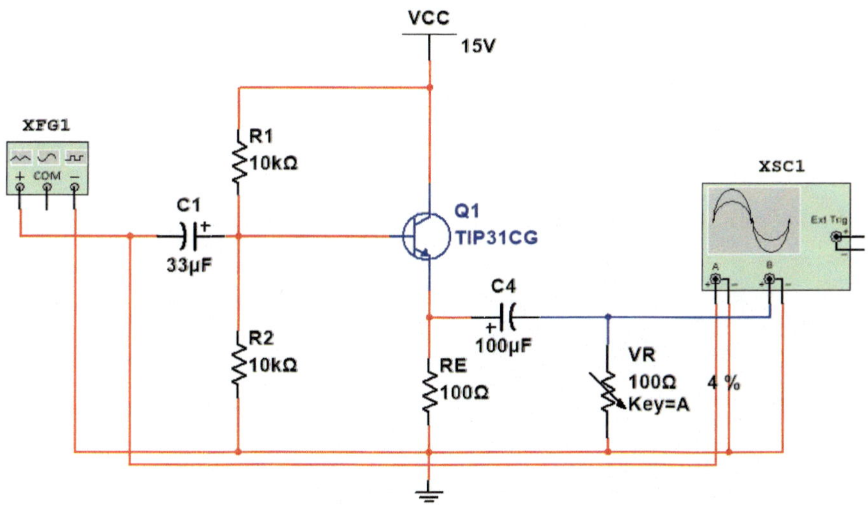

그림 10-10 이미터 팔로워의 출력 저항 측정 회로 (MultiSIM)

실험 10-7 Smart LAB을 활용한 이미터 팔로워 증폭기의 출력 저항 측정 실험

▸ 다음의 실험 절차를 진행하고 그 결과를 '실험 결과 고찰 10'의 '실험 10-7. SmartLAB을 활용한 이미터 팔로워 증폭기의 출력 저항 측정 실험'에 작성한다.

① Smart LAB을 활용하여 그림 10-9의 이미터 팔로워 증폭기의 출력 저항 측정을 위한 회로를 구성한다. 그림 10-11에 Smart LAB을 활용한 이미터 팔로워 증폭기의 출력 저항 측정을 위한 실험 회로를 나타내었다.

ⓐ 발진기(F/G)는 사인파, 400 Hz, 신호 레벨 0.4 V_{PP}로 설정한다.(2 V_{PP}레인지의 20%)

ⓑ 첫 번째 단계에서는 출력단자에 부하 저항을 연결하지 않는다.

② 오실로스코프를 출력단자에 연결하고 증폭기의 출력(V_{out}) 진폭을 측정하고 이 값을 '부하 개방상태에서 측정한 출력 전압 V_{out}'에 기록한다.

③ 포텐시오미터를 연결하고 이를 조절하여 출력 전압이 1/2크기가 되도록 한다.

④ 증폭기의 전원과 부하를 분리한다.(브레드보드에서는 포텐시오미터를 분리한다.)

⑤ 포텐시오미터 양단의 저항값을 측정한다. 이 값이 증폭기의 출력 저항이다. 이 값을 '이미터 팔로워의 출력 저항 r_{out}'에 기록한다.

※ (주의) 이미터 팔로워의 출력 저항은 다른 증폭기와 달리 매우 작다. 예를 들면 1~5Ω범위의 크기이기 때문에 조절하기가 어렵다. 그래서 본 실험과 같은 용도에는 정밀도가 높은 권선형 포텐시오미터가 적합하다. 또 한 가지 주의할 점은 실험 도중에 부하저항(포텐시오미터)이 낮은 저항 상태에서 오래 머무르면 트랜지스터가 과부하가 되어 온도가 상승하고 이로 인해 화상을 입을 염려가 있으므로 주의해야 한다.

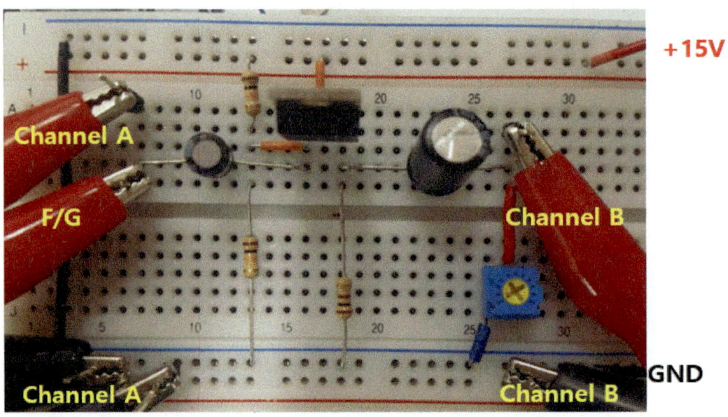

그림 10-11 이미터 팔로워의 출력 저항 측정 회로 (Smart LAB)

■ 이미터 팔로워의 오디오 출력 실험하기

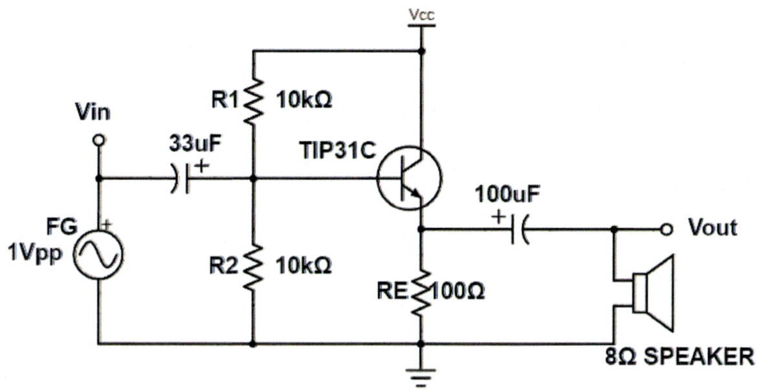

$V_{CC} = 15\,V$

그림 10-12 이미터 팔로워의 오디오 출력시험

실험 10-8 TinkerCAD를 활용한 이미터 팔로워 오디오 출력 실험하기

▸ 다음의 실험 절차를 진행하고 출력 사운드의 변화를 관측한다.

① TinkerCAD를 활용하여 그림 10-12의 이미터 팔로워 오디오 출력 실험 회로를 구성한다. 그림 10-13에 TinkerCAD를 활용한 이미터 팔로워 오디오 증폭기실험 회로를 나타내었다.

② 시뮬레이션을 실행하고 사운드가 출력되는 것을 확인한다. 함수 발생기의 주파수를 조정하여 출력 사운드의 변화를 관측한다.

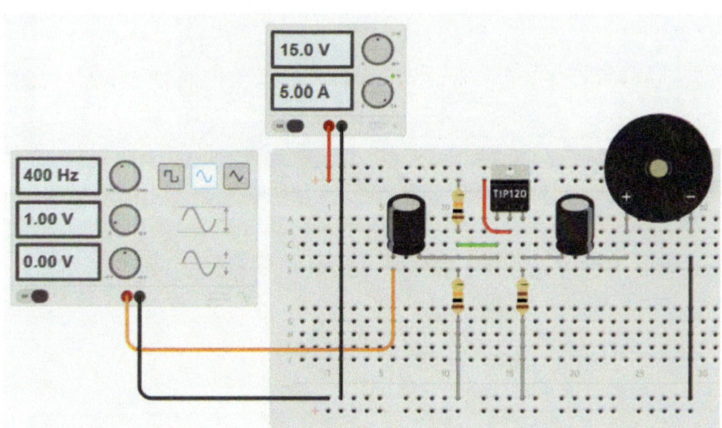

그림 10-13 이미터 팔로워의 오디오 출력 실험 회로 (TinkerCAD)

실험 10-9 Smart LAB을 활용한 이미터 팔로워의 오디오 출력 실험하기

▸ 다음의 실험 절차를 진행하고 그 결과를 '◈ 실험 결과 고찰 10'의 '실험 10-9. SmartLAB을 활용한 이미터 팔로워의 오디오 출력 실험하기'에 작성한다.

① Smart LAB을 활용하여 그림 10-12의 이미터 팔로워의 오디오 출력 실험 회로를 구성한다. 그림 10-14에 Smart LAB을 활용한 공통이미터 팔로워의 오디오 출력 실험 회로를 나타내었다. Function Generator의 주파수는 $400Hz$, 신호 레벨 $1\,V_{PP}$로 설정한다. 출력에는 SmartLAB의 Speaker를 연결한다.

② 동작 시험 : 증폭기에 전원을 공급할 때 스피커에서 $400Hz$의 소리가 잘 울리고, 오실로스코프에는 깨끗한 사인 파형이 관찰된다면 이미터 팔로워 증폭기는 소규모 전력증폭기로 잘 동작하고 있다는 증거이다.

③ 왜곡 없는 최대출력측정 : 발진기의 신호 레벨을 상하로 조절하면서 출력 파형에 찌그러짐이 생기는지 관찰한다. 찌그러짐이 생기기 직전의 최대출력전압은 몇 V_{PP}인지 측정하고 이 값을 '왜곡 없는 최대 출력'에 기록한다.

④ 이때의 입력과 출력 파형을 '입 · 출력 파형'에 그린다.

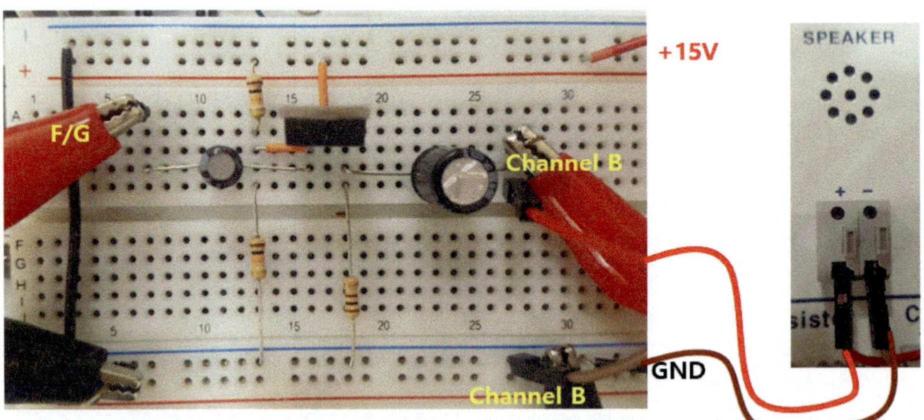

그림 10-14 이미터 팔로워의 오디오 출력시험 (Smart LAB)

실험 결과 고찰 10

[실험 10-1] TinkerCAD를 활용한 이미터 팔로워 증폭기실험

- 전압 이득 $A_v = \frac{V_{out}}{V_{in}} = \frac{(\quad V)}{(2V)} =$
- 선형 증폭의 한계 입력 전압 : $[V_{PP}]$

[실험 10-2] MultiSIM을 활용한 이미터 팔로워 증폭기실험

- 전압 이득 $A_v = \frac{V_{out}}{V_{in}} = \frac{(\quad mV_P)}{(500mV_P)} =$
- 선형 증폭의 한계 입력 전압 : $[V_{PP}]$
- 입 · 출력 파형 (발진기의 사인파 진폭 : $500mV_P$ 일 때)

입력신호 파형

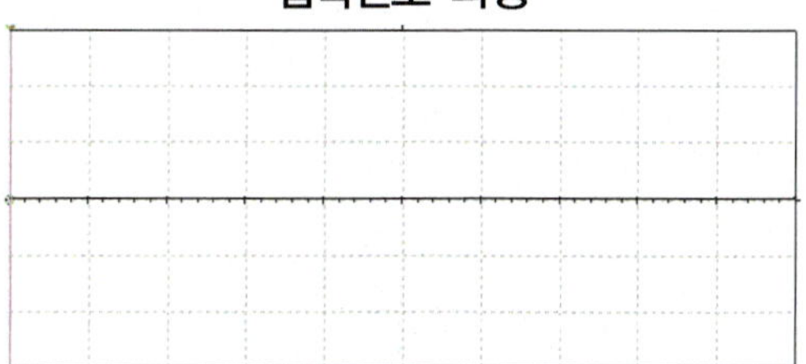

출력신호 파형

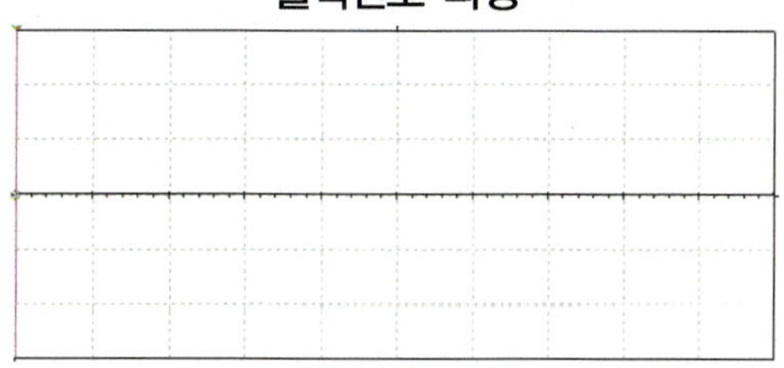

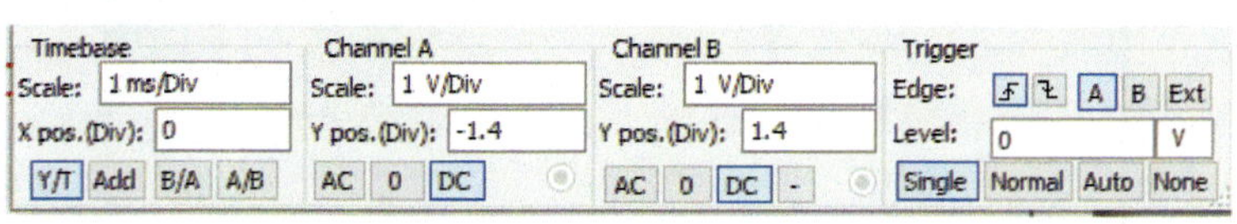

‣ 입 · 출력 파형 (발진기의 사인파 진폭 : $700mV_P$일 때)

입력신호 파형

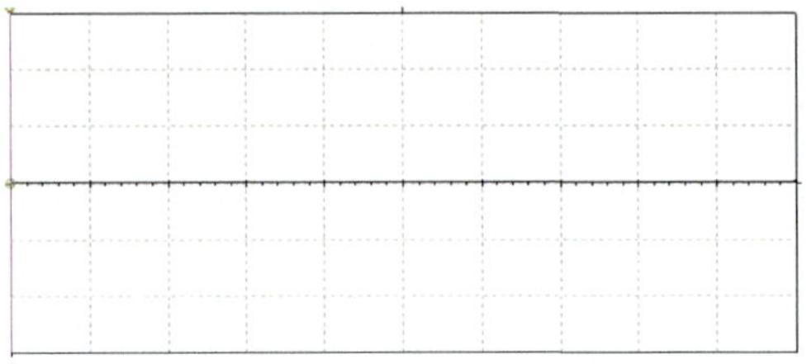

출력신호 파형

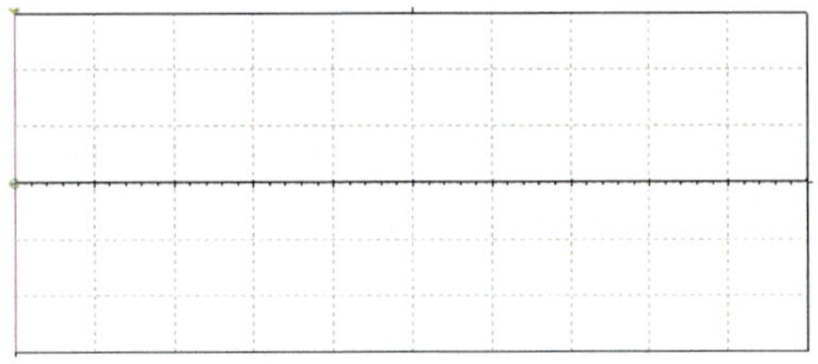

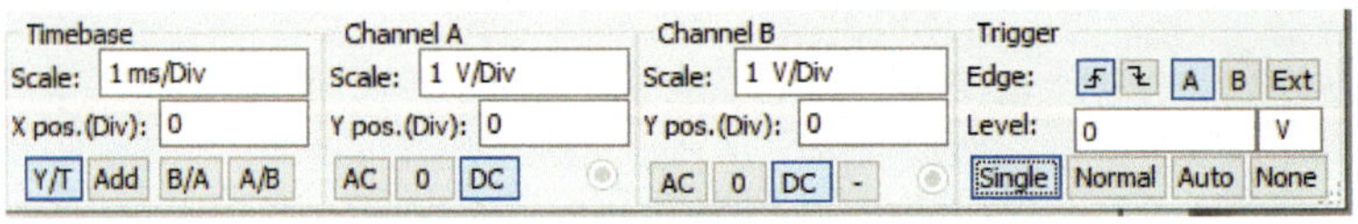

[실험 10-3] Smart LAB을 활용한 이미터 팔로워 증폭기 회로 실험

‣ 전압 이득 $A_v = \dfrac{V_{out}}{V_{in}} = \dfrac{(\qquad mV_P\,)}{(\,500mV_P\,)} =$

‣ 선형 증폭의 한계 입력 전압 : $\qquad\qquad [V_{PP}]$

‣ 이미터 팔로워의 출력 파형

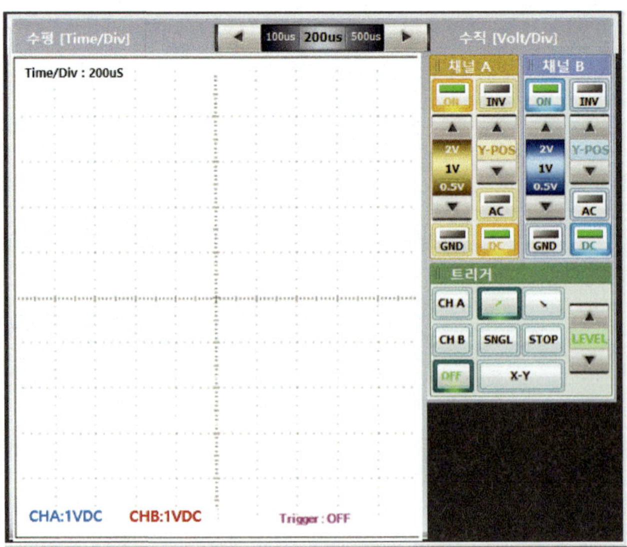

[실험 10-4] MultiSIM을 활용한 이미터 팔로워 증폭기의 입력 저항 측정 실험

- 포텐시오미터 최소 위치에서 출력 전압 = (   ) $[mV_P]$
- 이미터 팔로워의 입력 저항(r_{in}):   8 kΩ

[실험 10-5] Smart LAB을 활용한 이미터 팔로워 증폭기의 입력 저항 측정 실험

- 포텐시오미터 최소 위치에서 출력 전압 = (   ) $[mV_P]$
- 이미터 팔로워의 입력 저항(r_{in}):   8 kΩ

[실험 10-6] MultiSIM을 활용한 이미터 팔로워 증폭기의 출력 저항 측정 실험

- 부하 개방상태에서 측정한 출력 전압 V_{out} = (mV_{PP})
- 이미터 팔로워의 출력 저항(r_{out}): 2   Ω

[실험 10-7] Smart LAB을 활용한 이미터 팔로워 증폭기의 출력 저항 측정 실험

- 부하 개방상태에서 측정한 출력 전압 V_{out} = (mV_{PP})
- 이미터 팔로워의 출력 저항(r_{out}): 2   Ω

[실험 10-9] Smart LAB을 활용한 이미터 팔로워의 오디오 출력 실험하기

- 왜곡 없는 최대 출력 = (V_{PP})

▸ 입 · 출력 파형

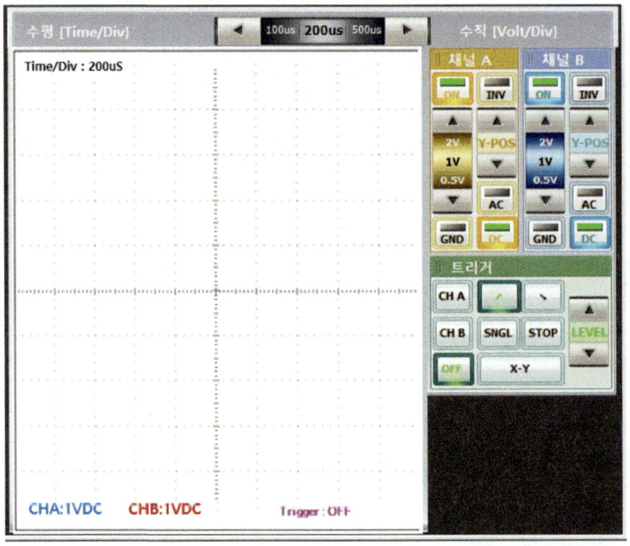

☞ 공통컬렉터(이미터 팔로워) 증폭회로 실험 결과를 바탕으로 공통컬렉터 증폭기의 전압 이득과 입출력 임피던스에 대해 간단히 기술한다.

CHAPTER 11

공통베이스(CB) 증폭기 실험

1. 실험 목적

- 공통베이스 증폭기의 바이어스를 설계할 수 있다.
- 공통베이스 증폭기의 특징을 설명할 수 있다.

2. 실험 준비물

- 브레드보드, 리드선 적당량
- 저항 $2.2k\Omega \times 2$, $3.6k\Omega$, $10k\Omega \times 2$
- 전해 캐패시터 $10\mu F$, $47\mu F \times 2$, $0.01\mu F$
- 포텐시오미터 $1k\Omega$
- NPN BJT 2N3904, TIP31C
- 함수 발생기, 전원 공급기, 2채널 디지털(메모리) 오실로스코프

3. 관련 이론

CB 증폭기는 낮은 입력 임피던스와 높은 출력 임피던스를 가지며, 고주파 응답이 우수하여 고주파 신호의 증폭에 유리하다. 이러한 특성 덕분에 무선 주파수(RF) 증폭기 및 고속 스위칭 회로 등에 널리 사용된다.

1) CB 증폭기의 기본 회로

CB 증폭기(Common Base Amplifier)는 트랜지스터를 이용한 또 다른 기본적인 증폭회로다. 주로 고주파 응답이 중요한 애플리케이션에서 사용된다.

(1) CB 증폭기의 기본 구성

- 입력신호: 이미터(Emitter) 단자에 입력.
- 출력신호: 컬렉터(Collector) 단자에서 출력.
- 공통단자: 베이스(Base) 단자가 입력과 출력 사이에 공통으로 연결

(2) CB 증폭기의 주요 구성 요소

- 바이어스 회로: 트랜지스터가 적절한 동작 점(Q-point)에서 작동하도록 설정.
- 결합 커패시터(Coupling Capacitor): 입력신호의 DC성분을 차단하고 AC성분만을 통과시킨다.
- 부하 저항(Load Resistor): 컬렉터에 연결되어 출력 전압을 형성

(3) CB 증폭기의 동작 원리

- 입력: 이미터에 작은 교류 신호를 인가하면, 이미터전류가 변동.
- 증폭: 이미터전류의 작은 변화가 컬렉터 전류의 큰 변화를 유도.
- 출력: 컬렉터 저항을 통해 변동된 컬렉터 전류는 컬렉터 전압의 큰 변화를 일으키며, 이를 통해 입력신호가 증폭.

(4) 이득 계산

- 전압 이득(Voltage Gain, A_v): $A_v \approx \dfrac{R_c}{R_e}$로 계산된다. 여기서, R_c 컬렉터 저항, R_e는 이미터 저항이다.
- 전류 이득(Current Gain, A_i): 거의 1에 가깝다
- 전력 이득(Power Gain, A_p): 전압 이득과 동일하다.

(5) 특성

- 입력 임피던스: 매우 낮음.
- 출력 임피던스: 매우 높음.

• 위상 반전: 입력신호와 출력신호가 같은 위상을 가진다.
• 주파수 응답: 매우 넓은 대역폭을 가짐. 고주파 응답이 우수함.

(6) 응용

• 고주파 증폭기: 고주파 응답이 우수하여 RF 증폭기 등에 사용.
• 전압 증폭기: 높은 전압 이득을 제공하여 전압 증폭 용도로 사용.
• 입력 임피던스 낮은 응용: 소스 임피던스가 낮은 경우에 적합.

2) 세 가지 증폭 방식의 비교

지금까지 공부한 세 가지 증폭회로 방식들을 표 11-1에서 서로 비교하였다. 증폭 방식을 결정할 때는 단순히 이득이 높은 것만을 선택하지 않고 입력 임피던스와 출력 임피던스 그리고 증폭 목적 등을 모두 고려한다. 예를 들면 CC 증폭기는 전압 이득이 1보다 작지만, 매우 낮은 출력 임피던스로 고주파 출력 분배 회로 또는 전력증폭기에 널리 사용된다. 또 CB 증폭기는 전류 이득이 1 이하지만 낮은 입력 임피던스로 인해 고주파 동조 증폭기에 사용되기도 한다. 그러나 일반적인 전압 증폭의 목적에는 CE 증폭기가 가장 널리 사용된다.

표 11-1 증폭 방식에 따른 특징

증폭 방식	이미터 공통(*CE*)	컬렉터 공통(*CC*)	베이스 공통(*CB*)
대표회로	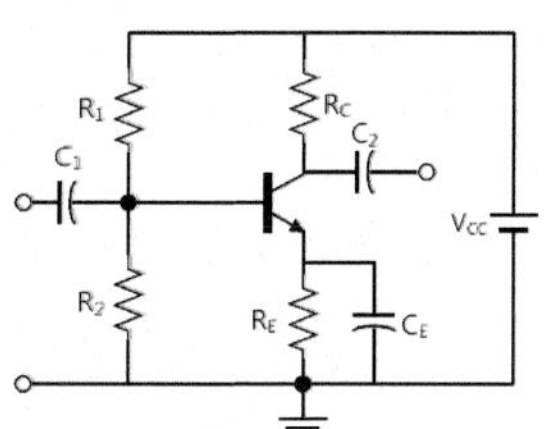	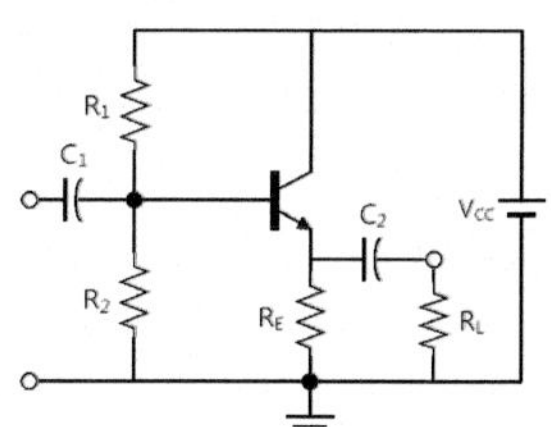	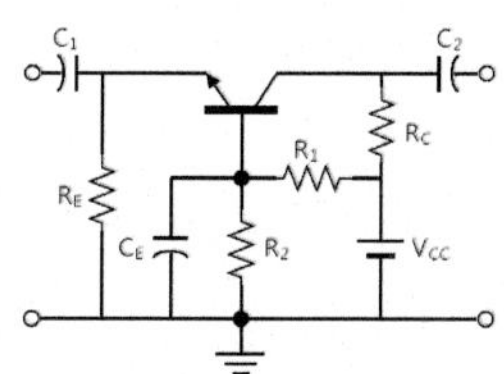
입출력 위상	반전(180°)	동상(0°)	동상(0°)
입력 임피던스	중간	높다	낮다
출력 임피던스	중간	낮다	높다
전압 이득	중간	≈1	중간
전류 이득	높다(β)	높다(β)	≈1
전력 이득	높다	중간	중간
주 용도	일반적인 소신호 증폭기	임피던스 정합 대전력 증폭기	고주파 증폭기 고-저 임피던스 정합
공통 사항	R_1, R_2=바이어스 저항, R_E=이미터 저항, R_C=컬렉터 저항, R_L=부하 저항 C_1, C_2=결합 커패시터, C_E=바이패스 커패시터		

4. 실험 순서

■ 증폭 실험하기

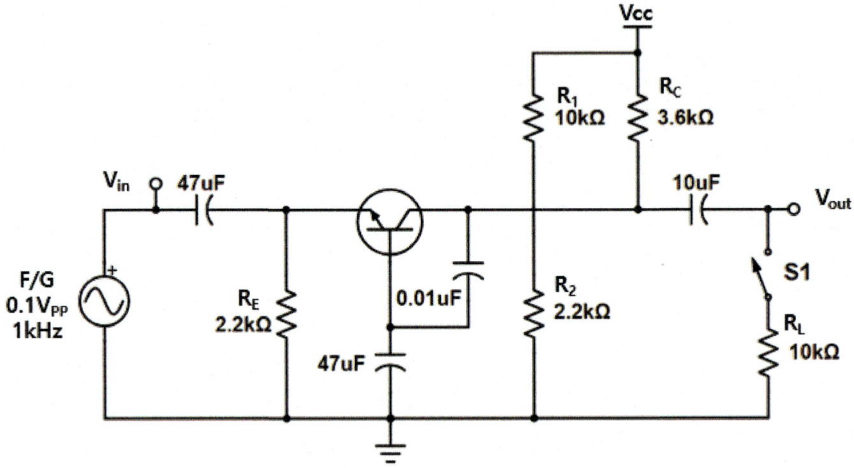

그림 11-1 공통베이스 증폭기 회로

실험 11-1 TinkerCAD를 활용한 공통베이스 증폭기실험

▸ 다음의 실험 절차를 진행하고 그 결과를 '실험 결과 고찰 11'의 '실험 11-1. TinkerCAD를 활용한 공통베이스 증폭기실험'에 작성한다.

① TinkerCAD를 활용하여 그림 11-1과 같이 공통베이스 증폭기실험 회로를 구성한다. 그림 11-2에 TinkerCAD를 활용한 공통베이스 증폭기실험 회로를 나타내었다.

② 멀티미터를 이용하여 트랜지스터 각 단자의 전압을 측정하여 '각 단자 전압'에 기록한다. 단, 이때 발진기의 출력은 OFF 상태로 둔다.

③ 적정한 바이어스가 공급되고 있는지 판단하는 기준은 V_{BE}와 V_{CE}의 크기를 판단하는 것이다. V_{BE}는 0.6~0.7 V범위 안에 있고, V_{CE}는 전원 전압의 $\frac{1}{3}$~$\frac{2}{3}$범위 안에 드는가? 만족한다면 '범위 내'에, 그렇지 않다면 '범위 밖'에 체크한다.

④ 증폭기의 전압 이득을 계산한다. 각 값을 기록한다.

ⓐ 발진기의 주파수를 1kHz 사인파, 신호의 크기를 100$m\,V_{PP}$로 설정하여 입력한다.

ⓑ $S1$을 닫아 부하 저항을 연결하고 출력단자에서 증폭된 신호의 크기를 측정한다.

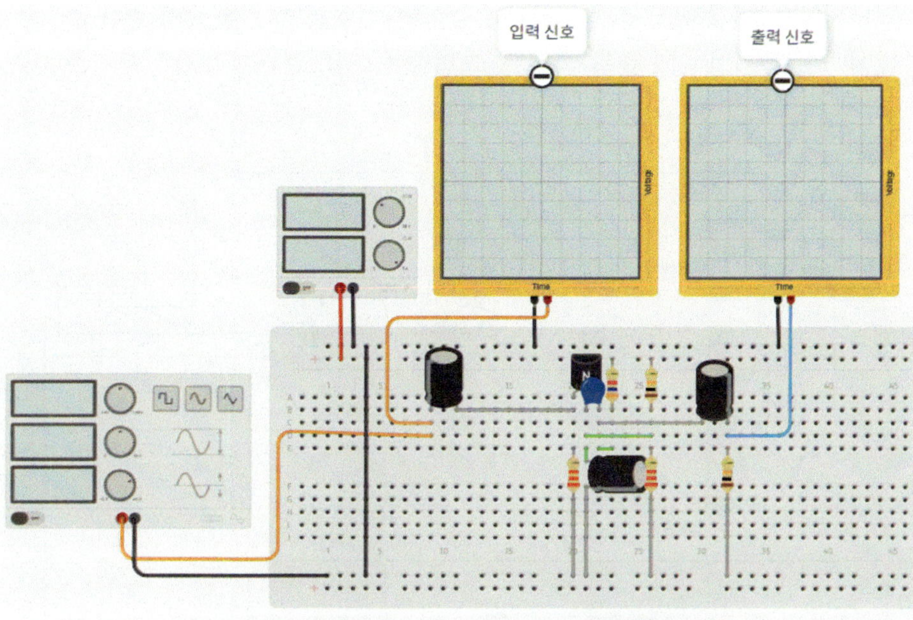

그림 11–2　공통베이스 증폭기실험 회로 (TinkerCAD)

실험 11-2 MultiSIM을 활용한 공통베이스 증폭기실험

▸ 다음의 실험 절차를 진행하고 그 결과를 '실험 결과 고찰 11'의 '실험 11–2. MultiSIM을 활용한 공통베이스 증폭기실험'에 작성한다.

① MultiSIM을 활용하여 그림 11-1의 공통베이스 증폭 실험 회로를 구성한다. 그림 11-3에 MultiSIM을 활용한 공통베이스 증폭기실험 회로를 나타내었다. Function Generator의 주파수는 $1kHz$, Amplitude는 $100m\,V_P$, Offset은 0으로 설정한다.

② 멀티미터를 이용하여 트랜지스터 각 단자의 전압을 측정하여 각 단자 전압에 기록한다. 단, 이때 발진기는 제거한다. 그림 11-4에 MultiSIM을 활용한 공통베이스 증폭기의 각 단자 전압 측정을 위한 실험 회로를 나타내었다.

③ 적정한 바이어스가 공급되고 있는지 판단하는 기준은 V_{BE}와 V_{CE}의 크기를 판단하는 것이다. V_{BE}는 0.6~0.7 V범위 안에 있고, V_{CE}는 전원 전압의 $\frac{1}{3}$~$\frac{2}{3}$범위 안에 드는가? 만족한다면 '범위 내에', 그렇지 않다면 '범위 밖'에 체크한다.

④ 증폭기의 전압 이득을 계산한다. 각 값을 기록한다.

ⓐ 발진기의 주파수를 $1kHz$, 사인파, 신호의 크기를 $100m\,V_{PP}$로 설정하여 입력한다.

ⓑ 부하 저항을 연결하고 출력단자에서 증폭된 신호의 크기를 측정한다.

⑤ 공통베이스 증폭기의 입·출력 파형을 그린다.

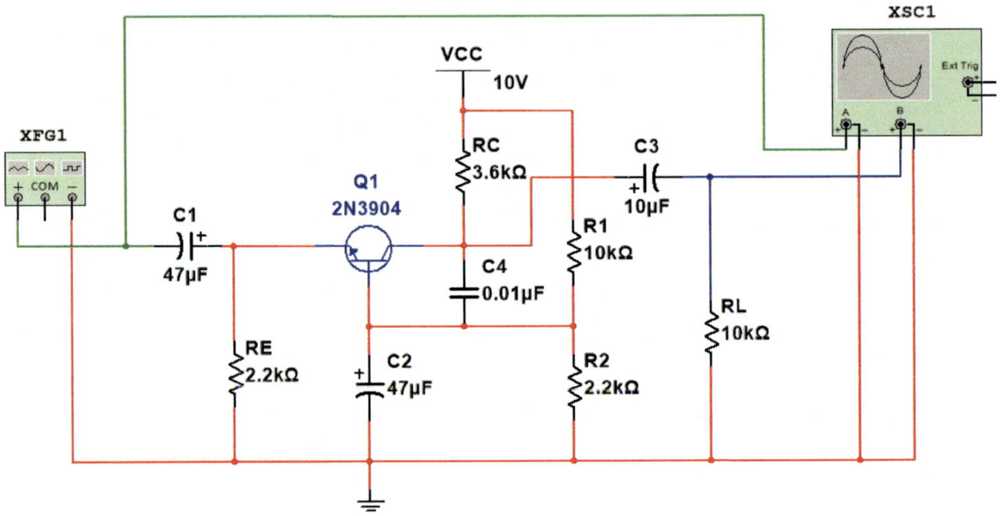

그림 11-3 공통베이스 증폭기 실험 회로 (MultiSIM)

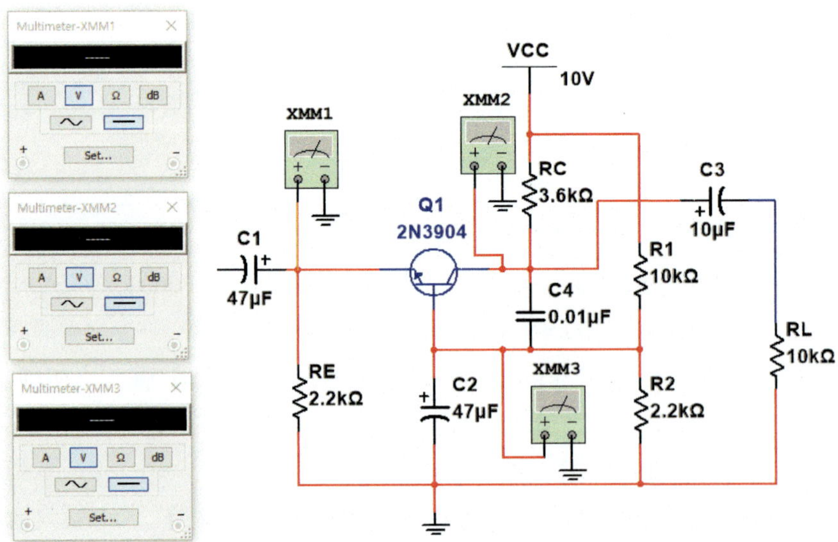

그림 11-4 공통베이스 증폭기의 각 단자 전압 측정을 위한 실험 회로 (MultiSIM)

실험 11-3 Smart LAB을 활용한 공통베이스 증폭기 회로 실험

▸ 다음의 실험 절차를 진행하고 그 결과를 '실험 결과 고찰 11' 의 '실험 11-3. SmartLAB을 활용한 공통베이스 증폭기실험'에 작성한다.

① Smart LAB을 활용하여 그림 11-1과 같이 공통베이스 증폭회로를 구성하고 입력단자에는 함수 발생기(F/G), 출력단자에는 오실로스코프를 연결한다. 그림 11-5에 Smart LAB을 활용한 공통이미터 증폭기실험 회로를 나타내었다.

② 멀티미터를 이용하여 트랜지스터 각 단자의 전압을 측정하여 '각 단자 전압'에 기록한다. 단, 이때 발진기의 출력은 OFF로 한다.

③ 적정한 바이어스가 공급되고 있는지 판단하는 기준은 V_{BE}와 V_{CE}의 크기를 판단하는 것이다. V_{BE}는 0.6~0.7 V범위 안에 있고, V_{CE}는 전원 전압의 $\frac{1}{3}\sim\frac{2}{3}$범위 안에 드는가? 만족한다면 '범위 내에', 그렇지 않다면 '범위 밖'에 체크한다.

④ 증폭기의 전압 이득을 계산한다. 각 값을 기록한다.

ⓐ 발진기의 주파수를 $1kHz$, 사인파, 신호의 크기를 $100m\,V_{PP}$로 설정하여 입력한다.

ⓑ 부하 저항을 연결하고 출력단자에서 증폭된 신호의 크기를 측정한다.

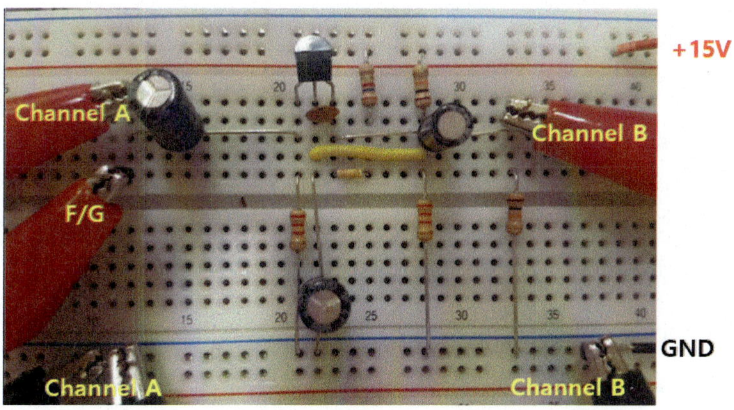

그림 11-5 공통베이스 증폭기 실험 회로 (Smart LAB)

■ 공통베이스 증폭기의 입력 저항 측정하기

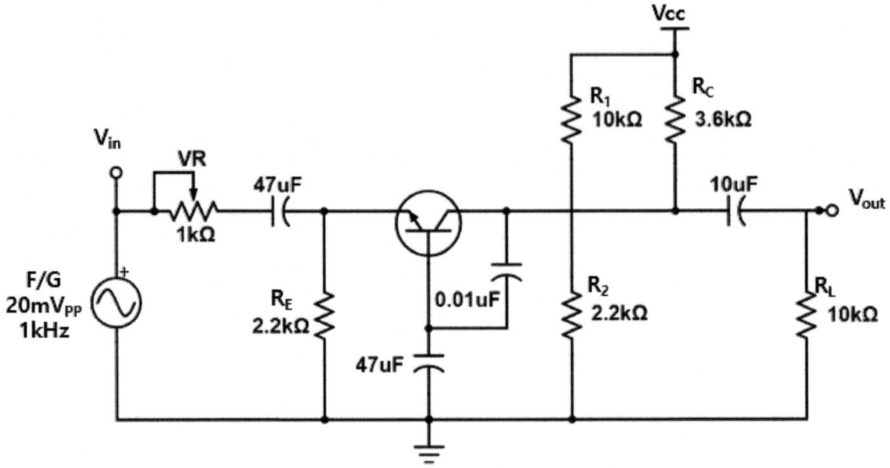

그림 11-6 공통베이스 증폭기의 입력 저항 측정 회로

실험 11-4 MultiSIM을 활용한 공통베이스 증폭기의 입력 저항 측정 실험

▸ 다음의 실험 절차를 진행하고 그 결과를 '실험 결과 고찰 11'의 '실험 11-4. MultiSIM을 활용한 공통베이스 증폭기의 입력 저항 측정 실험'에 작성한다.

① MultiSIM을 활용하여 그림 11-6의 공통베이스 증폭기의 입력 저항 측정 실험 회로를 구성한다. 포텐시오미터는 최소 저항 위치에 둔다. 그림 11-7에 MultiSIM을 활용한 공통베이스 증폭기의 입력 저항 측정 실험 회로를 나타내었다. Function Generator의 주파수는 $1kHz$, 신호 레벨은 $100m\,V_{PP}$로 설정한다. Variable Resistor를 더블 클릭하여 나오는 속성창의 Value 탭에서 Increment를 1%로 설정한다.

② 증폭기의 출력(V_{out})을 확인한다. 이 값을 '포텐시오미터 최소 상태의 출력 V_{out}'에 기록한다.

③ 증폭기가 이전 출력의 1/2크기가 될 때 포텐시오미터의 저항값을 조정(A 키 : 증가, Shift + A 키 : 감소)하고 그 값을 기록한다. 조정된 % 값에 가변저항의 값을 곱하면 공통베이스 증폭기의 입력 저항이 된다. 이 값을 '공통베이스 증폭기의 입력 저항 r_{in}'에 기록한다.

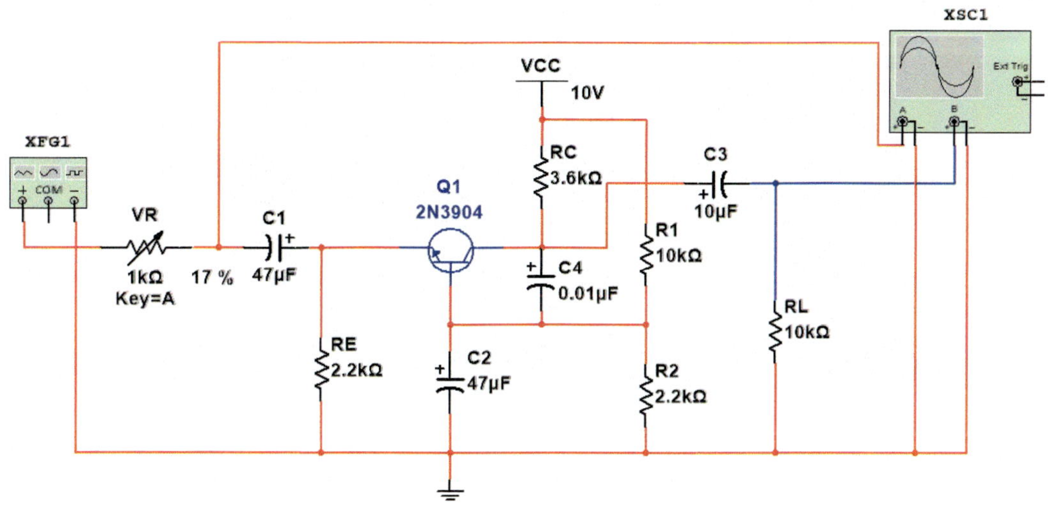

그림 11-7 공통베이스 증폭기의 입력 저항 측정 실험 회로 (MultiSIM)

실험 11-5 Smart LAB을 활용한 공통베이스 증폭기의 입력 저항 측정 실험

▸ 다음의 실험 절차를 진행하고 그 결과를 '실험 결과 고찰 11'의 '실험 11-4. SmartLAB을 활용한 공통베이스 증폭기의 입력 저항 측정 실험'에 작성한다.

① SmartLAB을 활용하여 그림 11-6의 공통베이스 증폭기의 입력 저항 측정 실험 회로를 구성한다. 포텐시오미터는 최소 저항 위치에 둔다. 그림 11-8에 SmartLAB을 활용한 공통베이스 증폭기의 입력 저항 측정 실험 회로를 나타내었다. Function Generator의 주파수는 $1kHz$, 신호 레벨은 $100mV_{PP}$로 설정한다.

② 오실로스코프를 출력단자에 연결하고 증폭기의 출력(V_{out})을 확인한다. 이 값을 '포텐시오미터 최소 상태의 출력 V_{out}'에 기록한다.

③ 포텐시오미터를 조절하여 증폭기가 이전 출력의 1/2크기가 되도록 한다.

④ 증폭기의 전원과 발진기를 분리한다. (브레드보드에서는 포텐시오미터를 분리한다.)

⑤ 포텐시오미터 양단의 저항값을 측정한다. 이 값이 증폭기의 입력 저항이다. 이 값을 '공통베이스 증폭기의 입력 저항 r_{in}'에 기록한다.

그림 11-8 공통베이스 증폭기의 입력 저항 측정 실험 회로 (Smart LAB)

■ 공통베이스 증폭기의 출력 저항 측정하기

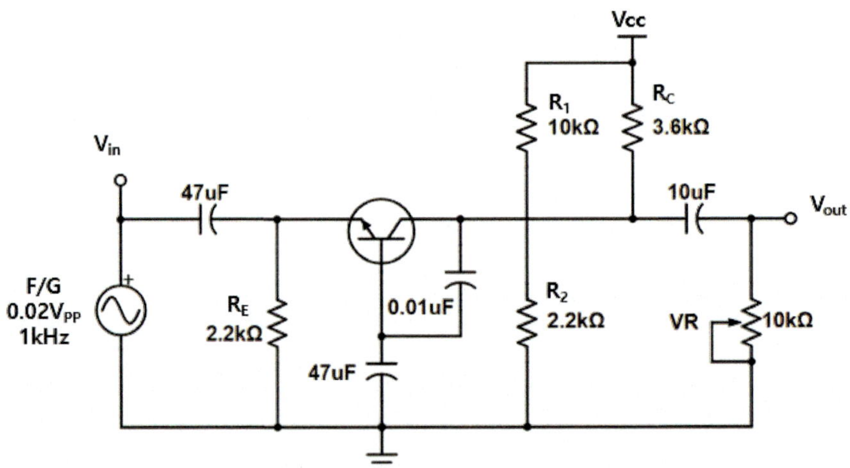

그림 11-9 공통베이스 증폭기의 출력 저항 측정 회로

실험 11-6 MultiSIM을 활용한 공통베이스 증폭기의 출력 저항 측정 실험

▸ 다음의 실험 절차를 진행하고 그 결과를 '실험 결과 고찰 11'의 '실험 11-6. MultiSIM을 활용한 공통베이스 증폭기의 출력 저항 측정 실험'에 작성한다.

① MultiSIM을 활용하여 그림 11-9의 공통베이스 증폭기의 출력 저항 측정 실험 회로를 구성한다. 발진기는 연결하고 출력단의 부하 저항은(포텐시오미터 $5k\Omega$)은 연결하지 않는다. 그림

11-10에 MultiSIM을 활용한 공통베이스 증폭기의 출력 저항 측정 실험 회로를 나타내었다. Function Generator의 주파수는 $1kHz$, Amplitude는 $20mV$, Offset은 0으로 설정한다.

② 오실로스코프를 출력단자에 연결하고 입력 $20m\,V_P$일 때 출력(V_{out}) 진폭 측정결과를 관측하고 이 값을 '부하 개방상태의 출력 V_{out}'에 기록한다.

③ 부하 저항으로 포텐시오미터 $5k\Omega$을 연결하고 이를 조절(A 키 : 증가, Shift + A 키 : 감소)하여 이전 출력의 1/2이 되는 부하 저항 크기를 측정하여 기록한다. % 값에 가변저항의 크기를 곱하면 공통베이스 증폭기의 출력 저항이다. 이 값을 '공통베이스 증폭기의 출력 저항 r_{out}'에 기록한다.

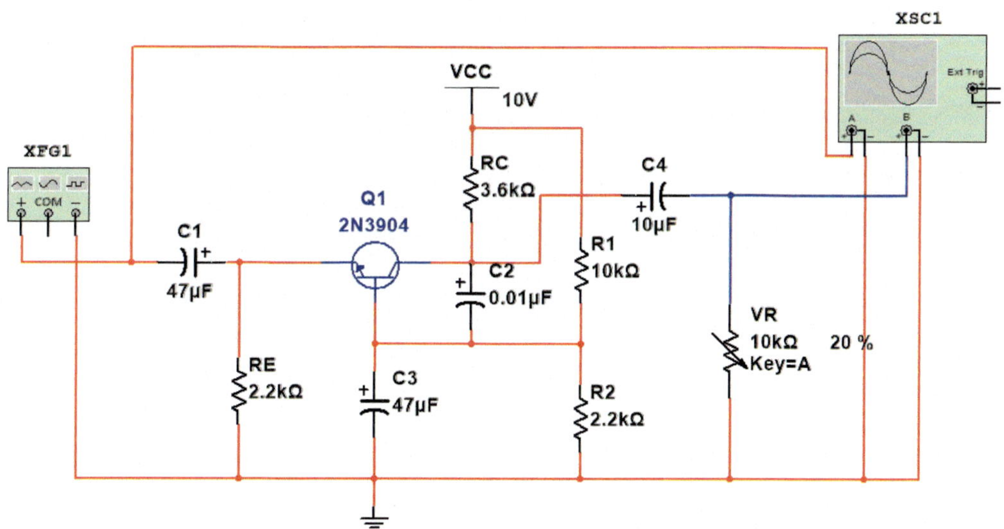

그림 11-10 공통베이스 증폭기의 출력 저항 측정 실험 회로 (MultiSIM)

실험 11-7 Smart LAB을 활용한 공통베이스 증폭기의 출력 저항 측정 실험

▸ 다음의 실험 절차를 진행하고 그 결과를 '실험 결과 고찰 11'의 '실험 11-7. SmartLAB을 활용한 공통베이스 증폭기의 출력 저항 측정 실험'에 작성한다.

① Smart LAB을 활용하여 그림 11-9의 공통베이스 증폭기의 출력 저항 측정 실험 회로를 구성한다. 발진기는 연결하고 출력단의 부하 저항은(포텐시오미터 $5k\Omega$)은 연결하지 않는다. 그림 11-11에 Smart LAB을 활용한 공통베이스 증폭기의 출력 저항 측정 실험 회로를

나타내었다. Function Generator의 주파수는 $1kHz$, Amplitude는 $20mV$, Offset은 0으로 설정한다.

② Smart LAB의 전원을 공급하고 오실로스코프를 출력단자에 연결하고 증폭기의 출력 V_{out}의 진폭을 측정하고 '부하 개방상태의 출력 V_{out}'에 기록한다.

③ 포텐시오미터 $5k\Omega$을 연결하고 이를 조절하여 이전 출력의 1/2이 되는 부하 저항 크기를 측정하여 기록한다. 이 값이 공통베이스 증폭기의 출력 저항이다. 이 값을 '공통베이스 증폭기의 출력 저항 r_{out}'에 기록한다.

그림 11-11 공통베이스 증폭기의 출력 저항 측정 회로 (Smart LAB)

실험 결과 고찰 11

[실험 11-1] TinkerCAD를 활용한 공통베이스 증폭기실험

- 베이스 전압 $V_B = (\qquad\qquad)\ [V]$
- 이미터 전압 $V_E = (\qquad\qquad)\ [V]$
- 컬렉터 전압 $V_C = (\qquad\qquad)\ [V]$
- $V_{BE} = 0.68\text{V}$ [범위 내(　), 범위 밖(　)]
- $V_{CE} = 5.33\text{V}$ [범위 내(　), 범위 밖(　)]
- 입력신호 $V_{in} =\ 0.1\,[V_{pp}]$
- 출력신호 $V_{out} = (\qquad)\,[V_{pp}]$
- 전압 이득 $A_v = \dfrac{V_{out}}{V_{in}} = \dfrac{(\qquad)}{(\qquad)} = (\qquad\qquad)$

[실험 11-2] MultiSIM을 활용한 공통베이스 증폭기실험

- 베이스 전압 $V_B = (\qquad\qquad)\ [V]$
- 이미터 전압 $V_E = (\qquad\qquad)\ [V]$
- 컬렉터 전압 $V_C = (\qquad\qquad)\ [V]$
- $V_{BE} = 0.68\text{V}$ [범위 내(　), 범위 밖(　)]
- $V_{CE} = 5.33\text{V}$ [범위 내(　), 범위 밖(　)]
- 입력신호 $V_{in} =\ 0.1\,[V_{pp}]$
- 출력신호 $V_{out} = (\qquad)\,[V_{pp}]$
- 전압 이득 $A_v = \dfrac{V_{out}}{V_{in}} = \dfrac{(\qquad)}{(\qquad)} = (\qquad\qquad)$

▸ 공통베이스 증폭기의 입·출력 파형

입력신호 파형

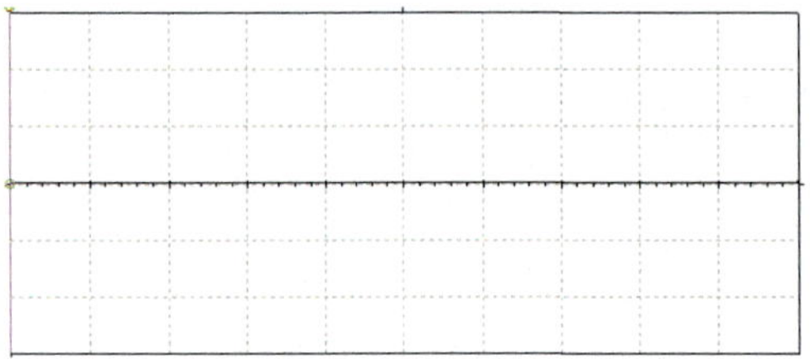

출력신호 파형

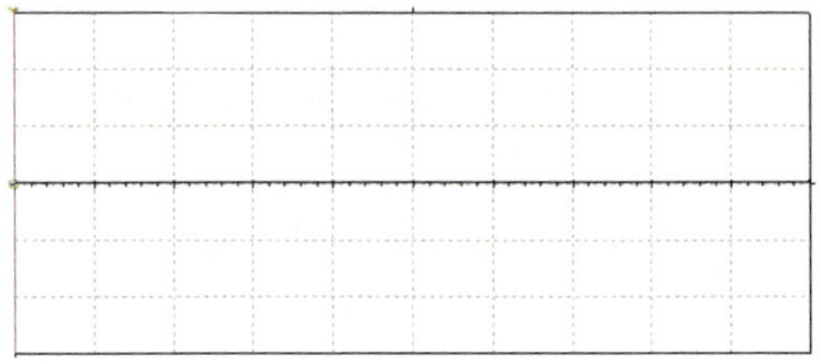

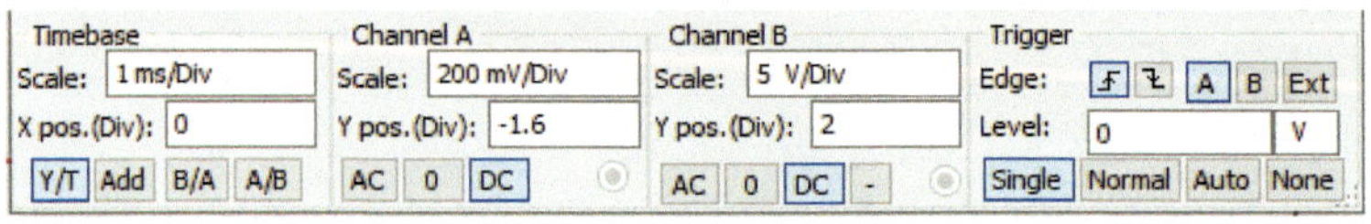

[실험 11-3] Smart LAB을 활용한 공통베이스 증폭기 회로 실험

▸ 베이스 전압 $V_B = ($ $\qquad\qquad)$ [V]

▸ 이미터 전압 $V_E = ($ $\qquad\qquad)$ [V]

▸ 컬렉터 전압 $V_C = ($ $\qquad\qquad)$ [V]

▸ $V_{BE} = 0.68\text{V}$ [범위 내( ), 범위 밖( )]

▸ $V_{CE} = 5.33\text{V}$ [범위 내( ), 범위 밖( )]

▸ 입력신호 $V_{in} = 0.1\,[V_{pp}]$

▸ 출력신호 $V_{out} = (\qquad)\,[V_{pp}]$

▸ 전압 이득 $A_v = \dfrac{V_{out}}{V_{in}} = \dfrac{(\quad)}{(\quad)} = (\qquad\quad)$

[실험 11-4] MultiSIM을 활용한 공통베이스 증폭기의 입력 저항 측정 실험

▸ 포텐시오미터 최소 상태의 출력 V_{out} = ($\qquad\qquad$ V_{PP})

▸ 공통베이스 증폭기의 입력 저항(r_{in}) = $\qquad\qquad$ [Ω]

[실험 11-5] Smart LAB을 활용한 공통이미터 증폭기의 입력 저항 측정 실험

- 포텐시오미터 최소 상태의 출력 V_{out} = (　　　　　　V_{PP})
- 공통베이스 증폭기의 입력 저항(r_{in}) = 　　　　　　　　　$[\Omega]$

[실험 11-6] MultiSIM을 활용한 공통베이스 증폭기의 출력 저항 측정 실험

- 부하 개방상태의 출력 V_{out} = (　　　　　V_{PP})
- 공통베이스 　증폭기의 출력 저항(r_{out}): 　　　　　　　　$[k\Omega]$

[실험 11-7] Smart LAB을 활용한 공통베이스 증폭기의 출력 저항 측정 실험

- 부하 개방상태의 출력 V_{out} = (　　　　　V_{PP})
- 공통베이스 　증폭기의 출력 저항(r_{out}): 　　　　　　　　$[k\Omega]$

☞ 공통베이스 증폭회로 실험 결과를 바탕으로 공통베이스 증폭기의 전압 이득과 입출력 임피던스에 대해 간단히 기술하라.

CHAPTER 12

접합형 전계효과 트랜지스터(JFET)

1. 실험 목적

- FET의 특징을 바이폴라 접합 트랜지스터(BJT)와 비교하여 설명할 수 있다.
- FET의 바이어스 종류를 열거하고 회로 구성을 설명할 수 있다.

2. 실험 준비물

- 브레드보드, 리드선 적당량
- 저항 100Ω, $10k\Omega$
- JFET 2N5454, 2N5457, MPF102
- 멀티미터, 2채널 디지털(메모리) 오실로스코프

3. 관련 이론

JFET(Junction Field-Effect Transistor)는 전자공학에서 사용되는 반도체 소자의 하나로, 전류를 제어하는 데 사용된다. JFET는 전압을 통해 전류를 제어하는 방식으로 작동하며, 트랜지스터의 한 종류이다. JFET는 주로 아날로그 신호 증폭 및 스위칭에 사용된다.

1) JFET의 구성

JFET는 N-채널과 P-채널 두 가지 형태로 나뉜다.

- N-채널 JFET: N형 반도체가 주요 채널이며, 게이트는 P형 반도체로 이루어진다.
- P-채널 JFET: P형 반도체가 주요 채널이며, 게이트는 N형 반도체로 이루어진다.

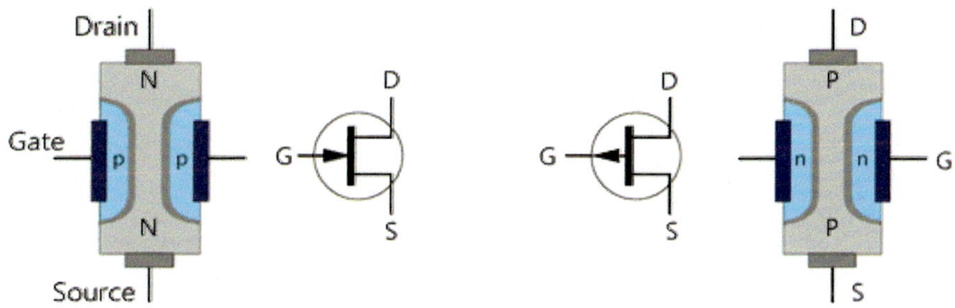

(a) N채널 FET (b) P채널 FET

그림 12-1 J-FET의 구조와 기호

JFET는 전압을 통해 채널의 폭을 조절하여 전류의 흐름을 제어한다.

- 소스(Source): 전류가 시작되는 단자
- 드레인(Drain): 전류가 끝나는 단자
- 게이트(Gate): 전류 흐름을 제어하는 단자

JFET는 게이트-소스 전압(V_{GS})에 의해 채널의 저항이 변화하고, 이는 드레인-소스 전류(I_D)를 조절한다.

2) 드레인 전압 대 전류 특성

그림 12-2와 같은 실험 회로를 구성하고 V_{GS}를 한 곳에 고정하는 조건에서 드레인 전압을 변화시킬 때 드레인 전류의 흐름을 측정하여 그래프로 나타낸 것이 그림 12-3이다.

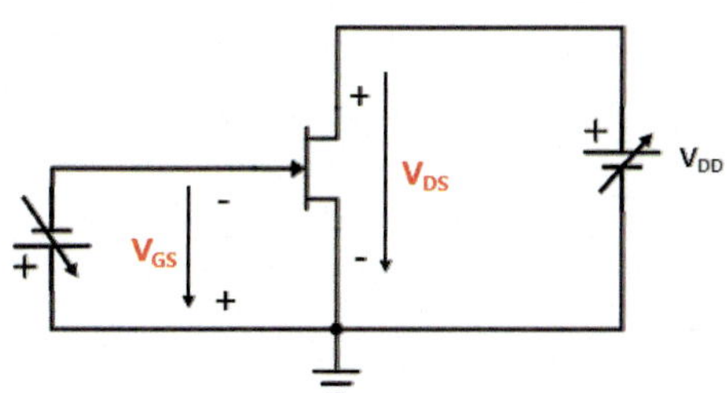

그림 12-2 JFET 특성실험 회로

(1) 최대 드레인 전류(I_{DSS})

게이트 전압 $V_{GS}=0\,V$일 때의 조건에서 드레인의 전압 대 전류변화를 보면 여러 개의 곡선 중 드레인 전류가 가장 많이 흐른다. 이때의 드레인 전류를 '최대 드레인 전류'라 부르고 문자기호로 I_{DSS}라 쓴다. 게이트에 역방향 전압이 걸리지 않아서 공핍층은 얇고 채널의 폭은 넓으므로 전류가 많이 흐르는 것이다.

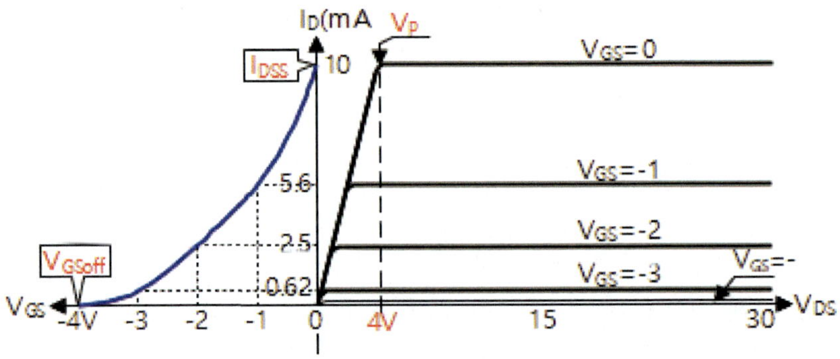

(a) $V_{GS}-I_D$특성 (b) $V_{DS}-I_D$특성

그림 12-3 접합형 전계효과 트랜지스터의 특성곡선

(2) 핀치 오프 전압(V_P)

다시 처음의 곡선을 살펴보자. 드레인 전압을 $0\,V$에서 점차 증가시키면 드레인 전류는 전압에 비례하여 증가하다가 어느 순간(그림 12-3의 예에서는 $4\,V$)부터는 증가를 멈추고 수평을 유지하는 데 이 변곡점을 핀치 오프 전압(Pinch off voltage: V_P)이라 부른다.

(3) 옴 영역과 활성 영역

$0\,V$에서 핀치 오프 점까지의 가파른 경사가 직선이라는 것은 전압에 대한 전류의 변화가 비례관계라는 의미가 된다. 그래서 이 구간을 옴 영역(Ohmic region)이라고 부른다. 핀치 오프 전압보다 높은 수평 구간을 활성 영역(Active region)이라 부른다. 옴 영역에서 JFET는 하나의 저항과 같다. 옴 저항, 즉 드레인-소스 사이의 저항을 R_{DS}라 할 때 다음과 같이 나타낼 수 있다.

$$R_{DS}=\frac{V_P}{I_{DSS}} \qquad \text{식 (12-1)}$$

예를 들면, $V_p = 4V$ 이고 $I_{DSS} = 10mA$ 라면 옴 저항값은

$$R_{DS} = \frac{4V}{10mA} = \frac{4}{0.01} = 400\,\Omega \quad \text{식 (12-2)}$$

V_P 이하의 전압 구간에서 전압과 전류 관계는 직선이기 때문에 저항도 400Ω 으로 동일하다.

(5) 게이트 차단 전압($V_{GS_{off}}$)

게이트 전압(V_{GS})을 음(-)으로 계속 낮추면 결국 드레인 전류(I_D)가 0이 되는 순간이 온다. 이때의 전압을 게이트 차단 전압이라 한다. JFET의 게이트에 음(-)전압이 깊어지면 공핍층이 확대되고 결국 채널을 막아 드레인 전류가 흐를 수 없게 된다. 일반적으로 게이트 차단 전압과 핀치 오프 전압은 같은 크기이고 극성은 반대이다. 즉,

$$V_{GS\,off} = -V_P \quad \text{식 (12-3)}$$

(6) 전달 컨덕턴스 곡선($V_{GS} - I_D$ 특성곡선)

그림 12-4 (a)는 입력 게이트 전압에 대한 출력 드레인 전류의 관계를 나타낸 것이다. 입력 대 출력의 관계이기 때문에 신호 전달(Signal transfer)의 특성을 나타낸 것이고, 전압 대 전류의 관계이기 때문에 컨덕턴스로 해석할 수 있다.

$$\frac{I_{output}}{V_{input}} = \frac{I}{V} = G\,(= conductance) \quad \text{식 (12-4)}$$

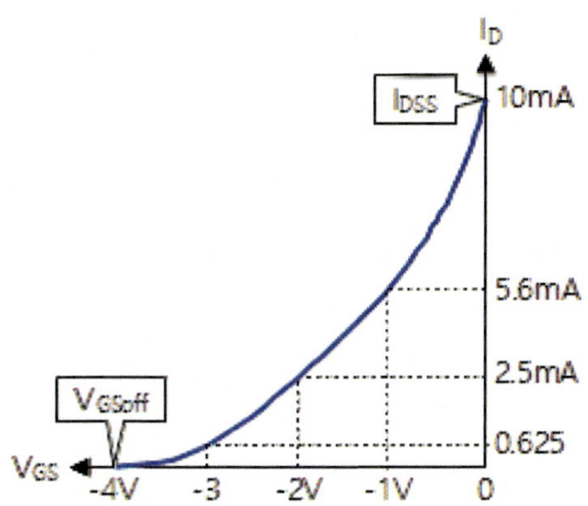

(a) 일반적인 특성곡선

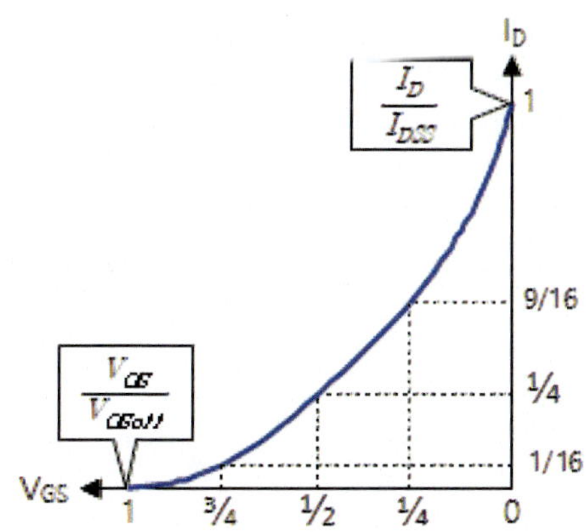

(b) 정규화 특성곡선

그림 12-4 전달 컨덕턴스 특성곡선

그래서 이 두 가지 의미를 합쳐 '전달컨덕턴스' 특성이라 한다. 접합형 FET에서 드레인 전류는 다음 식으로 표시된다.

$$I_D = I_{DSS}(1 - \frac{V_{GS}}{V_{GSoff}})^2 \qquad \text{식 (12-5)}$$

그림 12-4(b)는 JFET의 전달컨덕턴스 특성을 정규화한 곡선이다. 정규화의 의미는 입력 전압을 $\frac{V_{GS}}{V_{GSoff}}$, 출력전류를 $\frac{I_D}{I_{DSS}}$와 같이 최댓값에 대한 비율로 나타낸 것이다. 이처럼 정규화한 방식으로 해석하면 입력 전압이 차단 전압의 1/2일 때 출력전류는 최댓값의 1/4이 된다는 것을 쉽게 알 수 있다.

(7) 특징 및 장점

- 고입력 임피던스: JFET는 입력 임피던스가 매우 높아 신호 손실이 적다.
- 낮은 잡음: 전류 제어가 전압으로 이루어져 낮은 전기적 잡음을 발생시킨다.
- 단순한 구조: 구조가 비교적 단순하여 제조가 용이하다.

(8) 응용 분야

- 신호 증폭: 낮은 신호를 증폭하는 데 주로 사용
- 스위칭 소자: 전자 기기에서 스위치 역할
- 전압 조정기: 안정된 전압을 제공하기 위해 사용

4. 실험 순서

■ 도통 시험하기

실험 12-1 MultiSIM을 활용한 JFET 단자간 저항 측정 실험

▸ 다음의 실험 절차를 진행하고 그 결과를 '실험 결과 고찰 12'의 '실험 12-1. MultiSIM을 활용한 JFET 단자간 저항 측정 실험'에 작성한다.

① MultiSIM을 활용하여 JFET의 각 단자간 저항을 측정하기 위한 다음의 회로를 구성하라. 그림 12-5에 MultiSIM을 활용한 JFET 각 단자간 저항을 측정하기 위한 실험 회로를 나타내

었다.

② 한 다음 드레인-소스, 게이트-소스, 게이트-드레인 사이의 저항값을 측정하여 표 12-1에 기록한다.

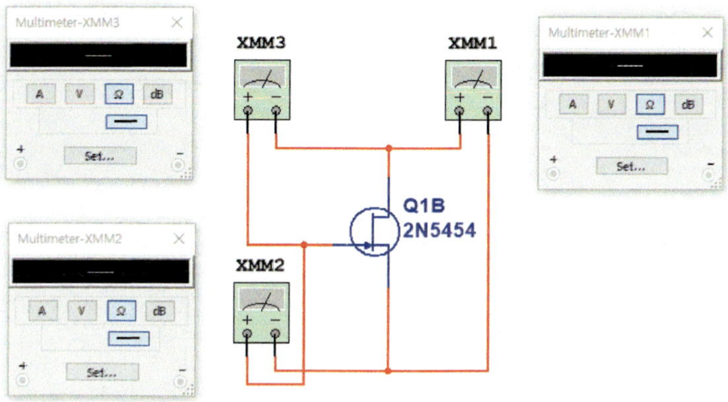

(a) D→S, G→ S , G→D 간 저항 측정

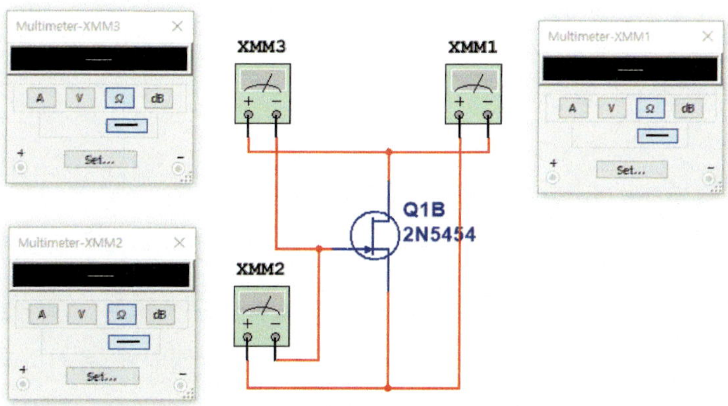

(b) S→D, S→G , D→G 간 저항 측정

그림 12-5 JFET 각 단자간 저항을 측정하기 위한 실험 회로 (MultiSIM)

실험 12-2 SmartLAB을 활용한 JFET 단자간 저항 측정 실험

▸ 다음의 실험 절차를 진행하고 그 결과를 '실험 결과 고찰 12'의 '실험 12-2. SmartLAB을 활용한 JFET 단자간 저항 측정 실험'에 작성한다.

① 브레드보드에 JFET를 삽입 고정한다.

② 멀티미터를 이용하여 드레인-소스, 게이트-소스, 게이트-드레인 사이의 저항값을 측정하여 표 12-2에 기록한다. 적색은 (+)극, 청색은 (-)극의 리드이다.

■ $V_{GS} - I_D$ 특성실험

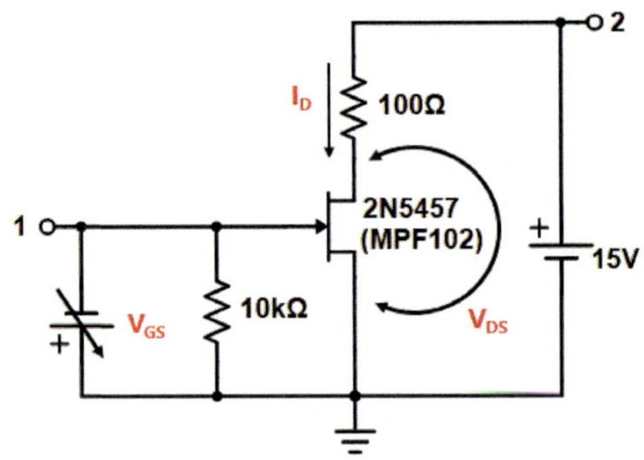

그림 12-6 JFET 특성 실험 회로

실험 12-3 MultiSIM을 활용한 JFET 특성실험

▸ 다음의 실험 절차를 진행하고 그 결과를 '실험 결과 고찰 12'의 '실험 12-3. MultiSIM을 활용한 JFET 특성실험'에 작성한다.

① MultiSIM을 활용하여 그림 12-6의 JFET 특성실험 회로를 구성한다. 그림 12-7에 MultiSIM을 활용한 JFET 특성실험 회로를 나타내었다. V_{GS}가 부극성임에 유의하라.

② 시뮬레이션을 실행하고 게이트-소오스간 전압(V_{GS})을 조정하여 측정되는 드레인 전류(I_D)를 표 12-3에 기록한다.

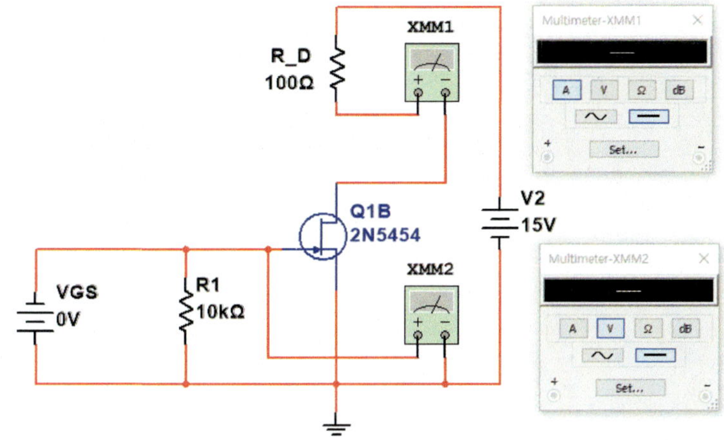

그림 12-7 JFET 특성 실험 회로 (MultiSIM)

실험 12-4 MultiSIM의 DC Sweep을 활용한 JFET 특성($V_{DS}-I_D$) 실험

▸ 다음의 실험 절차를 진행하고 그 결과를 '실험 결과 고찰 12'의 '실험 12-4. MultiSIM의 DC Sweep을 활용한 JFET 특성($V_{DS}-I_D$) 실험'에 작성한다.

① MultiSIM을 활용하여 그림 12-8(a)와 같이 JFET 특성실험 회로를 구성한다.

② [Simulate-Analyses and simulation] 메뉴를 선택하고 DC Sweep에서 JFET의 드레인-소스 전압(V_{DS})을 0 V에서 15 V까지 0.5 V씩 변화시킨다. 동시에 게이트-소스 전압(V_{GS})을 0 V에서 5 V까지 0.5 V씩 변화시키기 위해 'Use source2'를 활성화하고 값을 설정한다. Output 탭에서 컬렉터 전류를 선택한다. 컬렉터 전류 $I(JQ1_B[ID])$가 나타나지 않으면 하단의 'Add device/model parameter..' 버튼을 클릭하여 나오는 창에서 Parameter를 'id'로 설정하고 적용한 다음 선택한다. 이를 그림 12-8(b)에 나타내었다.

③ 시뮬레이션을 실행하고 JFET 특성($V_{DS}-I_D$)을 분석한다. 그 결과를 '시뮬레이션 결과'에 그린다.

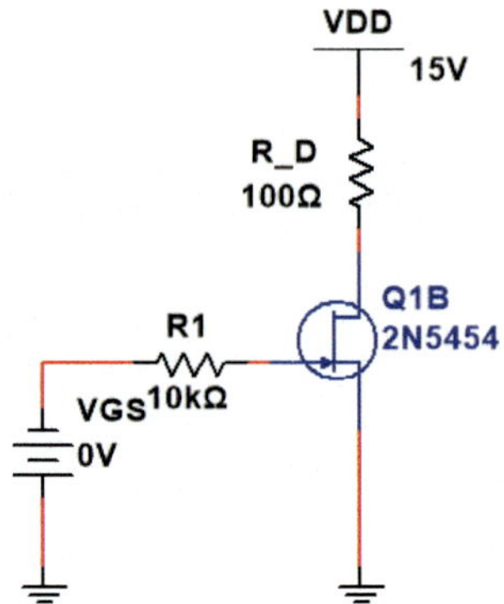

(a) 실험 회로

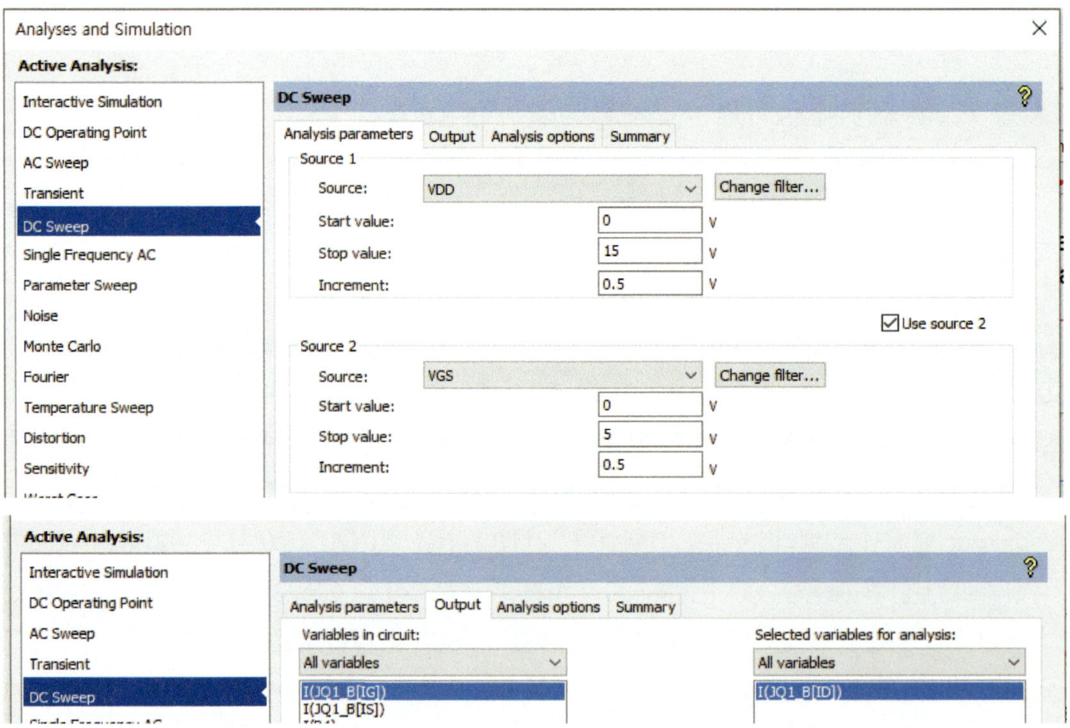

(b) JFET 특성실험을 위한 DC Sweep의 Analysis parameters와 Output설정

그림 12-8 JFET 특성실험을 위한 회로 (MultiSIM - DC Sweep)

실험 12-5 Smart LAB을 활용한 JFET 특성실험

▸ 다음의 실험 절차를 진행하고 그 결과를 '실험 결과 고찰 12'의 '실험 12-5. Smart LAB을 활용한 JFET 특성실험'에 작성한다.

① SmartLAB을 활용하여 그림 12-6의 JFET 특성실험 회로를 구성한다. 그림 12-9에 SmartLAB을 활용한 JFET 특성실험 회로를 나타내었다.

② 포트 2와 GND에 드레인 공급전압은 15 V고정 전원을 연결하고, 포트 1과 GND에 연결하는 게이트 전압(V_{GS})은 가변 전원(Variable Power)을 사용한다.

③ 게이트 전압(V_{GS})은 부극성임에 유의하라. 이 전압(V_{GS})의 크기는 Variable Power의 디지털 표시 값을 이용하라.

④ $V_{GS} = 0\,V$ 일 때 흐르는 드레인 전류를 측정하여 표 12-4에 기록한다. ⇒ 이 값이 I_{DSS} 이다.

⑤ 게이트 전압($-V_{GS}$)을 조절해 가면서 드레인 전류(I_D)를 측정하여 표 12-4에 기록한다.

- 입력 전압($-V_{GS}$)을 계속 낮추면 드레인 전류(I_D)가 0이 되는 순간이 온다. 이때의 전압이 게이트 차단 전압 $V_{GS_{OFF}}$이다.
- 게이트 차단 전압은 FET의 특성에 따라 -2.1 V가 되기도 하고 -3.3 V가 될 수도 있다. -2.0 V 이후의 단계는 상황에 따라 도표에 게이트 전압값을 기록한다. 예를 들어, 차단 전압이 -3.3 V이면 게이트 전압 빈칸에 -2.5 V, -3.0 V 그리고 -3.3 V를 기입하고 각각의 드레인 전류를 기록한다.

⑥ 표 12-3 또는 표 12-4의 결과를 이용하여 $V_{GS} - I_D$ 특성곡선을 그린다.

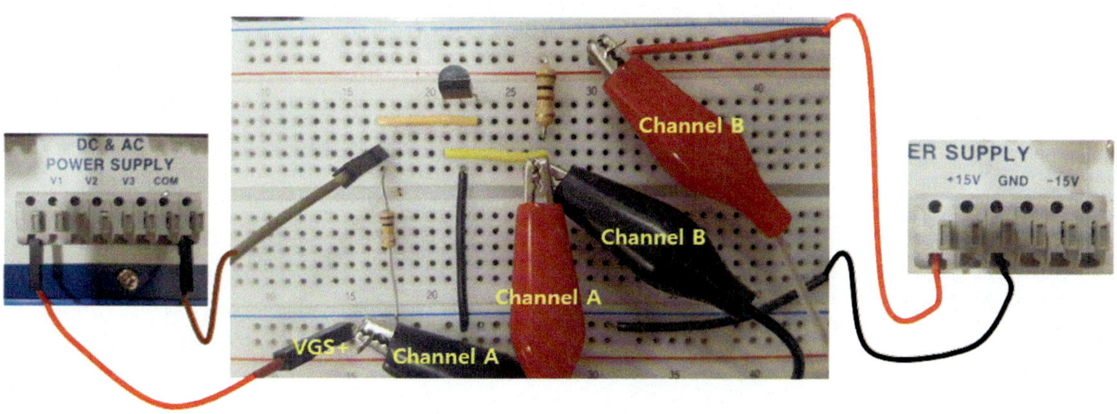

그림 12-9 JFET 특성 실험 회로 (Smart LAB)

실험 결과 고찰 12

[실험 12-1] MultiSIM을 활용한 JFET 단자간 저항 측정 실험

표 12-1 단자 간 저항 측정 실험 결과 (MultiSIM)

측정 위치	드레인-소스 간		게이트-소스 간		게이트-드레인 간	
극성	$D \rightarrow S$	$S \rightarrow D$	$G \rightarrow S$	$S \rightarrow G$	$G \rightarrow D$	$D \rightarrow G$
측정값(Ω)						

[실험 12-2] SmartLAB을 활용한 JFET 단자간 저항 측정 실험

표 12-2 단자 간 저항 측정결과 (Smart LAB)

측정 위치	드레인-소스 간		게이트-소스 간		게이트-드레인 간	
극성	$D \rightarrow S$	$S \rightarrow D$	$G \rightarrow S$	$S \rightarrow G$	$G \rightarrow D$	$D \rightarrow G$
측정값(Ω)						

☞ JFET 각 단자간 저항 측정 실험 결과에 대해 정상적인 JFET에 대해 각 단자간 측정되는 저항값에 대해 간단히 기술하라.

[실험 12-3] MultiSIM을 활용한 JFET 특성실험

표 12-3 $V_{GS} - I_D$ 측정결과 (MultiSIM)

게이트 전압	V_{GS} [V]	0	-0.5	-1.0	-1.5	-2.0	-2.5	-2.7		
드레인 전류	I_D [mA]	8.8	6.4	4.4	2.3	1.0	0.14	0		
비고		↑ I_{DSS}						↑ $V_{GS_{off}}$		

[실험 12-4] MultiSIM의 DC Sweep을 활용한 JFET 특성($V_{DS}-I_D$) 실험

▸ 시뮬레이션 결과

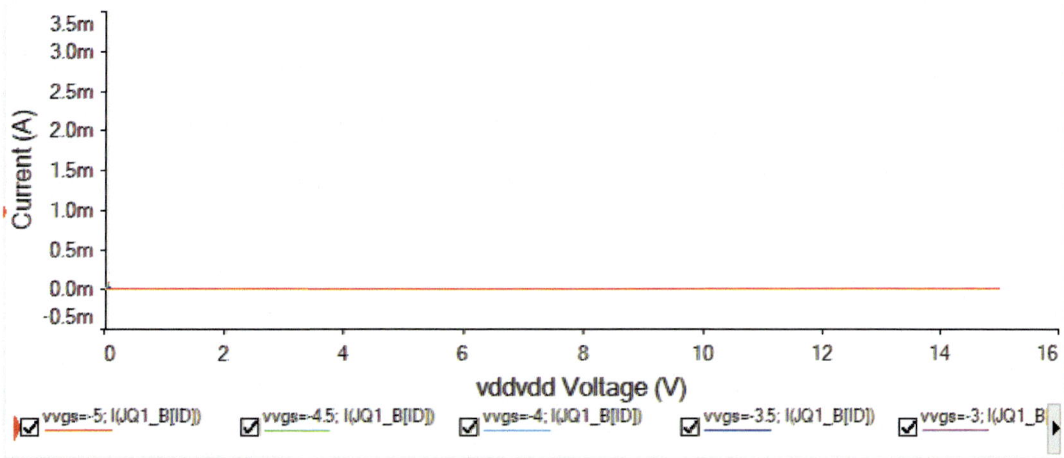

[실험 12-5] Smart LAB을 활용한 JFET 특성실험

표 12-4 $V_{GS}-I_D$ 측정결과 (Smart LAB)

게이트 전압	V_{GS} [V]	0	-0.5	-1.0	-1.5	-2.0				
드레인 전류	I_D [mA]									0
비고		↑ I_{DSS}								↑ $V_{GS_{off}}$

‣ $V_{GS} - I_D$ 특성곡선

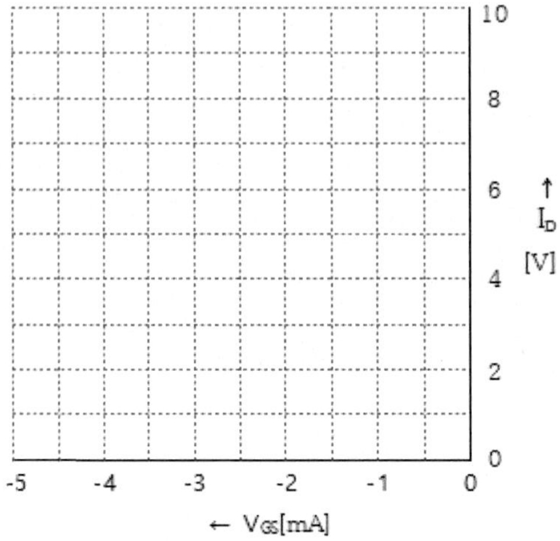

☞ JFET 특성실험 결과를 바탕으로 JFET의 특성에 대해 BJT와의 차이점을 중심으로 간단히 기술하라.

CHAPTER **13**

JFET 응용회로

1. 실험 목적

- JFET를 활용한 공통 소스 증폭기회로를 설계할 수 있다.
- 초퍼 회로의 동작 원리를 설명할 수 있다.

2. 실험 준비물

- 브레드보드, 리드선 적당량
- 저항 $3.3k\Omega$, $5.6k\Omega$, $10k\Omega$, $20k\Omega$, $1M\Omega$
- 가변저항 $500k\Omega$
- 전해 캐패시터 $1\mu F$, $10\mu F$
- 세라믹 캐패시터 $0.1\mu F$
- JFET 2N5454, 2N5457, MPF102
- 멀티미터, 함수 발생기, 2채널 디지털(메모리) 오실로스코프

3. 관련 이론

JFET(Junction Field-Effect Transistor)는 다양한 전자회로에서 사용된다. 주요 응용 회로는 다음과 같다.

1) 신호 증폭기 (Signal Amplifier)

JFET는 고입력 임피던스와 낮은 잡음 특성으로 인해 신호 증폭기에 자주 사용된다. 특히, 오디오 증폭기와 같은 저주파 응용에서 많이 사용된다.

- **소스-팔로워(Source-Follower) 회로**: 이 회로는 단위 이득(1배 증폭)을 제공하며, 입력 임피던스가 높고 출력 임피던스가 낮아 버퍼로 사용된다.

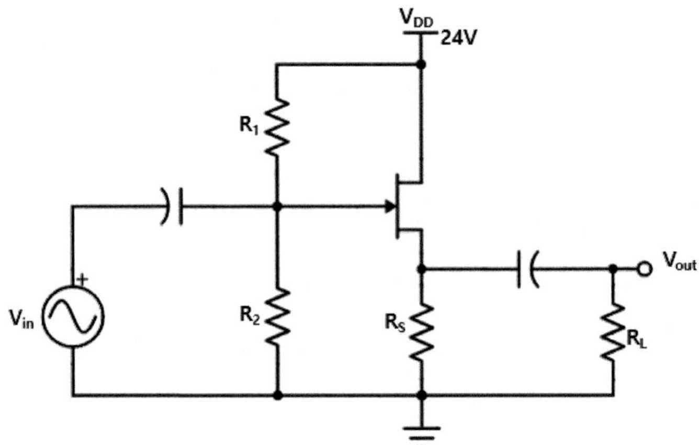

그림 13-1 소스 팔로워 회로

- **공통 소스(Common Source) 증폭기**: 높은 전압 이득을 제공하는 가장 일반적인 증폭기이다. 입력신호가 게이트에 인가되고 출력신호가 드레인에서 발생한다.

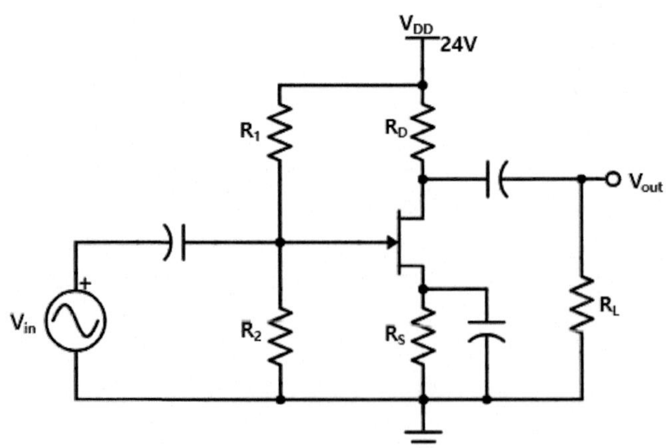

그림 13-2 공통 소스 증폭회로

2) 전압 제어 저항 (Voltage-Controlled Resistor)

- JFET는 게이트-소스 전압(V_{GS})에 따라 채널 저항이 변하는 특성을 이용하여 전압 제어 저항기로 사용된다.
- 변조 회로: JFET의 저항 특성을 이용해 신호를 변조하는 데 사용된다. 예를 들어, 오디오 믹서에서 두 개 이상의 오디오 신호를 합칠 때 JFET가 사용된다.

3) 스위칭 소자 (Switching Device)

- JFET는 빠른 스위칭 속도로 인해 아날로그 스위치로도 사용된. 특히, 소스와 드레인 사이의 전류를 빠르게 차단하거나 연결할 수 있는 특성이 있다.
- 아날로그 스위치: JFET는 디지털 신호로 제어되는 아날로그 신호 경로의 스위치로 사용된다. 이는 신호 라우팅, 신호 경로 선택 등에 유용하다.

4) 전압 제어 발진기 (Voltage-Controlled Oscillator, VCO)

- JFET는 발진기의 주파수를 제어하는 데 사용된다. VCO는 주파수 변조(FM) 및 위상 변조(PM) 응용에 필수적이다.

5) RC 발진기

- JFET는 RC 회로의 주파수를 조정하는 데 사용되며, 주파수는 V_{GS}에 따라 변화한다.

6) 초퍼 회로(Chopper Circuits)

초퍼(Chopper)란 직류를 단속하여 구형파 교류로 만드는 회로를 말한다. 입력 측으로 들어온 직류 전압을 게이트 제어 신호의 주파수로 잘게 쪼개어 출력 측으로 전달한다. 직류 전압이 크기는 그대로이고 제어 신호의 주파수를 가진 교류로 변신하게 된다. 이렇게 쵸핑된 교류는 교류증폭기를 통해 증폭도 할 수 있다.

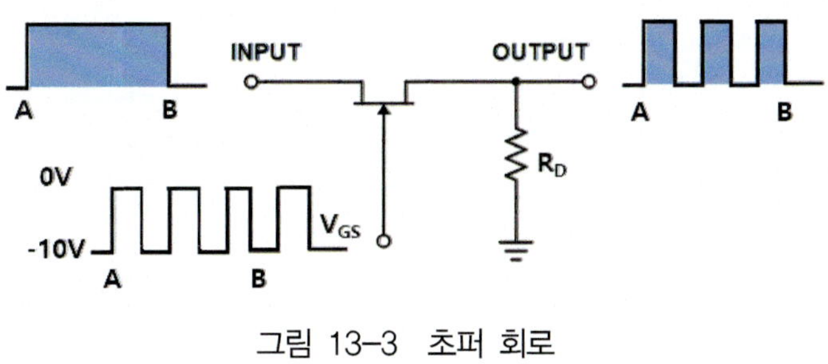

그림 13-3 초퍼 회로

7) 클램핑 회로 (Clamping Circuits)

JFET는 신호의 특정 부분을 클램핑(클리핑)하는 데 사용된다. 이는 특정 전압 이상을 넘지 않도록 신호를 제한하는 데 유용하다.

- 파형 클리퍼: JFET를 이용해 입력신호의 피크를 클램핑하여 신호를 제한할 수 있다.

4. 실험 순서

■ 공통 소스 증폭회로 실험

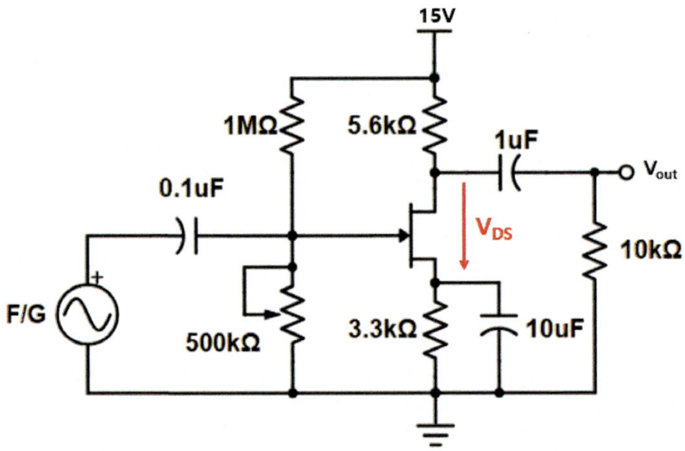

그림 13-4 공통 소스 증폭 실험 회로

실험 13-1 MultiSIM을 활용한 공통 소스 증폭기실험

▸ 다음의 실험 절차를 진행하고 그 결과를 '실험 결과 고찰 13'의 '실험 13-1. MultiSIM을 활용한 공통 소스 증폭기실험'에 작성한다.

① MultiSIM을 활용하여 그림 13-4와 같이 공통 소스 증폭기실험 회로를 구성한다. 그림 13-5에 MultiSIM을 활용한 공통 소스 증폭기실험 회로를 나타내었다.

② 무신호 상태에서 전원 15 V를 공급하고, 드레인-소스 전압(V_{DS})이 5 V가 되도록 VR을 조정한다.(전압분배 바이어스) 인지 확인한다. 바이어스 조정을 위한 실험 회로와 시뮬레이션 결과를 그림 13-6에 나타내었다.

③ 함수 발진기로부터 사인파, $1kHz$, $0.4\,V_{PP}$를 공급하고 오실로스코프에 나타난 출력 파형을 측정하여 표 13-1에 기록한다.

④ 바이어스 분압 저항 VR을 조절하면 찌그러짐의 발생을 조절할 수 있다. VR을 더블클릭하여 나오는 속성창의 Value 탭에서 Increment를 1%로 설정하고 A 키를 눌러 증가시킨다. Shift + A 키를 누르면 감소시킨다. 찌그러짐 없는 최대 출력 진폭을 관찰하고 그 값을 '최대 출력 진폭'에 기록한다. '출력 파형이 왜곡이 없을 경우와, ' 출력 파형 왜곡이 있는 경우'에 대한 입 · 출력 파형을 그린다.

⑤ 가변저항을 조정하여 다시 왜곡이 없는 상태를 유지한다. 입력신호가 사인파 $1kHz$일 때 $4\,V_{PP}$출력이 나오도록 입력신호 레벨을 조절한다. 이를 위해 오실로스코프의 'T1'은 출력 파형의 가장 높은 값에 위치(파랑)하도록 드래그하고 'T2'는 가장 낮은 곳에 위치하도록 드래그한 다음 'T2-T1'의 값이 $4.0\,V$가 되도록 Function Generator의 Amplitude를 조정한다. 이 과정을 그림 13-7에 나타내었다.

⑥ 이 상태에서 주파수를 $20\,Hz$에서 $40kHz$까지 바꾸어 갈 때 출력의 크기를 측정하여 표 13-2에 기록한다. 주파수 대역폭을 측정하기 위하여 Frequency를 조정해 보고 $100kHz$인 경우와 $110kHz$인 경우의 시뮬레이션 결과를 '주파수 응답 시뮬레이션 결과'에 그린다.

⑦ 출력 전압이 설정한 $4\,V$의 절반인 $2\,V$가 되는 주파수가 대역폭이 된다. 이 값을 '대역폭'에 기록한다.

⑧ 입력신호와 출력신호의 크기와 위상을 측정하여 '공통 소스 증폭회로의 입출력 파형'에 그린다.

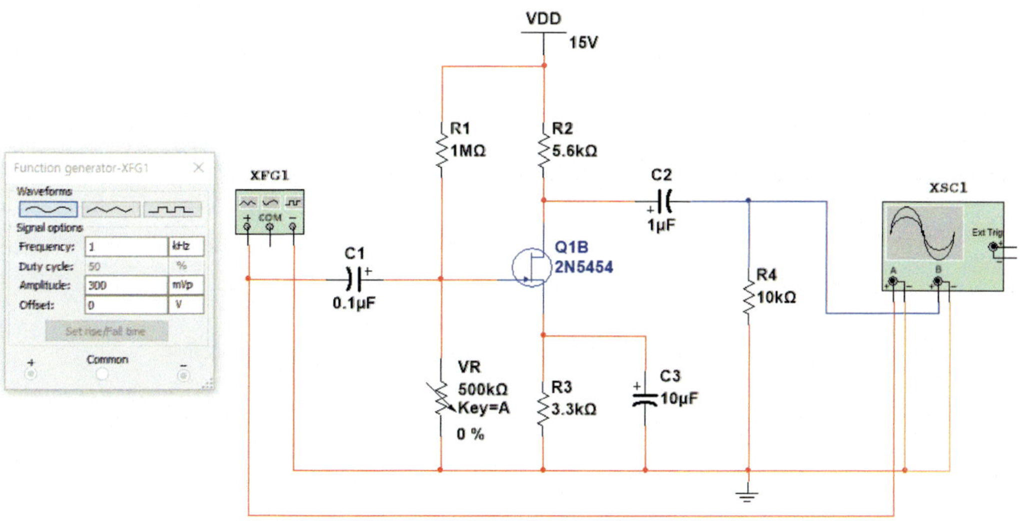

그림 13-5 공통 소스 증폭 실험 회로 (MultiSIM)

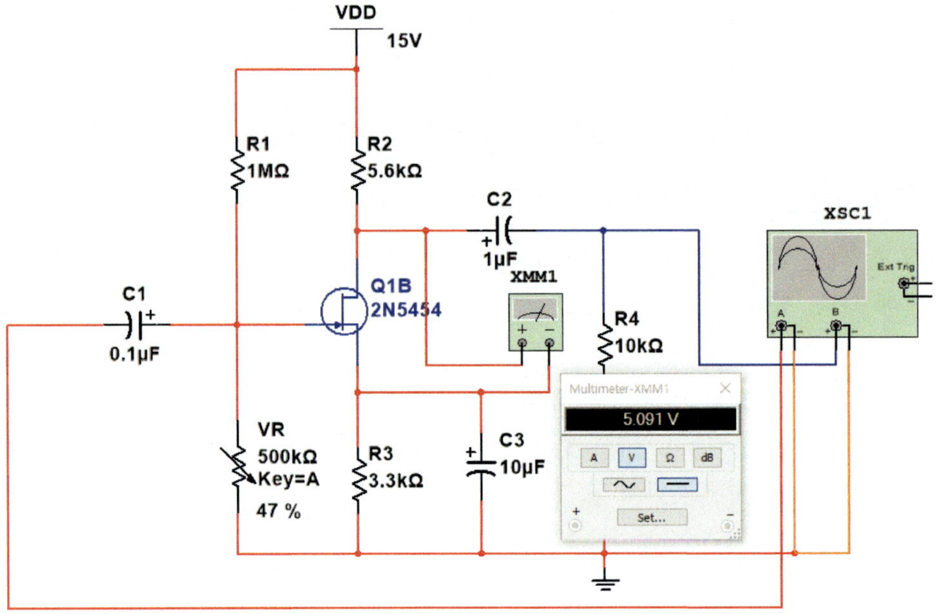

그림 13-6 공통 소스 증폭 실험 회로의 드레인-소스 전압 측정 - 무신호 상태 (MultiSIM)

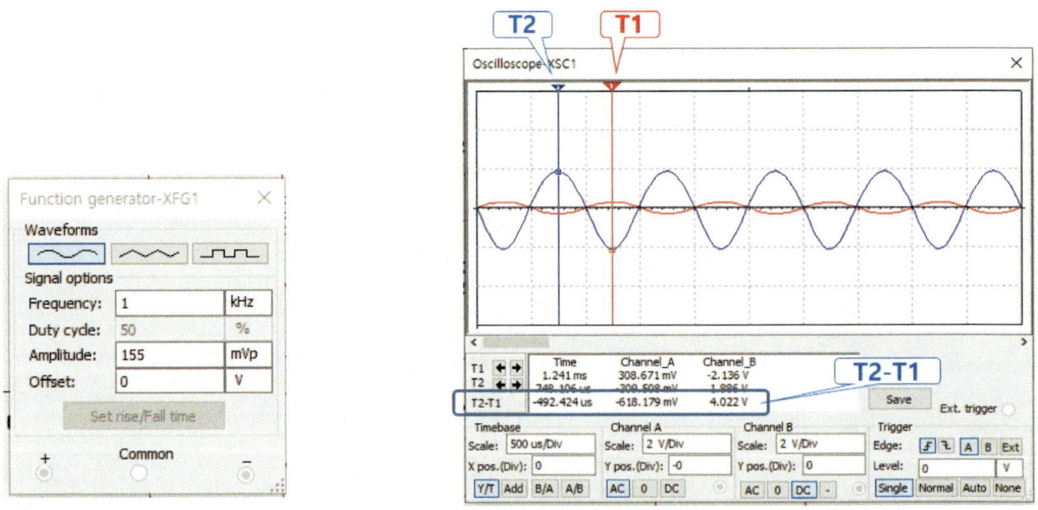

그림 13-7 공통 소스 증폭회로의 입력신호 레벨 조절 (MultiSIM)

실험 13-2 Smart LAB을 활용한 공통 소스 증폭기실험

▸ 다음의 실험 절차를 진행하고 그 결과를 '실험 결과 고찰 13'의 '실험 13-2. SmartLAB을 활용한 공통 소스 증폭기실험'에 작성한다.

① Smart LAB을 활용하여 그림 13-4와 같이 공통 소스 증폭기실험 회로를 구성한다. 그림 13-8에 Smart LAB을 활용한 공통 소스 증폭기실험 회로를 나타내었다. 포텐시오미터는 V_{DS}가 5 V를 유지하도록 바이어스 조정되도록 한다.

② 입력단자에 함수 발진기를 연결하고, 출력단자에는 오실로스코프를 연결한다.

③ 함수 발진기로부터 사인파, $1kHz$, $0.4\,V_{PP}$를 공급하고 오실로스코프에 나타난 출력 파형을 측정하고 그 결과를 기록한다.

④ 바이어스 분압 저항 $P1$을 조절하면 찌그러짐의 발생을 조절할 수 있다. 찌그러짐 없는 최대 출력 진폭을 측정하여 '최대 출력 진폭'에 기록한다.

⑤ 가변저항을 조정하여 다시 왜곡이 없는 상태를 유지한다. 입력신호가 사인파 $1kHz$일 때 $4\,V_{PP}$출력이 나오도록 입력신호 레벨을 조절한다.

⑥ 이 상태에서 주파수를 $20Hz$에서 $40kHz$까지 바꾸어 갈 때 출력의 크기를 측정하여 표 13-4에 기록한다.

⑦ 출력 전압이 설정한 $4\,V$의 절반인 $2\,V$가 되는 주파수가 대역폭이 된다. 이 값을 '대역폭'에 기록한다.

⑧ 입력신호와 출력신호의 크기와 위상을 측정하여 '공통 소스 증폭회로의 입출력 파형'에 그린다.

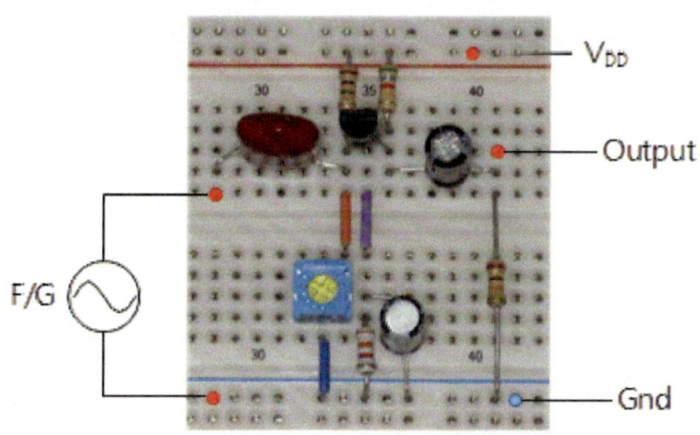

그림 13-8 공통 소스 증폭 실험 회로 (Smart LAB)

■ 초퍼 회로 실험

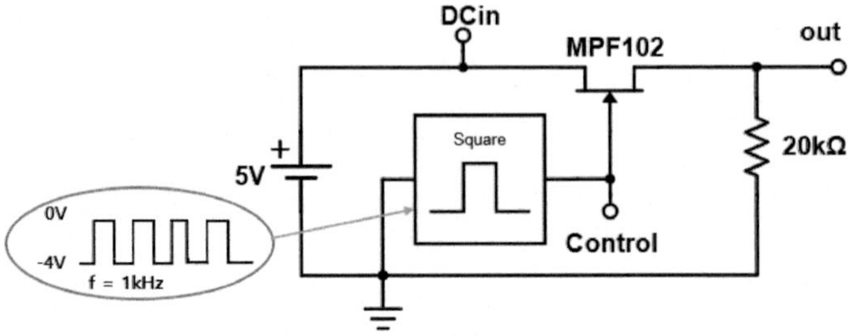

그림 13-9 초퍼 회로

실험 13-3 MultiSIM을 활용한 초퍼 회로 실험

▸ 다음의 실험 절차를 진행하고 그 결과를 '실험 결과 고찰 13'의 '실험 13-3. MultiSIM을 활용한 초퍼 회로 실험'에 작성한다.

① MultiSIM을 활용하여 그림 13-9의 초퍼 실험 회로를 구성한다. 그림 13-10에 MultiSIM을 활용한 초퍼 실험 회로를 나타내었다. V_{DD}로 DC 5 V를 입력하고, 게이트에 함수 발생기를 연결하고 소스에 오실로스코프를 연결한다.

② 함수 발생기의 주파수는 1kHz, 20 V_{PP}의 40%로 설정한다. 함수 발생기는 게이트에 (-) 단자를 연결한다.

③ 신호 파형을 측정하여 '출력신호 파형-1kHz'에 그린다.

④ 발진기의 주파수를 10kHz 바꾸고 출력 파형을 관찰하고 '출력신호 파형-10kHz'에 그린다.

⑤ 직류 입력 전압의 크기를 5 V, 10 V, 2.5 V로 바꿀 때마다 출력신호의 크기를 측정하여 표 13-5에 기록한다.

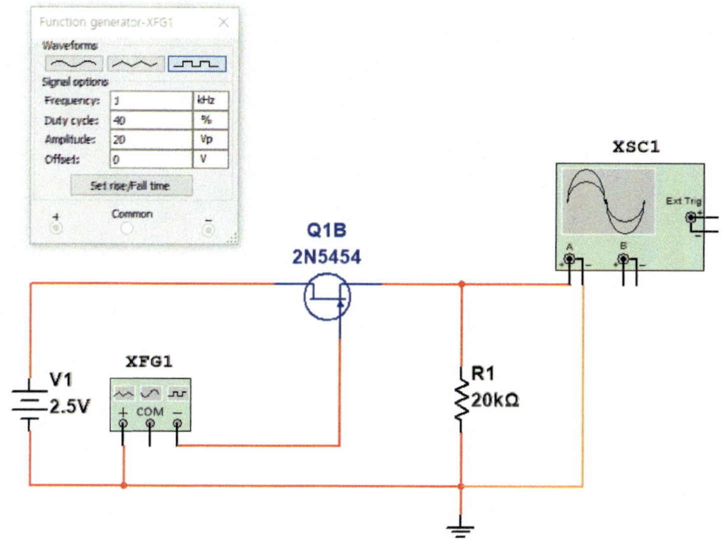

그림 13-10　초퍼 회로의 실험 회로 (MultiSIM)

실험 13-4 Smart LAB을 활용한 초퍼 회로 실험

▸ 다음의 실험 절차를 진행하고 그 결과를 '실험 결과 고찰 13'의 '실험 13-4. SmartLAB을 활용한 초퍼 회로 실험'에 작성한다.

① Smart LAB을 활용하여 그림 13-9의 초퍼 실험 회로를 구성한다. 그림 13-11에 Smart LAB을 활용한 초퍼 실험 회로를 나타내었다.

② V_{DD}로 DC 5 V는 Smart LAB의 '가변전원 장치'를 사용한다. (고정 전원 5 V는 발진기와 접지를 공통으로 사용하기 때문에 발신기를 역극성으로 연결할 때 단락이 발생한다.)

③ 발진기의 주파수는 1kHz, 신호 레벨은 최댓값 4 V의 논리(Logic)파형을 선택한다. 함수 발생기의 신호를 연결할 때 부극성이 되도록 연결함에 주의한다.

④ 발진기의 주파수가 1kHz일 때와 10kHz일 때, DC입력과 제어 펄스를 공급할 때 출력단자에 나타나는 신호 파형을 측정하고 '출력신호 파형'에 그린다.

⑤ 직류 입력 전압의 크기를 5 V, 10 V, 2.5 V로 바꿀 때마다 출력신호의 크기를 측정하여 표 13-6에 기록한다.

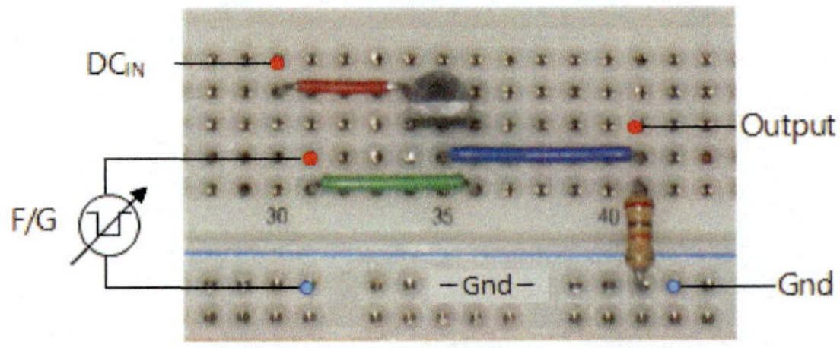

그림 13-11 초퍼 회로 (Smart LAB)

실험 결과 고찰 13

[실험 13-1] MultiSIM을 활용한 공통 소스 증폭기실험

표 13-1 입력과 출력 전압의 측정결과 (MultiSIM)

측정 항목	① 입력 전압	② 출력 전압	③ 전압 이득(A_v)
측정결과	V_{PP}	V_{PP}	$A_v = \frac{②}{①} =$

‣ 입 · 출력 파형 (출력 파형 왜곡 없음)

입력신호 파형

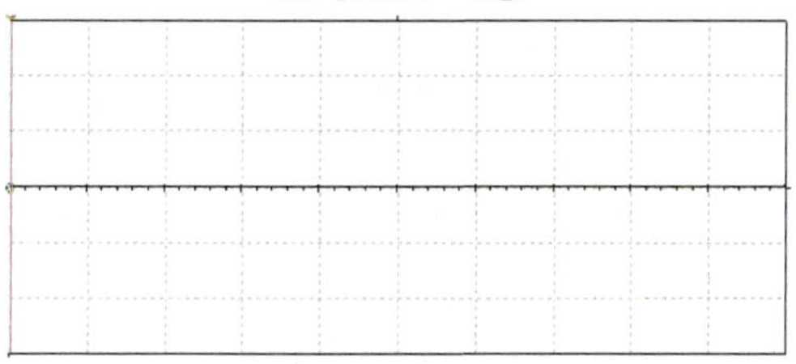

출력신호 파형

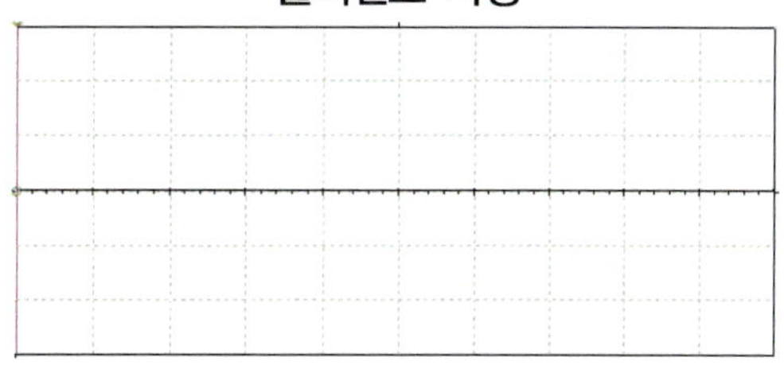

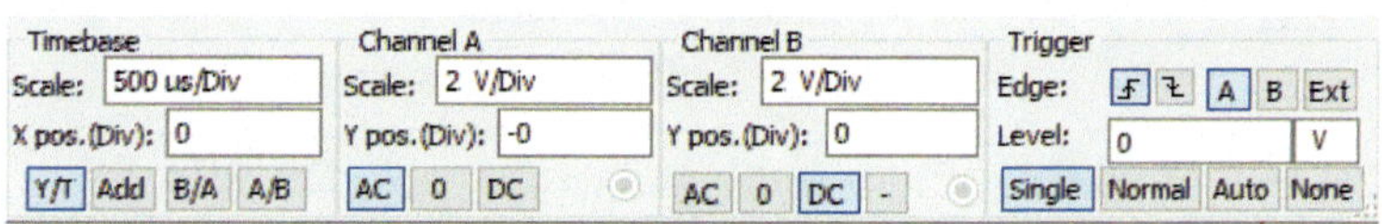

‣ 입 · 출력 파형 (출력 파형 왜곡 있음)

입력신호 파형

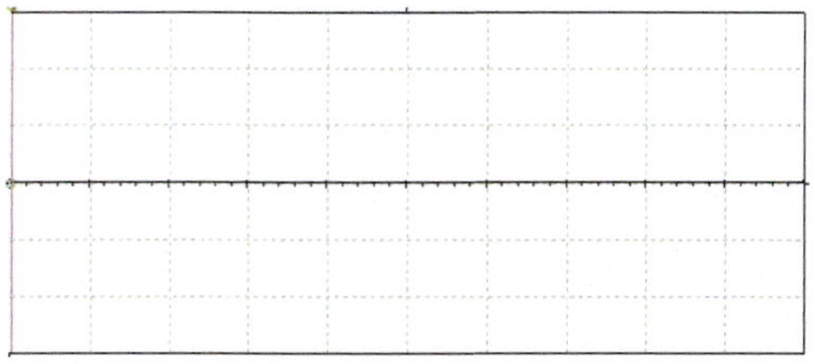

출력신호 파형

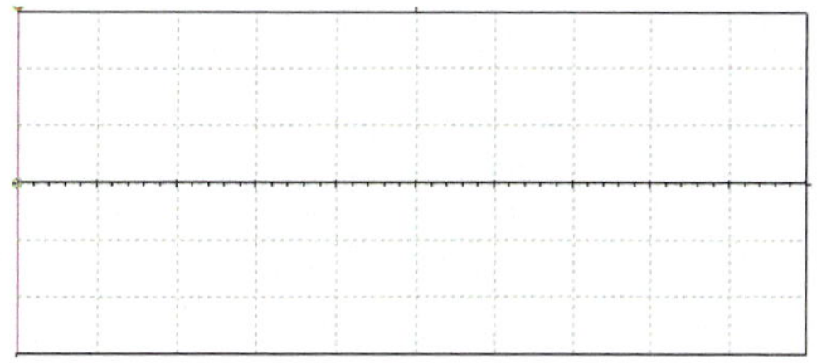

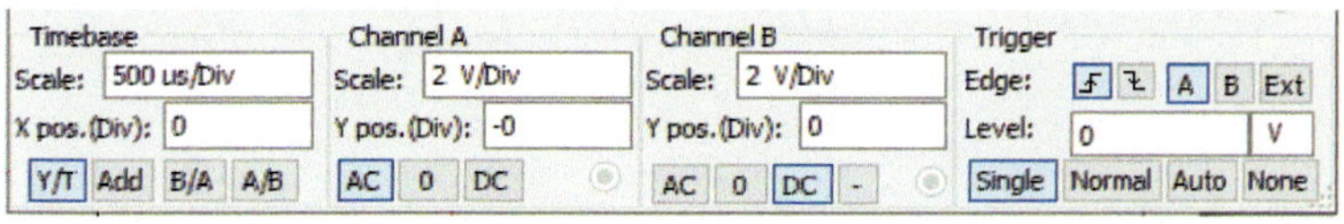

표 13-2 주파수 응답 측정결과 (MultiSIM)

주파수 (Hz)	20	40	70	100	200	400	700	$1k$	$2k$	$4k$	$7k$	$10k$	$20k$	$40k$
출력 전압 (V_{pp})														

▸ 주파수 응답 시뮬레이션 결과 (Frequency = $100kHz$)

입력신호 파형 출력신호 파형

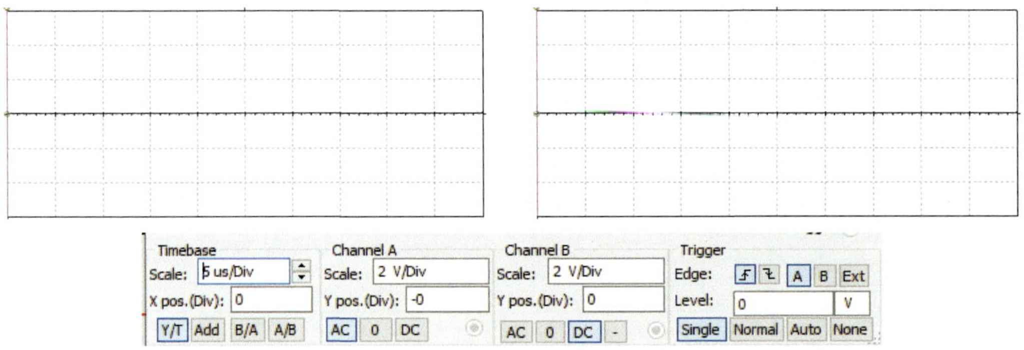

▸ 주파수 응답 시뮬레이션 결과 (Frequency = $110kHz$)

입력신호 파형 출력신호 파형

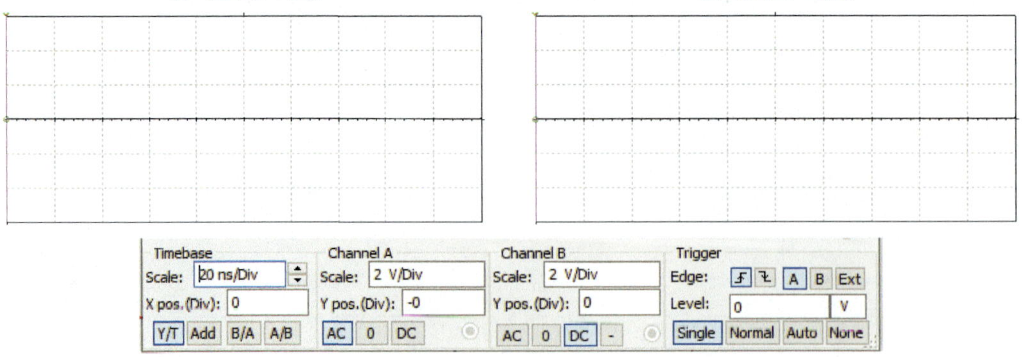

▸ 대역폭 : (   ) ~ (   ) [Hz]

▸ 공통 소스 증폭회로의 입출력 파형

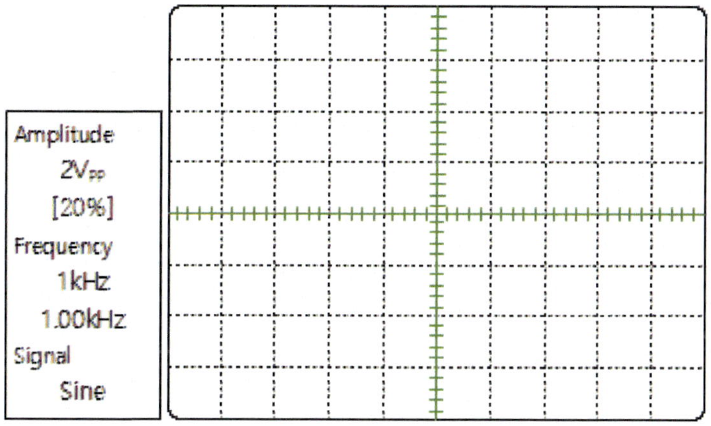

[실험 13-2] SmartLAB을 활용한 공통 소스 증폭기실험

표 13-3 입력과 출력 전압의 측정결과 (Smart LAB)

측정 항목	① 입력 전압	② 출력 전압	③ 전압 이득(A_v)
측정결과	V_{PP}	V_{PP}	$A_v = \dfrac{②}{①} =$

▸ 최대 출력진폭: (　　　) [V_{PP}]

표 13-4 주파수 응답 측정결과 (Smart LAB)

주파수 (Hz)	20	40	70	100	200	400	700	$1k$	$2k$	$4k$	$7k$	$10k$	$20k$	$40k$
출력 전압 (V_{pp})														

▸ 대역폭 : (　　　　) ~ (　　　　) [Hz]

▸ 공통 소스 증폭회로의 입출력 파형

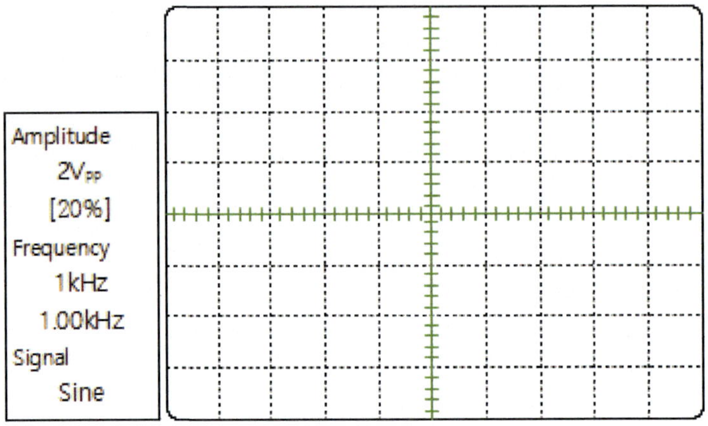

[실험 13-3] MultiSIM을 활용한 초퍼 회로 실험

▸ 출력신호 파형

출력신호 파형 – 1kHz

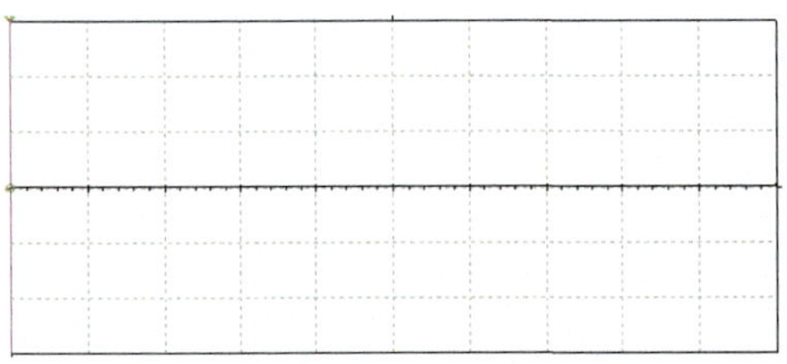

출력신호 파형 – 10kHz

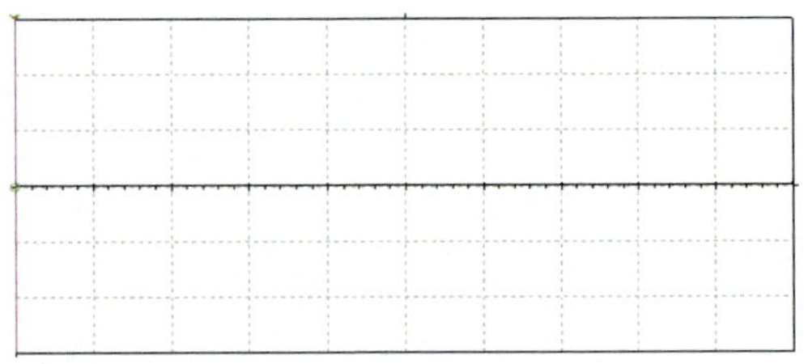

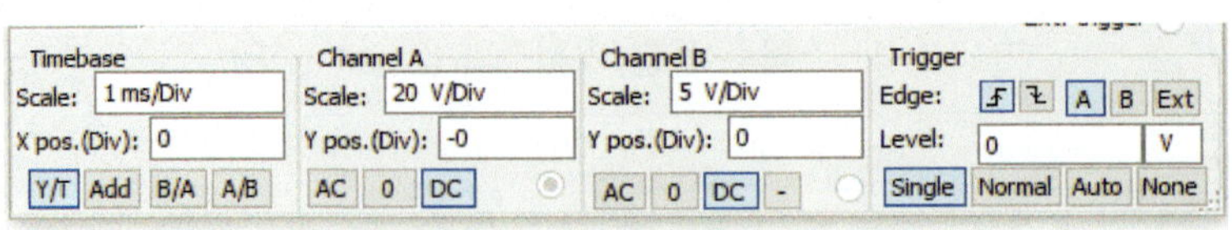

표 13-5 초퍼 회로의 출력 전압 (MultiSIM)

DC 입력 전압	5 V	10 V	2.5 V
출력 전압	V_P	V_P	V_P

[실험 13-4] SmartLAB을 활용한 초퍼 회로 실험

‣ 초퍼 회로의 출력 파형- 주파수 $1kHz$와 $10kHz$

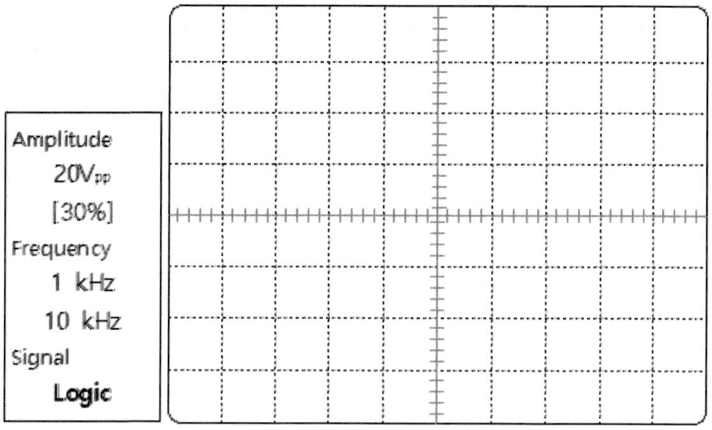

☞ 초퍼 회로의 특성과 용도에 대해 간단히 기술하라.

CHAPTER **14**

MOS형 전계효과 트랜지스터(MOSFET)

1. 실험 목적

- MOS FET의 구조와 동작 원리를 J-FET와 비교하여 설명할 수 있다.
- 상보형 MOS FET의 동작 원리와 응용 예를 설명할 수 있다.

2. 실험 준비물

- 브레드보드, 리드선 적당량
- 저항 200Ω, 330Ω, $30k\Omega$, $1M\Omega$
- LED
- E-MOSFET 2N7000
- 멀티미터, 전원 공급기

3. 관련 이론

MOSFET(Metal-Oxide-Semiconductor Field-Effect Transistor)는 전자공학에서 가장 널리 사용되는 트랜지스터 중 하나로, 전류를 제어하기 위해 선압을 사용하는 반도체 소자이다. 공핍형(Depletion type)과 증가형(Enhancement type)이 있나. 줄여서 각각 D-MOSFET, E-MOSFET라 부른다. MOSFET는 특히 고속 스위칭과 저전력 소비가 중요한 디지털 회로와 전력 전자회로에서 매우 중요하다.

1) MOSFET의 구조와 종류

MOSFET는 크게 N 채널과 P 채널 두 가지로 나뉜다. 그림 14-1은 공핍형 MOSFET의 구조이다. 그림 14-2는 공핍형 MOSFET의 전달컨덕턴스와 드레인 전압에 대한 드레인 전류의 변화를 나타낸 특성곡선이다.

- N-채널 MOSFET: 소스와 드레인이 N형 반도체로 이루어져 있고, 게이트는 금속 산화막으로 절연된 전극이다. 게이트에 양의 전압이 인가되면 N형 채널이 형성되어 전류가 흐른다.
- P-채널 MOSFET: 소스와 드레인이 P형 반도체로 이루어져 있다. 게이트에 음의 전압이 인가되면 P형 채널이 형성되어 전류가 흐른다.

그림 14-3은 증가형 P-채널 MOSFET의 구조이다. 그림 14-4는 증가형 MOSFET의 전달컨덕턴스와 드레인 전압에 대한 드레인 전류의 변화를 나타낸 특성곡선이다. 처음 게이트 전압이 $V_{GS(th)}$에 도달하기까지 드레인 전류는 흐르지 않는다. $V_{GS(th)}$에서부터 드레인 전류가 증가하다가 포화 전류($I_{D(sat)}$)에 가까워지면 급격히 증가한다. 포화점을 넘어서면 소자는 옴 영역에서 동작하며 게이트 전압이 증가하여도 드레인 전류는 더 증가하지 않는다.

E-MOSFET를 과포화 상태, 즉 스위치 ON과 같이 동작시키려면 게이트 전압을 $V_{GS(ON)}$보다 충분히 크게 하면 된다.

2) MOSFET의 동작 모드

MOSFET는 두 가지 주요 동작 모드가 있다.

- 차단 모드(Cut-off Mode): 게이트-소스 전압(V_{GS})이 문턱 전압(V_{th})보다 낮을 때, 채널이 형성되지 않아 전류가 흐르지 않는다.
- 선형 모드(Linear Mode) 또는 활성화 모드 (Active Mode): V_{GS}가 V_{th}보다 높을 때, 채널이 형성되어 소스에서 드레인으로 전류가 흐른다.

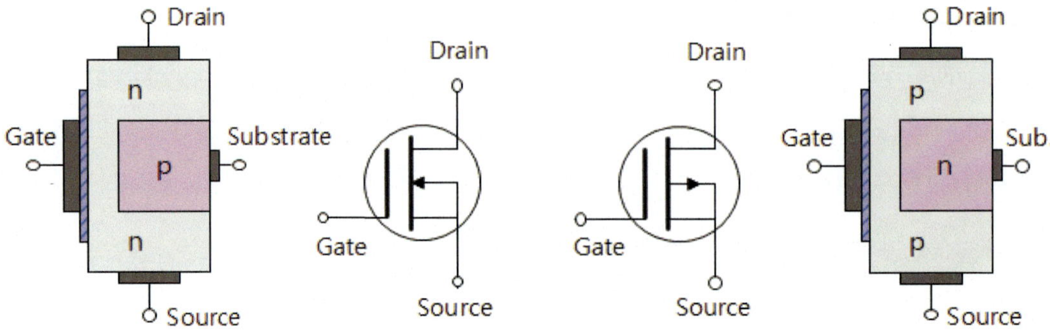

(a) N채널 (b) P채널

그림 14-1 공핍형 MOS FET의 구조와 기호

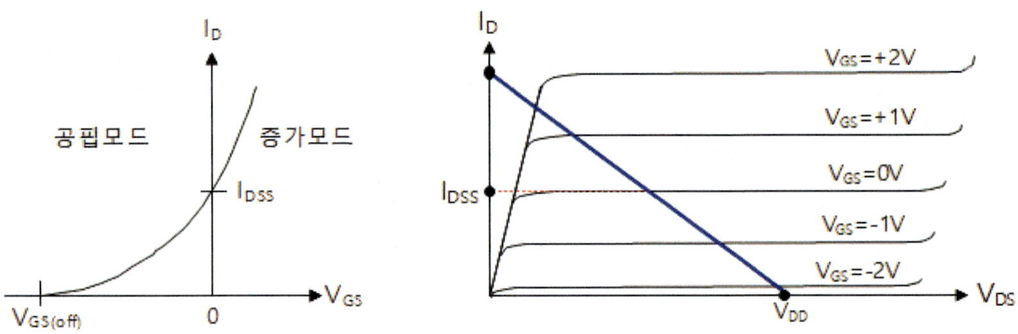

(a) 전달컨덕턴스 (b) $V_{DS} - I_D$ 특성곡선

그림 14-2 N채널 공핍형 MOS FET의 특성

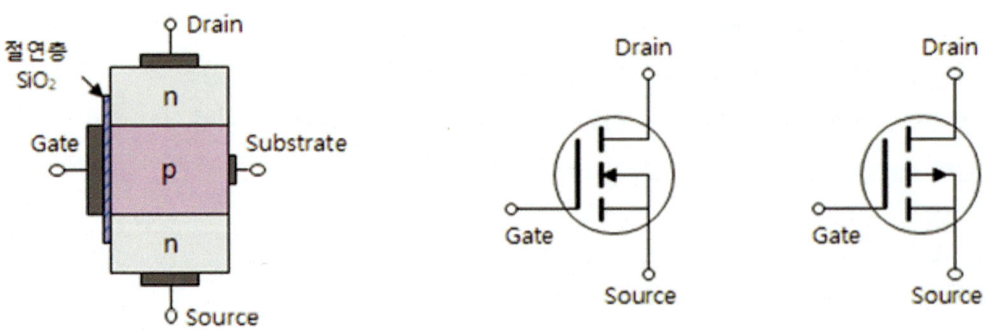

(a) N채널 (b) P채널

그림 14-3 증가형 MOS FET의 구조와 기호

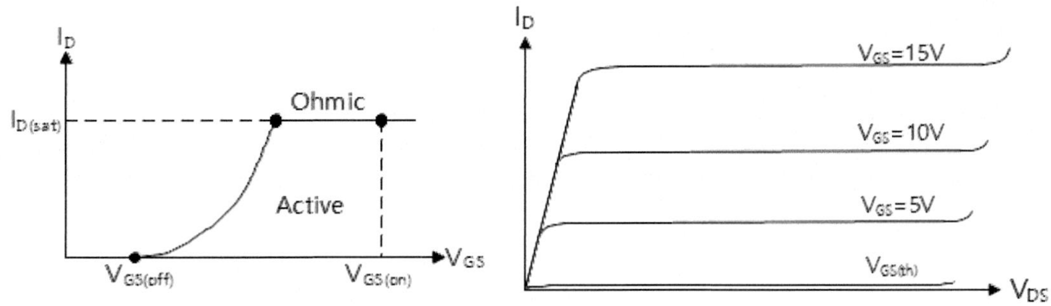

(a) 전달컨덕턴스　　　(b) $V_{DS}-I_D$ 특성곡선

그림 14-2 증가형 MOS FET의 특성

3) MOSFET의 응용

- 스위칭 소자: 고속 스위칭이 가능하여 전력 변환기, 인버터, 스위칭 전원 공급 장치 등에 사용.
- 증폭기: 신호 증폭에 사용되며, 특히 RF 증폭기와 같은 고주파 응용에 많이 사용.
- 디지털 회로: CMOS 기술의 기본 소자로서, 마이크로프로세서, 메모리, 디지털 신호 처리 장치 등 대부분의 디지털 집적 회로에 사용된다.

4) MOSFET의 장점

- 고입력 임피던스: 게이트는 절연체로 되어 있어 입력 임피던스가 매우 높다.
- 낮은 스위칭 손실: 빠른 스위칭 속도로 인해 전력 손실이 적다.
- 소형화 가능성: 작은 크기로 고밀도 집적 회로를 설계할 수 있다.

4. 실험 순서

■ E-MOSFET 특성실험

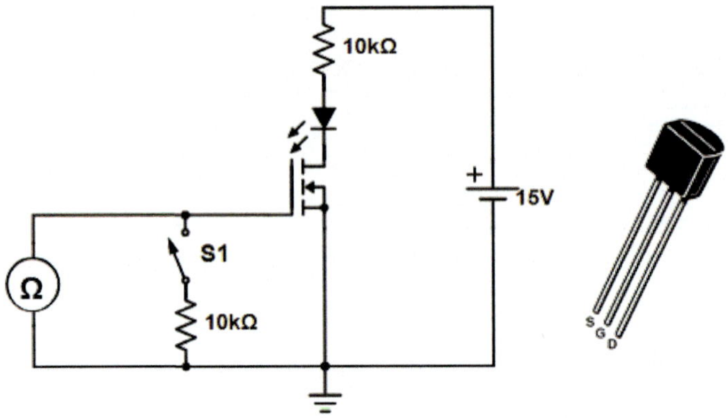

그림 14-5 E-MOSFET의 입력 저항 실험 회로

실험 14-1 Smart LAB을 활용한 E-MOSFET의 입력 저항 측정 실험

▸ 다음의 실험 절차를 진행하고 그 결과를 '◈ 실험 결과 고찰 14'의 '실험 14-1. Smart LAB을 활용한 E-MOSFET의 입력 저항 측정 실험'에 작성한다.

① Smart LAB을 활용하여 그림 14-5의 E-MOSFET의 입력 저항 측정 실험 회로를 구성한다. 그림 14-6에 Smart LAB을 활용한 E-MOSFET의 입력 저항 측정 실험 회로를 나타내었다.
② 멀티미터는 옴계(Ohmmeter)를 선택하고 스위치 $S1$은 개방상태로 둔다.
③ '실험 결과 고찰 14'의 절차대로 실험을 진행하고 답란에 기록한다.

그림 14-6 E-MOSFET의 입력 저항 실험 회로 (Smart LAB)

■ $V_{GS}-I_D$ 특성실험

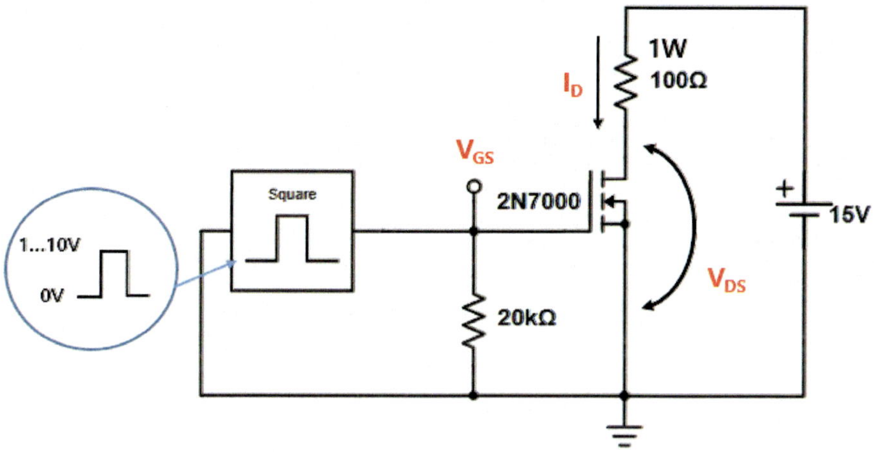

그림 14-7 E-MOSFET 특성 실험 회로

실험 14-2 MultiSIM을 활용한 E-MOSFET 특성실험

▸ 다음의 실험 절차를 진행하고 그 결과를 '실험 결과 고찰 14'의 '실험 14-2. MultiSIM을 활용한 E-MOSFET 특성실험'에 작성한다.

① MultiSIM을 활용하여 그림 14-7의 E-MOSFET 특성실험 회로를 구성한다. 그림 14-8에 MultiSIM을 활용한 E-MOSFET 특성실험 회로를 나타내었다.

② 펄스 발생기(F/G)의 Amplitude를 조정하여 게이트 입력 전압(V_{GS})를 조정한다. 이 전압을 단계적으로 증가시킬 때 채널 A를 이용하여 드레인-소스 전압을 측정하고, 채널 B를 이용하여 드레인 전류를 측정한다. 그 결과를 표 14-1에 기록한다.

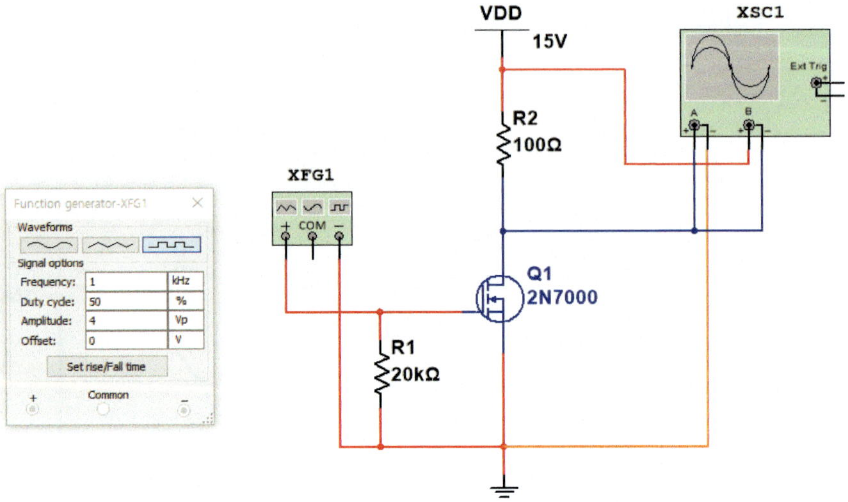

그림 14-8 E-MOSFET 특성 실험 회로 (MultiSIM)

실험 14-3 Smart LAB을 활용한 E-MOSFET 특성실험

▸ 다음의 실험 절차를 진행하고 그 결과를 '실험 결과 고찰 14'의 '실험 14-3. SmartLAB을 활용한 E-MOSFET 특성실험'에 작성한다.

① Smart LAB을 활용하여 그림 14-7의 E-MOSFET 특성실험 회로를 구성한다. 그림 14-9에 Smart LAB을 활용한 E-MOSFET 특성실험 회로를 나타내었다.

② 단자 1-2번에는 펄스 발생기를 연결하고, 3-4번 단자에는 고정 전원 15 V를 연결한다. 함수 발진기는 주파수 1kHz의 논리파형으로 설정해 두고 출력 레벨만 조절한다. 오실로스코프의 채널 A는 드레인-소스에, 채널 B는 출력 저항 100Ω양단에 연결한다.

③ 펄스 발생기(F/G)의 출력 레벨을 게이트 입력 전압(V_{GS})으로 정의한다. 이 전압을 표 14-2와 같이 단계적으로 증가시킬 때 채널 A를 이용하여 드레인-소스 전압을 측정하고, 채널 B를 이용하여 드레인 전류를 측정한다. 그 결과를 표 14-2에 기록한다.

> ▹ Smart LAB – 오실로스코프 설정
> ◦ 채널 A : 수직 감도 : 5 V/Div, 입력 결합 : DC
> ◦ 채널 B : 수직 감도 : 5 V/Div, 입력 결합 : DC
> ◦ 트리거(Trigger)기준 : $CH\ A$, 상승 에지(↗)
> ◦ 수평 소인 시간(Horizontal) : 0.5ms

※ 파형을 통해 전압과 전류 크기를 판독하는 방법은 그림 14-10과 같다.

④ 표 14-2의 드레인 전류와 드레인 전압을 이용하여 드레인 도통 저항 $R_{DS(ON)}$을 계산하여 '드레인 도통 저항 $R_{DS(ON)}$'에 기록한다.

⑤ 게이트 전압(V_{GS})과 드레인 전류(I_D)를 이용하여 전달컨덕턴스를 계산하고 '전달컨덕턴스 g_m'에 기록한다. 전달컨덕턴스의 단위는 지멘스[S]이다. 값이 작을 때는 [mS] 또는 [μS]를 사용한다.

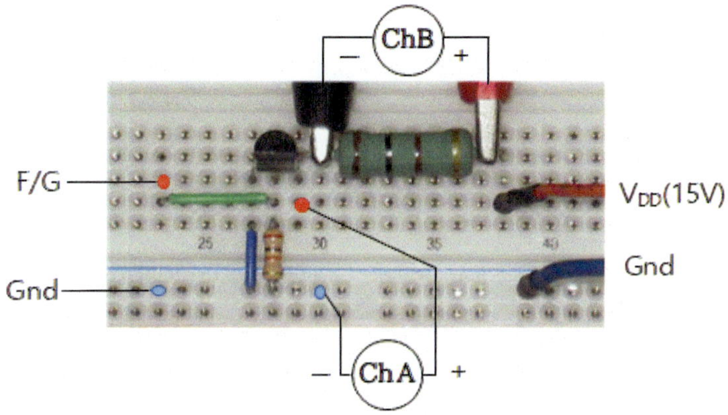

그림 14-9 E-MOSFET 실험 회로 (Smart LAB)

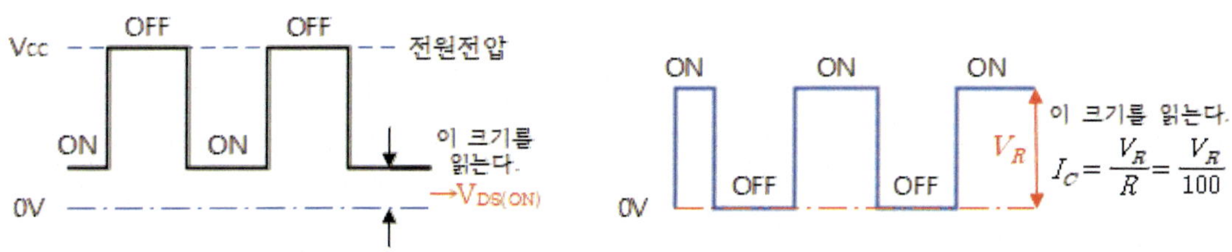

(a) Ch A 드레인-소스 전압 판독법 (b) Ch B 드레인 전류 판독법

그림 14-10 오실로스코프의 파형 측정법

실험 14-4 MultiSIM의 IV Analyzer를 활용한 E-MOSFET 특성($V_{GS} - I_D$) 실험

▸ 다음의 실험 절차를 진행하고 그 결과를 '실험 결과 고찰 14'의 '실험 14-4. MultiSIM을 활용한 E-MOSFET 특성실험'에 작성한다.

① MultiSIM을 실행시키고 MOS_ENH_N(2N7000)와 IV Analyzer를 배치하여 그림 14-11과 같이 E-MOSFET 출력특성을 실험하기 위한 회로를 구성한다. XIV1을 더블 클릭하고

Components를 NMOS으로 변경하면 하단에 외부로 연결되는 3단자가 그림으로 표시된다. gate, source, drain의 순으로 배선한다.

② 시뮬레이션을 실행하고 실험 결과를 분석한다. 시뮬레이션 결과를 그린다.

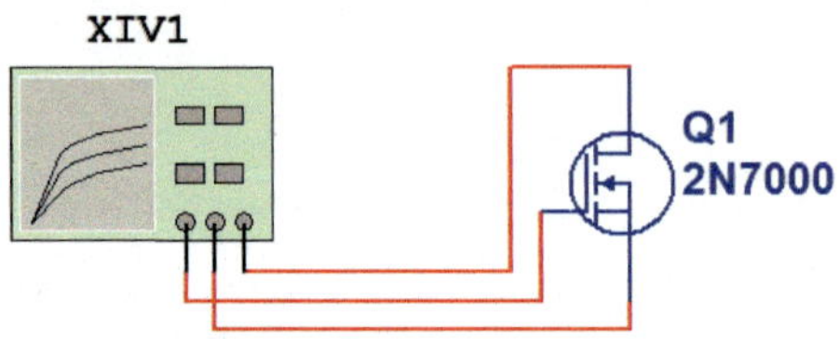

그림 14-11 E-MOSFET 특성실험을 위한 회로 (MultiSIM-IV Analyzer 활용)

실험 결과 고찰 14

[실험 14-1] Smart LAB을 활용한 E-MOSFET의 입력 저항 측정 실험

(1) 디지털 멀티미터의 (+), (-)리드를 게이트와 접지 단자에 약 1초 이내로 접촉한다. 이때 LED 램프의 동작은 어떻게 되는지 관찰하고 답란에 기술하라. (만약 디지털 멀티미터가 준비되지 않으면 5 V 전원을 사용하여도 좋다.)

답:

(2) 램프가 점등되었을 때 약 1분 정도 기다린다. 1분이 경과한 이후의 LED 동작은 어떠한지 관찰하고 답란에 기술한다.

답:

(3) 디지털 멀티미터의 (+), (-)리드를 처음과 반대방향으로 접촉할 때 LED 동작을 관찰하고 답란에 기술한다.

답:

(4) 1$M\Omega$저항과 연결된 스위치를 켜고 다시 디지털 멀티미터의 (+), (-)리드를 처음과 같은 방향으로 1초 동안 접촉하고 분리하면 LED는 어떻게 동작하는지 관찰하고 답란에 기술한다.

답:

5) '게이트가 개방된 상태'에서는 '짧은 입력'만으로도 점등상태가 유지되고, 게이트가 '1$M\Omega$ 저항으로 접지된 상태'에서는 점등상태가 유지되지 않는 이유는 무엇인가 기술한다.

답:

[실험 14-2] MultiSIM을 활용한 E-MOSFET 특성실험

표 14-1 E-MOSFET 2N7000의 특성실험 결과 기록표 (MultiSIM)

게이트 전압 V_{GS} [V]	$0V$	$1V$	$2V$	$3V$	$4V$	$5V$	$6V$	$7V$	$8V$	$9V$	$10V$
드레인 전류 I_D [mA]	$0mA$										
드레인 전압 V_{DS} [V]	$15V$										
계산으로 구하는 $R_{DS(ON)}$ [Ω]	-										
계산으로 구하는 전달컨덕턴스[mS]	-										

[실험 14-3] Smart LAB을 활용한 E-MOSFET 특성실험

표 14-2 E-MOSFET 2N7000의 특성실험 결과 기록표 (Smart LAB)

게이트 전압 V_{GS} [V]	$0V$	$1V$	$2V$	$3V$	$4V$	$5V$	$6V$	$7V$	$8V$	$9V$	$10V$
드레인 전류 I_D [mA]	$0mA$										
드레인 전압 V_{DS} [V]	$15V$										
계산으로 구하는 $R_{DS(ON)}$ [Ω]	-										
계산으로 구하는 전달컨덕턴스[mS]	-										

- 드레인 도통 저항 $R_{DS(ON)} = \dfrac{V_{DS}}{I_D} = \dfrac{V_{DD} - I_D R_D}{I_D} = (\qquad) \ [\Omega]$
- 전달컨덕턴스 $g_m = \dfrac{I_D}{V_{GS}} = (\qquad) \ [mS]$

[실험 14-4] MultiSIM의 IV Analyzer를 활용한 E-MOSFET 특성($V_{GS} - I_D$) 실험

‣ 시뮬레이션 결과

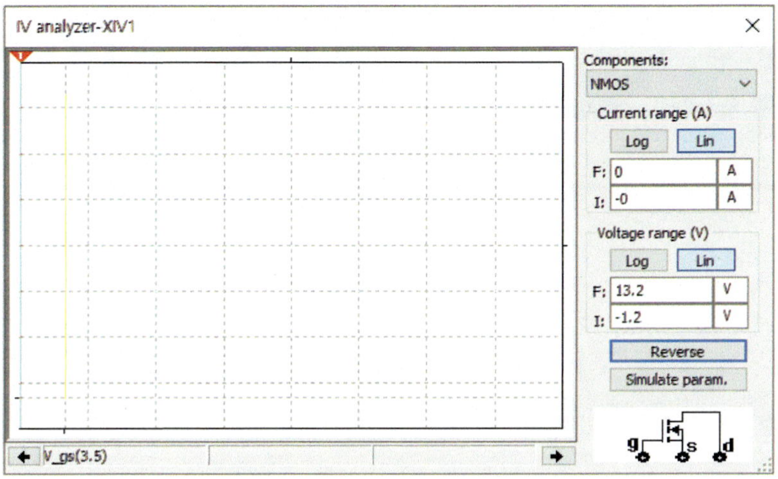

☞ MultiSIM의 IV Analyzer를 활용한 E-MOSFET 특성실험 결과를 바탕으로 IV-analyzer의 그래프에서 다음의 의미에 대해 간단히 기술한다.

- x 축 :

- y 축 :

- 그래프의 색상 :

CHAPTER 15

실리콘 제어 정류기 (SCR)

1. 실험 목적

- SCR의 특성과 동작 원리를 이해한다.
- SCR의 규격을 판단하고 멀티 테스터만으로 제품의 양부를 판단할 수 있다.

2. 실험 준비물

- 브레드보드, 리드선 적당량
- 저항 1Ω, 470Ω, 500Ω
- SW × 2
- 가변저항 $1k\Omega$
- SCR BT169B
- Lamp($12\,V$, $10\,W$)
- 멀티미터, 전원 공급기, 2채널 디지털(메모리) 오실로스코프

3. 관련 이론

실리콘 정류 제어기(Silicon Controlled Rectifier, SCR)은 고전력 응용 분야에서 전류 흐름을 제어하기 위해 사용되는 반도체 장치이다. SCR은 크게 전력 제어, 정류 및 스위칭 응용 분야에서 사용된다.

1) SCR의 구조

- PNPN 구조: SCR은 네 개의 층(PNPN)으로 구성된 3개의 PN 접합을 가진 4층 반도체 장치이다.
- SCR에는 애노드(Anode), 캐소드(Cathode), 게이트(Gate)의 세 개의 단자가 있다.

2) SCR의 작동 원리

- OFF 상태: 애노드-캐소드 사이에 전압을 가해도 게이트에 신호가 없으면 전류가 흐르지 않는다.
- ON 상태: 애노드-캐소드 전압이 가해진 상태에서 게이트에 적절한 펄스 신호를 주면 SCR이 도통(ON) 상태가 되어 전류가 흐른다. 도통된 후에는 게이트 신호가 사라져도 SCR은 계속 도통 상태를 유지한다.
- 차단: SCR을 OFF 상태로 돌리기 위해서는 애노드-캐소드 전압을 제거하여 전류를 0으로 만들어야 한다.

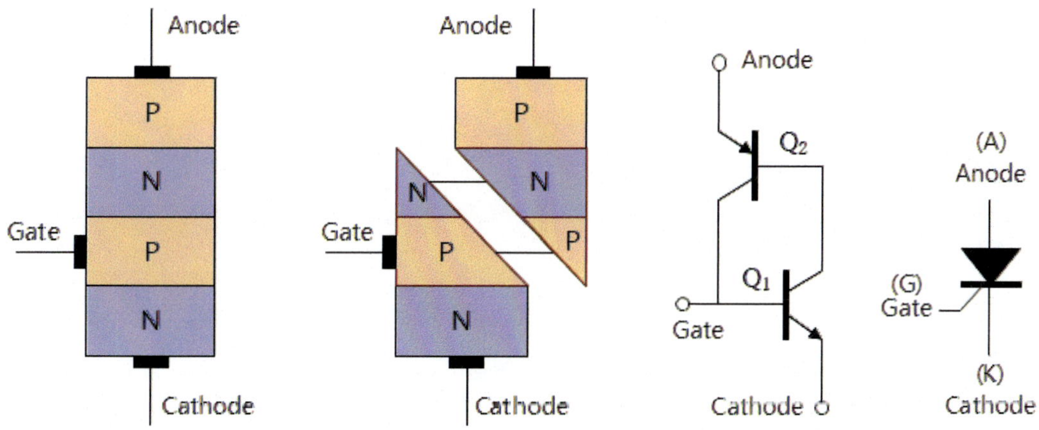

(a) 4층 구조　(b) 등가 구조　(c) 등가회로　(d) 기호

그림 15-1 SCR의 구조 및 기호

3) SCR의 주요 특징

- **고전력 처리**: SCR은 고전력 스위칭 및 제어에 적합하다.
- **게이트 제어**: 작은 게이트 신호로 큰 전류를 제어할 수 있다.
- **단방향 전도**: 전류는 애노드에서 캐소드 방향으로만 흐른다.
- **전기적 강건성**: 높은 전압과 전류를 견딜 수 있다.

4) 응용 분야

- 전력 제어: 전력 조절기, 조광기, 온도 조절기 등에서 전력 제어에 사용.
- 정류기: AC를 DC로 변환하는 정류기 회로에 사용.
- 스위칭: 고전력 스위칭 장치, 전동기 속도 제어기, 전기 용접기 등에서 스위칭 소자로 사용.
- 과전류 보호: 과전류 보호 회로에서 사용되어 회로를 보호.

5) 장점

- 효율성: 전력 변환 과정에서 효율이 높다.
- 내구성: 견고한 구조로 인해 높은 전압과 전류를 견딜 수 있다.
- 신뢰성: 오랜 수명과 신뢰성을 제공한다.

6) 단점

- 게이트 제어 필요: 정확한 게이트 제어가 필요하며, 이를 위한 추가 회로가 필요할 수 있다.
- 고속 스위칭 제한: 고속 스위칭 응용에서서는 한계가 있다.
- 단방향 전류 흐름: 전류가 단방향으로만 흐를 수 있다.

4. 실험 순서

■ SCR 도통 및 차단 실험

실험 15-1 MultiSIM을 활용한 SCR 도통 실험

▸ 다음의 실험 절차를 진행한다.

① MultiSIM을 활용하여 그림 15-2의 SCR 도통 실험 회로를 구성하고 시뮬레이션한다.

② A 키를 눌러 $SW1$를 CLOSE 하면 (SW2는 OPEN 상태) SCR이 도통 되어 멀티미터에 5 V가 관측된다. 다시 A 키를 눌러 $SW2$를 OPEN 하더라도 SCR은 도통 상태를 유지하여 5 V가 관측된다.

③ B 키($SW2$를 더블클릭하여 나오는 속성 창 Value 탭에서 Key for toggle: B로 설정한다)를 2회 눌러 ($SW1$은 OPEN 상태) SCR을 초기화한다. 멀티미터에 0 V에 가까운 전압이 측정된다.

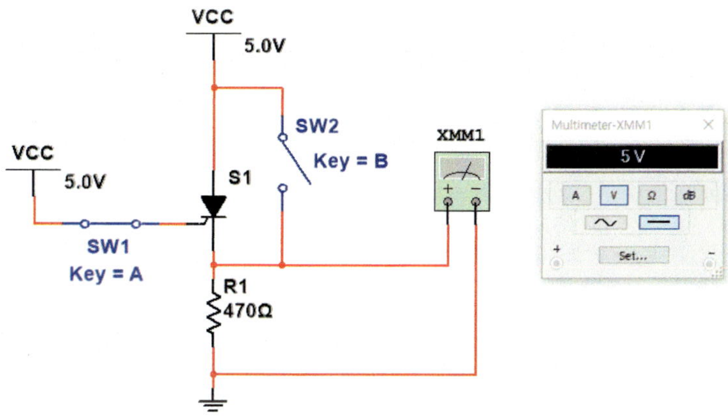

그림 15-2 SCR 도통 실험 회로 (MultiSIM)

■ SCR 특성실험

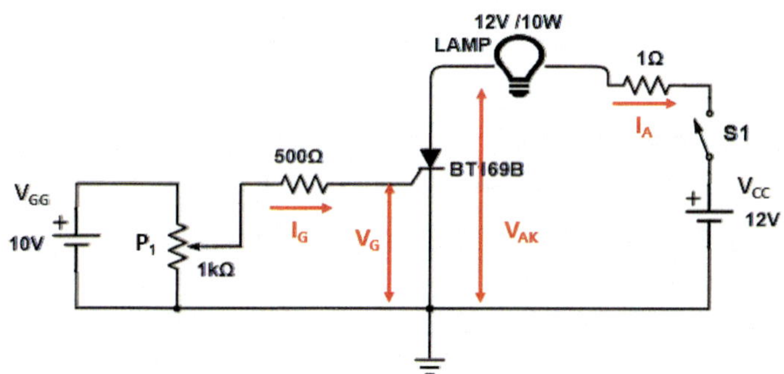

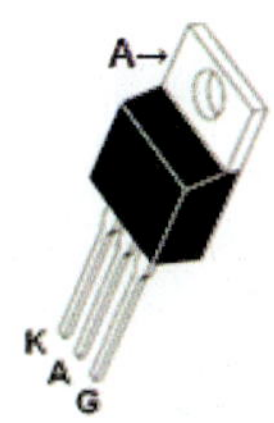

그림 15-3 SCR 특성실험 회로

실험 15-2 MultiSIM을 활용한 SCR 특성실험

- 다음의 실험 절차를 진행하고 그 결과를 '실험 결과 고찰 15'의 '실험 15-2. MultiSIM을 활용한 SCR 특성실험'에 작성한다.

① MultiSIM을 활용하여 그림 15-3의 SCR 특성실험 회로를 구성한다. 그림 15-4에 MultiSIM을 활용한 SCR 특성실험 회로를 나타내었다. X1은 LAMP_VIRTUAL을 사용한다. 포텐시오미터는 최소 위치에, V_{CC}는 12V로 설정한다. Switch $S1$을 더블 클릭하여 나오는 속성 창에서

Value 탭의 'Key for toggle:'에서 키를 'A'에서 'S'로 변경한다.

② 게이트 전압(XMM1)이 0.7 V부근에 이르면 A-K사이가 도통 되어 부하(Lamp)가 구동된다. 이때 게이트의 동작을 점화(Trigger)라고 부른다.

③ A 키를 눌러 포텐시오미터를 조절하여 게이트 전압을 0 V에서 점차 높이면서 전압계 XMM1(V_G)과 전류계 XMM2(I_G)의 눈금을 관찰한다. 램프가 점등되는 순간의 전압과 전류를 각각 트리거 전압(V_{GT}), 트리거 전류(I_{GT})라 한다. 이 값을 '트리거 전압 V_{GT}' 및 '트리거 전류 I_{GT}'에 기록한다.

④ 미세하게 변하던 게이트 전압과 전류가 Turn-On되는 순간 교란된다. 큰 애노드 전류의 영향을 받기 때문이다. 이때는 애노드 전원 스위치($S1$)를 차단하면 도통 순간의 전압, 전류값을 확인할 수 있다. 이 값을 '도통 상태의 부하전류 I_A'에 기록한다.

⑤ 측정을 반복할 때는, SCR을 리셋하고 게이트 전압을 0 V부터 증가시킨다. 리셋은 포텐시오미터를 최소 위치에 두고 스위치($S1$)를 눌렀다가 다시 연결한다.

⑥ SCR이 도통된 상태에서 부하전류(I_A)를 XMM3에서 측정하고 애노드-캐소드 간에 걸리는 전압(V_{AK})을 XMM4에서 측정한다. 이 값을 '도통 상태의 V_{AK}'에 기록한다.

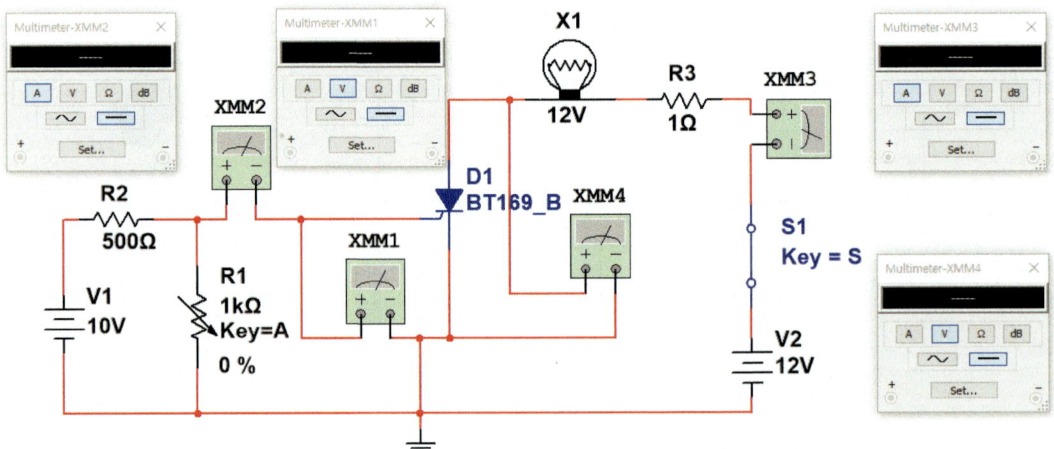

그림 15-4 SCR 특성실험 회로 (MultiSIM)

실험 15-3 Smart LAB을 활용한 SCR 특성실험

▸ 다음의 실험 절차를 진행하고 그 결과를 '실험 결과 고찰 15'의 '실험 15-3. SmartLAB을 활용한 SCR 특성실험'에 작성한다.

① Smart LAB을 활용하여 그림 15-2의 SCR 특성실험 회로를 구성한다. 그림 15-5에 Smart LAB을 활용한 SCR 특성실험 회로를 나타내었다. 포텐시오미터는 최소 위치에, V_{CC}는 12V로 설정한다.

② 포텐시오미터를 조절하여 게이트 전압이 0.7 V부근에 이르면 A-K 사이가 도통 되어 부하(Lamp)가 구동된다. 이때 게이트의 동작을 점화(Trigger)라고 부른다.

③ 포텐시오미터를 움직여 게이트 전압을 0 V에서 점차 높이면서 전압계(V_G)와 전류계(I_G)의 눈금을 관찰한다. 램프가 점등되는 순간의 전압과 전류를 각각 트리거 전압(V_{GT}), 트리거 전류(I_{GT})라 하는데 이 값을 측정하여 표 15-1에 기록한다.

④ 미세하게 변하던 게이트 전압과 전류가 Turn-On되는 순간 교란된다. 큰 애노드 전류의 영향을 받기 때문이다. 이때는 애노드 전원 스위치($S1$)를 차단하면 도통 순간의 전압, 전류값을 확인할 수 있다.

⑤ 측정을 반복할 때는, SCR을 리셋하고 게이트전압을 0 V부터 증가시킨다. 리셋하는 가장 쉬운 방법은 푸시버튼 스위치($S1$)를 눌러 전원을 차단하는 것이다.

⑥ SCR이 도통된 상태에서 부하전류(I_A)와 애노드-캐소드 간에 걸리는 전압(V_{AK})을 측정하여 표 15-1에 기록한다.

※ 선택 가능한 4가지 제품 중에서 2개를 선택하여 실험한다.

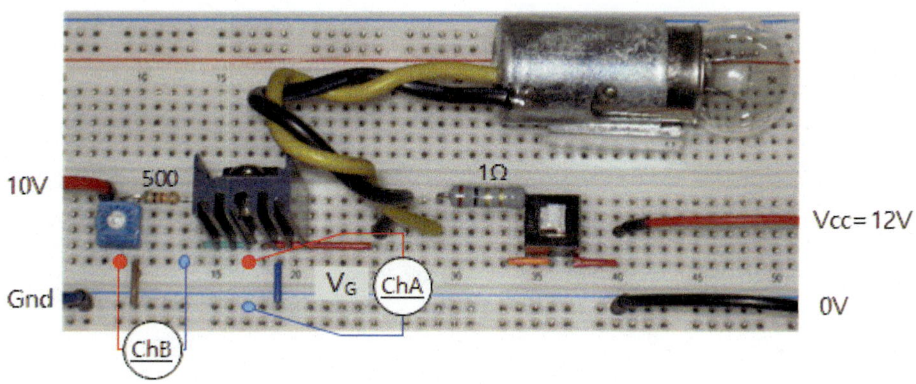

그림 15-5 SCR 특성실험 회로 (Smart LAB)

■ SCR 차단 특성실험

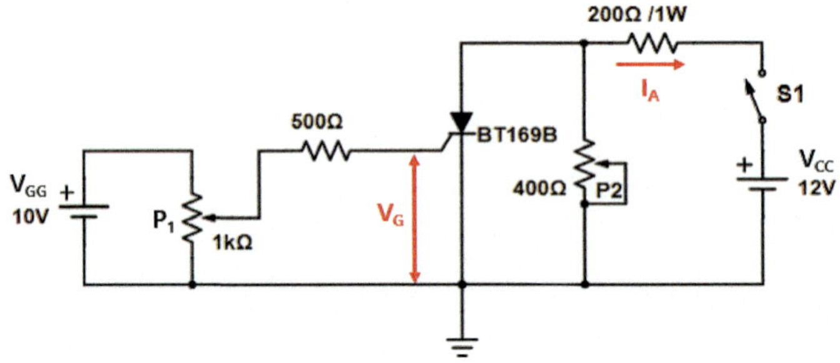

그림 15-6 SCR 차단 특성실험 회로

실험 15-4 MultiSIM을 활용한 SCR 차단 동작 특성실험

▸ 다음의 실험 절차를 진행하고 그 결과를 '실험 결과 고찰 15'의 '실험 15-4. MultiSIM을 활용한 SCR 차단 동작 특성실험'에 작성한다.

① MultiSIM을 활용하여 그림 15-6의 SCR 차단 특성실험 회로를 구성한다. 그림 15-7에 MultiSIM을 활용한 SCR 차단 특성실험 회로를 나타내었다. 포텐시오미터는 최소 위치에, V_{CC}는 12 V로 설정한다. Switch $S1$을 더블 클릭하여 나오는 속성 창에서 Value 탭의 'Key for toggle:'에서 키를 'A'에서 'S'로 변경한다.

② 포텐시오미터를 조정하여 게이트 전압을 트리거에 필요한 전압(V_{GT}) 이상으로 충분히 높여 SCR을 도통(XMM3의 전류 값이 $\mu A \rightarrow mA$ 단위로 바뀜, XMM4의 전압 값 0.7 V 이하로 감소)시킨 다음 게이트 전압이 0 V가 되도록 포텐시오미터의 값을 최소로 조정한다. SCR은 턴-온 상태를 유지한다.

③ 포텐시오미터 $R4$의 값을 줄여서(20% 이하부터는 Shift+B 키를 눌러 1% 단위로 조정) 애노드 쪽 전원 전압(V_{CC})을 점차 낮추어 가면 부하전류는 점차 감소한다. 그러다가 어느 순간 부하전류가 제로(XMM3의 전류 값이 $mA \rightarrow nA$ 단위로 바뀜)로 떨어진다. 애노드 전류가 너무 적으면 SCR이 차단되기 때문이다. SCR이 차단되기 직전의 전류를 유지전류(I_H)라 하는데 이 값을 '유지전류 I_H'에 기록한다.

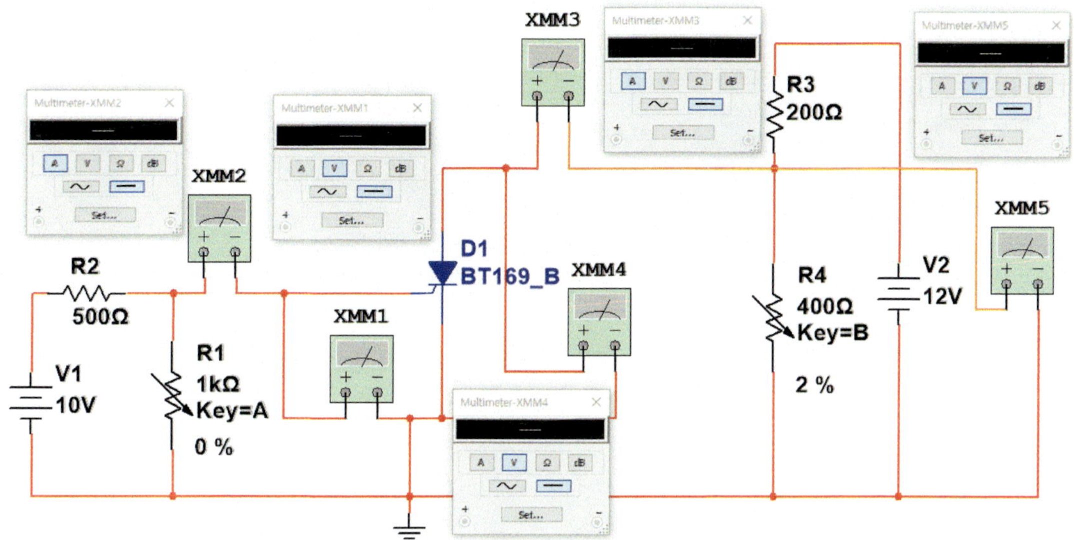

그림 15-7 SCR 차단 특성실험 회로 (MultiSIM)

실험 15-5 Smart LAB을 활용한 SCR 차단 동작 특성실험

▸ 다음의 실험 절차를 진행하고 그 결과를 '실험 결과 고찰 15'의 '실험 15-5. SmartLAB을 활용한 SCR 특성실험'에 작성한다.

① Smart LAB을 활용하여 그림 15-6의 SCR 차단 특성실험 회로를 구성한다. 그림 15-8에 Smart LAB을 활용한 SCR 차단 특성실험 회로를 나타내었다.

② 포텐시오미터를 조정하여 게이트 전압을 트리거에 필요한 전압(V_{GT}) 이상으로 충분히 높여 *SCR*을 도통 시킨 다음, 포텐시오미터를 최소로 조정하여 게이트 전압을 $0\,V$로 낮춘다. *SCR*은 턴-온 상태를 유지한다.

③ 애노드쪽 전원 전압(V_{CC})을 점차 낮추어 가면 부하전류는 점차 감소할 것이다. 그러다가 어느 순간 부하전류가 제로로 떨어진다. 애노드 전류가 너무 작으면 SCR이 차단되기 때문이다. SCR이 차단되기 직전의 전류를 유지전류 (I_H)라 하는데 이 값을 확인하여 표 15-1에 기록한다.

④ 다른 SCR에 대해 실험을 반복하고 그 결과를 표 15-1에 기록한다.

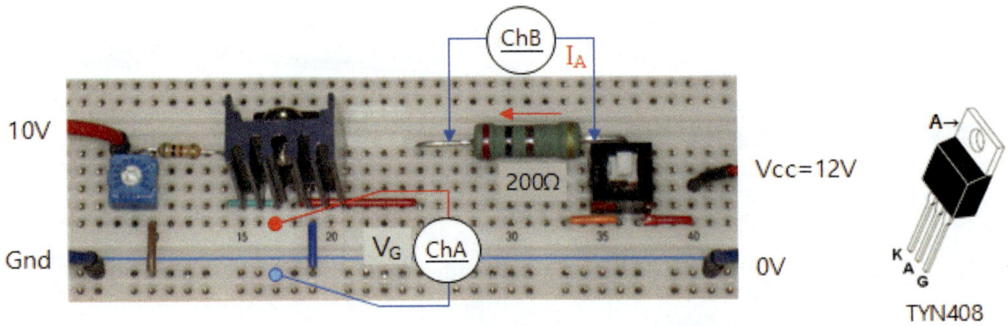

그림 15-8 SCR 차단특성 실험 회로 (SmartLAB)

실험 결과 고찰 15

[실험 15-2] MultiSIM을 활용한 SCR 특성실험

- 트리거 전압 V_{GT} : $[mV]$
- 트리거 전류 I_{GT} : $[mA]$
- 도통 상태의 부하전류 I_A : $[mA]$
- 도통 상태의 V_{AK} : $[V]$

[실험 15-3] Smart LAB을 활용한 SCR 특성실험

[실험 15-5] Smart LAB을 활용한 SCR 차단 동작 특성실험

표 15-1 SCR 특성실험 기록표 (Smart LAB)

선택 가능한 제품군	SCR 제품	입력 측		도통 후의 출력		
		트리거 전류 I_{GT}	트리거 전압 V_{GT}	애노드 전압 V_{AK}	부하전류 I_A	유지전류 I_H
BT169(0.8A) 2P4M(2A) -------------	① BT169	$[mA]$	$[V]$	$[V]$	$[mA]$	$[mA]$
TYN408(8A) T50RIA120(50A)	② TYN408	$[mA]$	$[V]$	$[V]$	$[mA]$	$[mA]$

[실험 15-4] MultiSIM을 활용한 SCR 차단 동작 특성실험

- 유지전류 I_H : $[mA]$

☞ SCR의 특성실험을 바탕으로 SCR의 특성 및 동작 원리를 간단히 기술하라.

CHAPTER **16**

SCR 전력 제어

1. 실험 목적

- SCR 위상제어의 원리를 설명할 수 있다.
- SCR 위상제어에 필요한 기본 요소를 열거하고 회로를 구성할 수 있다.

2. 실험 준비물

- 브레드보드, 리드선 적당량
- 저항 50Ω, $100\Omega \times 3$, 500Ω, $1k\Omega \times 2$, $3k\Omega$
- 전해 캐패시터 $0.1\mu F \times 3$
- 가변저항 $250k\Omega$
- 다이오드 1N4148 × 2
- SCR BT169B × 2
- DIAC 2N5758 × 2
- Lamp($12\,V$, $10\,W$) or Motor ($\leq 500\,W$)
- 직류 전원 공급기, 교류 전원 공급기, 2채널 디지털(메모리) 오실로스코프

3. 관련 이론

SCR의 가장 많은 산업적 응용은 위상제어이다. RC직렬회로의 커패시터에 충전되는 전압의 크기와 위상각을 이용하여 SCR의 트리거 타이밍을 조절하면 교류의 반주기 동안 도통각을 제어할 수 있고 이를 이용하여 부하에 공급하는 전력을 조절할 수 있다.

1) SCR 전력 제어 방식

(1) 위상제어

- 원리: *AC*신호의 위상 각도를 제어하여 전력의 양을 조절.
- 응용: 조명 조절기(dimmer), 온도 조절기 등에서 사용.
- 작동: 게이트 신호를 주어 SCR이 도통하는 시점을 조절함으로써 출력 전력을 제어.

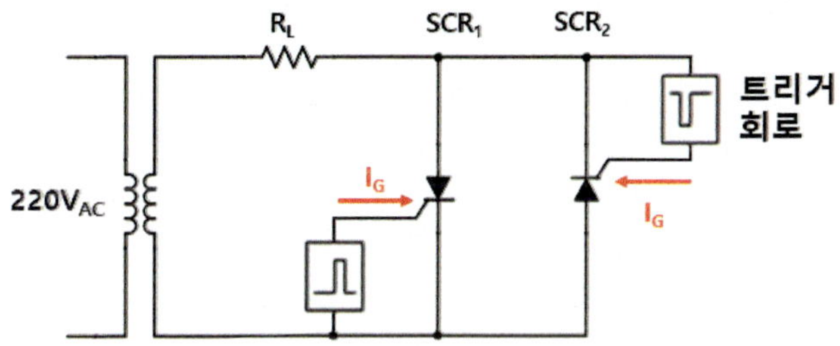

그림 16-1 SCR을 이용한 교류의 위상제어

(2) 파형 제어

- 원리: SCR을 주기적으로 ON/OFF 하여 출력 파형을 제어.
- 응용: 전동기 속도 제어, 히터 제어 등에서 사용.
- 작동: 원하는 파형에 따라 SCR의 스위칭 주기를 조절.

(3) 직류 전력 제어

- 원리: *DC* 회로에서 SCR을 사용하여 전력 흐름을 제어.
- 응용: *DC* 전동기 제어, 전기 용접기 등에서 사용.
- 작동: SCR의 게이트 신호를 통해 전류의 흐름을 제어.

(4) 주요 응용

- 조명 제어: SCR을 사용한 디머 스위치를 통해 조명 밝기를 조절.
- 온도 제어: 히터의 전력 공급을 제어하여 온도를 조절.
- 모터 제어: 전동기의 속도 및 토크를 제어.
- 정류기: *AC*를 *DC*로 변환하는 정류기 회로에서 전력 제어를 수행.

4. 실험 순서

■ SCR 특성실험

실험 16-1 MultiSIM을 활용한 SCR 특성실험

▸ 다음의 실험 절차를 진행한다.

① MultiSIM을 활용하여 SCR의 동작을 관찰하기 위하여 그림 16-2와 같이 SCR 특성실험 회로를 구성한다.

② SW $S1$를 더블 클릭하여 나오는 DIPSW1속성 창의 Value 탭에서 'Key for toggle'의 키를 'B'로 변경한다. SW $S1$은 클릭하여 닫힌 상태로 한다.

③ 시뮬레이션을 실행하고 '$S1$'을 클릭하여 스위치를 닫으면 $SCR1$이 도통 되어 $LED1$이 ON 상태가 된다.

④ 다시 '$S1$'을 클릭하여 스위치를 오픈하여도 $SCR1$은 도통 상태를 유지하고 $LED1$은 ㅋON 상태를 유지한다.

⑤ 회로를 초기화하기 위해 '$S2$'를 클릭하여 오픈했다가 다시 닫는다.

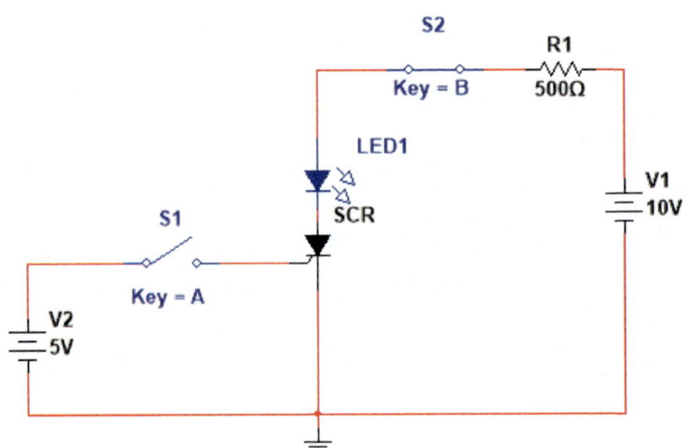

그림 16-2 SCR 특성 실험 회로 (MultiSIM)

■ SCR의 트리거 실험

실험 16-2 MultiSIM을 활용한 SCR의 RC트리거 실험

▸ 다음의 실험 절차를 진행하고 그 결과를 '실험 결과 고찰 16'의 '실험 16-2. MultiSIM을 활용한 SCR의 RC 트리거 실험'에 작성한다.

① MultiSIM을 활용하여 SCR의 RC회로를 활용한 트리거 동작을 관찰하기 위하여 그림 16-3와 같이 SCR의 RC트리거 실험 회로를 구성한다.

② 오실로스코프의 채널 A는 트리거 신호 파형으로 $SCR1$의 게이트 전압을 측정한다. 채널 B는 부하 전압을 측정한다.

③ 위상이 45도가 되도록 포텐시오미터를 조정(5%)하고 오실로스코프의 Timebase, Channel A, Channel B의 Scale과 X pos를 '시뮬레이션 결과'와 같이 조정한 다음 결과를 '위상 45'에 그린다.

④ 위상이 90도가 되도록 포텐시오미터를 조정하고 그 결과를 '위상 90도'에 그린다.

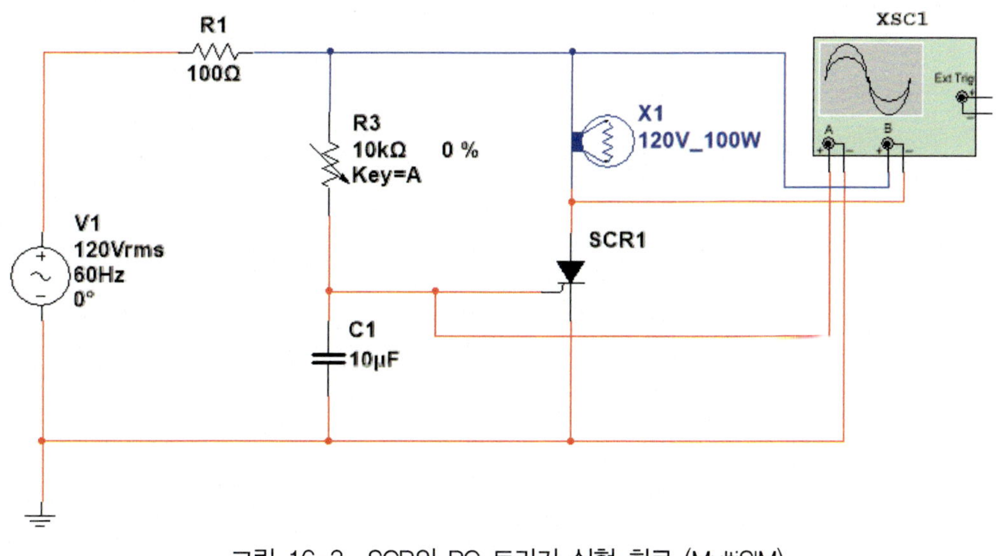

그림 16-3 SCR의 RC 트리거 실험 회로 (MultiSIM)

실험 16-3 MultiSIM을 활용한 SCR의 DIAC 기반 트리거 실험

▸ 다음의 실험 절차를 진행하고 그 결과를 '실험 결과 고찰 16'의 '실험 16-3. MultiSIM을 활용한 SCR의 DIAC 기반 트리거 실험'에 작성한다.

① MultiSIM을 활용하여 SCR의 DIAC 기반 트리거 동작을 관찰하기 위하여 그림 16-4와 같이 SCR의 DIAC 기반 트리거 실험 회로를 구성한다.

② 오실로스코프의 채널 A는 트리거 신호 파형으로 $SCR1$의 게이트 전압을 측정한다. 채널 B는 부하 전압을 측정한다.

③ 위상이 45도가 되도록 포텐시오미터를 조정하고 오실로스코프의 Timebase, Channel A, Channel B의 Scale과 X pos를 '시뮬레이션 결과'와 같이 조정한 다음 결과를 '위상 45'에 그린다.

④ 위상이 90도가 되도록 포텐시오미터를 조정하고 그 결과를 '위상 90도'에 그린다.

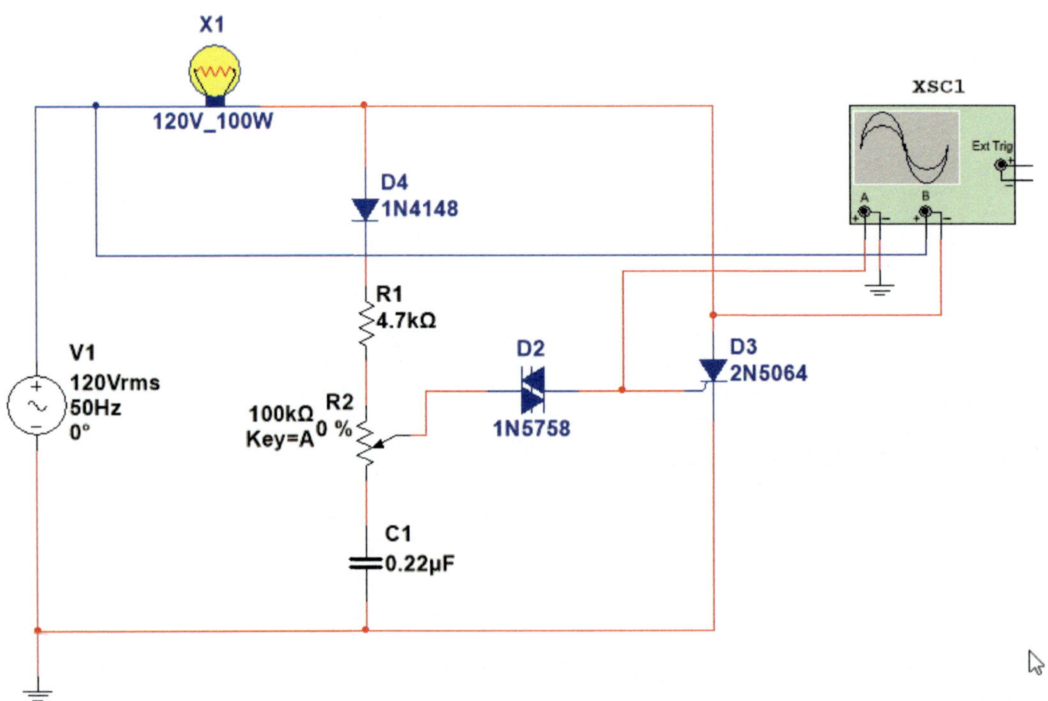

그림 16-4 SCR의 DIAC 기반 트리거 실험 회로 (MultiSIM)

■ 위상제어 실험

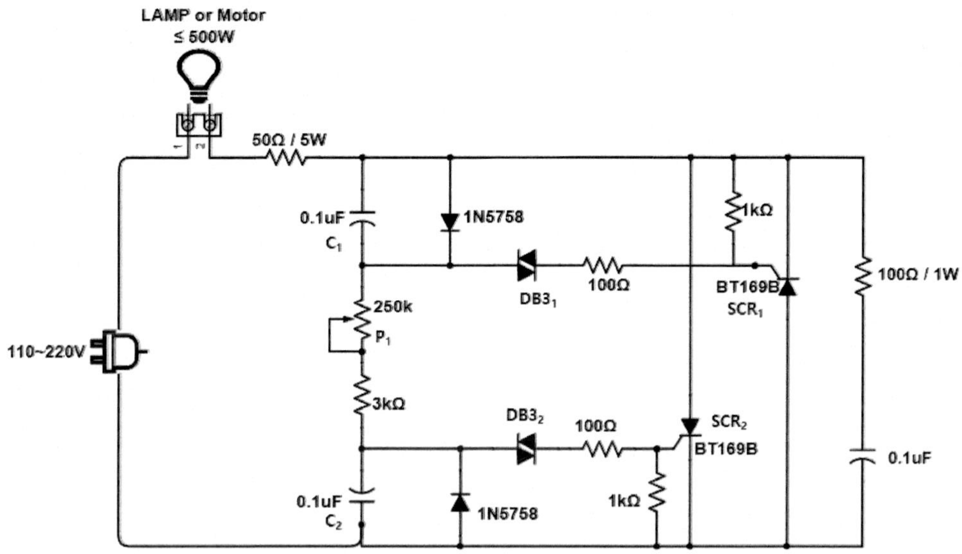

그림 16-5 SCR을 활용한 위상 제어회로

실험 16-4 MultiSIM을 활용한 SCR 위상제어 실험

▸ 다음의 실험 절차를 진행하고 그 결과를 '실험 결과 고찰 16'의 '실험 16-4. MultiSIM을 활용한 SCR 위상제어 실험'에 작성한다.

① MultiSIM을 활용하여 그림 16-5의 SCR을 활용한 위상제어 실험 회로를 구성한다. 그림 16-6에 MultiSIM을 활용한 SCR을 활용한 위상제어 실험 회로를 나타내었다.

② 채널 A는 SCR의 V_{AK}를 측정하고 채널 B는 램프에 걸리는 부하 전압을 측정한다. SCR의 위상 제어각이 45° 되도록 포텐시오미터를 조절하고 이때 두 채널의 파형을 '시뮬레이션 결과'에 그린다. 오실로스코프는 아래와 같이 설정한다.

▹ MultiSIM - 오실로스코프 설정

- Channel A : Scale – 200 V/Div , 입력 결합 : DC
- Channel B : Scale – 200 V/Div , 입력 결합 : DC
- Trigger : CH A
- Timebase : Scale – 10ms/Div

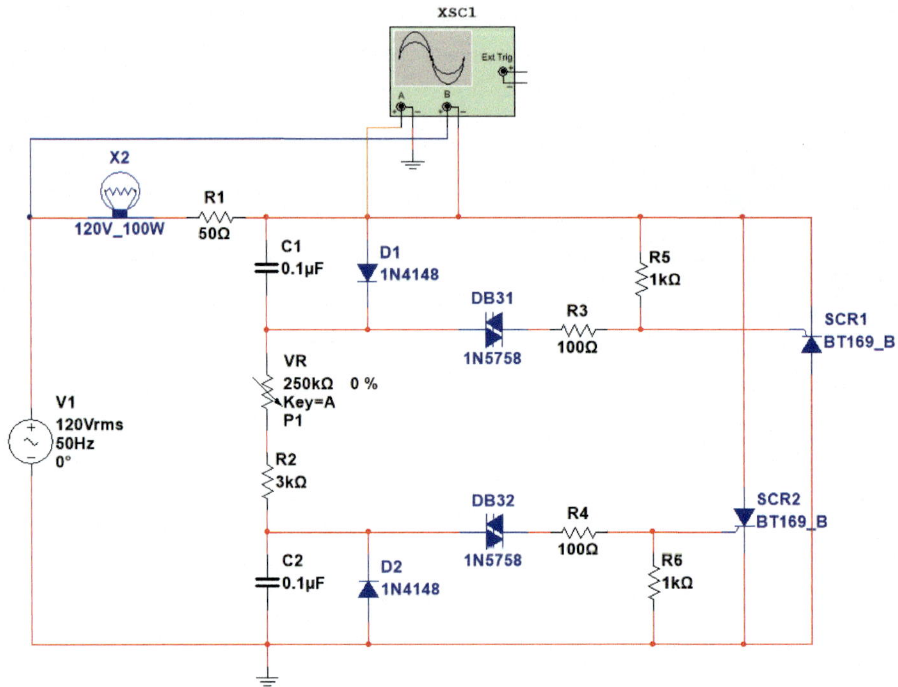

그림 16-6 SCR을 활용한 위상 제어회로 (MultiSIM)

실험 16-5 Smart LAB을 활용한 SCR 위상제어 실험

▸ 다음의 실험 절차를 진행하고 그 결과를 '실험 결과 고찰 16'의 '실험 16-5. SmartLAB을 활용한 SCR 위상제어 실험'에 작성한다.

① Smrat LAB을 활용하여 그림 16-5의 SCR을 활용한 위상제어 실험 회로를 구성한다. 그림 16-7에 Smart LAB을 활용한 SCR을 활용한 위상제어 실험 회로를 나타내었다.

② 부하 단자에 220 V, 100 W 백열등 또는 할로겐램프를 연결하고 전원을 공급한다. 가변저항의 왼쪽 끝에서 전구는 소등되고, 오른쪽 끝으로 돌리면 최대 밝기가 되는지 확인한다.

③ 다음과 같이 오실로스코프를 설정하고 측정할 준비를 한다.

> ▹ Smart LAB – 오실로스코프 설정
>
> ◦ 채널 A : 수직 감도 : 10 V/Div, 입력 결합 : DC
> ◦ 채널 B : 수직 감도 : 1 V/Div, 입력 결합 : DC
> ◦ 트리거(Trigger)기준 : $CH\ A$
> ◦ 수평 소인 시간(Horizontal) : 2~5ms, 위상각 측정 시에는 2ms가 더 좋다.

④ 오실로스코프의 채널 A는 $C1$양단에 접속한다. 여기서 P_1을 거쳐 C_1에 충전된 전압은 다이액($DB31$)에 가해지는데, 이 전압이 전위 장벽(약 32 V)을 넘으면 다이액은 도통하고 C_1의 충전 전하가 SCR_1의 게이트를 경유하여 급속히 방전하면서 SCR_1을 트리거(점화)한다. P_1의 저항값이 크면 V_C의 상승곡선이 전위 장벽에 이르는 시간이 늦어지므로 제어각은 커지고 전류 유통각은 짧아질 것이다.

⑤ 채널 B는 SCR_1의 게이트와 캐소드 단자에 연결하여 게이트 전압(V_G)을 측정한다. 게이트 전압이 나타나는 순간은 CH A의 커패시터 전압이 급속히 강하하는 순간과 일치하고 그 크기는 PN 접합의 순방향 전압(약 0.7 V)과 같을 것이다.

⑥ SCR의 위상 제어각이 45°가 되도록 포텐시오미터를 조절하고 이때 두 채널의 파형을 실험 결과에 그린다.

(a) SCR 조립 후 (b) SCR 조립 전

그림 16-7 SCR 위상제어 실험 회로 (Smart LAB)

실험 결과 고찰 16

[실험 16-2] MultiSIM을 활용한 SCR의 RC트리거 실험

- 시뮬레이션 결과

위상 45도 - 포텐시오미터 5% **위상 90도 - 포텐시오미터 10%**

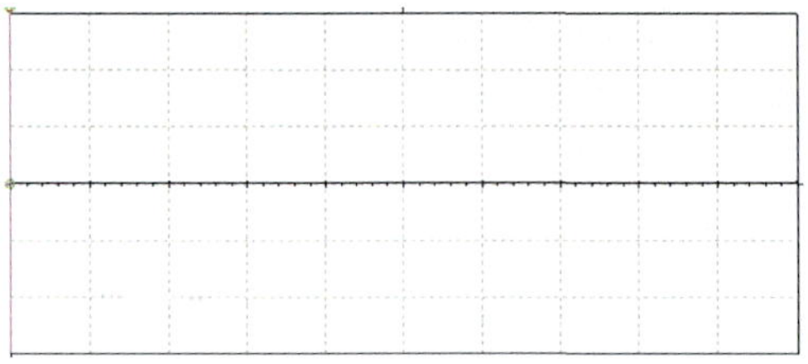

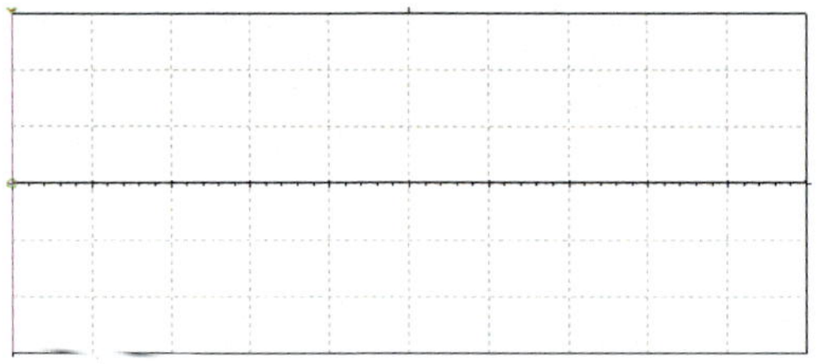

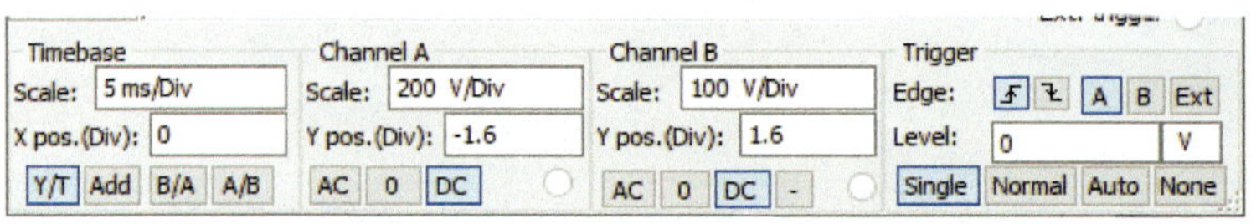

[실험 16-3] MultiSIM을 활용한 SCR의 DIAC 기반 트리거 실험

- 시뮬레이션 결과

위상 45도 - 포텐시오미터 5% **위상 90도 - 포텐시오미터 10%**

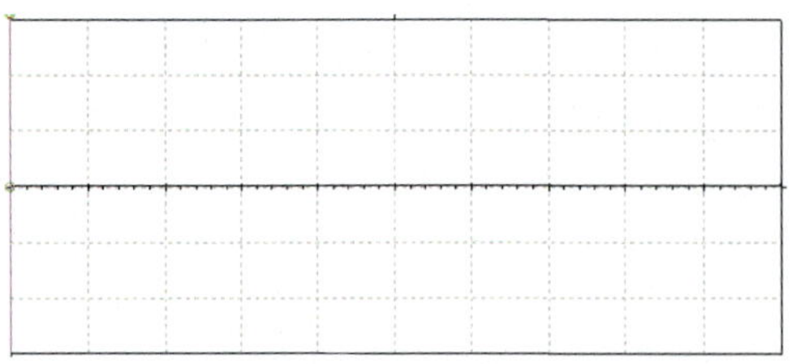

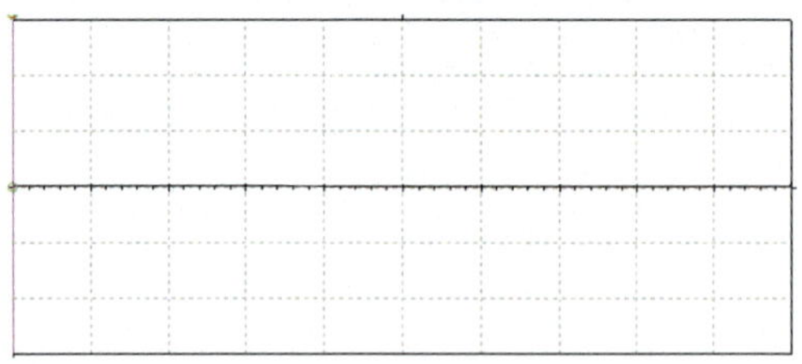

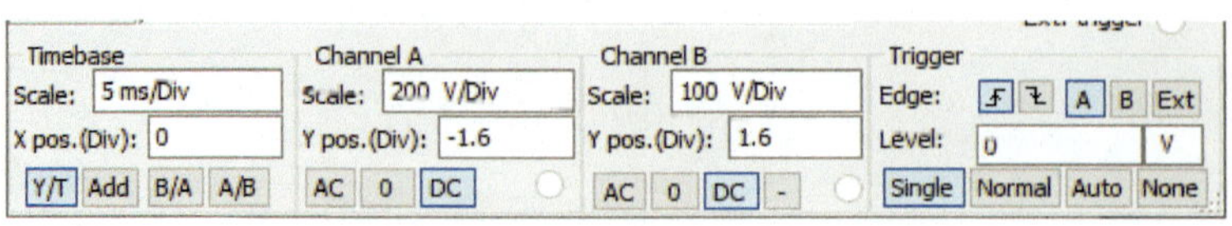

☞ 인터넷에서 RC트리거와 DIAC 트리거의 특징을 찾아 간단히 기술하라.

[실험 16-4] MultiSIM을 활용한 SCR 위상제어 실험

- 시뮬레이션 결과

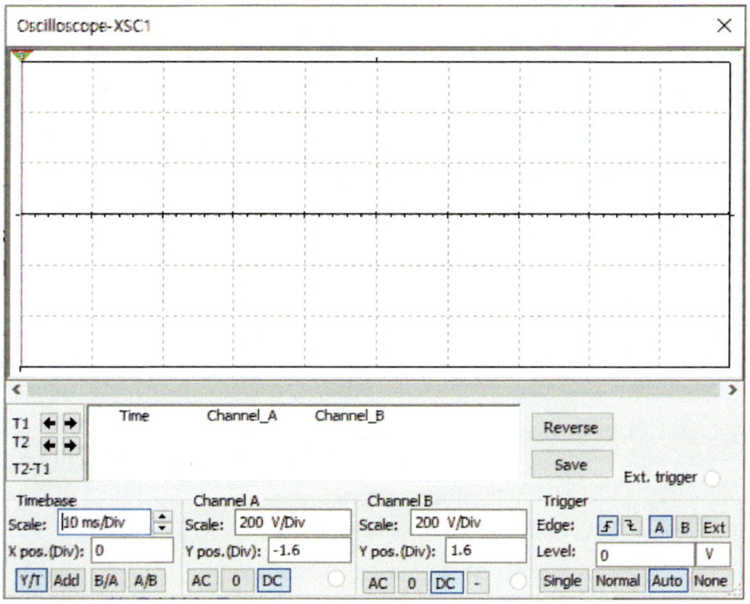

[실험 16-5] Smart LAB을 활용한 SCR 위상제어 실험

- 실험 결과

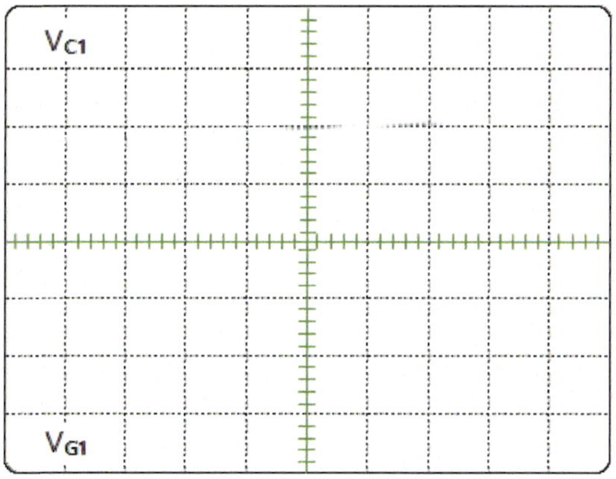

CHAPTER **17**

연산증폭기 기본 특성

1. 실험 목적

- 연산증폭기의 규격을 판단하고 용도에 맞게 사용할 수 있다.
- 전원과 입력의 극성을 구별하여 정확히 연결할 수 있다.
- 도면상의 표시 여부와 상관없이 오프셋 조정을 하고 스파이크 커패시터를 설치할 수 있다.

2. 실험 준비물

- 브레드보드, 리드선 적당량
- OPAMP LM741
- 저항 200Ω, 10$k\Omega$, 100$k\Omega$
- 가변저항 10$k\Omega$
- 직류 전원 공급기 (+15 V, -15 V), 함수 발생기

3. 관련 이론

연산증폭기(Op-Amp)는 아날로그 회로에서 널리 사용되는 기본적인 전자 소자이다. 연산증폭기는 다양한 신호 처리 응용에서 사용된다.

1) 연산증폭기의 구성

(1) 입력단(Input Stage)

- 차동 증폭기(Differential Amplifier): 두 개의 입력단자(비반전 입력, 반전 입력)를 가지며, 입력신호의 차이를 증폭한다.
- 높은 입력 임피던스: 신호 소스로부터 최소한의 전류만을 요구한다.
- 차동 모드 이득: 입력신호의 차이로 인해 발생하는 이득.

(2) 이득단(Gain Stage)

- 전압 증폭기(Voltage Amplifier): 입력단에서 증폭된 신호를 더욱 증폭한다.
- 높은 이득: 큰 전압 이득을 제공한다.
- 보상 네트워크(Compensation Network): 주파수 안정성을 개선하기 위해 사용된다.

(3) 출력단(Output Stage)

- 추종 증폭기(Emitter Follower/Source Follower): 낮은 출력 임피던스를 제공한다.
- 전력 증폭: 부하로 큰 전류를 공급할 수 있다.
- 대칭적 출력: 높은 신호 무결성을 유지한다.

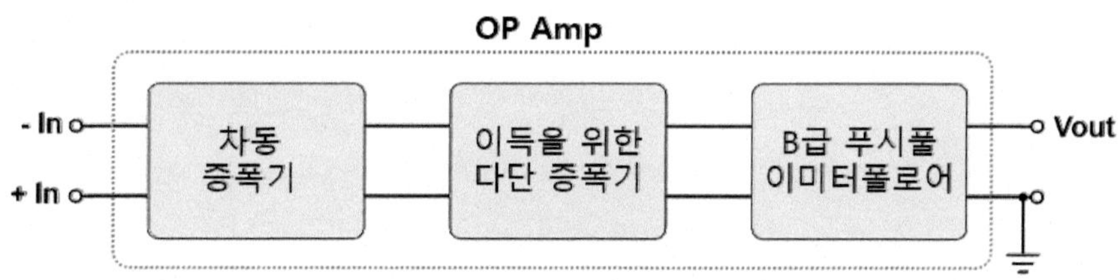

그림 17-1 연산증폭기의 계통도

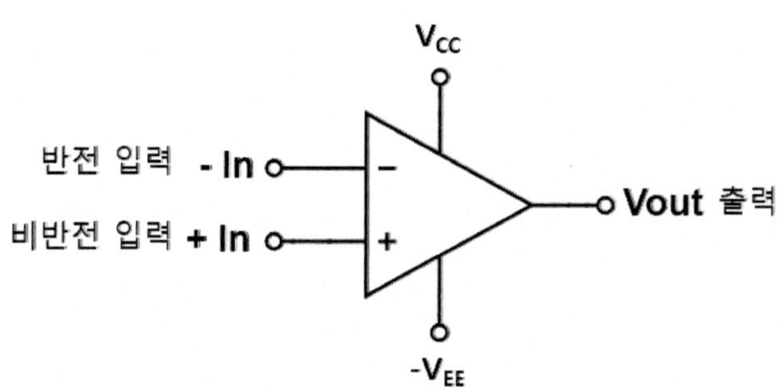

그림 17-2 연산증폭기의 기호

2) 연산증폭기의 주요 특성

(1) 높은 이득(Gain)

- 개방 루프 이득: 피드백이 없는 상태에서의 이득이 매우 높다(일반적으로 100,000에서 1,000,000 이상).
- 폐쇄 루프 이득: 피드백을 사용하여 원하는 이득으로 조정할 수 있다.

(2) 높은 입력 임피던스(Input Impedance)

- 특징: 입력 임피던스가 매우 높아 입력단으로부터 전류를 거의 끌어오지 않는다.
- 이점: 신호 소스로부터 최소한의 전류만을 요구하여 신호 손실이 적다.

(3) 낮은 출력 임피던스(Output Impedance)

- 특징: 출력 임피던스가 매우 낮아 높은 전류를 제공할 수 있다.
- 이점: 부하 변화와 관계없이 안정적인 출력을 제공한다.

(4) 높은 슬루율(Slew Rate)

- 특징: 출력 전압이 시간에 따라 변화하는 최대 속도를 나타낸다.
- 이점: 고주파 신호를 정확하게 증폭할 수 있다.

(5) 대칭적인 입력단

- 동상 모드 제거비(Common Mode Rejection Ratio, CMRR): 동상 신호(Common Mode Signal)를 잘 제거하고 차동 신호(Differential Signal)에 민감하다.
- 특징: 이상적인 경우 두 입력단자 간의 전압이 동일하면 출력에 영향을 주지 않는다.

(6) 낮은 오프셋 전압(Offset Voltage)

- 특징: 입력단자 간에 전압이 0일 때에도 출력에 작은 오프셋 전압이 발생할 수 있다.
- 이점: 고정밀 응용에서는 이 오프셋 전압을 최소화하거나 보정할 수 있다.

(7) 높은 공급 전원 제거율

- 공급 전원 제거율(Power Supply Rejection Ratio, PSRR)은 전력 공급의 변화가 출력에 미치는 영향을 나타내는 비율로 클수록 좋다. 이상적인 경우 전력 공급의 변화는 출력에 영향을

주지 않는다.

• 이점: 전력 공급 변동에도 안정적인 출력을 유지한다.

표 17-1 연산증폭기의 특성

항목	기호	이상값	LM741	OP07	비고
개방 단자 전압 이득	A_{VOL}	∞	100,000	500,000	Open loop voltage Amplitude
입력 저항	R_{in}	∞	$2M\Omega$	$50M\Omega$	input Resistance
출력 저항	R_{out}	0	75Ω	60Ω	output Resistance
입력 바이어스 전류	$I_{in(bias)}$	0	$80nA$	$\pm1.8nA$	Bias current, Input
입력 오프셋 전류	$I_{in(off)}$	0	$20nA$	$0.8nA$	offset current, Input
입력 오프셋 전압	$V_{in(off)}$	0	$2mV$	$60\mu V$	Offset voltage, Input
동상 신호 제거비	$CMRR$	∞	$90dB$	$120dB$	Common mode rejection ratio
대역폭	BW	∞	$1.5MHz$	$0.6MHz$	Closed loop Band Width @Av=1

3) 응용 분야

• 신호 증폭: 소신호를 큰 신호로 증폭하는데 사용된다.
• 필터 회로: 주파수 필터(저역통과, 고역통과, 대역통과 등)를 구성한다.
• 연산 기능: 가산기, 감산기, 적분기, 미분기 등의 연산 기능을 수행한다.
• 전압 비교기: 두 입력 전압을 비교하여 출력신호를 생성한다.
• 발진기: 일정한 주파수의 파형을 생성하는 발진 회로를 구성한다.

4. 실험 순서

■ 전원 연결하기

실험 17-1 Smart LAB을 활용한 연산증폭기 회로의 전원 연결하기

▸ 다음의 실험 절차를 진행하고 그 결과를 '실험 결과 고찰 17'의 '실험 17-1. Smart LAB을 활용한 연산증폭기 회로의 전원 연결하기'에 작성한다.

① 연산증폭기에는 정, 부 2개의 전원을 공급한다. 이 2개의 전원은 같은 크기이고 대칭으로 연결해야 하기 때문에 실험할 때는 정확하고 조심스럽게 다루어야 한다.

② 그림 17-3(a)는 연산증폭기에 전원공급을 위한 회로도이다. 그림 17-3(b)에는 741 OP Amp의 핀 맵을 나타내었다. Smart LAB 실험 키트의 전원장치에서 두 채널의 전압을 각각 15 V로 맞춘 다음, 출력을 대기 상태로 둔다. 그리고 증폭기와 전원장치 사이를 리드 와이어로 연결한 후, 전원장치의 출력 스위치를 켠다.

③ Smart LAB 실험 키트의 가변 전원장치를 사용하여 그림 17-3(c)와 같이 연결한다.

④ 입력단자(V_{in})를 접지한 후 출력 전압(V_{out})을 측정하여 '오프셋 전압 V_{offset}'에 기록한다. 입력이 0인 상태에서 출력에 나타나는 직류 전압이 오프셋 전압이다.

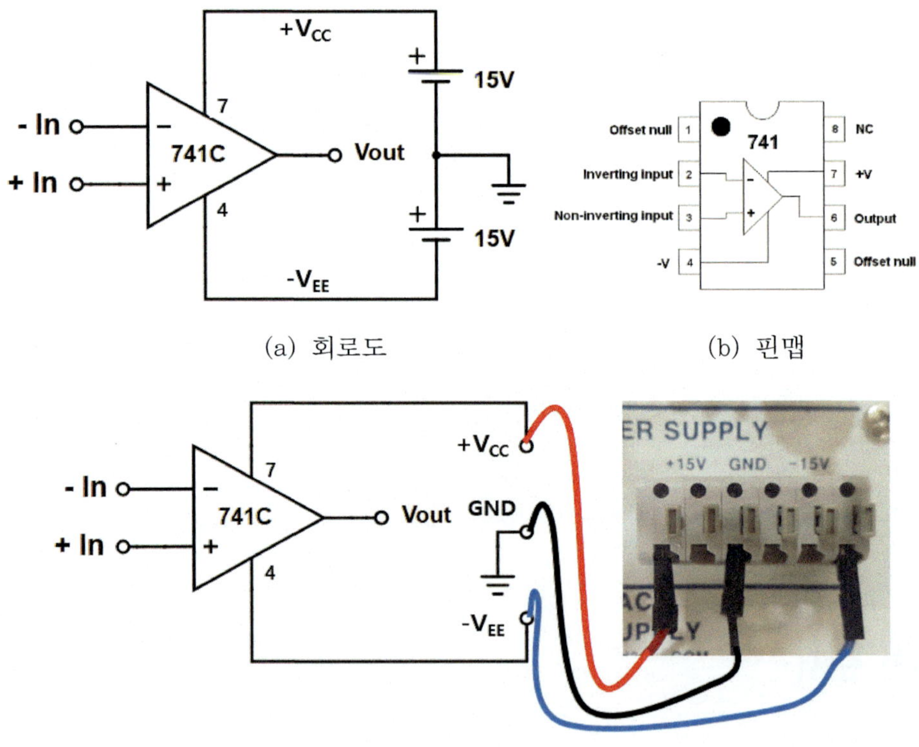

(a) 회로도 (b) 핀맵

(c) 연산증폭기의 전원 연결 (Smart LAB)

그림 17-3 전원 연결하기

■ 오프셋 조정하기

실험 17-2 Smart LAB을 활용한 연산증폭기 회로의 오프셋 조정하기

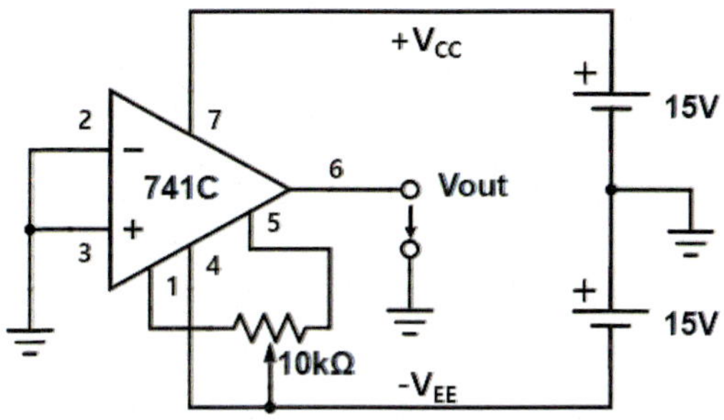

그림 17–4 오프셋 조정을 위한 실험 회로

▸ 다음의 실험 절차를 진행하고 그 결과를 '실험 결과 고찰 17'의 '실험 17–2. Smart LAB을 활용한 연산증폭기 회로의 오프셋 조정하기'에 작성한다.

① 그림 17-4는 오프셋 조절을 위하여 $10k\Omega$ 포텐시오미터를 설치한 회로이다. 그림 17-5에는 Smart LAB을 활용한 오프셋 조정과 최대 출력 측정 실험 회로를 나타내었다. 포텐시오미터를 조절하여 출력단자에 나타나는 오프셋 전압이 제로 또는 최소가 되도록 조정하고 그때의 출력 전압을 '오프셋 조정 결과 V_{out}'에 기록한다.

② 포텐시오미터를 오른쪽 끝과 왼쪽 끝에 두었을 때의 출력 전압을 각각 측정하여 'CW 최대 위치에서 $V_{out(CW)}$'과 'CCW 최대 위치에서 $V_{out(CW)}$'에 각각 기록한다.

③ 다시 출력 전압이 $0\,V$가 되도록 오프셋 조정을 한 후 전원 스위치를 끈다.

그림 17–5 '오프셋 조정' 과 최대출력측정을 위한 실험 회로

■ **최대출력전압 측정하기**

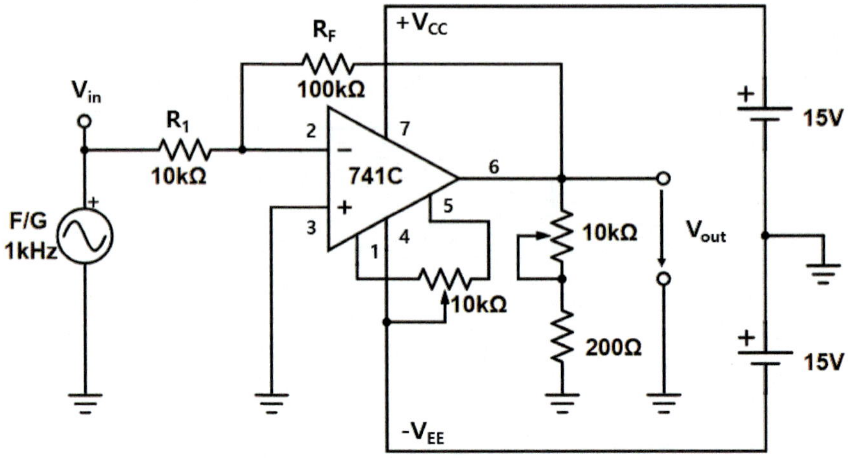

그림 17-6 최대 출력 측정을 위한 실험 회로

실험 17-3 Smart LAB을 활용한 최대 출력 전압 측정 실험

▸ 다음의 실험 절차를 진행하고 그 결과를 '실험 결과 고찰 17'의 '실험 17-3. Smart LAB을 활용한 최대 출력 전압 측정 실험'에 작성한다.

① 그림 17-6은 최대 출력 측정을 위한 실험 회로이다. Smart LAB에서 이를 위한 실험 회로는 그림 17-5와 같다. 연산증폭기의 입력단자에 함수 발생기를 연결하고, 주파수는 100*Hz*에 맞춘다. 퍼텐쇼미터는 최대 위치에 두고 출력단자에는 오실로스코프를 연결한다.

② 연산증폭기에 전원을 공급하고, 최대 출력 전압이 나타날 때까지 함수 발생기의 신호 레벨을 높여간다. 최대 출력 전압이란 파형의 위아래가 클램프 되기 직전의 전압 진폭이며 'Voltage swing'이라고도 한다. 파형이 왜곡되지 않는 최대 출력 전압의 피크-피크 전압을 측정하여 '최대 출력 전압(진폭)'에 기록한다.

☞ 이상적인 출력 파형은 위아래가 동시에 클램프되지만 현실적으로는 대부분 (–)파형에서 먼저 클램프가 발생한다.

■ 부하 저항과 출력 전압의 관계 실험

실험 17-4 Smart LAB을 활용한 부하 저항과 출력 전압의 관계 실험

▸ 다음의 실험 절차를 진행하고 그 결과를 '실험 결과 고찰 17'의 '실험 17-4. Smart LAB을 활용한 부하 저항과 출력 전압의 관계 실험'에 작성한다.

① 출력 전압의 첨두값이 10 V_{PP}가 되도록 발진기의 신호 레벨을 조절한다. 이 출력 전압의 최댓값은 5 V, 실효값은 3.5 V이다.

② 부하 저항의 역할을 하는 포텐시오미터의 저항값을 작게 조절하면서 출력 파형의 크기를 관찰한다.(포텐시오미터를 왼쪽으로 돌리면 저항은 줄어든다.) 포텐시오미터의 최소, 중간, 최대 위치에서의 출력진폭을 각각 기록한다.

■ 슬루레이트 측정

실험 17-5 Smart LAB을 활용한 슬루레이트 측정 실험

▸ 다음의 실험 절차를 진행하고 그 결과를 '실험 결과 고찰 17'의 '실험 17-5. Smart LAB을 활용한 슬루레이트 측정 실험'에 작성한다.

① 오실로스코프의 측정기능 중 '상승시간'을 선택하여 스크린에 표시되도록 한다.

② 그림 17-6의 회로에서 발진기의 주파수는 10kHz로 바꾸고, 파형은 구형파를 선택하고, 신호의 크기는 출력 전압 진폭이 10 V_{PP}가 되는 위치에 고정한다.

③ 연산증폭기의 출력 파형에서 상승시간을 측정하고 이 값을 기록한다. 증가량을 진폭의 80%로 조정하고 슬루레이트를 계산하여 기록한다.

☞ 상승시간 자동 측정기능이 없을 때는 스크린의 수평 눈금을 읽고 수평 소인 시간 배율을 곱하여 시간을 계산한다.

실험 결과 고찰 17

[실험 17-1] Smart LAB을 활용한 연산증폭기 회로의 전원 연결하기

- $V_{out} = V_{offset} =$ $[mV]$

[실험 17-2] Smart LAB을 활용한 연산증폭기 회로의 오프셋 조정하기

- 오프셋 조정 결과 $V_{out} = V_{offset} =$ $[mV]$
- CW 최대 위치에서 $V_{out(CW)} = V_{offset(CW)} =$ $[mV]$
- CCW 최대 위치에서 $V_{out(CW)} = V_{offset(CW)} =$ $[mV]$

[실험 17-3] Smart LAB을 활용한 최대 출력 전압 측정 실험

- 최대 출력 전압(진폭) = $[V_{PP}]$

[실험 17-4] Smart LAB을 활용한 부하 저항과 출력 전압의 관계 실험

- 포텐시오미터 최대(총 부하 저항 = $10.2k\Omega$)일 때의 출력진폭: 10 $[V_{PP}]$
- 포텐시오미터 중간(총 부하 저항 = $5.2k\Omega$)일 때의 출력진폭: $[V_{PP}]$
- 포텐시오미터 최소(총 부하 저항 = 200Ω)일 때의 출력진폭: $[V_{PP}]$

[실험 17-5] Smart LAB을 활용한 슬루레이트 측정 실험

- 상승시간($t_r = \Delta t$) : [μs]
- 증가량 (ΔV) := 8 [V] → 진폭의 80%
- 슬루레이트 S_R : $\dfrac{\Delta V}{\Delta t} = \dfrac{(\quad)V}{(\quad)\mu s} =$ [$V/\mu s$]

☞ 연산증폭기의 특성에 대해 간단히 기술하라.

CHAPTER 18

연산증폭기의 등급, 패키지 및 특성표 판독 실습

1. 실험 목적

- 데이터 시트를 판독하고 성능 등급을 구분할 수 있다.

2. 실험 준비물

- 데이터 시트 : μA741, LM308A, OP07A, TL072, LM324

3. 관련 이론

1) 온도에 따른 OP Amp의 분류

일반적인 용도에 사용되는 OP Amp는 사용온도 범위가 0℃에서 70℃까지이다. 또 산업용으로 사용되는 제품은 −25℃에서 +85℃까지이며, 군용 및 항공 우주용 OP Amp 제품은 −55℃에서 +125℃까지 허용된다. 데이터 시트의 첫 페이지에 온도 범위가 명시되어 있다.

표 18-1 동작 온도 범위에 따른 연산증폭기의 분류

군수용 온도 범위 Military Temperature Range −55℃ ~ +125℃		산업용 온도 범위 Industrial Temperature Range −25℃(또는 −40℃) ~ +85℃		상용 온도 범위 Commercial Temperature Range 0℃ ~ +70℃	
LM101 LM101A LM107 LH2101A LF156	OP07A LM124 LM741 **LM741A** TLC271M	LM201 LM201A LM207 LH2201A	OP07C/D LM224 LF256 TLC271BID	OP07E LM301A LM307 LH3201A TLC271BCD	**LM741C** LM324 μA714C/E/L LF356

2) 정밀도에 따른 분류

OP Amp의 정밀도는 오프셋에 따라 좌우된다. 데이터 시트에 표시된 오프셋은 세 가지이다.

- V_{IO} : 입력 오프셋 전압(가끔 V_{OS}로 표기하기도 한다)
- I_{IO} : 입력 오프셋 전류
- I_{IB} : 입력 바이어스 전류

이 중에서 가장 중요한 것은 입력 오프셋 전압이다. 이것은 연산증폭기의 두 입력단자를 동시에 접지하여도 내부 편차로 인해 출력 전압이 완전한 0V가 되지 않고 작은 전압이 나타난다. 이때 원인이 된 입력간의 전압 편차($V_{BE1} \sim V_{BE2}$)를 입력 오프셋 전압(Input offset voltage : V_{IO})이라 부른다. 이것이 증폭되어 출력측에 나타나는 전압을 출력 오프셋 전압(Output offset voltage : $V_{o(offset)}$)이라 한다.

$$V_{io} = \frac{V_{o(offset)}}{A_{vo}} \qquad \text{식 (18-1)}$$

표 18-2 연산증폭기의 등급 분류

등급 구분	계기용 등급 (*instrumentation grade*)	고성능 등급 (*High performance grade*)	범용 등급 (*General purpose grade*)
주요 특징	매우 낮은 오프셋 (150μV이하) 큰 *CMRR* & 슬루레이트	낮은 오프셋 (0.5~5mV) 큰 *CMRR* OR 슬루레이트	왼쪽에 포함되지 않는 제품

다음의 표 18-3은 자주 사용되는 OP Amp 제품을 등급별로 분류한 일람표이다.

표 18-3 등급별 연산증폭기 제품 목록

OP Amp IC 일람표

구분	범용 (*General Purpose*)			고 성능 (*High Performance*)			계기용 등급 (*Instrumentation Grade*)		
Single	μA741/LM741	B	1	AD741L	B	1	μA714E(R_p=20KΩ)	B	3
	LM307/318	F	1	LM308A	B	1	OP06A/07A/08(R_p=20KΩ)	B	3
	TL071/81/61	BiF	1	LF355/356($Rp_{(1-5)}$/25KΩ)	BiF	3	μA725E	B	3
	TLC251/271(SS)	FF	1	OP-15/16($Rp_{(1-5)}$/25KΩ)	BiF	3	LH0044	B	3
	MC34001	B	1	AD542/544	F	3	AD517L	B	3
	CA3160(SS)	BiF	1	MC1747/1748	B	1	AD515L	BiF	1
	LF351	BiF	1	LT1022	B	1	AD621	BiF	1
	LF411A	BiF	1	OPA177	B	3	LMH6624(WB:1.5G)	B	-
	AMP04(SS)	B	-	μA777	B	2	KH200/300(WB:85MHZ)	B	-
Dual	OP262/272	B	8p	OP215(Dual)	BiF	-	OP227(Dual)	B	-
	MC1458	B	8p	TLC272(SS)	BiF	-	OP467(Quad)	B	3
	TL072/082	BiF	8p						
	LF353	BiF	8p						
	μA739/749	B	14p						
	LM358(SS/DS)	B	8p						
	MC3458(SS)	B	8p						
	CA3240(SS/DS)	BiF	8p						
Quad	LM148/248/348*	B	14p						
	CA5470(SS/DS)	BiF	14p						
	OP-11*	B	14p						
	TL064/074/084	BiF	14p						
	AD704	B	14p						
	LF147/247/347	BiF	14p						
	LM124/224/324(SS)	B	14p						
	NE534(SS)	B	14p						
	MC3403(SS)	B	14p						
High Power	LM12(80W)	B	-						
	LM675(25W)	B	-						
	PA74/76(30W)	B	3						
	PA84(450V, 30W)	BiF	-						
	PA141/142(350V)	FF	-						
	OPA501(40V,79W)	B	-						
	LM7372(Dual)	B	-						

Dual Package제품의 핀 레이아웃

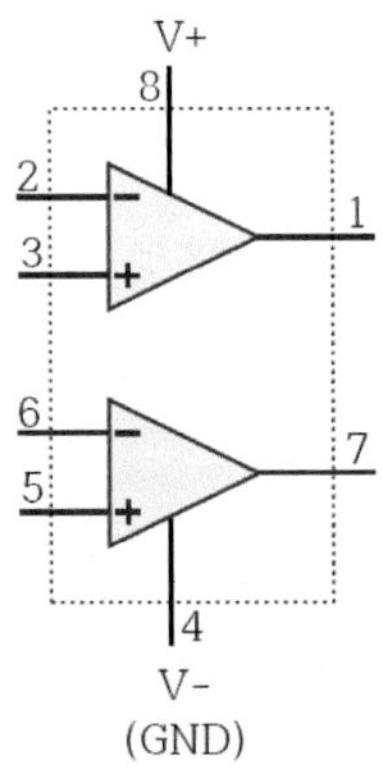

Quad Package제품의 핀 레이아웃

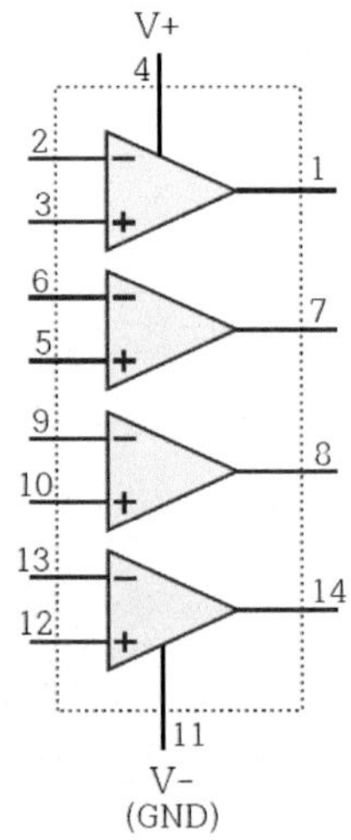

NOTE

B=Bipolar Transistor
BiF=JFET+Bipolar Transistor(BiFET), **FF**=Full FET
1=Offset nulling type 1(See Job1 Fig.10.1-3-a)
2=Offset nulling type 2(See Job1 Fig.10.1-3-b)
3=Offset nulling type 3(See Job1 Fig.10.1-3-c)
SS=Single Power Supply, WB=Wideband(high frequency)
*)=Quad 741 OP Amp

3) 제조공법에 따른 분류법

초기의 연산증폭기는 바이폴라 트랜지스터가 집적된 회로였다. 이후 JFET를 사용한 OP Amp가 만들어졌다. 초단 입력부에 접합형 FET를 사용하고 출력부에는 바이폴라 트랜지스터를 사용함으로써 입력 임피던스가 획기적으로 높아졌고, 온도에 따른 오프셋 변동율이나 잡음도 개선되었다. 이와 같이 JFET와 바이폴라 트랜지스터를 함께 사용한 제조공정을 'BiFET'공법이라고 부른다. OP Amp의 목록에서 기호 B는 바이폴라 공법, BiF는 BiFET공법 그리고 F는 순 FET 제조공법을 뜻한다.

4) 패키지에 따른 분류법

IC회로를 수납하는 용기를 간단히 '패키지(package)'라고 부른다. DIP IC의 핀 간격은 2.54 *mm*(1/10인치)이고 기판에 구멍을 뚫어서 조립하는 방식이고 SO패키지의 핀 간격은 1.27 *mm*(1/20인치), TSSO패키지의 핀 간격은 0.65*mm*(1/40인치)이고 기판 표면에 부착하는 방식을 사용하기 때문에 회로의 집적도가 대폭 향상되었다.

동일한 기능의 OP Amp IC일지라도 소비자들의 요구에 따라 DIP, SOP, TSSOP 또는 메탈 캔 패키지 등으로 나누어 제조한다.

- LM741CJ: 범용 플라스틱 DIP 패키지
- LM741H, LM741EH: 메탈 캔 패키지
- LM741J, LM741CM, LM741CN, 741EN: SO 패키지
- LM741W, LM741J, LM741AJ : 세라믹(DIL/Flat) 패키지

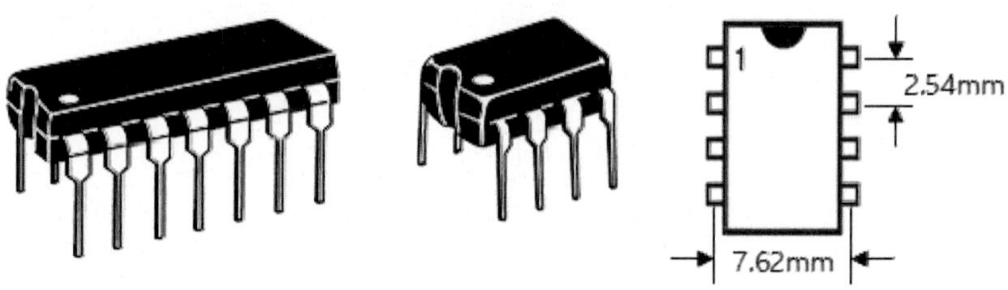

(a) DIP 패키지

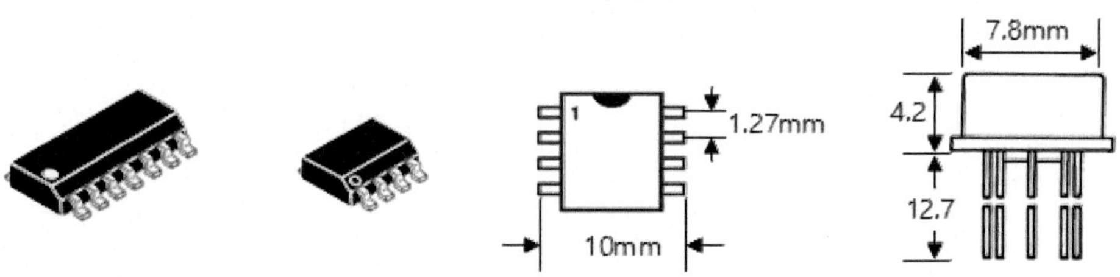

(b) SO 패키지

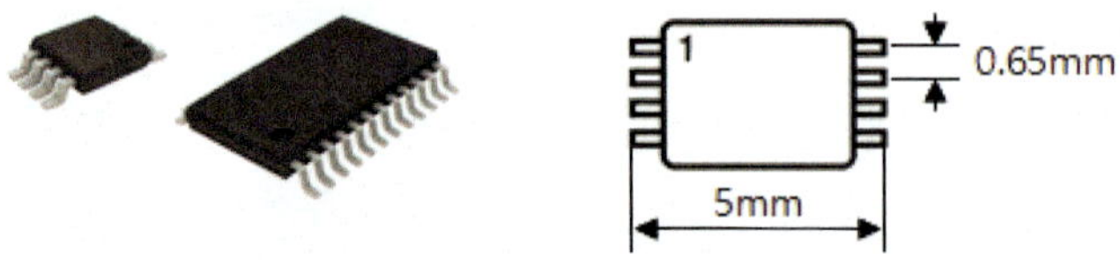

(c) TSSO 패키지

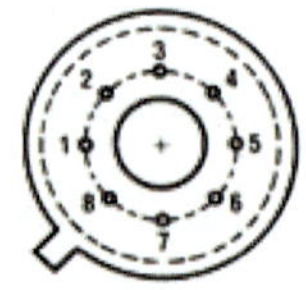

(d) 메탈 Can 패키지

그림 18-1 OP Amp IC의 패키지 형태

5) 데이터 시트 판독하기

OP Amp의 전기적 성능은 모두 데이터 시트에 담겨있다. 최근에는 OP Amp도 다른 반도체와 같이 데이터 북이 아닌 인터넷 사이트에서 검색하도록 되어있다. 제조회사의 사이트를 방문하는 것도 좋지만 여러 회사의 제품을 비교하는 데는 다음의 사이트가 좋다.

www.alldatasheet.com

제품의 데이터 시트에는 일반적으로 다음의 순서에 따라 기술되어 있다.

- 개요: 제품의 주요 특징, 장점을 요약하여 설명한다.
- 핀 접속도 및 내부 회로도
- 절대 최대정격 및 전기적 특성
- 참고도면: 시험방법, 특성 커브, 응용 회로 등을 소개한다. 가장 분량이 많다.
- 제품 치수: 패키지의 드로잉 치수를 CAD 도면으로 공개한다.
- 공급처의 주소와 전화번호 등

(1) 절대 최대 정격(Absolute Maximum Ratings)

표 18-4 절대 최대정격의 기호와 보기값

기호	설명	보기
V_{CC}/V_{DD}	전원 전압(supply voltage)	±18 V, (단 싱글 전원일 때는 18 V)
$V_{I(DIFF)}$	차동 입력 전압(Differential Input Voltage)	30 V, (단 싱글 전원일 때는 15 V)
V_I	입력 전압(Input voltage)	±15V, (단 싱글 전원일 때는 15 V)
P_D	최대전력손실(power dissipation)	500mW
T_{OPR}	동작 온도 범위(Operating Temperature Range)	0~70℃ 또는 -55~+125℃ 등 온도등급에 따라 달라진다.
T_{STG}	보관온도 범위(storage Temperature Range)	-65~150℃

(2) 전기적 특성(Electrical Characteristics)

통상적인 사용조건에서 각종 전기적 특성을 나타낸다. 예를 들면 입력 오프셋 전압, 오프셋 전류, 바이어스 전류, 최대 출력 전압($P-P$값), 전압 이득 등으로 아래 표와 같다.

표 18-5 OP Amp의 주요 전기적 특성과 기호

기호	설명	비고
V_{IO}	입력 오프셋 전압 *Input offset voltage*	OP Amp에서 정밀도를 좌우하는 가장 중요한 파리미터이다.
α_{VIO}	입력옵셋 전업의 온도계수 *Average Input Offset voltage drift*	온도에 따라 오프셋 전압의 크기가 변하는 비율
I_{IO}	입력 오프셋 전류 *Input offset current*	
I_{IB}	입력 바이어스 전류 *Input bias current*	입력 저항에 반비례한다.
$V_{I(R)}$	입력 전압 범위 *input voltage range*	전원 전압보다 작은 ±값으로 주어진다.
V_{OH} V_{OL}	최대 정(부) 출력 전압 *high(low) level output voltage*	$= V_{O(P-P)}$: 출력 전압 스윙(*output voltage swing*)
I_{SC}	출력 단락 전류 *output short circuit current*	최대 허용 전류를 의미한다.
A_V G_V A_{VO}	전압 이득(*voltage amplification*) 또는 개방 단자 전압이듯	A_{VOD}: 대신호 차동 전압 이득
R_I	입력 저항 *input resistance*	바이폴라형은 수$M\Omega$이내, FET, BiFET형은 수100$M\Omega$이상이다.
CMRR	동상 신호 제거율(단위 *dB*) *common mode rejection ratio*	동상 신호와 차 동신호가 섞였을 때 동상 출력을 제거하는 비율
PSRR	전원 전압 제거율(단위 *dB*) *power supply rejection ratio*	전원 전압의 변동값에 대하여 출력신호가 영향받는 비율
SR	슬루레이트(단위: $V/\mu s$) *slew rate*	계단파 입력에 대한 응답율. 이 값이 커야 고주파 특성이 좋다.
BW *GBW*	대역폭(*band width*), 이득대역폭적(*Gain band width product*)	대역폭 또는 이득 · 대역폭 적(=이득×대역폭) 단위:*MHz* 높은 주파수를 증폭하려면 이 값이 커야 한다.
I_{CC}	전원(소비) 전류 *supply current*	부하 저항을 개방한 상태에서 측정한 전원 전류(mA)
P_C	소비전력 *power consumption*	주어진 (최대) 전원 전압 조건에서 측정한 소비전력(mW)

4. 실험 순서

실험 18-1 데이터 시트 확인하기

▸ 다음의 실험 절차를 진행하고 그 결과를 '실험 결과 고찰 18'의 '실험 18-1. 데이터 시트 확인하기'에 작성한다.

① 인터넷을 이용하여 다음의 연산증폭기를 검색하고 그 결과를 표 18-6에 기록하시오.

ⓐ 검색할 OP Amp

μA741, LM308A, OP07A, TL072, LM324

ⓑ 검색할 항목

절대 최대정격 (V_{CC}, V_I, T_{OPR})

전기적 특성 (V_{IO}, V_{OH}, V_{OL}, I_{SC}, A_{VO}, $CMRR$, SR, GBW, I_{CC}, P_C)

② 인터넷 검색을 통해서 범용 등급 제품의 연산증폭기 5개를 선정하고 오프셋 전압, 입력 임피던스, 전압 이득, 그리고 *CMRR* 등을 조사하여 표 18-7에 기록하시오.

③ 인터넷 검색을 통해서 고성능 등급 제품의 연산증폭기 5개를 선정하고 오프셋 전압, 입력 임피던스, 전압 이득, 그리고 *CMRR* 등을 조사하여 표 18-8에 기록하시오.

④ 관련 이론 또는 인터넷 검색을 통해서 계기용 등급 제품의 연산증폭기 5개를 선정하고 오프셋 전압, 입력 임피던스, 전압 이득 등을 조사하여 표 18-9에 기록하시오.

⑤ Rail-to-Rail 특성을 가진 연산증폭기 제품 3개 이상을 검색하고 오프셋 전압 등 각 항목을 조사하여 표 18-10에 기록하시오.

⑥ 이득 대역폭적이 500*MHz*이상인 연산증폭기 제품 3개 이상을 검색하고 이득 대역폭 적(GBW), 슬루레이트 그리고 오프셋 전압 등을 조사하여 표 18-11에 기록하시오.

⑦ 대출력 특성을 가진 연산증폭기 제품 3개를 검색하고 전원 전압과 최대 출력 등을 조사하여 표 18-12에 기록하시오.

⑧ 비교기 전용 연산증폭기 제품 5개를 검색하고 전원 전압과 오프셋 전압, 그리고 회로의 특징 등에 대하여 조사하여 표 18-13에 기록하시오.

실험 결과 고찰 18

[실험 18-1] 데이터 시트 확인하기

표 18-6 연산증폭기의 특성 검색 결과

제품명		μA741	LM308A	OP07A	TL072	LM324
등급 및 주요 특징		범용	고성능	계기용 등급	듀얼 팩	쿼드 팩
절대 최대정격	V_{CC}	± V	± V	± V	± V	± V
	V_I	± V	± V	± V	± V	± V
	T_{OPR}	- ~ ℃	- ~ ℃	- ~ ℃	- ~ ℃	- ~ ℃
최대 입력 전압: V_{IO}		± V	± V	± V	± V	± V
최대 출력 전압: V_{OH} (Voltage swing @R_L=10㏀)		± V	± V	± V	± V	± V
입력 저항: R_{in}		$M\Omega$	$M\Omega$	$M\Omega$	$M\Omega$	-
입력 오프셋 전압: V_{IOS}		mV	mV	mV	mV	mV
대신호 전압 이득: A_{VO}		$\times 10^5$	$\times 10^5$	$\times 10^5$	$\times 10^5$	$\times 10^5$
동상 신호 제거비: $CMRR$		dB	dB	dB	dB	dB
슬루레이트: SR		$V/\mu s$	$V/\mu s$	$V/\mu s$	$V/\mu s$	-
전원전류(I_{CC}), 소비전력(P_C)		mW	mA	mW	mA	mA

표 18-7 범용 등급 연산증폭기

품명	오프셋 전압(V_{IO})	입력 임피던스	전압 이득	$CMRR$
1.				
2.				
3.				
4.				
5.				

표 18-8 고성능 등급 연산증폭기

품명	오프셋 전압(V_{IO})	입력 임피던스	전압 이득	$CMRR$
1.				
2.				
3.				
4.				
5.				

표 18-9 계기용 등급 연산증폭기

품명	오프셋 전압(V_{IO})	입력 임피던스	전압 이득	$CMRR$

표 18-10 Rail-to-Rail 연산증폭기

품명	오프셋 전압(V_{IO})	입력 임피던스	전압 이득	$CMRR$

표 18-11 고주파 특성이 우수한 연산증폭기

품명	이득 대역폭 적 (GBW)	입력 임피던스	오프셋 전압 (V_{IO})	$CMRR$

표 18-12 대출력 연산증폭기

품명	전원 전압	최대 전류 OR 전력	이득대역폭적	패키지

표 18-13 비교가 전용 연산증폭기

품명	전원 전압	입력 오프셋	회로특성	메이커

☞ 연산증폭기의 용도에 대해 간단히 기술하라.

CHAPTER 19

반전 증폭기

1. 실험 목적

- 필요한 이득과 차단주파수 특성을 만족하는 반전 증폭기를 설계할 수 있다.

2. 실험 준비물

- 브레드보드, 리드선 적당량
- 저항 $10k\Omega \times 3$, $100k\Omega$, $1M\Omega$
- OPAMP LM741
- 직류 전원 공급기 (+15 V, -15 V), 함수 발생기, 2채널 디지털(메모리) 오실로스코프

3. 관련 이론

반전 증폭기(Inverting Amplifier)는 연산증폭기(Op-Amp)를 사용한 기본적인 증폭회로 중 하나로, 입력신호를 반전(180도 위상 변환)시키면서 증폭하는 역할을 한다.

1) 반전 증폭기의 구성

- 연산증폭기(Op-Amp): 핵심 소자.
- 입력 저항(R_{in}): 입력신호를 반전 입력단자(Inverting Input)에 연결.
- 피드백 저항(R_f): 출력단자와 반전 입력단자 사이에 연결.
- 비반전 입력단자(Non-Inverting Input): 일반적으로 접지(Ground)에 연결.

2) 회로 구성

반전 증폭기의 기본 회로는 그림 19-1과 같다. 입력 파형 V_{in}에 대해 위상이 180도 반전되어 출력 파형 V_{out}이 나타난다.

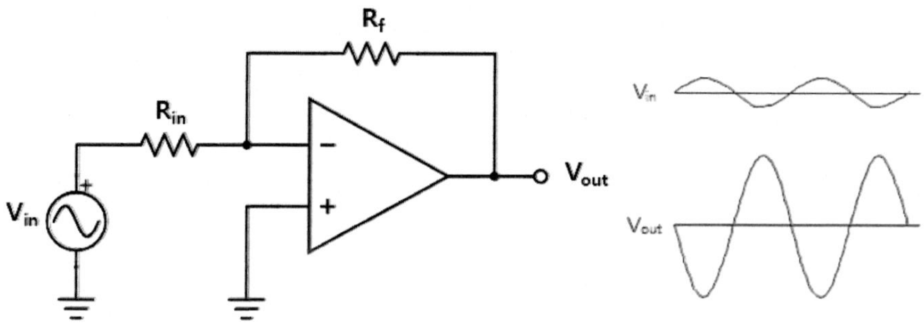

그림 19-1 반전 증폭기 회로와 신호 파형

3) 동작 원리

- **입력신호 적용:** 입력신호 V_{in}은 저항 R_{in}을 통해 연산증폭기의 반전 입력단자(-)에 인가된다.
- **전압 차이 증폭:** 연산증폭기는 반전 입력단자(-)와 비반전 입력단자(+) 사이의 전압 차이를 증폭한다. 비반전 입력단자는 접지에 연결되어 있으므로, 반전 입력단자는 가상 접지(Virtual Ground)로 간주된다.
- **피드백 작용:** 출력신호 V_{out}은 피드백 저항 R_f를 통해 반전 입력단자로 피드백된다. 이는 출력신호가 입력신호에 따라 조절되도록 한다.
- **반전 및 증폭:** 결과적으로, 출력신호는 입력신호의 반대 위상(180도 위상 변환)이며, 증폭된 형태로 나타난다.

4) 이득(Gain)

반전 증폭기의 전압 이득(A)은 다음과 같이 계산된다.

$$A_v = -\frac{R_f}{R_{in}} \qquad \text{식 (19-1)}$$

여기서, R_f는 피드백 저항이고 R_{in}은 입력 저항이다.

5) 주요 특성

- 위상 반전: 출력신호는 입력신호에 대해 180도 반전된다.
- 선형 증폭: 주어진 이득 값에 따라 선형적으로 입력신호를 증폭한다.
- 높은 입력 임피던스: 연산증폭기의 높은 입력 임피던스 특성 덕분에 입력신호 소스로부터의 전류 요구가 낮다.
- 낮은 출력 임피던스: 출력신호를 부하에 효과적으로 전달할 수 있다.

6) 응용

- 신호 증폭: 약한 신호를 강하게 증폭하여 다음 단계의 회로로 전달.
- 오디오 증폭기: 오디오 신호의 증폭.
- 아날로그 컴퓨터: 다양한 수학적 연산(예: 합산, 감산)을 수행하는 아날로그 컴퓨터 회로.
- 필터: 저역통과 필터, 고역통과 필터 등 다양한 필터 회로의 기본 블록.
- 센서 신호 처리: 센서로부터의 미약한 신호를 증폭하여 처리.

4. 실험 순서

■ 이득 10의 반전 증폭기실험

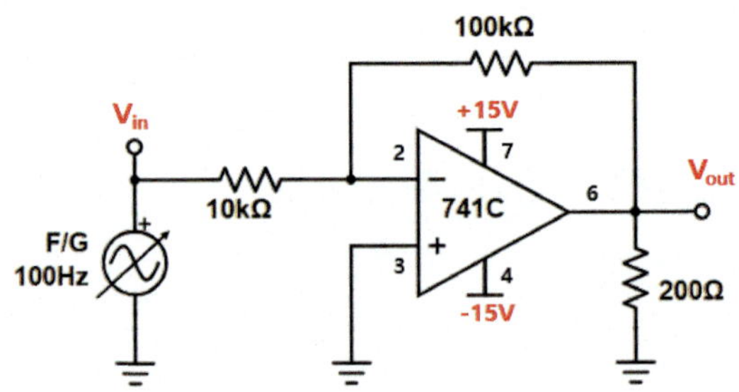

그림 19–2 반전 증폭기 실험 회로

실험 19-1 TinkerCAD를 활용한 이득 10의 반전 증폭기실험

▸ 다음의 실험 절차를 진행하고 그 결과를 '실험 결과 고찰 19'의 '실험 19–1. TinkerCAD를 활용한 이득 10의 반전 증폭기실험'에 작성한다.

① TinkerCAD를 활용하여 그림 19-2의 반전 증폭기실험 회로를 구성한다. 그림 19-3에 TinnkerCAD를 활용한 반전 증폭기 실험 회로를 나타내었다.

② 함수 발생기는 주파수 100 Hz, 진폭 1 V_{PP} , DC 오프셋 0 V, 함수는 사인으로 설정한다.

③ 입력과 출력신호 파형을 비교 측정하여 '입력 전압(V_{in})' 및 '출력 전압 (V_{out})'에 각각 기록한다.

④ 전압 이득을 계산하여 '전압 이득 A_{VO}'에 기록한다.

⑤ 입·출력 파형을 '시뮬레이션 결과 파형'에 그리고 각각의 [$Volts / div$]를 기록한다.

⑥ 발진기의 주파수를 100 Hz서 1 MHz까지 증가시킬 때마다 출력 전압을 측정하고 전압 이득을 계산하여 표 19-1에 기록한다.

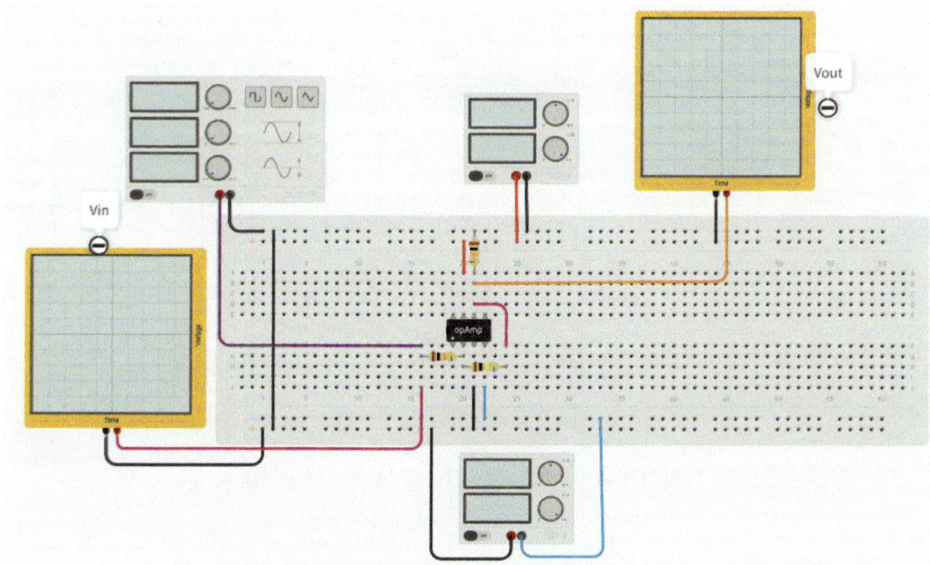

그림 19-3 반전 증폭기 실험 회로 (TinkerCAD)

실험 19-2 MultiSIM을 활용한 이득 10의 반전 증폭기실험

▸ 다음의 실험 절차를 진행하고 그 결과를 '실험 결과 고찰 19'의 '실험 19-2. MultiSIM을 활용한 이득 10의 반전 증폭기실험'에 작성한다.

① MultiSIM을 활용하여 그림 19-2의 반전 증폭기실험 회로를 구성한다. 그림 19-4에 MultiSIM을 활용한 반전 증폭기 실험회로를 나타내었다.

② Function generator XFG1은 Waveforms는 사인파 Frequency는 100Hz, Amplitude는 500 mVp로 설정한다.

③ 시뮬레이션을 실행하고 오실로스코프 xsc1의 입력과 출력신호 파형을 비교 측정하여 '입력 전압(V_{in})' 및 '출력 전압 (V_{out})'에 각각 기록한다.

④ 전압 이득을 계산하여 '전압 이득 A_{VO}'에 기록한다.

⑤ 입·출력 파형을 '시뮬레이션 결과 파형'에 그린다. 이때 입력과 출력의 위상을 비교하고 그 결과를 '입·출력 파형의 위상'에 체크한다.

⑥ Function generator의 주파수를 100Hz에서 1MHz까지 증가시켜 가면서 출력 전압을 측정하고 전압 이득을 계산하여 표 19-2에 기록한다. 오실로스코프의 파형에서 전압 측정 시 각 채널의 Scale에 유의하라.

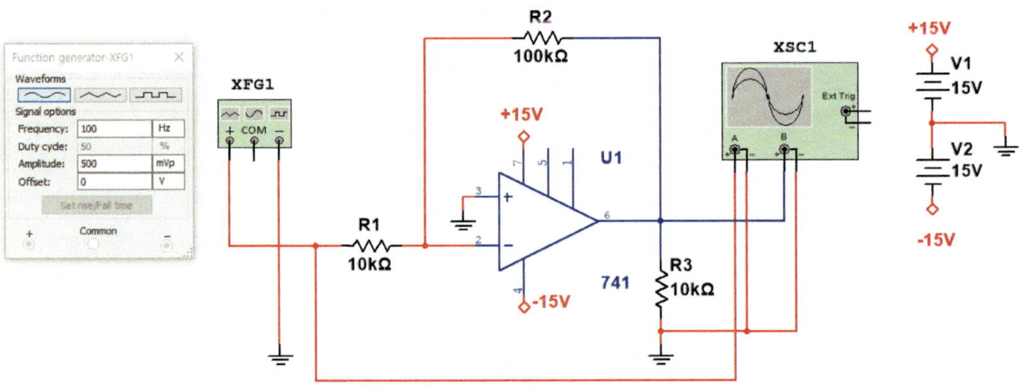

그림 19–4 반전 증폭기실험 회로 (MultiSIM)

실험 19-3 Smart LAB을 활용한 이득 10의 반전 증폭기실험

▸ 다음의 실험 절차를 진행하고 그 결과를 '실험 결과 고찰 19'의 '실험 19–3. SmartLAB을 활용한 이득 10의 반전 증폭기실험'에 작성한다.

① Smart LAB을 활용하여 그림 19-2의 반전 증폭기실험 회로를 구성한다. 그림 19-5에 Smart LAB을 활용한 반전 증폭기실험 회로를 나타내었다.

② 함수 발생기는 사인파 100Hz, 신호의 크기는 출력 레벨 Range를 2V_{PP}, Amplitude를 50%로 설정하여 1V_{PP}로 설정한다. 오실로스코프의 채널 A 프로브는 함수 발생기의 출력에 채널 B 프로브는 반전 증폭기의 출력에 각각 연결한다.

> ▹ Smart LAB – 오실로스코프 설정
>
> ◦ 채널 A : 수직 감도 : $2\,V/Div$, 입력 결합 : DC
> ◦ 채널 B : 수직 감도 : $2\,V/Div$~$5\,V/Div$, 입력 결합 : DC
> ◦ 트리거(Trigger)기준 : $CH\ A$, 상승 에지(↗)
> ◦ 수평 소인 시간(Horizontal) : $5ms$

③ 입력과 출력신호 파형을 비교 측정하여 '입력 전압(V_{in})' 및 '출력 전압 (V_{out})'에 각각 기록한다.

④ 전압 이득을 계산하여 '전압 이득 A_{VO}'에 기록한다.

⑤ 입·출력 파형을 '실험 결과 파형'에 그린다. 이때 입력과 출력의 위상을 비교하고 그 결과를 '입·출력 파형의 위상'에 체크한다.

⑥ 발진기의 주파수를 $100\,Hz$에서 $1\,MHz$까지 증가시킬 때마다 출력 전압을 측정하고 전압 이득을 계산하여 표 19-3에 기록한다.

그림 19–5 반전 증폭기 실험 회로 (Smart LAB)

■ 부호 변환기 실험

실험 19-4 TinkerCAD를 활용한 부호 변환기 실험

▸ 다음의 실험 절차를 진행하고 그 결과를 '실험 결과 고찰 19'의 '실험 19–4. TinkerCAD를 활용한 부호 변환기 실험'에 작성한다.

① TinkerCAD를 활용하여 부호 변환기 회로를 구성한다. 그림 19-2 반전 증폭기 회로에서 $100k\Omega$의 피드백 저항값을 $10k\Omega$으로 대체한다.

② 입력 전압은 $4V_{PP}$가 되도록 함수 발생기를 조정한다.

③ 입력신호와 출력신호를 관찰하고 '입력 전압(V_{in})' 및 '출력 전압 (V_{out})'에 각각 기록하고 전압 이득을 계산하여 '전압 이득 A_{VO}'에 기록한다.

④ 발진기의 주파수를 $100Hz$에서 10배 단위로 증가시킬 때마다 출력 전압을 측정하고 전압 이득을 계산하여 표 19-4에 기록한다.

실험 19-5 MultiSIM을 활용한 부호 변환기 실험

▸ 다음의 실험 절차를 진행하고 그 결과를 '실험 결과 고찰 19'의 '실험 19-5. MultiSIM을 활용한 부호 변환기 실험'에 작성한다.

① MultiSIM을 활용하여 부호 변환기 회로를 구성한다. 그림 19-2 반전 증폭기 회로에서 $100k\Omega$의 피드백 저항값을 $10k\Omega$으로 대체한다.

② 입력 전압은 $4V_{PP}$가 되도록 함수 발생기를 조정한다.

③ 입력신호와 출력신호를 관찰하고 '입력 전압(V_{in})' 및 '출력 전압 (V_{out})'에 각각 기록하고 전압 이득을 계산하여 '전압 이득 A_{VO}'에 기록한다.

④ 입·출력 파형을 '시뮬레이션 결과 파형'에 그린다.

⑤ 발진기의 주파수를 $100Hz$에서 10배 단위로 증가시킬 때마다 출력 전압을 측정하고 전압 이득을 계산하여 표 19-5에 기록한다.

실험 19-6 Smart LAB을 활용한 부호 변환기 실험

▸ 다음의 실험 절차를 진행하고 그 결과를 '실험 결과 고찰 19'의 '실험 19-6. SmartLAB을 활용한 부호 변환기 실험'에 작성한다.

① Smart LAB을 활용하여 부호 변환기 실험을 진행한다. 그림 19-2 반전 증폭기 회로에서 $100k\Omega$의 피드백 저항값을 $10k\Omega$으로 대체한다. 입력 전압이 $4V_{PP}$가 되도록 발진기를 조절한다.

② 입력신호와 출력신호를 동시에 오실로스코프로 측정하고 '입력 전압(V_{in})' 및 '출력 전압(V_{out})'에 각각 기록하고 전압 이득을 계산하여 '전압 이득 A_{VO}'에 기록한다.
③ 입·출력 파형을 '실험 결과 파형'에 그린다.
④ 발진기의 주파수를 100Hz에서 10배 단위로 증가시킬 때마다 출력 전압을 측정하고 전압 이득을 계산하여 표 19-6에 기록한다.

■ 전압 이득 100의 증폭기실험

실험 19-7 TinkerCAD를 활용한 이득 100의 반전 증폭기실험

▸ 다음의 실험 절차를 진행하고 그 결과를 '실험 결과 고찰 19'의 '실험 19–7. TinkerCAD를 활용한 이득 100의 반전 증폭기실험'에 작성한다.

① TinkerCAD를 활용하여 이득=100의 반전 증폭기 회로를 구성한다. 그림 19-2 반전 증폭기 회로에서 100$k\Omega$의 피드백 저항값을 1$M\Omega$으로 대체한다.
② 함수 발생기의 신호 레벨은 100$m\,V_{PP}$, 주파수는 1kHz, 파형은 squarwave로 설정한다.
③ 입력신호와 출력신호를 관찰하고 '입력 전압(V_{in})' 및 '출력 전압 (V_{out})'에 각각 기록하고 전압 이득을 계산하여 '전압 이득 A_{VO}'에 기록한다.
④ 발진기의 주파수를 1kHz에서 1MHz까지 10배 단위로 증가시켜 가변서 출력 전압을 측정하고 전압 이득을 계산하여 표 19-7에 기록한다.

실험 19-8 MultiSIM을 활용한 이득 100의 반전 증폭기실험

▸ 다음의 실험 절차를 진행하고 그 결과를 '실험 결과 고찰 19'의 '실험 19–8. MultiSIM을 활용한 이득 100의 반전 증폭기실험'에 작성한다.

① MultiSIM를 활용하여 이득=100의 반전 증폭기 회로를 구성한다. 그림 19-2 반전 증폭기 회로에서 100$k\Omega$의 피드백 저항값을 1$M\Omega$으로 대체한다.
② Function generator의 신호 레벨은 100$m\,V_{PP}$, 주파수는 1kHz, 파형은 squarwave로 설정한다.

③ 입력신호와 출력신호를 관찰하고 '입력 전압(V_{in})' 및 '출력 전압 (V_{out})'에 각각 기록하고 전압 이득을 계산하여 '전압 이득 A_{VO}'에 기록한다.

④ 발진기의 주파수를 $1kHz$에서 $1MHz$까지 10배 단위로 증가시켜 가면서 출력 전압을 측정하고 전압 이득을 계산하여 표 19-8에 기록한다.

실험 19-9 Smart LAB을 활용한 이득 100의 반전 증폭기실험

▸ 다음의 실험 절차를 진행하고 그 결과를 '실험 결과 고찰 19'의 '실험 19-9. SmartLAB을 활용한 이득 100의 반전 증폭기실험'에 작성한다.

① Smart LAB을 활용하여 이득 100의 반전 증폭기실험을 진행한다. 그림 19-2 반전 증폭기 회로에서 $100k\Omega$의 피드백 저항값을 $10k\Omega$으로 대체한다. 발진기의 신호 레벨은 100 mV_{PP}, 주파수는 $1kHz$, 파형은 구형파로 설정한다.

② 입력신호와 출력신호를 동시에 오실로스코프로 측정한다. 채널 A의 수직 감도를 50 V/DIV로 조정한다. 그 결과를 '입력 전압(V_{in})' 및 '출력 전압 (V_{out})'에 각각 기록하고 전압 이득을 계산하여 '전압 이득 A_{VO}'에 기록한다.

③ 발진기의 주파수를 $1kHz$에서 $1MHz$까지 10배 단위로 증가시켜 가면서 출력 전압을 측정하고 전압 이득을 계산하여 표 19-9에 기록한다.

실험 결과 고찰 19

[실험 19-1] TinkerCAD를 활용한 이득 10의 반전 증폭기실험

- 입력 전압 (V_{in}) =   [V_{PP}]
- 출력 전압 (V_{out}) =   [V_{PP}]
- 전압 이득 $A_{VO} = \frac{V_{out}}{V_{in}} = \frac{(\quad)}{(\quad)} = (\qquad)$
- 시뮬레이션 결과 파형

입력신호 파형

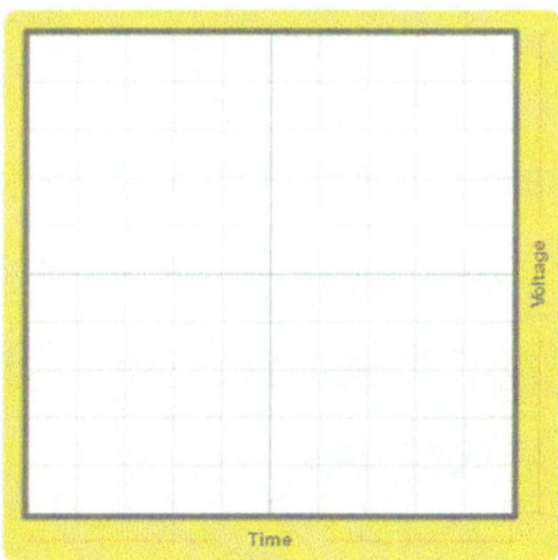

______ [$Volts/Div$]

출력신호 파형

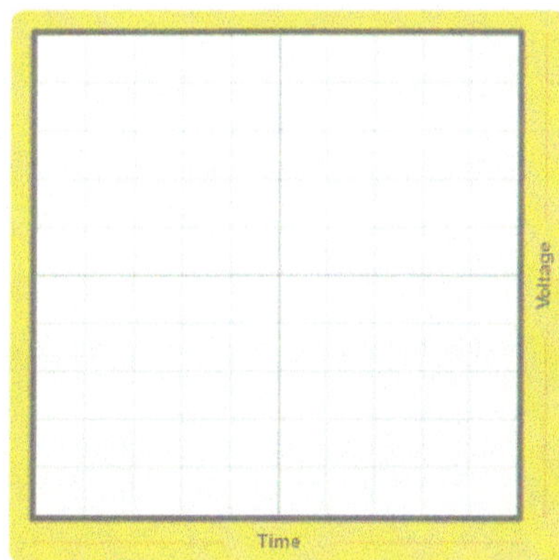

______ [$Volts/Div$]

표 19-1 반전 증폭기의 주파수 응답 (TinkerCAD)

주파수(Hz)	**100Hz**	**1kHz**	**10kHz**	**100kHz**	**1MHz**
출력 전압(V_{PP})					
전압 이득					

[실험 19-2] MultiSIM을 활용한 이득 10의 반전 증폭기실험

- 입력 전압 (V_{in}) =   [V_{PP}]
- 출력 전압 (V_{out}) =   [V_{PP}]
- 전압 이득 $A_{VO} = \dfrac{V_{out}}{V_{in}} = \dfrac{(\quad)}{(\quad)} = (\qquad)$
- 시뮬레이션 결과 파형

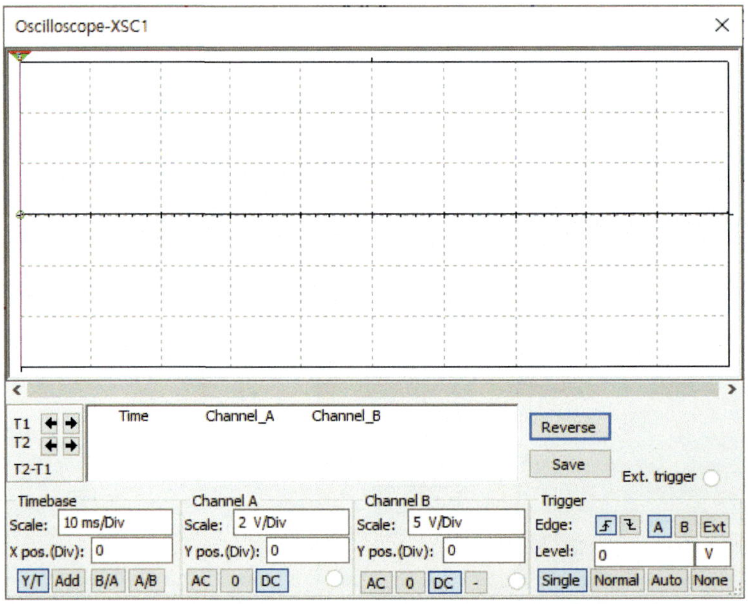

- 입·출력 파형의 위상

  (   ) 같다(0°).   (   ) 서로 반대이다(180°).

표 19-2 반전 증폭기의 주파수 응답 (MultiSIM)

주파수(Hz)	100Hz	1kHz	10kHz	100kHz	1MHz
출력 전압(V_{PP})					
전압 이득					

[실험 19-3] Smart LAB을 활용한 이득 10의 반전 증폭기실험

- 입력 전압 (V_{in}) = [V_{PP}]
- 출력 전압 (V_{out}) = [V_{PP}]
- 전압 이득 $A_{VO} = \dfrac{V_{out}}{V_{in}} = \dfrac{(\quad)}{(\quad)} = (\qquad)$
- 실험 결과 파형

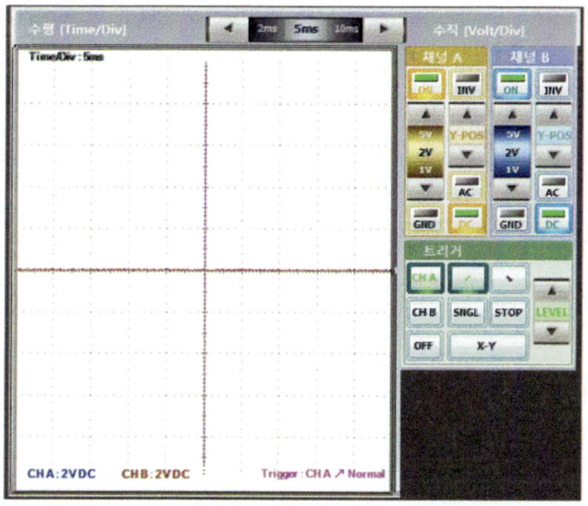

- 입·출력 파형의 위상

( ) 같다(0°). ( ) 서로 반대이다(180°).

표 19-3 반전 증폭기의 주파수 응답 (SmartLAB)

주파수(Hz)	100Hz	1kHz	10kHz	100kHz	1MHz
출력 전압(V_{PP})					
전압 이득					

[실험 19-4] TinkerCAD를 활용한 부호 변환기 실험

- 입력 전압 (V_{in}) = [V_{PP}]
- 출력 전압 (V_{out}) = [V_{PP}]
- 전압 이득 $A_{VO} = \frac{V_{out}}{V_{in}} = \frac{(\quad)}{(\quad)} = (\qquad)$

표 19-4 단위이득 증폭기의 주파수 응답 (TinkerCAD)

주파수(Hz)	100Hz	1kHz	10kHz	100kHz	1MHz
출력 전압(V_{PP})					
전압 이득					

[실험 19-5] MultiSIM을 활용한 부호 변환기 실험

- 입력 전압 (V_{in}) = [V_{PP}]
- 출력 전압 (V_{out}) = [V_{PP}]
- 전압 이득 $A_{VO} = \frac{V_{out}}{V_{in}} = \frac{(\quad)}{(\quad)} = (\qquad)$

- 시뮬레이션 결과 파형

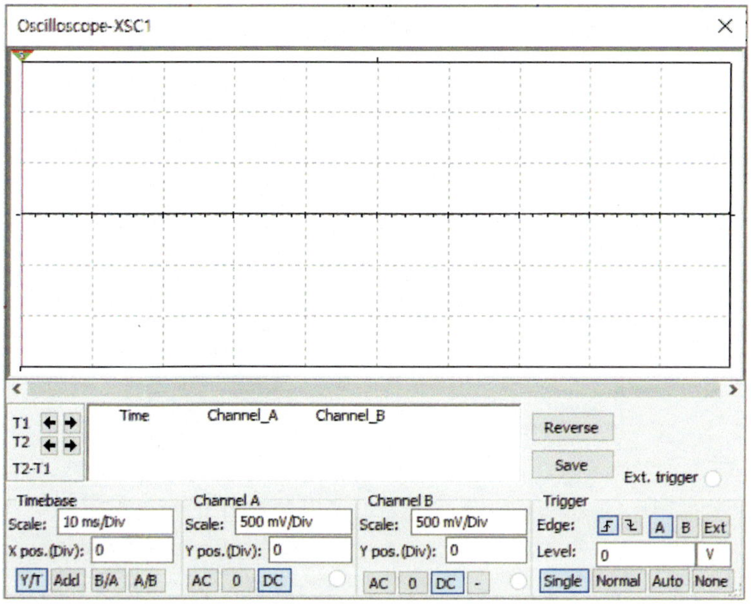

표 19-5 단위이득 증폭기의 주파수 응답 (MultiSIM)

주파수(Hz)	100Hz	1kHz	10kHz	100kHz	1MHz
출력 전압(V_{PP})					
전압 이득					

[실험 19-6] Smart LAB을 활용한 부호 변환기 실험

- 입력 전압 (V_{in}) = [V_{PP}]
- 출력 전압 (V_{out}) = [V_{PP}]
- 전압 이득 $A_{VO} = \frac{V_{out}}{V_{in}} = \frac{(\quad)}{(\quad)} = (\qquad)$

▸ 실험 결과 파형

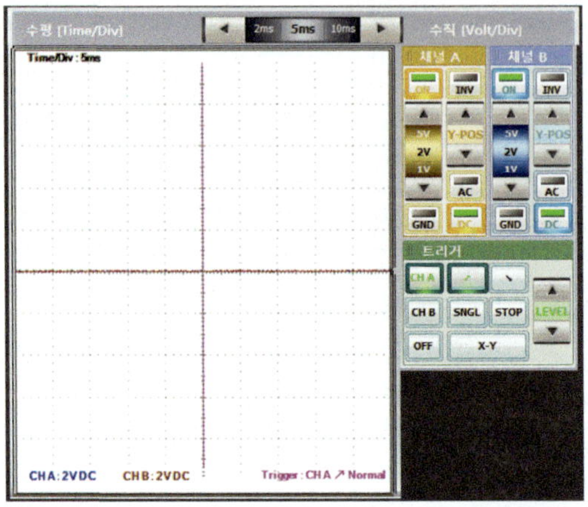

표 19-6 단위이득 증폭기의 주파수 응답 (SmartLAB)

주파수(Hz)	100 Hz	1 kHz	10 kHz	100 kHz	1 MHz
출력 전압(V_{PP})					
전압 이득					

[실험 19-7] TinkerCAD를 활용한 이득 100의 반전 증폭기실험

- 입력 전압 (V_{in}) = [V_{PP}]
- 출력 전압 (V_{out}) = [V_{PP}]
- 전압 이득 $A_{VO} = \dfrac{V_{out}}{V_{in}} = \dfrac{(\quad)}{(\quad)} = (\qquad)$

표 19-7 이득 100 증폭기의 주파수 응답 (TinkerCAD)

주파수(Hz)	1 kHz	10 kHz	20 kHz	40 kHz	70 kHz	100 kHz	200 kHz	400 kHz	700 kHz	1 MHz
출력 전압(V_{PP})										
전압 이득										

[실험 19-8] MultiSIM을 활용한 이득 100의 반전 증폭기실험

- 입력 전압 (V_{in}) = [V_{PP}]
- 출력 전압 (V_{out}) = [V_{PP}]
- 전압 이득 $A_{VO} = \frac{V_{out}}{V_{in}} = \frac{(\quad)}{(\quad)} = (\qquad)$

표 19-8 이득 100 증폭기의 주파수 응답 (MultiSIM)

주파수(Hz)	1kHz	10kHz	20kHz	40kHz	70kHz	100kHz	200kHz	400kHz	700kHz	1MHz
출력 전압(V_{PP})										
전압 이득										

[실험 19-9] Smart LAB을 활용한 이득 100의 반전 증폭기실험

- 입력 전압 (V_{in}) = [V_{PP}]
- 출력 전압 (V_{out}) = [V_{PP}]
- 전압 이득 $A_{VO} = \frac{V_{out}}{V_{in}} = \frac{(\quad)}{(\quad)} = (\qquad)$

표 19-9 이득 100 증폭기의 주파수 응답 (SmartLAB)

주파수(Hz)	1kHz	10kHz	20kHz	40kHz	70kHz	100kHz	200kHz	400kHz	700kHz	1MHz
출력 전압(V_{PP})										
전압 이득										

☞ 반전 증폭 실험 결과를 바탕으로 반전 증폭기의 이득과 특성에 대해 간단히 기술하라.

☞ 인터넷에서 대역폭(BandWidth)에 대해 검색하고 이를 간단히 기술하라.

☞ 인터넷에서 차단주파수(Cutoff Frequency)에 대해 검색하고 이를 간단히 기술하라.

CHAPTER **20**

비반전 증폭기

1. 실험 목적

- 필요한 이득과 차단 주파수특성을 만족하는 비반전 증폭기를 설계할 수 있다.
- 전압 팔로워 응용 회로를 만들 수 있다.

2. 실험 준비물

- 브레드보드, 리드선 적당량
- 저항 $2k\Omega$, $10k\Omega$, $18k\Omega$
- OPAMP LM741
- 직류 전원 공급기 (+15 V, -15 V), 함수 발생기, 2채널 디지털(메모리) 오실로스코프

3. 관련 이론

비반전 증폭기(Inverting Amplifier)는 연산증폭기(Op-Amp)를 사용한 기본적인 증폭회로 중 하나로, 입력신호를 반전시키지 않고 증폭하는 역할을 한다.

1) 비반전 증폭기의 구성

- 연산증폭기(Op–Amp): 핵심 소자.
- 입력 저항(R_{in}): 비반전 입력단자에 연결하고 입력신호를 연결
- 피드백 저항(R_f): 출력단자와 반전 입력단자 사이에 연결.

• 반전 입력단자(Non-Inverting Input): 접지(Ground)에 연결.

2) 회로 구성

비반전 증폭기의 기본 회로는 다음과 같다.

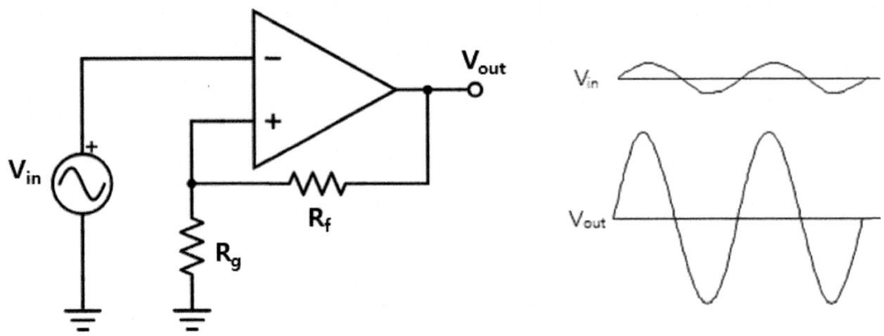

그림 20-1 비반전 증폭기

3) 동작 원리

• 입력신호 적용: 입력신호 V_{in}은 비반전 입력단자(+)에 인가된다.

• 전압 차이 증폭: 연산증폭기는 반전 입력단자(-)와 비반전 입력단자(+) 사이의 전압 차이를 증폭한다.

• 피드백 작용: 출력신호 V_{out}의 일부가 피드백 저항 R_f를 통해 반전 입력단자로 피드백된다. 이는 출력신호가 입력신호에 따라 조절되도록 한다.

• 비반전 및 증폭: 결과적으로, 출력신호는 입력신호와 같은 위상으로 증폭된다.

4) 이득(Gain)

반전 증폭기의 전압 이득(A)은 다음과 같이 계산된다.

$$A_v = 1 + \frac{R_f}{R_g} \qquad \text{식 (20-1)}$$

여기서, R_f는 피드백 저항이고 R_g는 접지저항이다.

5) 주요 특성

• 위상 유지: 출력신호는 입력신호와 같은 위상을 갖는다.

- **선형 증폭**: 주어진 이득 값에 따라 선형적으로 입력신호를 증폭한다.
- **높은 입력 임피던스**: 비반전 입력단자는 매우 높은 입력 임피던스를 가지므로, 입력신호 소스로부터의 전류 요구가 거의 없다.
- **낮은 출력 임피던스**: 출력신호를 부하에 효과적으로 전달할 수 있다.

6) 응용

- **신호 증폭**: 약한 신호를 강하게 증폭하여 다음 단계의 회로로 전달.
- **버퍼 증폭기**: 신호를 증폭하지 않고(이득 = 1) 임피던스 매칭을 위해 사용되는 버퍼 회로.
- **오디오 증폭기**: 오디오 신호의 증폭.
- **센서 신호 처리**: 센서로부터의 미약한 신호를 증폭하여 처리.
- **정밀 전압 기준**: 안정된 전압 기준을 제공하는 회로.

4. 실험 순서

■ 비반전 증폭기 실험

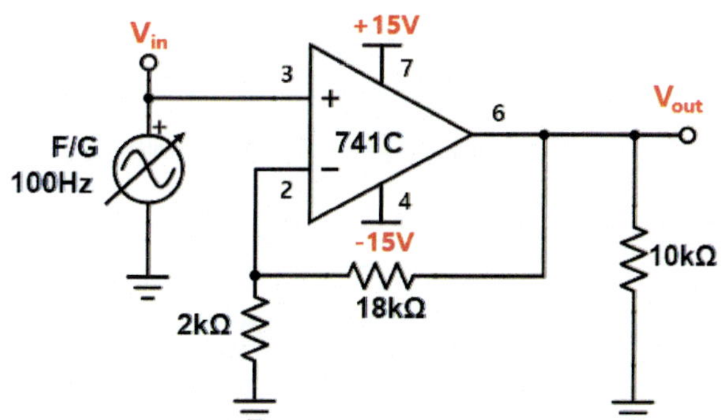

그림 20-2 비반전 증폭기 실험 회로

실험 20-1 TinkerCAD를 활용한 비반전 증폭기 실험

▸ 다음의 실험 절차를 진행하고 그 결과를 '실험 결과 고찰 20'의 '실험 20-1. TinkerCAD를 활용한 비반전 증폭기 실험'에 작성한다.

① TinkerCAD를 활용하여 그림 20-2의 비반전 증폭기 실험 회로를 구성한다. 그림 20-3에 TinnkerCAD를 활용한 반전 증폭기실험 회로를 나타내었다.

② 함수 발생기를 주파수 $100Hz$, 진폭 $500mV_{PP}$, DC 오프셋 $0V$, 함수 사인으로 설정한다.

③ 입력신호의 진폭 V_{in}과 출력신호의 진폭 V_{out}을 측정하여 '입력 전압(V_{in})' 및 '출력 전압(V_{out})'에 각각 기록하고 전압 이득을 계산하여 '전압 이득 A_{VO}'에 기록한다.

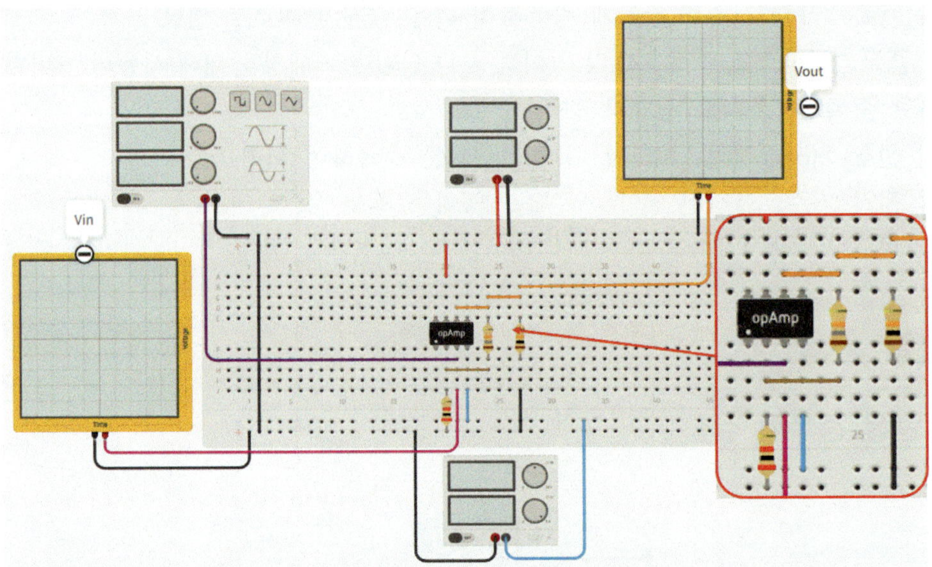

그림 20-3 비반전 증폭기 실험 회로 (TinkerCAD)

실험 20-2 MultiSIM을 활용한 비반전 증폭기 실험

▸ 다음의 실험 절차를 진행하고 그 결과를 '실험 결과 고찰 20'의 '실험 20-2. MultiSIM을 활용한 비반전 증폭기 실험'에 작성한다.

① MultiSIM을 활용하여 그림 20-2의 반전 증폭기실험 회로를 구성한다. 그림 20-4에 MultiSIM을 활용한 반전 증폭기 실험 회로를 나타내었다.

② Function generator를 주파수 $100Hz$, 진폭 $500mV_{PP}$, Offset $0V$, Sinewave로 설정하고 비반전 증폭기의 비반전 입력에 연결한다.

③ 입력신호의 진폭 V_{in}과 출력신호의 진폭 V_{out}을 측정하여 '입력 전압(V_{in})' 및 '출력 전압(V_{out})'에 각각 기록하고 전압 이득을 계산하여 '전압 이득 A_{VO}'에 기록한다.

④ 입력신호와 출력신호를 관찰하고 그 결과를 '시뮬레이션 결과'에 그린다.
⑤ 입력신호와 출력신호의 위상을 비교한 결과를 기록한다.

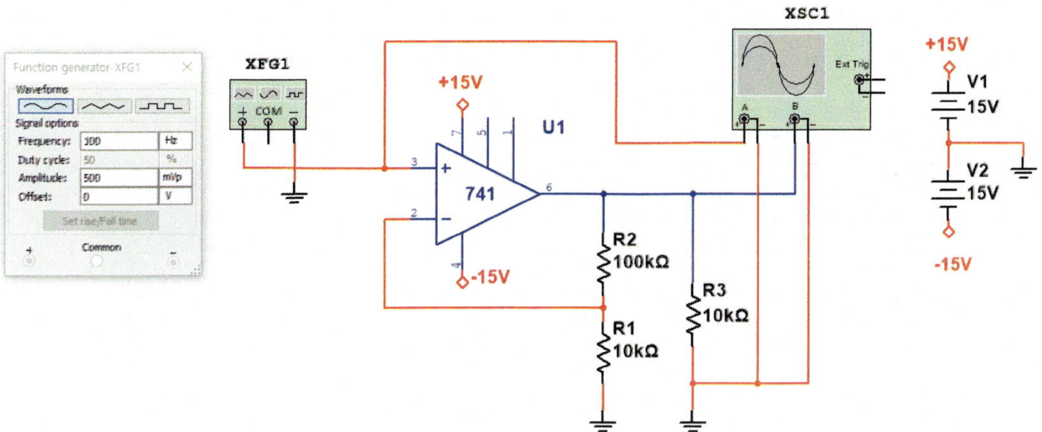

그림 20-4 비반전 증폭기 실험 회로 (MultiSIM)

실험 20-3 Smart LAB을 활용한 비반전 증폭기 실험

▸ 다음의 실험 절차를 진행하고 그 결과를 '실험 결과 고찰 20'의 '실험 20-3. SmartLAB을 활용한 비반전 증폭기 실험'에 작성한다.

① Smart LAB을 활용하여 그림 20-2의 비반전 증폭기 실험 회로를 구성한다. 그림 20-5에 Smart LAB을 활용한 반전 증폭기실험 회로를 나타내었다.
② 함수 발생기를 사인파, $100Hz$, 신호 크기는 $500mV_{PP}$로 설정하고 비반전 증폭기의 비반전 입력에 연결하고 오실로스코프의 채널 A에 연결한다.
③ 비반전 증폭기의 출력단자는 오실로스코프 채널 B에 연결한다.

▹ Smart LAB – 오실로스코프 설정

- 채널 A : 수직 감도 : 0.1 V/Div, 입력 결합 : DC
- 채널 B : 수직 감도 : 1 V/Div, 입력 결합 : DC
- 트리거(Trigger)기준 : $CH\ A$, 상승 에지(↗)
- 수평 소인 시간(Horizontal sweep time) : 5ms

④ 전원을 공급하고 입력신호와 출력신호를 비교 측정한 후 그 '실험 결과 파형'을 그린다.

⑤ 입력신호의 진폭 V_{in}과 출력신호의 진폭 V_{out}을 측정하여 '입력 전압(V_{in})' 및 '출력 전압(V_{out})'에 각각 기록하고 전압 이득을 계산하여 '전압 이득 A_{VO}'에 기록한다.

⑥ 입력신호와 출력신호의 위상을 비교한 결과에 체크한다.

그림 20-5 비반전 증폭기 실험 회로 (Smart LAB)

■ 전압 팔로워 실험

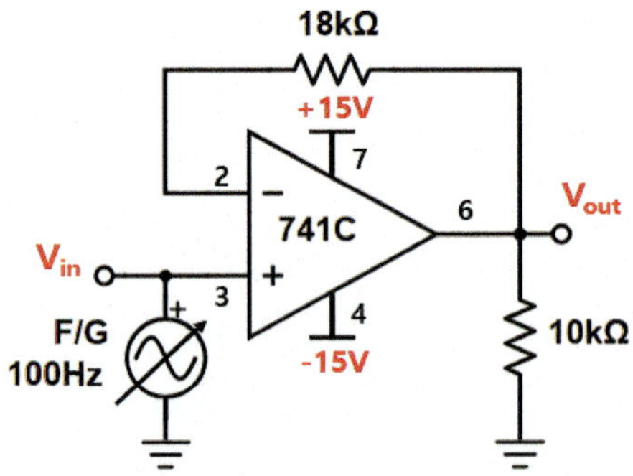

그림 20-6 전압 팔로워 실험 회로

실험 20-4 TinkerCAD를 활용한 전압 팔로워 실험

▸ 다음의 실험 절차를 진행하고 그 결과를 '실험 결과 고찰 20'의 '실험 20-4. TinkerCAD를 활용한 전압 팔로워 실험'에 작성한다.

① TinkerCAD를 활용하여 그림 20-6의 전압 팔로워 실험 회로를 구성한다. 그림 20-7에 TinkerCAD를 활용한 전압 팔로워 실험 회로를 나타내었다.

② 함수 발생기를 주파수 100 Hz, 진폭 2 V_{PP}, DC 오프셋 0 V, 함수 사인으로 설정한다.

③ 입력신호의 진폭 V_{in}과 출력신호의 진폭 V_{out}을 측정하여 '입력 전압(V_{in})' 및 '출력 전압(V_{out})'에 각각 기록하고 전압 이득을 계산하여 '전압 이득 A_{VO}'에 기록한다.

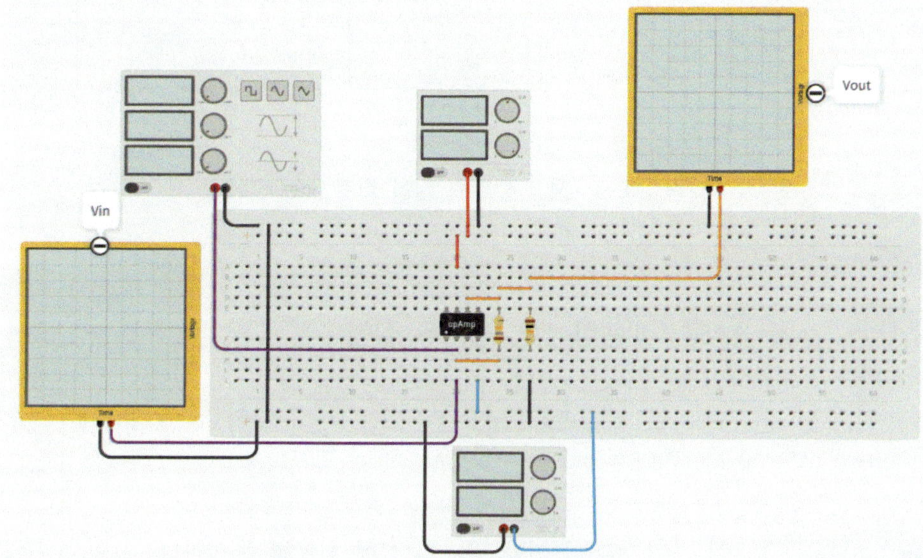

그림 20-7 전압 팔로워 실험 회로 (TinkerCAD)

실험 20-5 MultiSIM을 활용한 전압 팔로워 증폭기실험

▸ 다음의 실험 절차를 진행하고 그 결과를 '실험 결과 고찰 20'의 '실험 20-5. MultiSIM을 활용한 전압 팔로워 실험'에 작성한다.

① MultiSIM을 활용하여 그림 20-6의 전압 팔로워 실험 회로를 구성한다. 그림 20-8에 MultiSIM을 활용한 전압 팔로워 실험 회로를 나타내었다.

② Function generator를 주파수 100 Hz, 진폭 2 V_P, Offset 0 V, Sinewave로 설정한다.

③ 입력신호의 진폭 V_{in}과 출력신호의 진폭 V_{out}을 측정하여 '입력 전압(V_{in})' 및 '출력 전압(V_{out})'에 각각 기록하고 전압 이득을 계산하여 '전압 이득 A_{VO}'에 기록한다.

④ 시뮬레이션 결과 파형을 그린다.

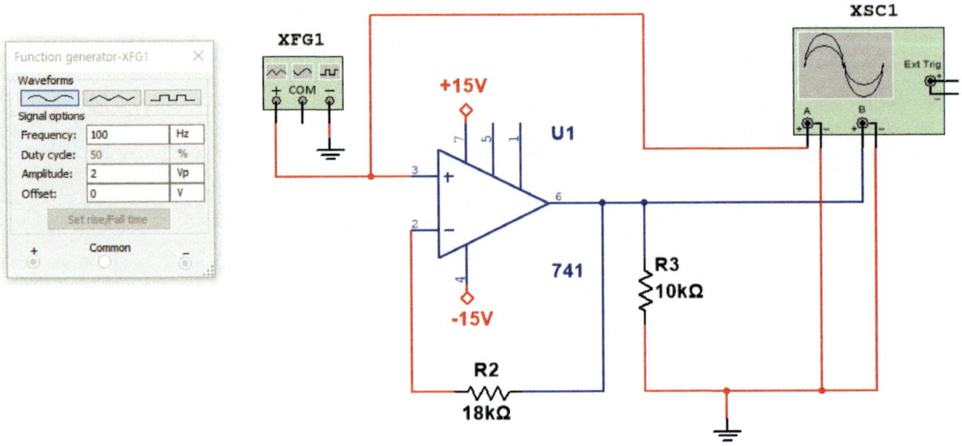

그림 20-8 전압 팔로워 실험 회로 (MultiSIM)

실험 20-6 Smart LAB을 활용한 전압 팔로워 실험

▸ 다음의 실험 절차를 진행하고 그 결과를 '실험 결과 고찰 20'의 '실험 20-6. SmartLAB을 활용한 전압 팔로워 실험'에 작성한다.

① Smart LAB을 활용하여 그림 20-6의 전압 팔로워 실험 회로를 구성한다. 그림 20-9에 Smart LAB을 활용한 전압 팔로워 실험 회로를 나타내었다.

② 입력에 함수 발진기를 연결하고 사인파 100Hz, 신호 레벨은 2V_{PP}로 맞춘다.

③ 전압 팔로워의 입·출력단자에 각각 오실로스코프를 연결하고, 신호 결합은 DC로 설정한다.

④ 입력신호의 진폭 V_{in}과 출력신호의 진폭 V_{out}을 측정하여 '입력 전압(V_{in})' 및 '출력 전압(V_{out})'에 각각 기록하고 전압 이득을 계산하여 '전압 이득 A_{VO}'에 기록한다. 결과 파형을 '실험 결과 파형'에 그린다.

⑤ 단자 a-b 사이를 단락하면 되먹임 저항이 제로가 된다. 이때의 출력 전압을 측정하여 '$R_F = 0\Omega$일 때 출력신호 전압'에 기록한다.

⑥ 되먹임 저항으로 다시 18$k\Omega$을 달고, b 점과 c 점(접지) 사이에 2$M\Omega$을 연결한 후 출력 전압의 크기를 측정하여 '$R_1 = 2M\Omega$ $R_F = 18k\Omega$ 일 때 출력신호 전압'에 기록한다.

⑦ R_1을 2$k\Omega$으로 바꾸어 달고 출력 전압의 크기를 측정하고 '$R_1 = 2k\Omega$ $R_F = 18k\Omega$ 일 때 출력신호 전압'에 기록한다.

그림 20-9 전압 팔로워 실험 회로 (Smart LAB)

실험 결과 고찰 20

[실험 20-1] TinkerCAD를 활용한 비반전 증폭기 실험

- 입력 전압 (V_{in}) = [V_{PP}]
- 출력 전압 (V_{out}) = [V_{PP}]
- 전압 이득 $A_{V(CL)} = \dfrac{V_{out}}{V_{in}} =$

[실험 20-2] MultiSIM을 활용한 비반전 증폭기 실험

- 입력 전압 (V_{in}) = [V_{PP}]
- 출력 전압 (V_{out}) = [V_{PP}]
- 전압 이득 $A_{VO} = \dfrac{V_{out}}{V_{in}} = \dfrac{(\quad)}{(\quad)} = (\qquad)$
- 시뮬레이션 결과 파형

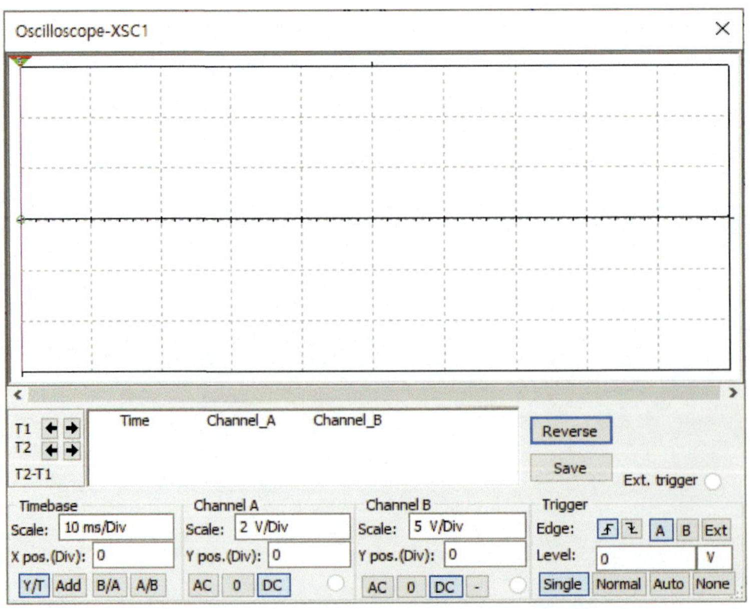

- 입·출력 파형의 위상 비교

  ( )같은 크기, 같은 위상 ( )같은 크기, 반대 위상 ( )10배 크기, 반대위상

[실험 20-3] Smart LAB을 활용한 비반전 증폭기 실험

- 입력 전압 (V_{in}) = [V_{PP}]
- 출력 전압 (V_{out}) = [V_{PP}]
- 전압 이득 $A_{V(CL)} = \dfrac{V_{out}}{V_{in}} = \dfrac{(\quad)}{(\quad)} = (\qquad)$
- 실험 결과 파형

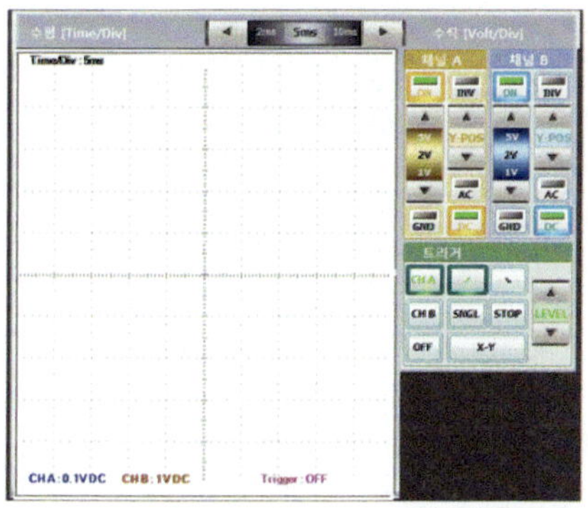

- 입·출력 파형의 위상 비교

  ( )같은 크기, 같은 위상 ( )같은 크기, 반대 위상 ( )10배 크기, 반대위상

[실험 20-4] TinkerCAD를 활용한 전압 팔로워 실험

- 입력 전압 (V_{in}) = [V_{PP}]
- 출력 전압 (V_{out}) = [V_{PP}]
- 전압 이득 $A_{V(CL)} = \dfrac{V_{out}}{V_{in}} = \dfrac{(\quad)}{(\quad)} = (\qquad)$

[실험 20-5] MultiSIM을 활용한 전압 팔로워 실험

- 입력 전압 (V_{in}) = [V_{PP}]
- 출력 전압 (V_{out}) = [V_{PP}]
- 전압 이득 $A_{V(CL)} = \dfrac{V_{out}}{V_{in}} = \dfrac{(\quad)}{(\quad)} = (\qquad)$
- 시뮬레이션 결과 파형

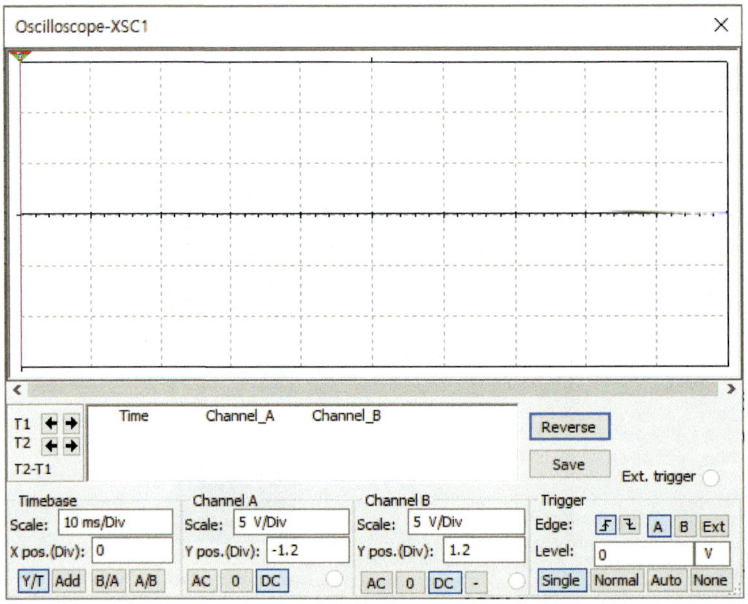

[실험 20-6] Smart LAB을 활용한 전압 팔로워 실험

- 입력 전압 (V_{in}) = 2 [V_{PP}]
- 출력 전압 (V_{out}) = [V_{PP}]
- 전압 이득 $A_{V(CL)} = \dfrac{V_{out}}{V_{in}} = \dfrac{(\quad)}{(\quad)} = (\qquad)$
- $R_F = 0\Omega$ 일 때 출력신호 전압: [V_{PP}]
- $R_1 = 2M\Omega$, $R_F = 18k\Omega$ 일 때 출력신호 전압: [V_{PP}]
- $R_1 = 2k\Omega$, $R_F = 18k\Omega$ 일 때 출력신호 전압: [V_{PP}]

▸ 실험 결과 파형

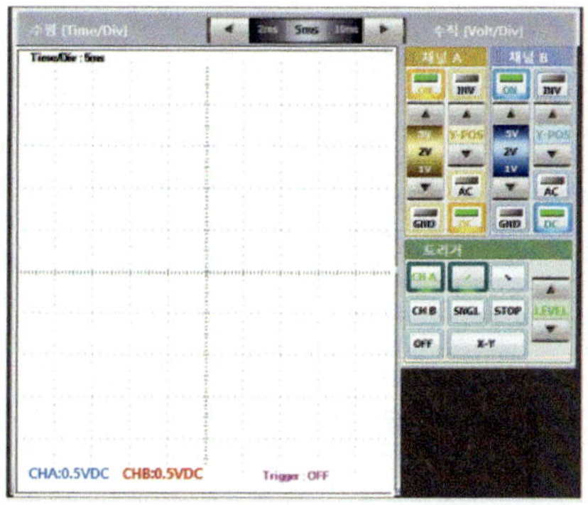

☞ 비반전 증폭 실험 결과를 바탕으로 비반전 증폭기의 이득과 특성에 대해 간단히 기술하라.

☞ 실험 20-6.의 전압 팔로워 실험 결과 R_F 저항값이 변화에 따른 이득의 변화에 대해 간단히 기술하라.

CHAPTER 21

차동 증폭기

1. 실험 목적

- 차동 증폭기의 이득을 계산할 수 있다.
- 차동 증폭기를 설계하고, 브리지 센서 회로와 결합하여 사용할 수 있다.

2. 실험 준비물

- 브레드보드, 리드선 적당량
- 저항 470Ω, 1$k\Omega$ × 2, 8.6$k\Omega$, 10$k\Omega$ × 5, 100$k\Omega$ × 2
- 포텐시오미터 5$k\Omega$, 10$k\Omega$
- 전해 캐패시터 1μF
- OPAMP LM328 × 2
- 직류 전원 공급기 (+15 V, -15 V), 함수 발생기, 2채널 디지털(메모리) 오실로스코프

3. 관련 이론

차동 증폭기(差動增幅器, differential amplifier)는 두 입력 신호의 차이를 증폭시키는 전자회로다. 이 회로는 잡음 제거와 신호 처리에서 중요한 역할을 하며, 특히 아날로그 신호 처리 및 연산증폭기(OP-Amp) 설계에서 널리 사용된다. 이상적인 차동 증폭의 구조를 그림 21-1에 나타내었다.

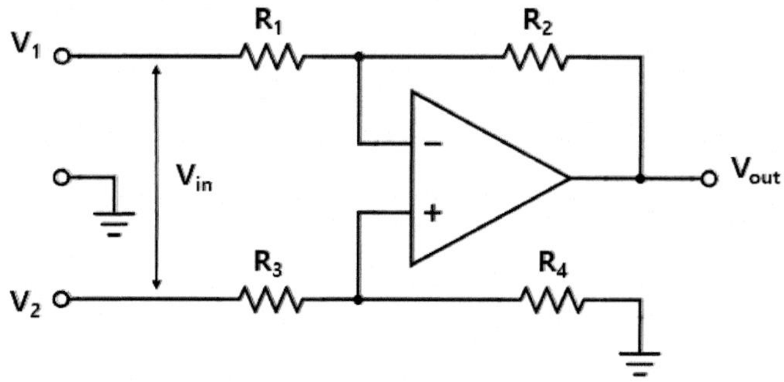

그림 21-1 이상적인 차동 증폭

반전 입력부의 이득은 식 (21-1)과 같다.

$$A_{v1} = -\frac{R_2}{R_1} \qquad \text{식 (21-1)}$$

반전 입력단자를 통한 출력은 식 (21-2)와 같이 계산된다.

$$V_{out(-)} = -\frac{R_2}{R_1} V_1 \qquad \text{식 (21-2)}$$

또한, 비반전 입력부의 이득은 식 (21-3)과 같이 계산되며

$$A_{v2} = (\frac{R_2}{R_1}+1)(\frac{R_4}{R_3+R_4}) \qquad \text{식 (21-3)}$$

비반전 입력단자를 통한 출력은 식 (21-4)와 같다.

$$V_{out(+)} = (\frac{R_2}{R_1}+1)(\frac{R_4}{R_3+R_4})\, V_2 \qquad \text{식 (21-4)}$$

따라서, 두 신호의 중첩된 출력은 다음 식 (21-5)와 같다.

$$V_{out} = V_{out(+)} + V_{out(-)} = (\frac{R_2}{R_1}+1)(\frac{R_4}{R_3+R_4})\, V_2 - \frac{R_2}{R_1} V_1 \qquad \text{식 (21-5)}$$

만약 $R_1 = R_3$, $R_2 = R_4$가 되도록 회로 정수를 설정한다면 위의 출력식은 식 (21-6)과 같이 간단해진다.

$$V_{out} = \frac{R_2}{R_1}(V_2 - V_1) \qquad \text{식 (21-6)}$$

즉, 차동 증폭기의 이득은 R_2/R_1로 정해지고 출력에는 두 입력의 차이가 증폭되어 나타난다. 또한, 정입력(V_2)이 크면 출력은 정(+)이 되고 부입력(V_2)이 크다면 출력은 부(-)로 나타날 것이다.

1) 차동 증폭기의 기본 구조

- **두 입력단자:** 반전 입력(-)과 비반전 입력(+)이 있다.
- **출력단자:** 증폭된 신호가 출력되는 단자
- **전원공급 단자:** 차동 증폭기를 구동하는 전원을 공급하는 단자.

2) 차동 증폭기의 주요 특징

- **입력신호의 차이 증폭:** 두 입력신호의 차이를 증폭하여 출력한다.
- **공통 모드 신호 제거:** 두 입력단자에 공통으로 걸리는 신호는 제거되므로, 잡음 제거 효과가 있다.
- **고 이득:** 작은 입력신호 차이도 큰 출력으로 증폭할 수 있다.

3) 차동 증폭기의 이득

차동 증폭기의 이득(differential gain, A_d)은 두 입력신호의 차이에 대해 얼마나 증폭하는지를 나타내며 다음 식 (21-7)과 같이 표현된다.

$$V_{out} = A_d(V_{in+} - V_{in-}) \qquad \text{식 (21-7)}$$

여기서, V_{out}은 출력 전압, V_{in+}과 V_{in-}은 각각 비반전 입력과 반전 입력 전압이다.

4) 차동 증폭기의 응용 분야

- **연산증폭기:** 다양한 연산 기능을 수행하는 연산증폭기의 기본 구성 요소이다.
- **잡음 제거:** 공통 모드 잡음을 제거하여 신호의 품질을 높인다.
- **신호 처리:** 센서에서 출력되는 신호의 증폭 및 처리를 위한 전자회로에 사용된다.
- **통신 시스템:** 신호의 무결성을 유지하고 증폭하는 데 사용된다.

5) 이상적인 차동 증폭기의 특성

- **무한대의 입력 임피던스:** 입력신호를 방해하지 않는다.
- **0의 출력 임피던스:** 출력신호를 손실 없이 전달할 수 있다.

- 무한대의 개방 루프 이득: 작은 입력신호 차이도 크게 증폭할 수 있다.
- 완벽한 공통 모드 제거비(CMRR): 공통 모드 신호를 완전히 제거한다.

6) 공통 모드 제거비 (CMRR, Common Mode Rejection Ratio)

- 공통 모드 신호를 얼마나 잘 제거하는지를 나타내는 지표
- CMRR 값이 높을수록 공통 모드 신호에 의한 간섭을 덜 받아 원하는 신호만을 증폭
- CMRR은 차동 모드 이득(A_d)을 공통 모드 이득(A_{cm})으로 나눈 값의 절댓값에 대한 로그 값으로 표현, 보통 데시벨 단위로 표현

$$CMRR = 20\log\left(\left|\frac{A_d}{A_{cm}}\right|\right)[dB] \quad \text{식 (21-8)}$$

  여기서, A_d는 차동 모드 이득을 나타내고 A_{cm}은 공통 모드 이득을 나타낸다.

- 높은 CMRR은 출력신호에서 공통 모드 잡음을 효과적으로 제거하여 신호 대 잡음 비(Signal-to-Noise Ratio, SNR)를 개선
- 차동 증폭기는 높은 CMRR을 가질수록 성능이 좋다.

4. 실험 순서

■ 차동 증폭기 실험

실험 21-1 MultiSIM을 활용한 차동 증폭기 실험

▸ 다음의 실험 절차를 진행하고 그 결과를 '실험 결과 고찰 21'의 '실험 21-1. MultiSIM을 활용한 차동 증폭기 실험'에 작성한다.

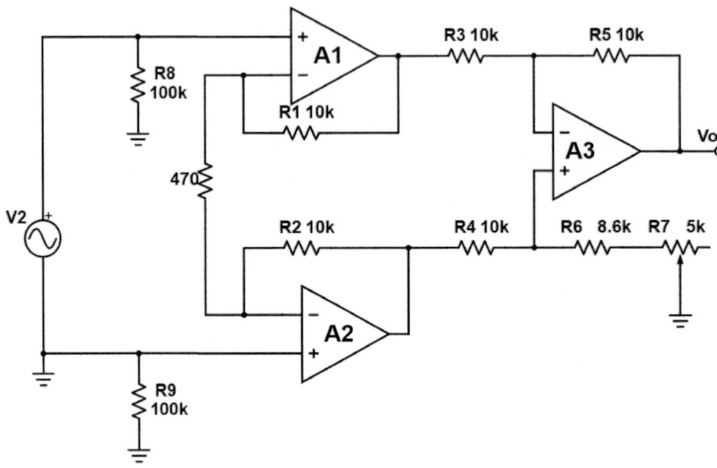

(a) 차동 모드

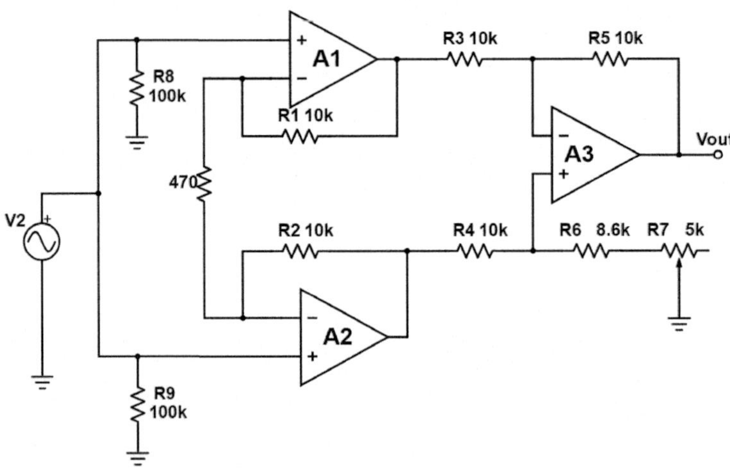

(b) 공통 모드

그림 21-2 차동 증폭기 실험 회로 (MultiSIM)

① MultiSIM을 활용하여 그림 21-2 (a) 차동 모드의 차동 증폭기 실험 회로를 구성한다. 그림 21-3(a)에 MultiSIM을 활용한 차동 모드의 차동 증폭기 실험 회로를 나타내었다.

② 가변저항 R_7을 R_6+R_7이 $10k\Omega$ 정도 되도록 조정한다. 차동 입력신호의 크기가 300 mV_{PP} 사인파 $1kHz$가 되도록 조정한다.

③ 차동 이득 $A_{v(d)}$를 사용하여 차동 출력 전압 $V_{out(d)}$를 구하고 그 결과를 '차동 모드 출력 전압 $V_{out(d)}$' 에 기록하고 '차동 모드 이득 $A_{v(d)}$'을 계산하여 기록한다.

④ 그림 21-2 (b) 공통 모드의 차동 증폭기 실험 회로를 구성한다. 그림 21-3(b)에 MultiSIM을 활용한 공통 모드의 차동 증폭기 실험 회로를 나타내었다. 신호 발생기 출력을 $10\,V_{PP}$,

$1kHz(V_{in(cm)})$로 조정하고, 출력 전압을 측정하여 최소가 되도록 R_7을 조정한다. 이때의 최대 출력 전압 V_{out}을 측정하여 측정한 $V_{out(cm)}$을 $V_{in(cm)}$으로 나누어 $A_{v(cm)}$을 계산하고 그 결과를 '공통 모드 입력 전압 $V_{in(cm)}$', '공통 모드 출력 전압 $V_{out(cm)}$' 및 공통 모드 이득 $A_{v(cm)}$'에 기록한다.

⑤ $CMRR = 20\log\dfrac{A_{v(d)}}{A_{v(cm)}}$ 을 사용하여 '$CMRR[dB]$'을 계산하고 기록한다.

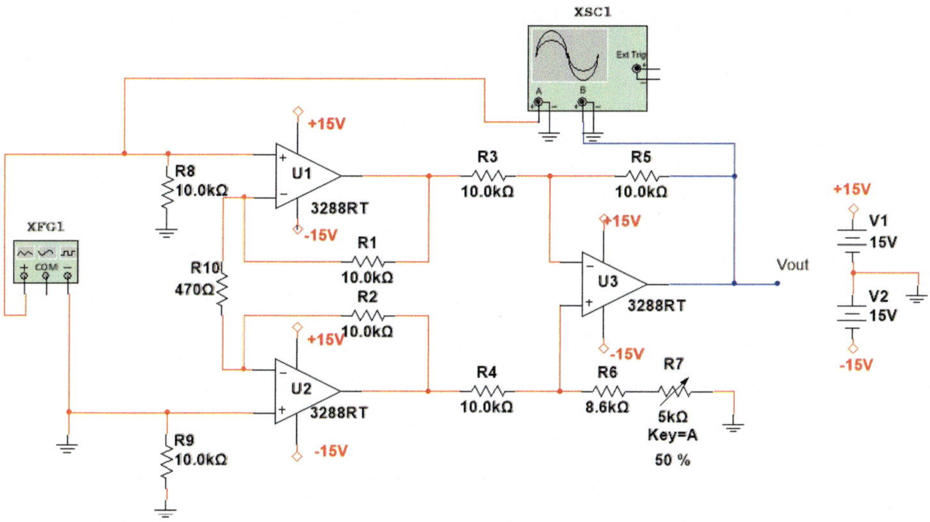

(a) 차동 모드 실험 회로

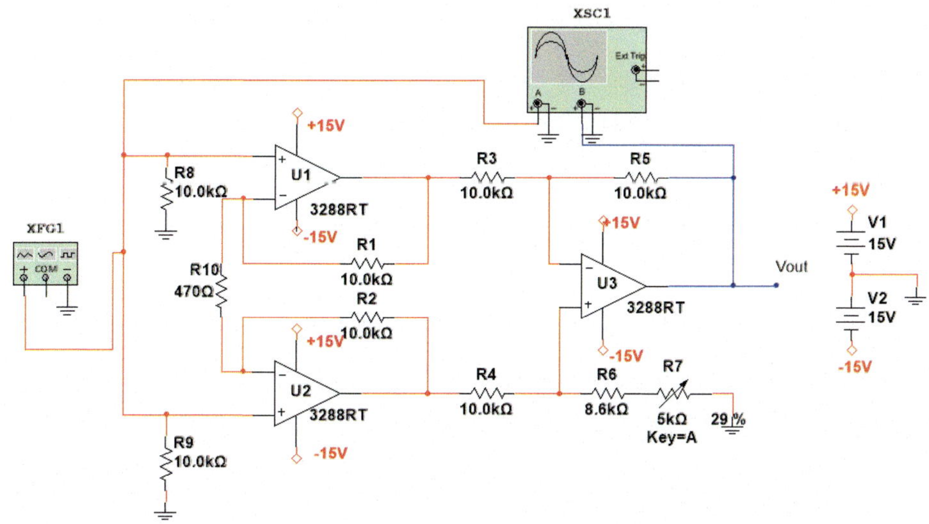

(a) 공통 모드 실험 회로

그림 21-3 차동 증폭기 실험 회로 (MultiSIM)

실험 21-2 Smart LAB을 활용한 차동 증폭기 실험

▸ 다음의 실험 절차를 진행하고 그 결과를 '실험 결과 고찰 21'의 '실험 21-2. SmartLAB을 활용한 차동 증폭기 실험'에 작성한다.

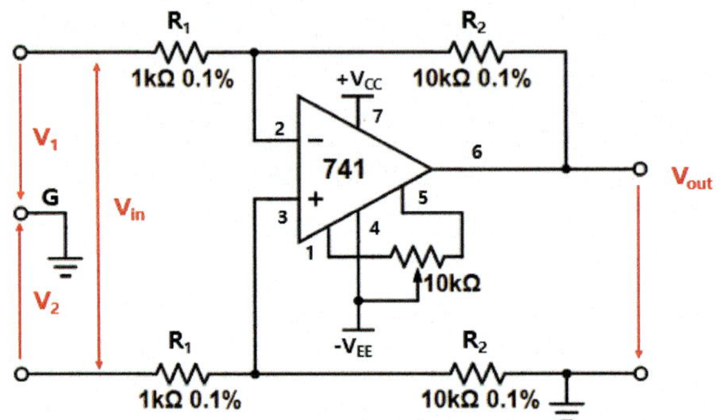

그림 21–4 차동 증폭기 실험 회로

① Smart LAB을 활용하여 그림 21-4의 차동 증폭기 실험 회로를 구성한다. 그림 21-5에 Smart LAB을 활용한 차동 증폭기 실험 회로를 나타내었다.

② 오프셋을 조정한다. 입력단자 $In(-)$와 $In(+)$를 접지한 후 출력 전압이 정확한 0 V가 되도록 포텐시오미터를 조절한다. OP Amp에 따라 조정법이 다르므로 사용할 제품과 데이터 시트를 확인해야 한다. 그림 21-6에는 OP Amp에 따라 오프셋을 조정하는 회로를 나타내었다.

③ 동상 신호 제거비(CMRR)를 측정한다.

ⓐ 그림 21-7과 같이 '동상 이득' 측정을 위한 회로를 구성한다.

ⓑ 발진기의 주파수를 1kHz, 신호 크기는 10 V_{PP}로 조절한다.

④ 오실로스코프로 출력 전압의 크기를 측정하여 '동상 신호에 대한 출력 전압 $V_{out(cm)}$'에 기록한다.

⑤ 그림 21-8과 같이 차동 이득 측정을 위한 회로로 변경하고 출력 전압을 측정하여 '차동 신호에 대한 출력 전압 $V_{out(d)}$'에 기록한다.

⑥ 동상 신호 제거비(CMRR)를 계산하여 기록한다.

그림 21-5 차동 증폭기 실험 회로 – 오프셋 조절용 포텐시오미터 포함 (Smart LAB)

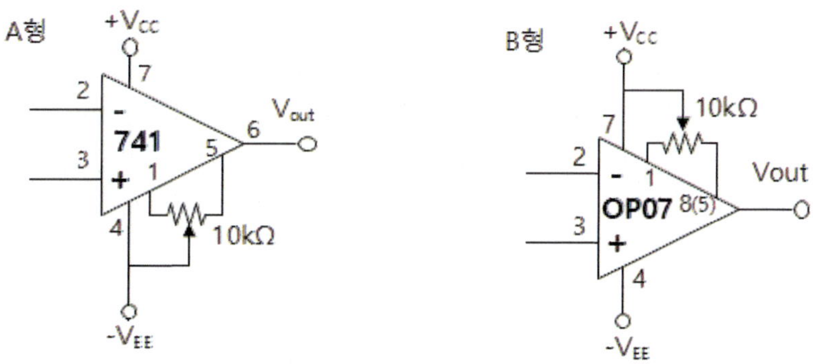

그림 21-6 OP Amp의 오프셋 조정 회로

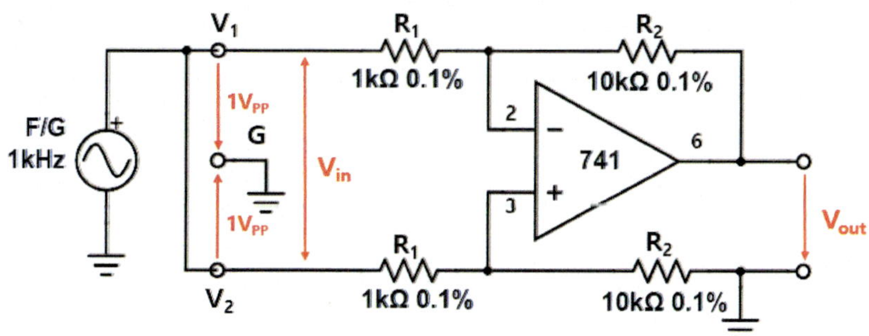

그림 21-7 동상 이득 측정을 위한 실험 회로

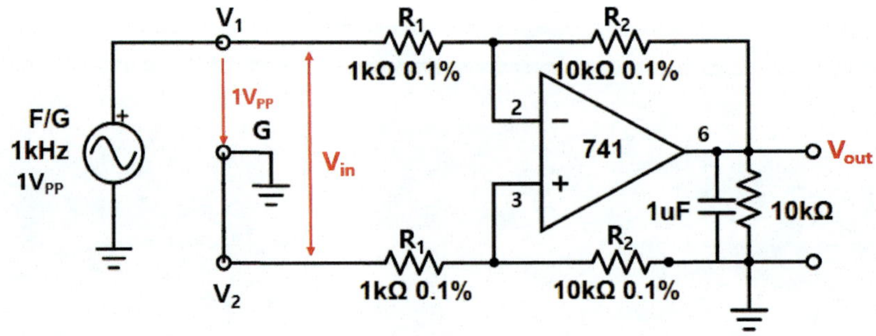

그림 21-8 차동 이득 측정을 위한 실험 회로

실험 결과 고찰 21

[실험 21-1] MultiSIM을 활용한 차동 증폭기 실험

- 차동 모드 입력 전압 : 300 mV_{PP}
- 차동 모드 출력 전압 $V_{out(d)} =$
- 차동 모드 이득 : $A_{v(d)} =$
- 공통 모드 입력 전압 $V_{in(cm)}$ =
- 공통 모드 출력 전압 : $V_{out(cm)} =$
- 공통 모드 이득 : $A_{v(cm)} =$
- $CMRR[dB] = 20\log\dfrac{A_{v(d)}}{A_{v(cm)}} =$ $[dB]$

[실험 21-2] Smart LAB을 활용한 차동 증폭기 실험

- 동상 신호에 대한 출력 전압 $V_{out(cm)} =$ $[V]$
- 차동 신호에 대한 출력 전압 $V_{out(d)} =$ $[V]$
- $CMRR = \dfrac{\text{차동이득}}{\text{동상이득}} = \dfrac{V_{out(d)}}{V_{out(cm)}} = \dfrac{(\quad)}{(\quad)} =$ (배) 또는 (dB)

☞ 다음에 대해 간단히 정리하시오.

- 이상적인 차동 증폭기의 출력
- 공통 신호 이득
- 차동 신호 이득
- 공통 모드 제거비

CHAPTER 22

비교기

1. 실험 목적

- 비교기의 원리를 설명할 수 있다.
- 슈미트 회로의 상측 및 하측 트립점 전압을 계산할 수 있다.
- 비교기의 응용 회로를 3가지 이상 열거할 수 있다.

2. 실험 준비물

- 브레드보드, 리드선 적당량
- 저항 $10k\Omega \times 4$, $20k\Omega$, $180k\Omega$
- 전해캐패시터 $0.1\mu F \times 2$
- 가변저항 $5k\Omega$, $10k\Omega$
- OPAMP LM741
- 다이오드 1N4001G × 2, 제너 다이오드 1N5231B × 2
- 직류 전원 공급기 (+15 V, -15 V), 함수 발생기, 2채널 디지털(메모리) 오실로스코프

3. 관련 이론

비교기(Comparator)는 두 개의 입력 전압을 비교하여 그 크기에 따라 출력 상태를 결정하는 전자회로다. 비교기는 디지털 신호 처리에서 중요한 역할을 하며, 아날로그 신호를 디지털로 변환하는 과정에서 주로 사용된다.

1) 비교기의 기본 구조

- **두 입력단자:** 비반전 입력(+)과 반전 입력(-)이 있다.
- **출력단자:** 입력신호의 크기를 비교한 결과를 출력하는 단자.
- **전원공급 단자:** 비교기를 구동하는 전원을 공급하는 단자.

2) 비교기의 주요 특징

- **고속 응답:** 입력신호의 크기를 신속하게 비교하여 출력.
- **이진 출력:** 출력은 일반적으로 두 가지 상태(예: $0\,V$ 또는 V_{CC}) 중 하나로 나온다.
- **문턱값 설정 가능:** 기준 전압(참조 전압)을 설정하여 입력신호와 비교할 수 있다.

3) 비교기의 작동 원리

비교기는 두 입력 전압을 비교하여 비반전 입력이 반전 입력보다 크면 출력이 높은 상태(예: V_{CC})가 되고, 반대의 경우 출력이 낮은 상태(예: $0\,V$)가 된다.

4) 이상적인 비교기의 특성

- **무한대의 이득:** 입력 전압의 작은 차이도 즉각적으로 출력에 반영.
- **무한대의 입력 임피던스:** 입력신호를 방해하지 않는다.
- **0의 출력 임피던스:** 출력신호를 손실 없이 전달할 수 있다.
- **무한대의 전환 속도:** 입력신호의 변화에 즉각적으로 반응한다.

5) 비교기의 응용 분야

- 아날로그-디지털 변환기(ADC): 아날로그 신호를 디지털 신호로 변환하는 데 사용.
- 파형 생성기: 특정 기준 전압에 따라 파형을 생성하거나 변형할 수 있다.
- 전압 감지기: 특정 전압 레벨을 감지하여 시스템을 제어하는 데 사용.
- 오실레이터 회로: 주기적인 신호를 생성하는 회로에서 사용.

4. 실험 순서

■ 비교기 응용 – 구형파 발생기

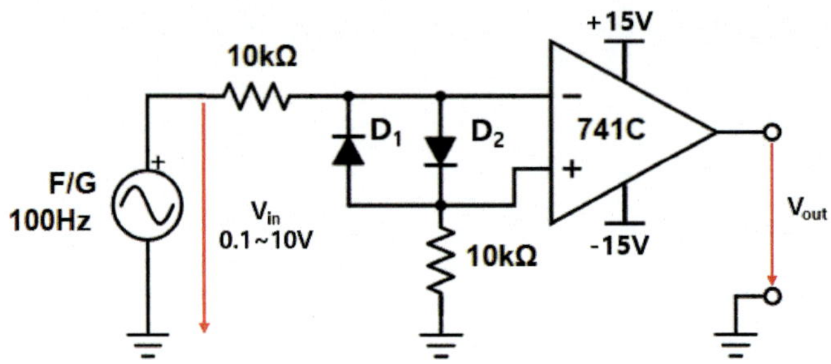

그림 22-1 구형파 발생기 실험 회로

실험 22-1 TinkerCAD를 활용한 구형파 발생기

▸ 다음의 실험 절차를 진행하고 그 결과를 '실험 결과 고찰 22'의 '실험 22-1. TinkerCAD를 활용한 구형파 발생기'에 작성한다.

① TinkerCAD를 활용하여 그림 22-1의 구형파 발생기 실험 회로를 구성한다. 그림 22-2에 TinnkerCAD를 활용한 구형파 발생기 실험 회로를 나타내었다.

② 함수 발생기를 사인파 $100Hz$, 진폭을 $100mV$로 설정하고 시뮬레이션을 실행하여 그 결과 파형을 '시뮬레이션 결과 파형'의 '신호 레벨 : $100mV$'에 그린다.

③ 함수 발생기의 진폭을 $10V$로 높일 때의 출력 파형을 '시뮬레이션 결과 파형'의 '신호 레벨 : $10V$'에 그린다.

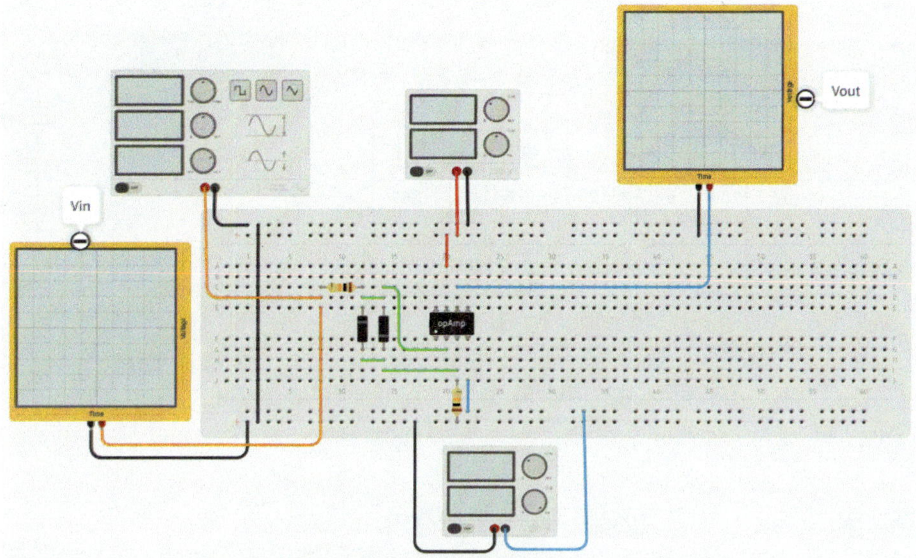

그림 22-2 구형파 발생기 실험 회로 (TinkerCAD)

실험 22-2 MultiSIM을 활용한 구형파 발생기

▸ 다음의 실험 절차를 진행하고 그 결과를 '실험 결과 고찰 22'의 '실험 22-2. MultiSIM을 활용한 구형파 발생기'에 작성한다.

① MultiSIM을 활용하여 그림 22-1의 구형파 발생기 실험 회로를 구성한다. 그림 22-3에 MultiSIM을 활용한 구형파 발생기 실험 회로를 나타내었다.

② Function generator를 Sinewave, Frequency는 $100Hz$, Amplitude는 100 $m V_P$로 설정하고 시뮬레이션을 실행하여 그 결과 파형을 '시뮬레이션 결과 파형'의 'Amplitude : 100$m V_P$'에 그린다.

③ Function generator의 Amplitude를 10 V_P로 높일 때의 출력 파형을 '시뮬레이션 결과 파형'의 'Amplitude : 10 V_P'에 그린다.

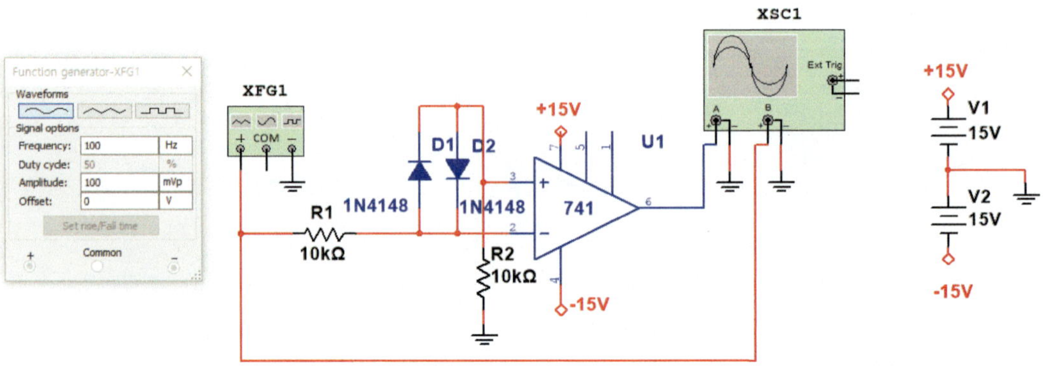

그림 22-3 구형파 발생기 실험 회로 (MultiSIM)

실험 22-3 Smart LAB을 활용한 구형파 발생기

▸ 다음의 실험 절차를 진행하고 그 결과를 '실험 결과 고찰 22'의 '실험 22-3. SmartLAB을 활용한 구형파 발생기'에 작성한다.

① Smart LAB을 활용하여 그림 22-1의 구형파 발생기 실험 회로를 구성한다. 그림 22-4에 Smart LAB을 활용한 구형파 발생기 실험 회로를 나타내었다.

② 입력단자에 함수 발생기를 연결하고 사인파 $100Hz$로 맞춘다. 오실로스코프의 프로브를 함수 발생기의 출력과 구형파 발생기의 출력단자에 각각 연결한다.

③ 함수 발생기의 신호 레벨을 $100mV_{PP}$로 할 때의 출력 파형과 $10\,V_{PP}$로 높일 때의 출력 파형을 각각 측정하여 '실험 결과 파형'에 그린다.

그림 22-4 구형파 발생기 실험 회로 (Smart LAB)

■ 슈미트 비교기 실험

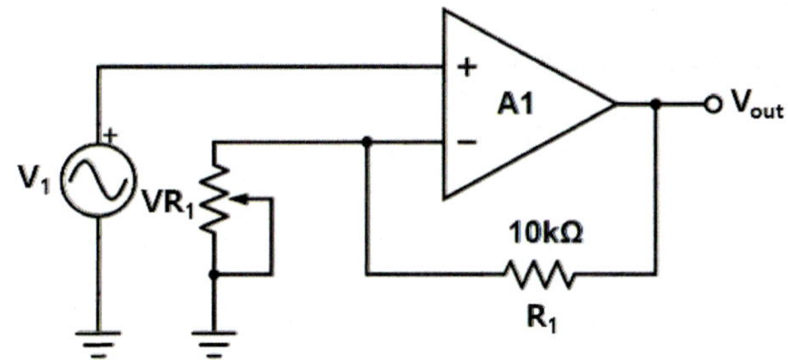

그림 22-5 반전 슈미트 트리거 실험 회로

실험 22-4 TinkerCAD를 활용한 반전 슈미트 트리거 실험

▸ 다음의 실험 절차를 진행하고 그 결과를 '실험 결과 고찰 22'의 '실험 22-4. TinkerCAD를 활용한 반전 슈미트 트리거 실험'에 작성한다.

① TinkerCAD를 활용하여 그림 22-5의 반전 슈미트 트리거 실험 회로를 구성한다. 그림 22-6에 TinkerCAD를 활용한 반전 슈미트 트리거 실험 회로를 나타내었다.
② 가변저항을 조정하여 출력 파형의 스위칭 특성이 일어나는 것을 관찰한다. '가변저항의 와이퍼가 왼쪽에 있을 경우'와 '오른쪽에 있을 경우'의 출력 파형을 그린다.

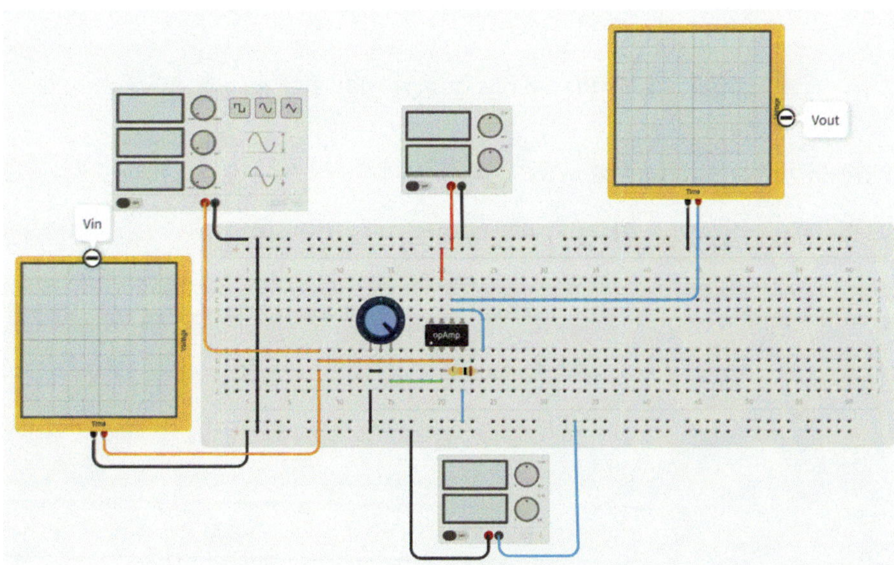

그림 22-6 반전 슈미트 트리거 실험 회로 (TinkerCAD)

실험 22-5 MultiSIM을 활용한 반전 슈미트 트리거 실험

▸ 다음의 실험 절차를 진행하고 그 결과를 '실험 결과 고찰 22'의 '실험 22-5. MultiSIM을 활용한 반전 슈미트 트리거 실험'에 작성한다.

① MultiSIM을 활용하여 그림 22-5의 반전 슈미트 트리거 실험 회로를 구성한다. 신호 발생기를 100 Hz의 5 V_{PP} 삼각 파형으로 맞추고 스위칭 특성이 일어나는 곳을 주의하여 입·출력 파형을 관찰한다. 그림 22-7에 MultiSIM을 활용한 반전 슈미트 트리거 실험 회로를 나타내었다.

② 가변저항을 조정하여 출력 파형의 스위칭 특성이 일어나는 것을 관찰한다. 가변저항이 0%일 때와 100%일 때의 출력 파형을 그린다.

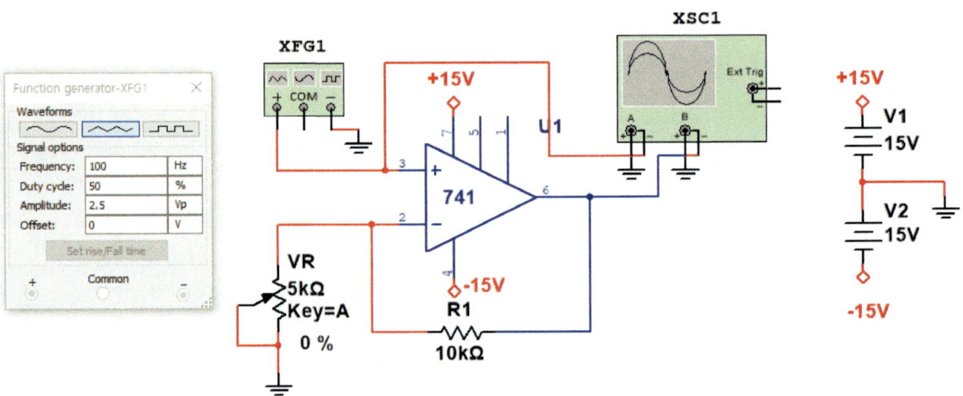

그림 22-7 반전 슈미트 트리거 실험 회로 (MultiSIM)

실험 22-6 Smart LAB을 활용한 반전 슈미트 트리거 실험

▸ 다음의 실험 절차를 진행하고 그 결과를 '실험 결과 고찰 22'의 '실험 22-6. SmartLAB을 활용한 반전 슈미트 트리거 실험'에 작성한다.

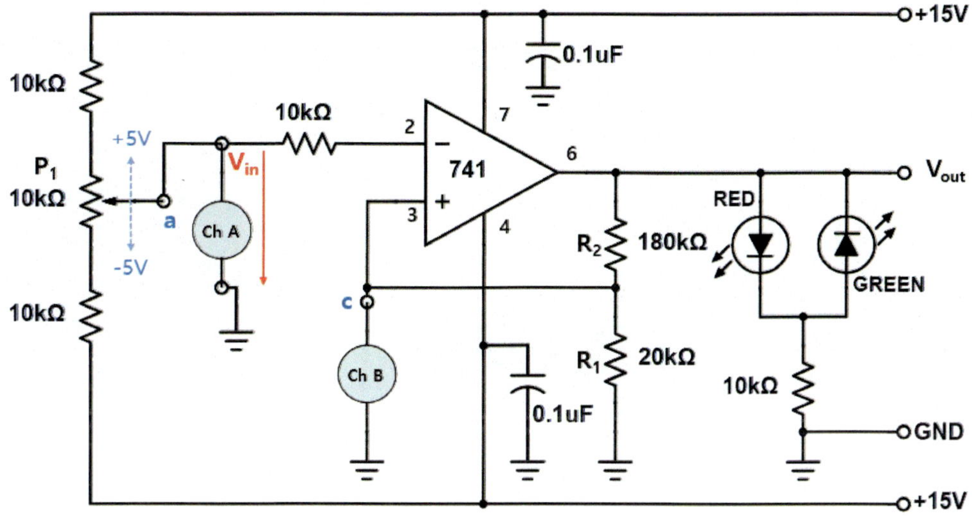

그림 22-8 반전 슈미트 트리거 실험 회로

① Smart LAB을 활용하여 그림 22-8의 반전 슈미트 트리거 실험 회로를 구성한다. 그림 22-9에 Smart LAB을 활용한 반전 슈미트 트리거 실험 회로를 나타내었다. 내부 전원을 이용하여 입력을 인가하기 위하여 단자 a를 입력단자(V_{in})에 연결한다.

② P1을 조절하면 입력 전압은 −5 V에서 +5 V까지 변한다. 입력을 -5 V에서부터 점차 높여갈 때 출력이 "H"에서 "L" 상태로 반전되는 순간의 입력 전압을 확인하고 반대로, 출력 상태가 "L"에서 "H"로 반전되는 순간의 입력 전압을 확인하여 각각의 입·출력 전압을 '입출력 응답'에 그린다.

③ 측정결과 '상측 트립점(UTP)'과 '하측 트립점(LTP)'의 전압을 관측하여 기록한다.

④ '히스테리시스 전압 H'를 계산하여 기록한다.

⑤ 단자 a와 V_{in}단자의 연결을 제거하고 V_{in}단자와 Gnd사이에 함수 발생기를 Input 지점에 연결한다. 신호는 사인파 100Hz, 6V_{PP}로 설정한다.

⑥ 오실로스코프를 이용하여 입력과 출력 파형을 비교 측정하고 그 결과를 '실험 결과 파형'에 그린다.

그림 22-9 반전 슈미트 트리거 실험 회로 (Smart LAB)

실험 결과 고찰 22

[실험 22-1] TinkerCAD를 활용한 구형파 발생기

신호 레벨 : 100mV

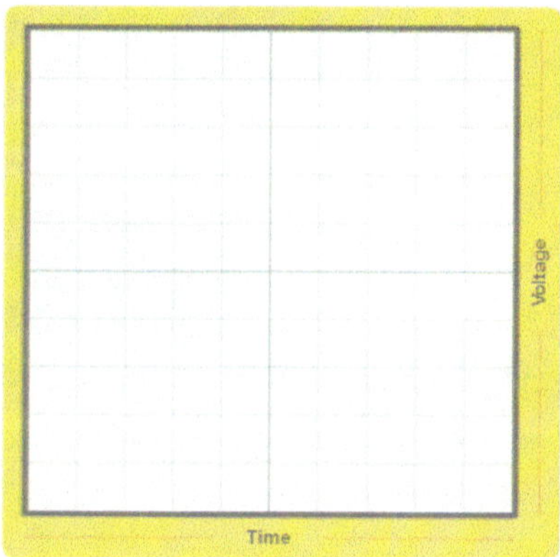

$\overline{\qquad\qquad}$ $[Volts/Div]$

신호 레벨 : 10 V

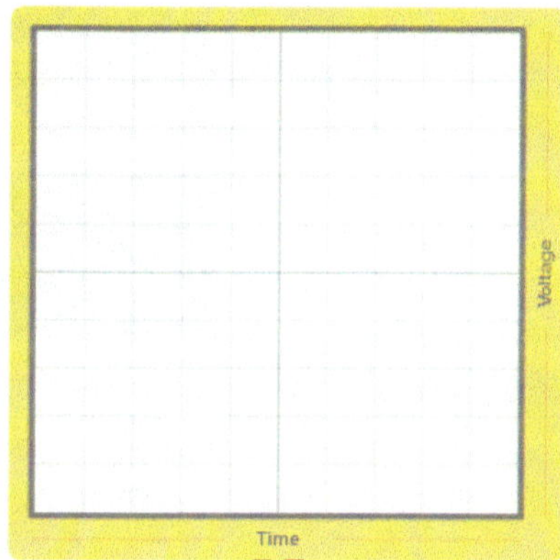

$\overline{\qquad\qquad}$ $[Volts/Div]$

[실험 22-2] MultiSIM을 활용한 구형파 발생기

Amplitude : 100mV_P

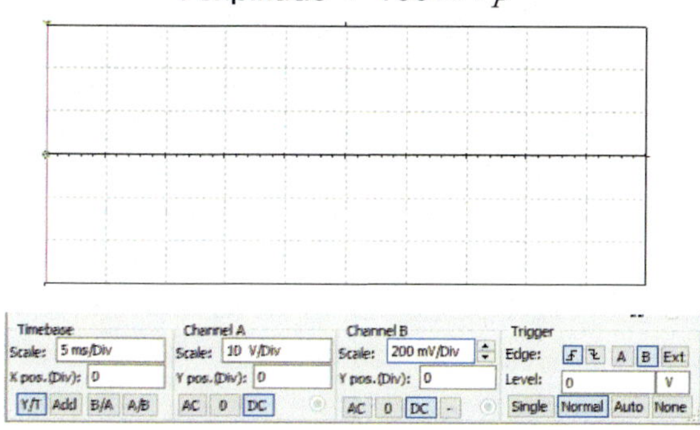

Amplitude : 10 V_P

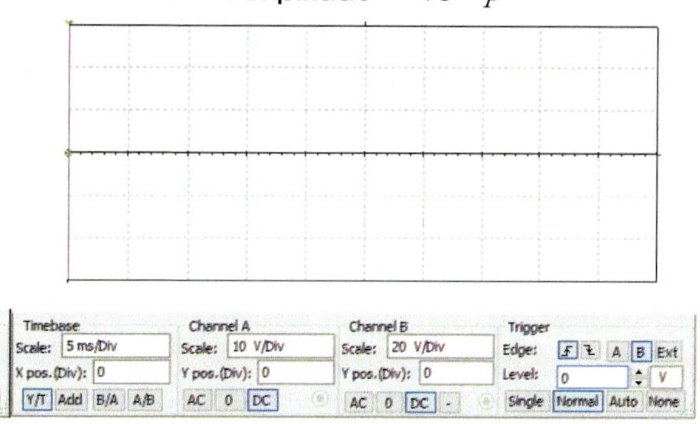

[실험 22-3] SmartLAB을 활용한 구형파 발생기

- 실험 결과 파형

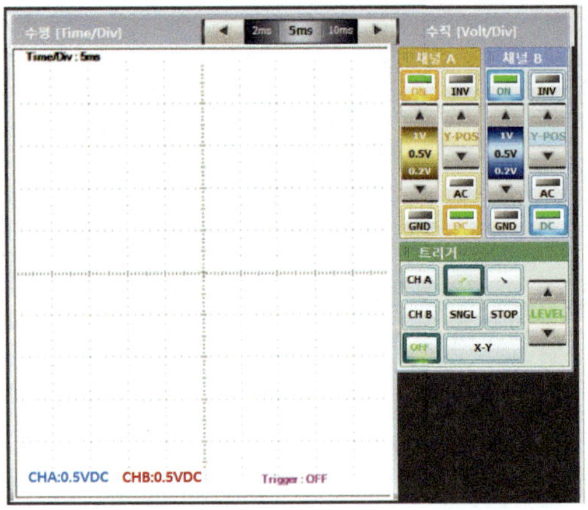

입력 = $0.1\,V_{PP}$

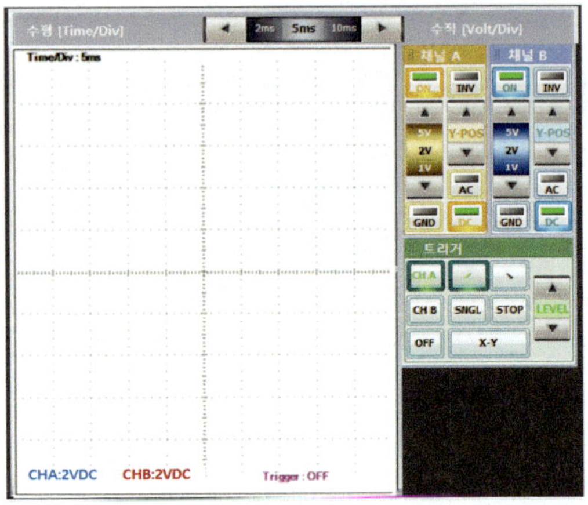

입력 = $10\,V_{PP}$

[실험 22-4] TinkerCAD를 활용한 반전 슈미트 트리거 실험

와이퍼가 가장 왼쪽

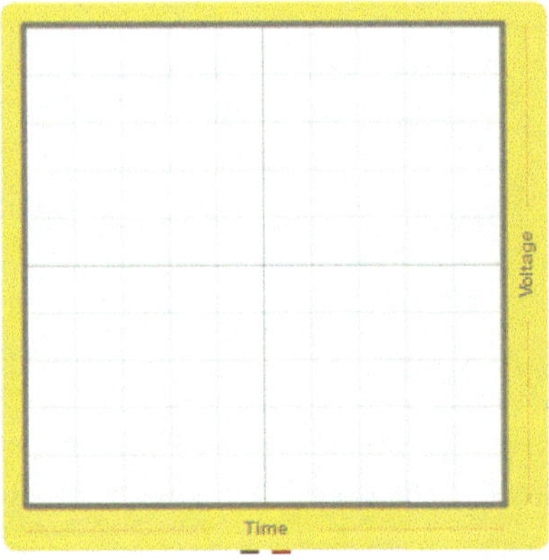

와이퍼가 가장 오른쪽

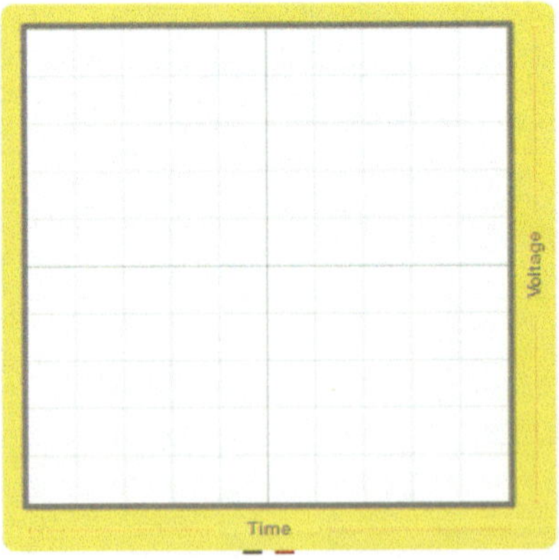

[실험 22-5] MultiSIM을 활용한 반전 슈미트 트리거 실험

가변저항 0% **가변저항 100%**

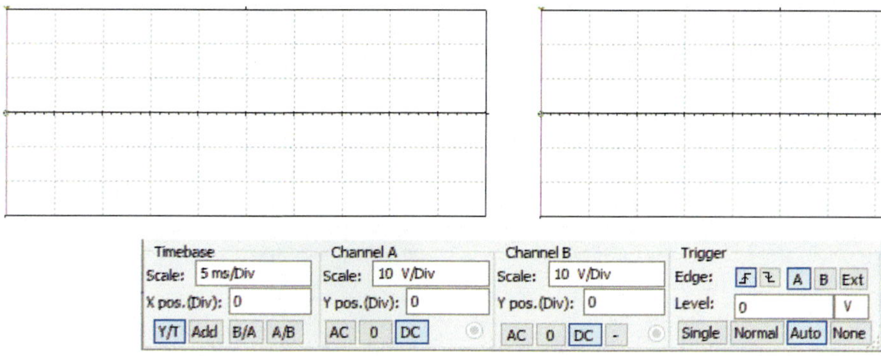

[실험 22-6] SmartLAB을 활용한 반전 슈미트 트리거 실험

- 입·출력 응답

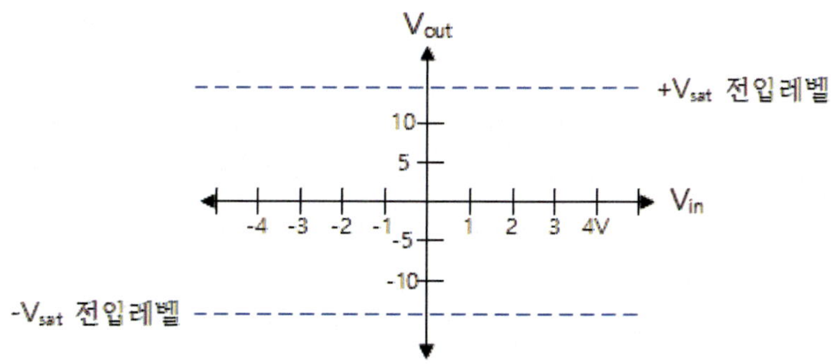

- 상측 트립점(UTP): [V]
- 하측 트립점(LTP): [V]
- 히스테리시스 전압($H = UTP - LTP$): [V]

▸ 실험 결과 파형

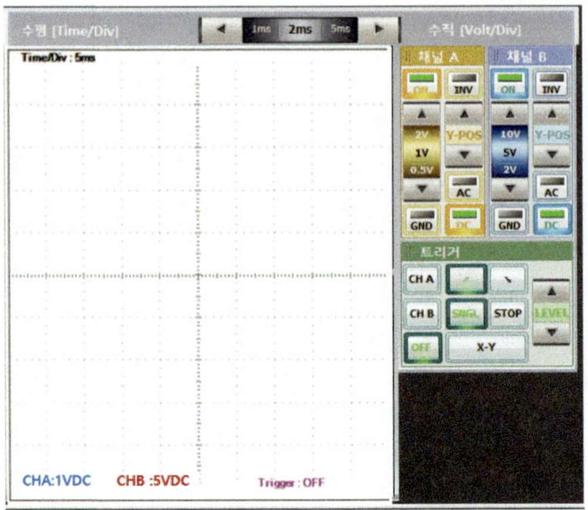

☞ 구형파 발생기에서 입력 신호 레벨의 변화에 따른 출력신호의 변화에 대해 간단히 기술하라.

☞ 슈미트 트리거 실험 결과를 바탕으로 슈미트 트리거의 동작에 대해 간단히 기술하라.

기초 전자회로실험

1판 2쇄 2026년 2월 25일

저 자 허태원 / 임인호

발행인 송광헌
발행처 **복두(주)**
주 소 서울특별시 영등포구 경인로82길 3-4
센터플러스 807호 (우) 07371
전 화 02-2164-2580
FAX 02-2164-2584
등 록 1993. 11. 22. 제 10-902 호

정가 : 32,000원

ISBN : 979-11-6675-648-1 93560

한국과학기술출판협회 회원사